"十二五"普通高等教育本科国家级规划教材

# 振动力学

（第二版）

高淑英　沈火明　编著

中国铁道出版社

2016年·北京

## 内 容 简 介

本书共分7章,介绍了振动力学研究的基本内容和基本方法。主要内容包括单自由度线性振动系统,涉及振动建模、自由振动、定常强迫振动、任意激励的动力响应等;两自由度振动系统的自由振动、强迫振动的求解方法,多自由度系统的自由振动、强迫振动以及近似求解方法;连续体(弹性体,分布参数系统)振动的基本理论和方法,重点是弦、杆、轴、梁及板等常见连续体的建模技能和分析方法;非线性振动的基本理论,重点是非线性系统的解析方法、多自由度系统的参数振动及其动力响应的数值方法等;随机振动的基本理论,重点是随机过程的统计特性、线性系统对随机激励的响应、非线性系统的随机响应以及工程中的随机振动问题等;结合已有研究成果,讨论了振动力学在工程中应用的多个实例。

本书可作为力学、土木、机械、航空航天载运、水利、交通等专业本科生和研究生的教材,也可作为相关技术人员的参考书。

**图书在版编目(CIP)数据**

振动力学/高淑英,沈火明编著.—2版.—北京:中国铁道出版社,2016.3
"十二五"普通高等教育本科国家级规划教材
ISBN 978-7-113-21130-1

Ⅰ.①振… Ⅱ.①高… ②沈… Ⅲ.①工程力学—振动理论—高等学校—教材 Ⅳ.①TB123

中国版本图书馆CIP数据核字(2015)第280948号

**书　　名:** 振动力学(第二版)
**作　　者:** 高淑英　沈火明　编著

**责任编辑:** 李丽娟　　**编辑部电话:** 010-51873135
**编辑助理:** 陈美玲
**封面设计:** 崔　欣
**责任校对:** 王　杰
**责任印制:** 郭向伟

**出版发行:** 中国铁道出版社(100054,北京市西城区右安门西街8号)
**网　　址:** http://www.tdpress.com
**印　　刷:** 北京尚品荣华印刷有限公司
**版　　次:** 2011年6月第1版　2016年3月第2版　2016年3月第1次印刷
**开　　本:** 787 mm×1 092 mm　1/16　印张:16.5　字数:413千
**书　　号:** ISBN 978-7-113-21130-1
**定　　价:** 37.00元

# 第二版前言

本书是“十二五”普通高等教育本科国家级规划教材，也是四川省“十二五”普通高等教育本科规划教材。随着工程技术的发展，振动问题已成为各个工程领域内经常提出的重要问题。计算技术的广泛使用和动态测量技术的发展也为复杂振动问题的解决提供了有力支持。因此，振动力学是工程技术人员必须具备的理论基础。目前，振动力学已成为力学、土木、机械、航空航天、载运、水利、交通、工程等专业研究生和本科生的重要课程之一。

本书主要介绍振动力学的基本理论和方法以及振动力学在工程实际中的应用。

本书的前版，即 2011 年出版的《振动力学》是普通高等教育“十一五”国家级规划教材，该教材在使用过程中得到了众多专家、学者、工程技术人员的关心和支持，也提出了很多有益的建议。本书即是在此基础上进行修订再版的，修订时主要考虑了以下几个方面：

(1) 增添新的研究成果，提高教材的先进性。在第 7 章中增加了高速列车铝型材外地板减振降噪特性分析研究、现浇板式楼梯斜撑作用释放的 Pushover 分析和非均匀梁横向振动特性计算方法三部分内容。

(2) 在习题中增加部分工程型习题，使理论和工程实际能很好地结合，从而提高学习者应用理论解决实际问题的能力。

(3) 对部分内容进行了更正和补充。

(4) 对教材文字表达做进一步的规范，使之符合语法规则，通俗易懂，图表清晰、准确，符号、计量单位符号符合国家标准。

本次修订由高淑英教授、沈火明教授负责。修订过程中，西南交通大学力学与工程学院李映辉教授提出了很多建设性的意见，刘娟老师、张波老师和研究生刘学红同学做了部分核对工作，在此一并感谢。

本书可作为力学、土木、机械、航空航天、载运、水利、交通工程等专业的研究生和本科生的教材，也可作为相关工程领域科技人员的参考书。

由于作者水平有限，本书的错误和不妥之处在所难免，敬请读者提出宝贵意见。

作　者

2015. 10

# 第一版前言

振动力学是研究机械系统和工程结构的动力特性及其在激励下振动响应分析方法的一门科学。研究这门科学的目的在于探究振动产生的原因,分析它们的运动规律,了解振动对机械、工程结构及其人体的影响,同时寻求控制振动、消除振动或利用振动的方法,最后达到机械系统与工程结构能够安全可靠地工作。本书主要介绍振动力学的基本理论和方法,以及振动力学在工程实际中的应用。

本书是在2003年出版的《线性振动教程》的基础上重新改编、整合而成的,改编过程中主要进行了以下几方面的工作:

(1)完善内容。增加了非线性振动基本理论、随机振动基本理论,形成以理论分析为主、理论与实践相统一的教材体系,使振动理论与工程应用的教学内容更加融合、紧密。

(2)提高教材的科学性,符合学生的认知规律。本教材线性振动理论分为离散系统的振动和连续系统的振动两部分,同时考虑了非线性振动基本理论、随机振动基本理论和振动在工程中的应用等内容。教材从如何建立力学模型和数学模型着手,深入浅出地讲述了振动的基本理论和分析、计算方法。教材同时能反映本学科国内外科学研究和教学研究的一些先进成果,且取材合适、深度适宜、分量恰当、层次分明,有启发性。内容精炼且适用层面宽,对振动基本理论的描述也比较详细,符合学生的认知规律。

(3)增添新的研究成果,提高教材的先进性。修订中注意补充在振动方面新的研究成果、规范和标准,使教材内容更加先进。

本书由高淑英、沈火明编著,其中高淑英编写了第1、4、5章,沈火明编写了第2、3、6、7章。研究生林桂萍、邓莎莎参与了部分文字和图例的整理工作。

在本书编著过程中,参阅了国内外同行许多宝贵的研究成果及资料,在此谨向他们表示衷心的感谢。

本书的出版得到了西南交通大学研究生特色教材建设项目和西南交通大学教材建设基金的资助,在此表示衷心的感谢。

由于作者水平有限,本书的错误和不妥之处在所难免,敬请读者提出宝贵意见。

作　者

2010.12

# 目 录

# 1 绪　　论

## 1.1 概　　述

振动是指物体围绕它的平衡位置所作的往复运动或系统物理量在其平均值(或平衡值)附近来回变动。振动是自然界最普遍的现象之一,广泛存在于日常生活或生产实践中,如钟摆的振动,琴弦的振动,心脏的搏动,耳膜和声带的振动等。在工程技术领域中,振动现象更比比皆是,例如机车、车辆行驶时所引起的自身的振动以及支承它的线路、桥梁的振动;机器设备运转时或地震时所引起的厂房或堤坝的振动;风的脉动压力使输电线、烟囱、水塔、桥梁等建筑物产生的振动;船舶或飞机在航行中的振动等。

剧烈的振动可以造成结构物或机件的破坏;对于精密仪器或机械加工,振动将影响其灵敏度或精确度;振动要消耗能量因而使机器的效率降低;振动及同时发生的噪声使劳动条件恶化;飞机、车辆、船舶等的振动影响到乘客的身体健康,甚至危及安全等。应该设法消除这些有害的振动或减轻其危害。

振动既有有害的一方面,也有有利的一方面。例如,工程机械中的振动打桩机、混凝土振动器、捣固机等,机械工业中的振动造型机、振动输送机、脉冲锻压机等,以及地震仪等仪器,都是利用振动原理以达到提高工效或记录振动的目的。

不同领域中的振动现象虽然各具特色,但往往有着相似的数学和力学描述。在这种共性的基础上,有可能建立某种统一的理论来处理各种振动问题,振动力学就是这样一门基础学科,它借助于数学、物理、实验和计算技术,探讨各种振动现象的机理,阐明振动的基本规律,研究振动产生的原因,分析其运动规律,了解振动对机器、工程结构及人体的影响,寻求控制、消除振动或利用振动的方法,最后达到机械系统或工程结构能够可靠地工作,并具有良好的动态性能。

## 1.2 振动的分类

任何力学系统,只要它具有弹性和惯性,都可能发生振动。这种力学系统称为振动系统。振动系统可分为两大类,离散系统和连续系统。连续系统具有连续分布的参量,它是由弦、杆、轴、梁、板、壳等弹性元件组成的系统,有无穷多个自由度,数学描述为偏微分方程。离散系统是由彼此分离的有限个质量元件、弹簧和阻尼构成的系统,有有限个自由度,数学描述为常微分方程。

根据振动系统的自由度可分为有限多自由度系统和无限多自由度系统。有限多自由度系统与离散系统相对应,又可分为单自由度系统的振动、两个自由度系统的振动和多自由度系统的振动;无限多自由度系统则与连续系统相对应。连续系统可通过适当方式化为离散系统。

根据研究侧重点的不同,可从不同的角度对振动进行分类。

1. 根据振动系统的激励类型分

(1)自由振动:系统受初始激励后不再受外界激励的振动。

(2)受迫振动:系统在外界控制的激励作用下的振动。

(3)自激振动:系统在自身控制的激励作用下的振动。

(4)参数振动:系统自身参数变化激发的振动。

2. 根据系统的响应类型分

(1)确定性振动:响应是时间的确定性函数。根据响应存在时间分为暂态振动和稳态振动:前者只在较短的时间中发生,后者可在充分长时间中进行。根据响应是否有周期性还可分为简谐振动、周期振动、准周期振动、拟周期振动和混沌振动。

(2)随机振动:响应为时间的随机函数,只能用概率统计的方法描述。

3. 根据系统性质分

(1)确定性系统和随机性系统:若系统的特性可用时间的确定性函数给出,则这类系统称为确定性系统;系统特性不能用时间的确定性函数给出而只具有统计规律性的系统称为随机性系统。

(2)定常系统和参变系统:系统特性不随时间改变的系统称为定常系统,其数学描述为常系数微分方程。系统特性随时间变化的系统称为参变系统,其数学描述为变系数微分方程。

(3)线性系统和非线性系统:质量不变、弹性力和阻尼力与运动参数成线性关系的系统称为线性系统,其数学描述为线性微分方程。不能简化为线性系统的系统称为非线性系统,其数学描述为非线性微分方程。

一个实际振动系统应该采用何种简化模型,需要根据具体情况来确定。对于相同的振动问题,在不同条件下或为不同的目的,可以采用不同的振动模型。在有些情况下可以作近似简化,例如,当外界激励很小时,受迫振动可视为自由振动;当微幅振动时,非线性系统可近似作为线性系统处理。模型的建立及分析模型所得的结论,需通过实验或实践的检验。

本书采用的系统限于定常、线性、离散或连续的模型。

## 1.3 振动力学中的建模问题

振动研究中的首要环节是力学模型和数学模型的建立。

振动分析中一般都要通过测试与理论分析来建立力学模型。经过不断地修正,使一些工程中的振动问题获得更精确的力学模型(理论的、数值的或实验的力学模型)。

对于一台机器或一种工程结构的振动分析,首要的步骤是如何建模。由于它们本身组成的复杂性,外界载荷的复杂性、多样性(相对静载荷而言)及不可预见性(风载荷、地震载荷),为此建立振动问题力学模型时,必须根据需要解决的问题来考虑研究对象以及外界对它的作用,以便简化为一个计算所用的力学模型。例如,对高层建筑作地震反应分析时,根据所研究的对象特点不同所建立的计算力学模型也不同。

1. 刚性楼盖高层建筑

对采用现浇钢筋混凝土楼板的体型规则的高层建筑,由于楼盖的水平刚度很大,在确定结构动力特性(频率、主振型)时,可采用串联质点系[图 1.1(a)]。

2. 非刚性楼盖高层建筑

对采用钢筋混凝土预制楼板的高层建筑以及体型复杂的高层建筑,需要考虑地震作用下各层楼盖所产生的水平变形,因此在确定结构动力特性时,宜采用串并联质点系[图 1.1(b)]。

3. 偏心结构高层建筑

结构存在偏心时,即使在地震单向平动分量作用下,也会发生扭转振动。此时若采用串联质点系作为其力学模型,就不可能体现出这种扭转振动的效果,而需采用串联刚片系作为偏心结构高层建筑的振动分析力学模型[图 1.1(c)]。该模型中每层刚片具有两个正交的水平位移和一个转角,共三个自由度,如图 1.1(d)所示。众所周知,不管机器或结构物会产生怎样的振动形式,其主要的原因在于其本身的质量(惯性)和弹性。阻尼则使振动抑制。从能量观点出发,质量可储存动能,弹性可储存势能,而阻尼则消耗能量。当外界对系统作功时,系统质量吸收动能而获得运动速度,弹性储存变形而具有使系统恢复到原来状态的能力。由于能量不断地变换就使系统在平衡位置附近作往复运动。如果没有外界始终不间断地给系统质量输入能量,那么,由于阻尼存在而消耗其能量,将使振动趋于停息。由此可见,质量、弹性和阻尼是振动系统力学模型的三要素。

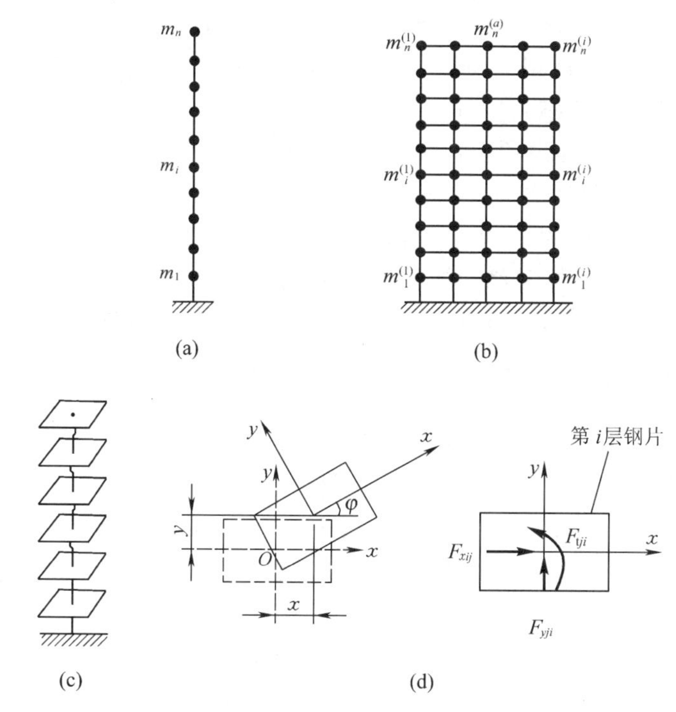


图 1.1

所有实际机器和结构物元件的质量和弹性皆是连续分布的。若将实际上是连续分布的参数(如高层建筑、桥梁、齿轮和齿轮轴等)简化成具有若干集中质量并由相应的弹簧或弹性杆和阻尼器联结在一起的系统,此时振动系统的力学模型就有连续系统和离散系统两种不同的计算力学模型。

可见,在振动分析中,力学模型的建立需注意以下几点:

(1)根据研究目的,即需要解决什么问题。对实际结构进行分析,找到其特点。

(2)分清外界对研究对象的作用,判别是确定载荷,还是不确定载荷。在线性振动中,将不讨论不规则载荷,这种载荷的作用将在随机振动书籍中专门解决。

(3)考察研究对象是以空间、还是平面问题来进行研究;是以离散、还是连续系统来进行解决;是以一个自由度、还是多个自由度系统来进行处理。

当力学模型建立之后,需建立系统参数(质量、弹性、阻尼)、激励及响应三者之间的关系式,即数学表达式——运动微分方程式。

根据理论力学中的牛顿第二定律、动力学普遍定理、动静法或拉格朗日方程建立离散系统运动微分方程。另外,再考虑材料力学中的单元、变形等概念,对连续系统建立运动微分方程。

对离散系统所建立的振动微分方程一般为二阶常微分方程。当系统为多自由度系统时,则为二阶联立微分方程组。对连续系统所建的振动微分方程一般为偏微分方程。由于微分方程是系统振动行为的数学描述,为此根据微分方程人们便可清楚地了解其运动类型。这样,若运动微分方程是常微分方程,那么系统一定是集中质量系统,即离散系统。若运动微分方程是偏微分方程,那么系统一定是连续分布参数系统,即连续系统。当运动微分方程是齐次时,系统一定作自由振动,即在初始激励后以系统的恢复力进行振动。若运动微分方程是非齐次的,则系统作强迫振动,即在系统上作用着外激励,系统受干涉力进行振动。当运动微分方程是线性的,那么系统为线性的;若运动微分方程是非线性的,则系统为非线性的。

从振动运动微分方程的自由项函数的形式也可以判定系统振动运动的形式。若自由项为简谐函数,则系统的响应(稳态)也是简谐函数;若自由项为任意周期函数,则系统的稳态响应也一定是任意周期函数;若自由项为脉冲函数,那么,系统一定是瞬态振动;若自由项为随机函数,则系统一定是随机振动。

求解微分方程是一件较为复杂的工作。对线性微分方程而言,一般对一、二个自由度系统,可用经典方法求得封闭解,对高阶线性微分方程需借用线性代数的方法,将联立微分方程化为联立代数方程,编写电算程序在计算机上求解,以得出其近似解。对于偏微分方程将应用数理方程的方法,将偏微分方程化为常微分方程,并配合边界条件进行求解。

## 1.4　振动力学的研究内容

随着科技和生产的发展及近代电子技术和数字计算机的发展和广泛的应用,使振动领域的基础理论和应用技术的研究日益广泛和深入。过去无法实现的复杂计算和测试皆可能实现,使振动的研究取得了突破性的进展。

当前我国处在经济建设的高潮,大量的工程项目正在建设中,工程的设计,工程问题的分析处理,产品质量的提高,设备有效运行的故障排除等,都提出了大量需要研究和解决的问题。总之,振动研究的目的是探究工程实际中使研究对象发生振动的原因及其运动规律对机器、结构物和人体的影响,寻找控制和消除振动的方法。振动的研究大致有以下几个方面:

(1)确定系统的固有频率,预防共振的发生;

(2)计算系统的动力响应,以确定机器、结构物受到的动载荷或振动的能量水平;

(3)研究平衡、隔振和消振方法,以消除振动的影响;

(4)研究自激振动及其他不稳定振动产生的原因,以便有效地控制;

(5)进行振动检测,分析事故原因及控制环境噪声;

(6)振动技术的利用。

以上这些问题涉及线性振动、非线性振动、随机振动及其他学科等。由于本书篇幅的限制,主要讨论前两类问题。

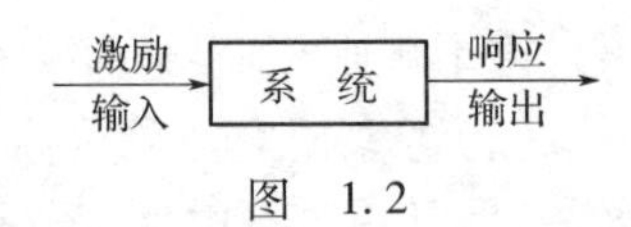


图　1.2

振动力学研究的内容可以用图 1.2 表示。系统是指所研究振动问题的对象、机械产品、工程结构或零部件，它表征了系统本身的特征，如质量（惯性）、弹性（刚度）、阻尼。激励（输入）是指外界对系统的作用，如初始干扰、外激振力等。响应（输出）是指系统在激励的作用下所产生的输出（位移，速度和加速度），通常称为系统的动态响应。

从计算分析来看，只要已知其中两者的情况即可求得第三者。从此意义来说，工程实际中所研究和所要解决的问题可分为以下几类：

（1）响应分析。在已知系统激励和系统参数的情况下求系统响应问题，它包括位移、速度、加速度和力的响应，为计算结构物的强度、刚度、允许的振动能量水平提供依据。

（2）系统设计。在已知系统激励的情况下设计合理的系统参数，以满足动态响应或其他输出的要求。这是使结构具有良好动态性能非常重要的一步，同时它也依赖于前一个问题的解决，故在实际工作中这两个问题是互相交替进行分析的。

（3）系统识别。在已知系统的激励和响应的情况下求系统的参数，以便了解系统的特性，这个问题称为动力学反问题之一。目前较为有效的方法是采用测试技术和理论相结合的途径。

（4）环境预测。在已知系统的输出及系统参数的情况下，来确定系统的输入，以判别系统的环境特性。

# 2　单自由度系统振动

实际的振动系统往往是很复杂的,在研究某些感兴趣的物理量时,振动系统需要简化为某种理想模型。例如简化为若干个“无质量”的弹簧和“无弹性”的质量所组成的“弹簧—质量”系统。由于对同一物理系统可以建立几种数学模型,人们希望得到一个既能较真实反映实际物理系统的重要特性,又便于计算或实验的模型。仅有一个“弹簧—质量”的系统是最简单的振动模型,如图 2.1 所示。若质量块在竖直方向上作上下运动,系统的位置可用一个独立坐标 $y$ 来确定,这种系统称为单自由度系统,简称单度系统。工程中有许多问题可简化成这种模型。图 2.2(a)所示为一发动机固定在混凝土基础上,在只研究发动机与基础的竖直振动时,将基础和发动机一起看作质量块,把参与振动的土壤当作一个无质量的弹簧和阻尼器,于是就简化成图 2.2(b)所示的弹簧—质量—阻尼系统。图 2.3 中所示各例均属于单自由度振动系统,也都可以简化为类似图 2.2(b)所示的模型。

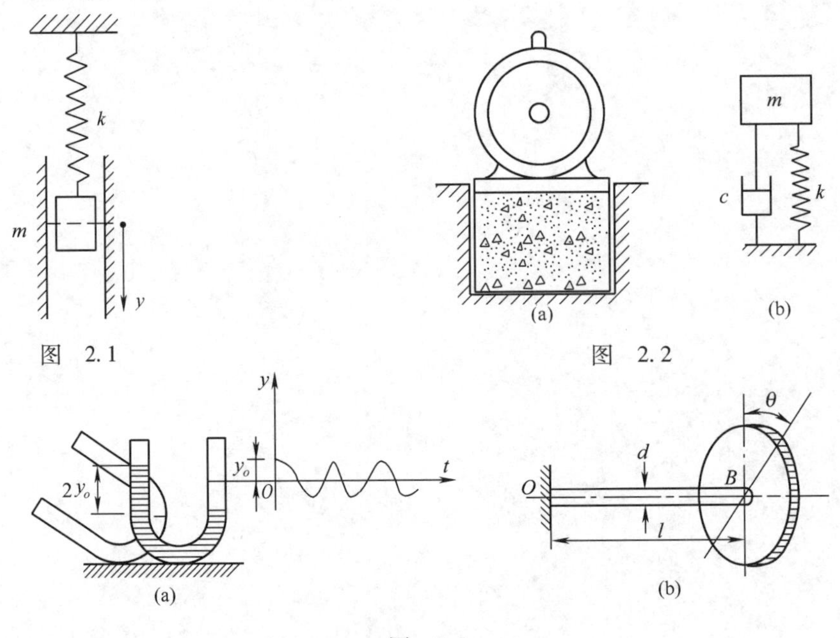


图　2.1

图　2.2

图　2.3

## 2.1　运动方程的建立

**【例 2.1】**　已知弹簧—质量系统如图 2.4 所示,质量为 $m$,弹簧刚度为 $k$,弹簧原长为 $l$。试确定系统的振动方程。

**【解】**　图 2.4 是最简单的单自由度系统。考察弹簧—质量系统沿铅垂方向的自由振动。设 $x_1$ 向下为正,由牛顿第二定律知系统的运动方程为

$$m\ddot{x}_1 + k(x_1 - l) = mg$$

若设偏离静平衡位置的位移为 $x$，则因 $x_1 = x + l + mg/k$，故上式变为

$$m\ddot{x} + kx = 0$$

因此，当像重力一类的不变力作用时，可只考虑偏离系统静平衡位置的位移，那么运动方程中不会再出现重力这类常力，使方程形式变得简洁。现约定，以后若无特别指明，一律以系统稳定的静平衡位置作为运动（或广义）坐标的原点。

**【例 2.2】** 如图 2.5 所示扭摆，已知扭轴的切变模量为 $G$，极惯性矩为 $I_p$，转动惯量为 $J$，轴长为 $l$。试求扭摆的振动方程。

**【解】** 如图 2.5 所示，相对于固定轴 $x$ 发生扭动，以 $\theta$ 为广义坐标建立系统的转动运动方程。经分析知有两力矩作用在圆盘上，即惯性力矩 $J\ddot{\theta}$ 和恢复力矩 $\frac{GI_p}{l}\theta$。由动静法原理得

$$J\ddot{\theta} + \frac{GI_p}{l}\theta = 0$$

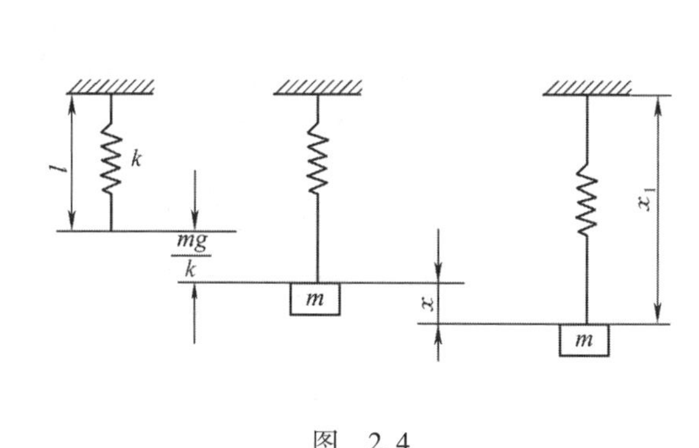


图 2.4

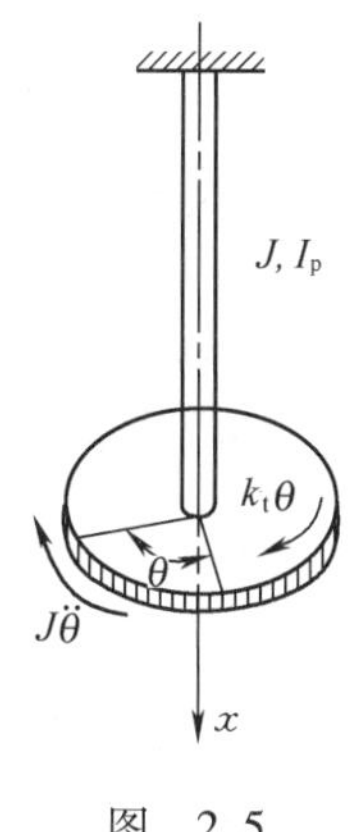


图 2.5

其中，$\frac{GI_p}{l}$ 为轴的扭转刚度，设为 $k_t$，故

$$\ddot{\theta} + \frac{k_t}{J}\theta = 0$$

**【例 2.3】** 一质量为 $m$ 的重物附加在简支梁上，系统参数及截面尺寸如图 2.6(a)、(b) 所示。试将系统简化为单自由度系统，并求其振动方程。

**【解】** 梁的质量与 $m$ 相比可略去。弹簧常数 $k$ 取决于质量 $m$ 在梁上的位置。对图 2.6(a) 所示的简支梁，由材料力学得

$$\Delta = \frac{mg}{3EI} \cdot \frac{l_1^2 l_2^2}{l}$$

从而

$$k = \frac{mg}{\Delta} = \frac{3EIl}{l_1^2 l_2^2}$$

因矩形横截面惯性矩 $I = \frac{1}{12}bh^3$，所以

$$k = \frac{Ebh^3 l}{4l_1^2 l_2^2}$$

将带重物的简支梁简化为图2.6(c)所示的相当系统,惯性力与弹性恢复力相平衡,则有

$$m\ddot{y}+ky=0$$

或
$$\ddot{y}+\frac{Ebh^3l}{4ml_1^2l_2^2}y=0$$

如果梁的两端不是简支,则$\Delta$应有不同数值。

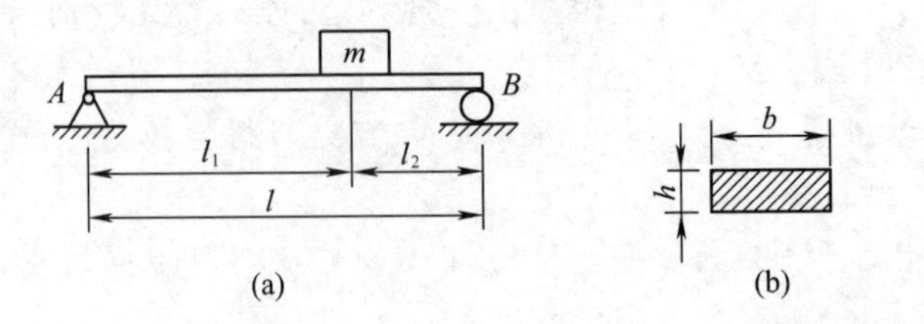


图 2.6

【例2.4】 如图2.7所示系统,相关参数已在图上标出。试求系统的振动方程。

【解】 求解时可以选择任意坐标$x_1$、$x_2$、$\theta$作为变量,但它们相互关联,只有一个是独立的。现取绕固定轴$O$的转角$\theta$为独立坐标,则等效转动惯量

$$J_c=m_1a^2+m_2b^2+m_3r^2$$

其中,$r$是$m_3$的惯性半径。系统的等效角刚度

$$k_e=k_1a^2+k_2b^2+k_3c^2$$

则
$$\ddot{\theta}+\frac{k_1a^2+k_2b^2+k_3c^2}{m_3r^2+m_2b^2+m_1a^2}\theta=0$$

或
$$\ddot{\theta}+A\theta=0$$

其中
$$A=\frac{k_1a^2+k_2b^2+k_3c^2}{m_1a^2+m_2b^2+m_3r^2}$$

可以取$x_1$为独立坐标,于是

$$(m_1)_e=m_1+m_2\left(\frac{b}{a}\right)^2+m_3\left(\frac{r}{a}\right)^2$$

$$(k_1)_e=k_1+k_2\left(\frac{b}{a}\right)^2+k_3\left(\frac{c}{a}\right)^2$$

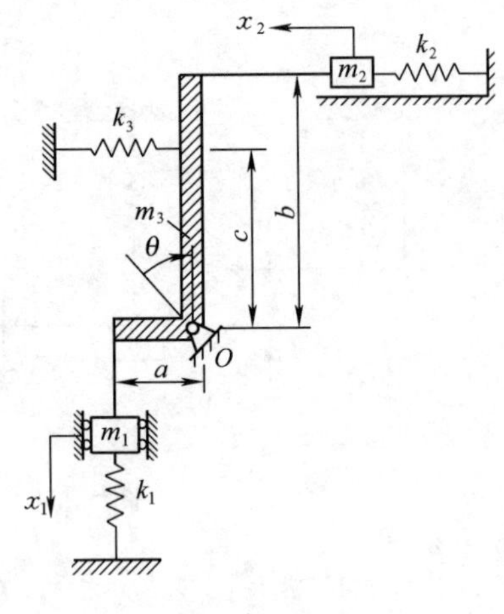


图 2.7

令
$$B=\frac{(k_1)_e}{(m_1)_e}=\frac{k_1+k_2\left(\frac{b}{a}\right)^2+k_3\left(\frac{c}{a}\right)^2}{m_1+m_2\left(\frac{b}{a}\right)^2+m_3\left(\frac{r}{a}\right)^2}$$

经推导可得系统运动方程

$$\ddot{x}_1+Bx_1=0$$

同理以$x_2$为独立坐标,可得

$$\ddot{x}_2+Cx_2=0$$

其中
$$C=\frac{k_1+k_2\left(\frac{a}{b}\right)^2+k_3\left(\frac{c}{b}\right)^2}{m_1+m_2\left(\frac{a}{b}\right)^2+m_3\left(\frac{r}{b}\right)^2}$$

不难验证$A=B=C$。

可见，对结构较复杂的单自由度系统（其中有些元件作平移，另一些作转动），不管选择哪一个坐标变量作为独立坐标，其振动方程形式不变。这说明系统固有振动规律与坐标选择无关。

## 2.2 等效质量、等效刚度、等效阻尼

### 2.2.1 等效质量

在工程实际中，有时要把具有多个集中质量或分部质量系统简化为具有一个等效质量的单自由度系统。下面介绍几种典型情况下求等效质量的方法。

**【例 2.5】** 如图 2.8(a)所示，一弹簧—质量系统若需要考虑弹簧的质量，则其等效质量为多少？设弹簧原长为 $l$，单位长度的质量为 $\rho$。

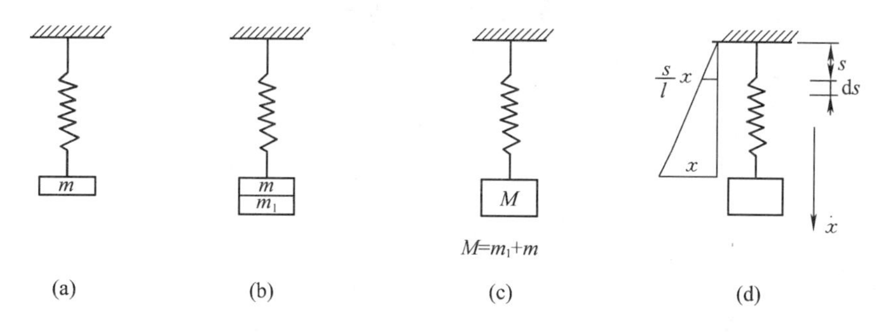


图 2.8

**【解】** 弹簧的质量为匀布，它要参与系统振动，可以将其简化，即把它集中到质量块上，如图 2.8(b)所示。现按动能等效的原则来获得等效质量，如图(d)所示，取微段 ds，其质量

$$\rho \mathrm{d}s = \mathrm{d}m$$

在 ds 段处的弹簧位移为 $\frac{s}{l}x$，速度为 $\frac{s}{l}\dot{x}$，微段的动能为

$$\mathrm{d}T = \frac{1}{2}\mathrm{d}m \cdot v^2 = \frac{\rho}{2}\mathrm{d}s\left(\frac{s}{l}\dot{x}\right)^2$$

则弹簧的动能为

$$T = \int \mathrm{d}T = \int_0^l \frac{1}{2}\rho \cdot \frac{\dot{x}^2}{l^2}s^2\mathrm{d}s = \frac{1}{2}\left(\frac{1}{3}\rho l\right)\dot{x}^2$$

令

$$m_1 = \frac{1}{3}\rho l$$

则

$$T = \frac{1}{2}m_1\ \dot{x}^2$$

故

$$m_\mathrm{e} = m_1 = \frac{1}{3}\rho l$$

即弹簧的等效质量是按 1/3 的弹簧的质量附加到原质量块上。

**【例 2.6】** 如图 2.9(a)所示，已知杆的长度为 $l$，质量为 $m$，弹簧的刚度系数为 $k$。求该系统简化到弹簧所在杆端的等效质量。

**【解】** 依据动能等效原则，有

$$T = \frac{1}{2}J_0\ \dot{\theta}^2 = \frac{1}{2}\left[J_\mathrm{C} + m\left(\frac{l}{4}\right)^2\right]\dot{\theta}^2$$

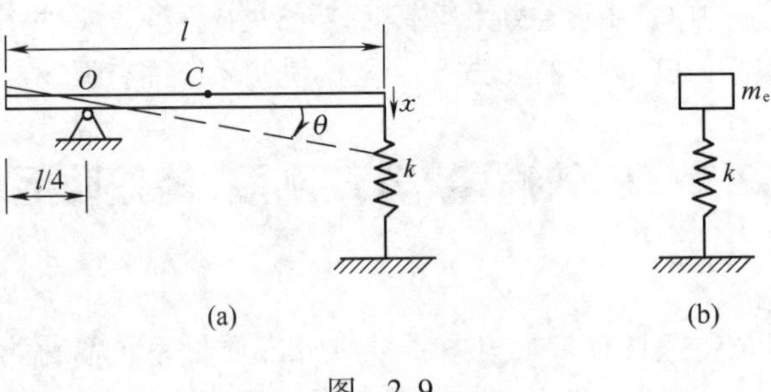


图 2.9

又 $J_C=\frac{1}{12}ml^2$,则

$$T=\frac{1}{2}\left(\frac{7}{48}ml^2\right)\dot{\theta}^2 \tag{a}$$

由几何关系,得

$$\dot{x}=\frac{3}{4}l\dot{\theta}$$

故

$$T=\frac{1}{2}m_e\dot{x}^2=\frac{1}{2}m_e\left(\frac{3}{4}l\dot{\theta}\right)^2 \tag{b}$$

由式(a)和式(b)得

$$m_e=\frac{7}{27}m$$

**【例 2.7】** 如图 2.10 所示系统,一转动惯量为 $J_0$ 的杆件 $AB$,连接有质量块 $m_1$ 和 $m_2$,转轴 $O$ 点距杆 $A$、$B$ 端的距离分别为 $a$ 和 $b$。现求将质量简化到 $A$ 点的等效质量。

**【解】** 设等效质量的动能为

$$T_e=\frac{1}{2}m_eu_e^2$$

而系统的总动能为

$$T=\frac{1}{2}m_1v_A^2+\frac{1}{2}m_2v_B^2+\frac{1}{2}J_0\omega^2$$

又

$$u_e=v_A=a\dot{\theta}$$

$$v_B=b\dot{\theta}$$

$$T=\frac{1}{2}m_1(a\dot{\theta})^2+\frac{1}{2}m_2(b\dot{\theta})^2+\frac{1}{2}J_0(\dot{\theta})^2$$

$$T=T_e$$

$$\frac{1}{2}m_e(a\dot{\theta})^2=\frac{1}{2}m_1(a\dot{\theta})^2+\frac{1}{2}m_2(b\dot{\theta})^2+\frac{1}{2}J_0(\dot{\theta})^2$$

得

$$m_e=m_1+m_2\left(\frac{b}{a}\right)^2+\frac{J_0}{a^2}$$

**【例 2.8】** 如图 2.11 所示均质等截面简支梁,在梁中央放置一集中质量 $m_1$,梁本身的质量为 $m_2$。试求将梁本身质量简化到梁的中央的等效质量。

**【解】** 已知梁中央处的静载荷为 $m_1g$,在其作用下梁的挠度曲线为

$$y=\frac{m_1g}{48EI}(3l^2x-4x^3)\quad\left(0\leqslant x\leqslant\frac{l}{2}\right) \tag{a}$$

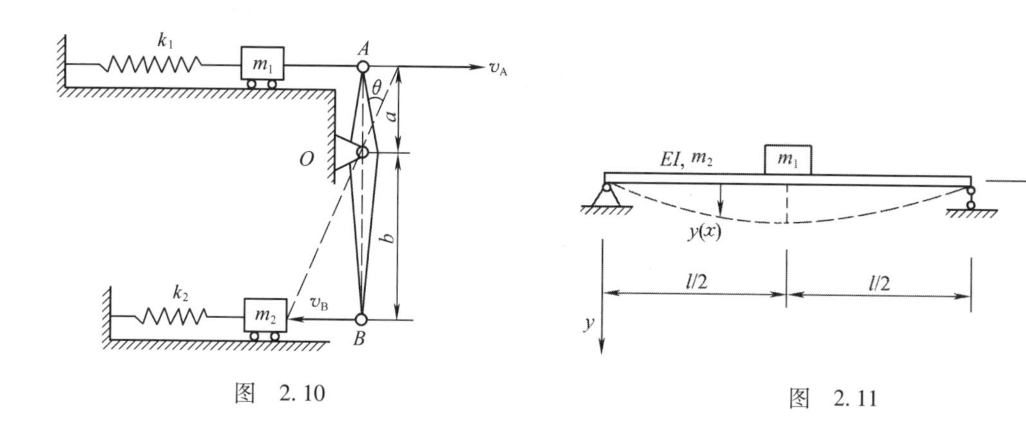


图 2.10　　图 2.11

$$y_m = y(x)\Big|_{x=l/2} = \frac{m_1 g}{48EI} l^3 \tag{b}$$

式中 $y$、$y_m$ 皆为时间函数。

由式(a)、式(b)得

$$y = y_m \frac{3l^2 x - 4x^3}{l^3}$$

则

$$\dot{y} = \dot{y}_m \frac{3l^2 x - 4x^3}{l^3} \tag{c}$$

设梁的单位长度的质量为 $\rho$,则其动能为

$$T = 2\int_0^{\frac{l}{2}} \frac{1}{2}\rho\left(\dot{y}_m \frac{3l^2 x - 4x^3}{l^3}\right)^2 dx = \frac{1}{2}\left(\frac{17}{35}\rho l\right)\dot{y}_m^2 = \frac{1}{2}m_e \dot{y}_m^2$$

故

$$m_e = \frac{17}{35} m_2$$

### 2.2.2 等效刚度

工程系统中,若弹性元件斜向布置或几个弹性元件(或弹簧)以不同方式连接在一起,则必须求得一个与之等效的弹性元件的刚度,称为等效刚度。

1. 并联弹簧

把图 2.12(a)作为并联弹簧是显而易见的,但对图 2.12(b)和(c)有必要略加说明。

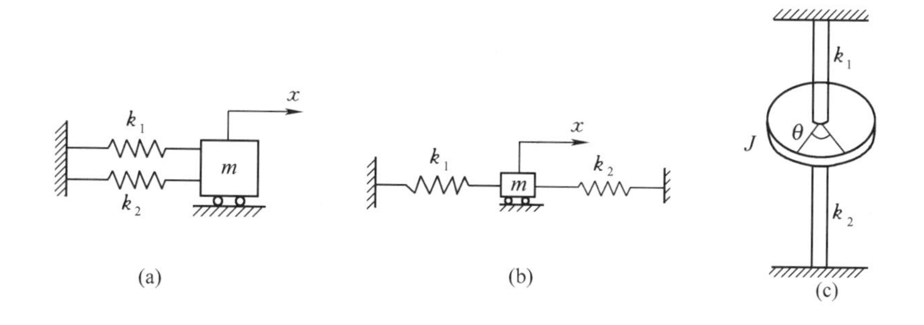


(a)　(b)　(c)

图 2.12

图 2.12(b)和(c)是并联的,是因为图(b)中 $k_1$ 和 $k_2$ 两弹簧的变形相同,而图(c)中两轴

的扭角也相同。

如果 $F_1$、$F_2$ 分别表示图 2.12(b)中 $k_1$ 和 $k_2$ 弹簧所受到的力,$x$ 为质点 $m$ 的位移,则

$$x=\frac{F_1}{k_1}=\frac{F_2}{k_2}=\frac{F_1+F_2}{k_1+k_2}=\frac{F}{k_1+k_2}=\frac{F}{k_e}$$

故
$$k_e=k_1+k_2$$

2. 串联弹簧

串联弹簧中的各弹簧所受力相等,但变形一般却不等(特殊情况下可能相等)。比较图 2.13中的(a)、(b)与图 2.12 中的(b)、(c),可以看出串联弹簧与并联弹簧的差异。

若 $F$ 为各弹簧中所受到的力,$x_1$ 和 $x_2$ 分别表示图 2.13(a)中两弹簧的变形,则

$$x=x_1+x_2=\frac{F}{k_1}+\frac{F}{k_2}=F\left(\frac{1}{k_1}+\frac{1}{k_2}\right)=\frac{F}{k_e}$$

故
$$\frac{1}{k_e}=\frac{1}{k_1}+\frac{1}{k_2}\quad 或\quad k_e=\frac{k_1k_2}{k_1+k_2}\tag{2.1}$$

串联弹簧必须用刚度倒数相加,比较麻烦。可以借助图 2.14 所示的串联弹簧刚度的合成图解方法求得等效刚度 $k_e$。利用几何中的三角形比例关系不难证明作图法中的 $k_e$ 完全符合式(2.1)。

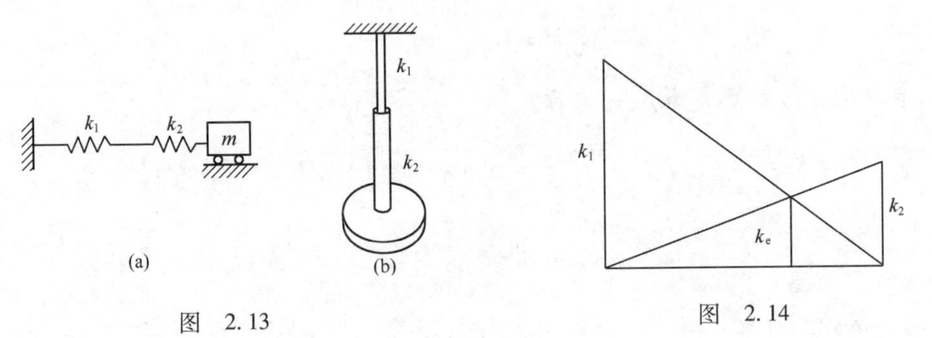


图 2.13　　图 2.14

**【例 2.9】** 如图 2.15 所示系统,已知 $k_1$、$k_2$、$a$、$b$ 及 $m$,杆的质量不计,求等效刚度。

**【解】** 由受力分析知

$$\sum F_y=0,\quad k_ex=k_1x_1+k_2x_2\tag{a}$$

$$\sum m_C(\boldsymbol{F})=0,\quad ak_1x_1-k_2x_2b=0$$

则
$$x_1=\frac{k_2b}{k_1a}x_2\tag{b}$$

由几何关系知

$$x_1=x-a\theta\tag{c}$$

$$x_2=x+b\theta\tag{d}$$

$$bx_1+ax_2=(a+b)x\tag{e}$$

将式(b)、式(c)、式(d)代入式(e),有

$$x_2=\frac{k_1a(a+b)}{k_1a^2+k_2b^2}x\tag{f}$$

将式(e)、式(b)代入式(a),得

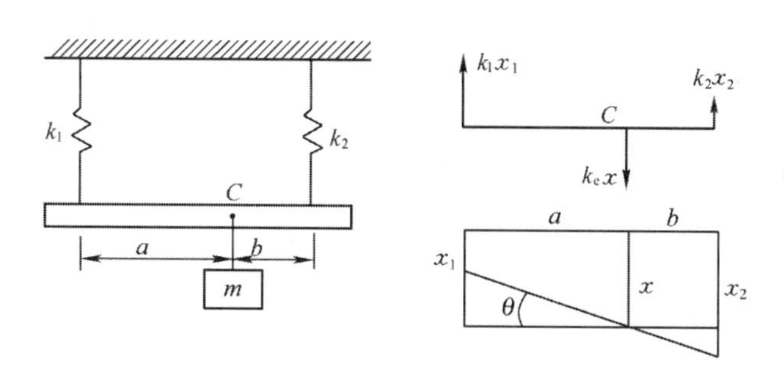


图　2.15

$$k_e x = k_1 \frac{k_2 b}{k_1 a} x_2 + k_2 x_2 = \frac{(a+b)k_2}{a} \cdot \frac{k_1 a(a+b)}{k_1 a^2 + k_2 b^2} x$$

即
$$k_e = \frac{(a+b)^2}{\frac{1}{k_1 k_2}(k_1 a^2 + k_2 b^2)} = \frac{(a+b)^2}{\frac{a^2}{k_2} + \frac{b^2}{k_1}}$$

**【例 2.10】** 如图 2.16 所示系统，根据图示参数，求系统的等效刚度 $k_e$。

**【解】** 设 $k_1$、$k_2$、$k_3$ 和圆盘在同一平面内。作用于固定轴的扭转力矩为

$$M_t = \frac{k_{t1} k_{t2}}{k_{t1} + k_{t2}} \theta + k_{t3} \theta + k_1 r^2 \theta + \frac{k_2 k_3}{k_2 + k_3} r^2 \theta$$

故
$$k_e = \frac{M_t}{\theta} = \frac{k_{t1} k_{t2}}{k_{t1} + k_{t2}} + k_{t3} + \left(k_1 + \frac{k_2 k_3}{k_2 + k_3}\right) r^2$$

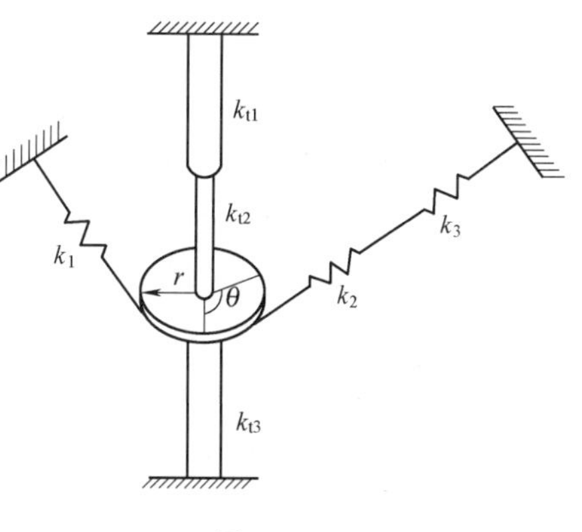


图　2.16

**【例 2.11】** 如图 2.17(a)、(b)所示系统，已知 $m$、$k$、$EI$。求系统的等效刚度。

**【解】** 图 2.17(a)中，悬臂梁的刚度为$\frac{3EI}{l^3}$。质量块 $m$ 处杆端的挠度和弹簧的变形相等，故图(a)为并联弹簧，其等效刚度为

$$k_e = k + \frac{3EI}{l^3}$$

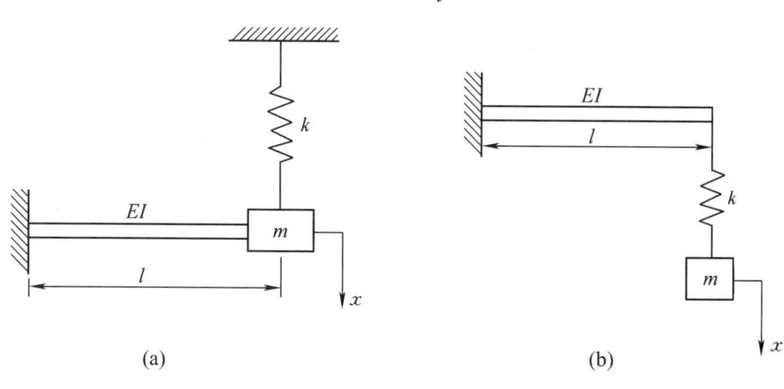


图　2.17

图 2.17(b)中，悬臂梁的刚度同图 2.17(a)，但杆端的挠度和弹簧的变形不同，载荷却相同，故为串联弹簧，其等效刚度为

$$k_e=\frac{1}{\frac{1}{k}+\frac{l^3}{3EI}}$$

可见连接方式略一变更,等效刚度就有明显不同,这是应该引起注意的。

### 2.2.3 等效阻尼

求等效黏性阻尼系数 $c_e$ 是计算非黏性阻尼的近似方法。解决问题的依据是一个周期内非黏性阻尼所消耗的能量等于等效黏性阻尼所消耗的能量。

设等效黏性阻尼系数为 $c_e$,则阻尼力的大小为 $F_d=c_e\dot{x}$。系统在振动一个周期里所消耗的能量为

$$A_d=\int_0^T c_e\dot{x}\mathrm{d}x=A_R$$

而

$$A_R=\int_0^T R\dot{x}\mathrm{d}x$$

即 $A_R$ 为一周期内阻尼力所做的功。

当激振力 $F=F_0\sin\omega t$ 时,系统作简谐强迫振动,有

$$x=B\sin(\omega t-\alpha)$$

则

$$\dot{x}=B\omega\cos(\omega t-\alpha)$$

相应地

$$F_d=c_e\dot{x}=c_eB\omega\cos(\omega t-\alpha)$$

$$\begin{aligned}A_d&=\int_0^T c_eB\omega\cos(\omega t-\alpha)\mathrm{d}[B\sin(\omega t-\alpha)]\\&=\int_0^{\frac{2\pi}{\omega}}c_eB^2\omega^2\cos^2(\omega t-\alpha)\mathrm{d}t\\&=c_eB^2\omega^2\frac{2\pi}{2\omega}=c_eB^2\omega\pi=A_R\end{aligned}$$

故得

$$c_e=\frac{A_R}{\pi\omega B^2}\tag{2.2}$$

**【例 2.12】** 试分析干摩擦阻尼情况。

**【解】** 如图 2.18 所示,$F$ 为常力,其大小不变,方向改变。运动分 4 个过程,即 $O\to A\to O\to D\to O$,每一过程均需消耗能量。

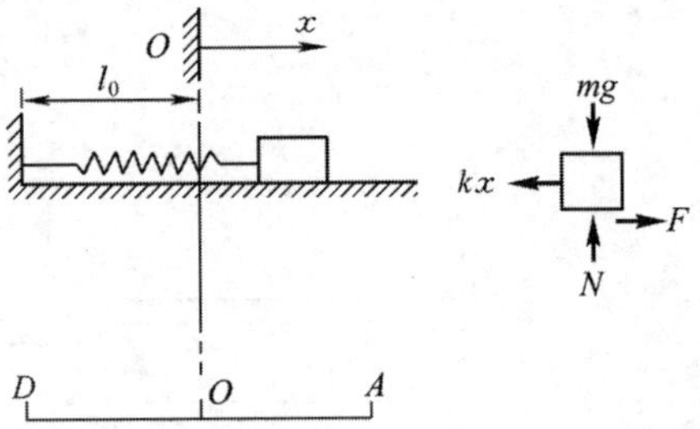


图 2.18

$O\to A$ 过程摩擦力所做的功为

$$A_R^{(1)}=FB$$

则全过程中摩擦力所做的功为

$$A_R=4FB$$

由式(2.2)得其等效黏性阻尼系数

$$c_e=\frac{4FB}{\pi\omega B^2}=\frac{4F}{\pi\omega B}$$

**【例 2.13】** 试分析流体阻尼情况。

**【解】** 流体阻尼有其自身特点,即当物体以较大的速度在黏性较小的流体中运动时,其

阻力为

$$F_d = c\dot{x}^2$$

阻力在一周期内所做的功为

$$A_R = 4\int_0^{\frac{T}{4}} F_d \dot{x}\mathrm{d}x = 4\int_0^{\frac{T}{4}} c\dot{x}^3\mathrm{d}x = 4\int_{\frac{\psi}{\omega}}^{\frac{2\pi}{4\omega}+\frac{\psi}{\omega}} \omega^3 cB^3\cos^3(\omega t-\psi)\mathrm{d}t = \frac{8}{3}cB^3\omega^2$$

代入式(2.2),则得

$$c_e = \frac{8c\omega B}{3\pi}$$

## 2.3 单自由度系统的自由振动

### 2.3.1 无阻尼的单自由系统

现以图2.19所示弹簧—质量系统为力学模型来研究单自由度系统的自由振动。

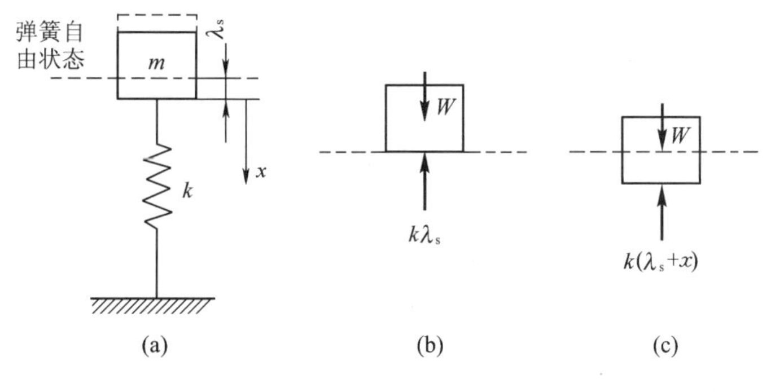


图 2.19

令 $x$ 为位移,以质量块的静平衡位置为坐标原点,建立图2.19(a)中所示的坐标轴,当系统受到初始扰动时,由牛顿第二定律得

$$m\ddot{x} = mg - k(\lambda_s + x) \tag{2.3}$$

式中 $\lambda_s$ 为弹簧在质量块的重力作用下的静变形,由于平衡时有

$$mg = k\lambda_s \tag{2.4}$$

于是由式(2.3)得到弹簧—质量系统的固有振动或自由振动微分方程

$$m\ddot{x} + kx = 0 \tag{2.5}$$

引进符号

$$\omega^2 = \frac{k}{m} \tag{2.6}$$

式(2.5)改写为

$$\ddot{x} + \omega^2 x = 0 \tag{2.7}$$

该方程为一常系数线性齐次二阶常微分方程。其通解可写为

$$x = A\sin\omega t + B\cos\omega t$$

式中 $A$、$B$ 是积分常数,可由初始条件决定。设振动的初始条件为

$$t=0\text{ 时},\quad x=x_0,\quad \dot{x}=\dot{x}_0$$

于是方程解为

$$x=x_0\cos\omega t+\frac{\dot{x}_0}{\omega}\sin\omega t \tag{2.8}$$

因两个同频率的简谐振动合成后仍然是一个简谐振动,故式(2.8)亦可用下式表达:

$$x=A\sin(\omega t+\varphi) \tag{2.9}$$

式中

$$A=\sqrt{x_0^2+\left(\frac{\dot{x}_0}{\omega}\right)^2},\quad \tan\varphi=\frac{\omega x_0}{\dot{x}_0} \tag{2.10}$$

式(2.8)或式(2.9)称为系统对于初始条件 $x_0$ 与 $\dot{x}_0$ 的响应。式(2.9)说明,在线性恢复力作用下系统的运动是简谐运动。$A$ 是偏离平衡位置的最大位移,称为振幅,$\varphi$ 称为初相位。

简谐振动的圆频率为 $\omega$,由式(2.6),有

$$\omega=\sqrt{\frac{k}{m}}\quad (1/\mathrm{s}) \tag{2.11}$$

固有频率为 $f$,且

$$f=\frac{\omega}{2\pi}=\frac{1}{2\pi}\sqrt{\frac{k}{m}}\quad (\mathrm{Hz}) \tag{2.12}$$

周期为 $T$,且

$$T=\frac{1}{f}=2\pi\sqrt{\frac{m}{k}}\quad (\mathrm{s}) \tag{2.13}$$

所以频率和周期仅决定于系统本身的性质,即质量 $m$ 和弹簧刚度 $k$,与初始条件无关。

**【例 2.14】** 一台电动机重 47 kg,转速为 1 430 r/min,固定在两根 5 号槽钢组成的简支梁的中点,如图 2.20(a)所示。每根槽钢长 1.2 m,重 6.52 kg,$EI=162.8\times10^6\ \mathrm{N\cdot cm^2}$。试求此系统的固有频率。

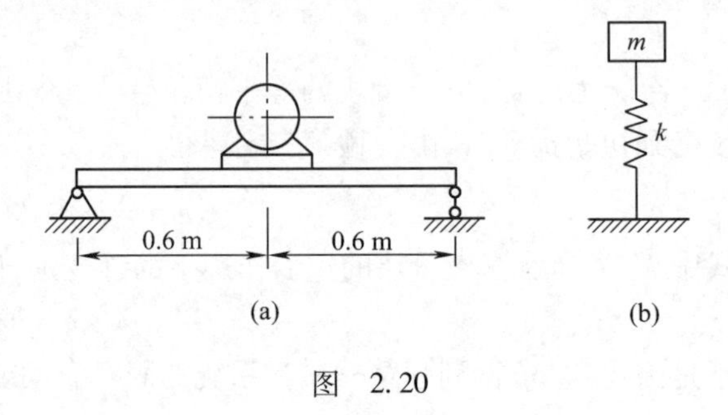


图 2.20

**【解】** 将上述系统简化为一个弹簧—质量系统,如图 2.20(b)所示。槽钢质量与电动机质量相比不可忽略,由例 2.8 知可将槽钢质量的$\frac{17}{35}$加在电动机质量上一起作为一个质量块进行分析计算。

质量块的质量为

$$47+2\times\frac{17}{35}\times6.52$$

根据简支梁挠度公式,在梁跨中点有集中力 $P$ 作用时的挠度为 $y=\frac{Pl^3}{48EI}$,于是简支梁中点的刚度为

$$k'=\frac{P}{y}=\frac{48EI}{l^3}$$

两根槽钢的总刚度为

$$k=2\times\frac{48EI}{l^3}=\frac{2\times48\times162.8\times10^6}{120^3}=9\ 044.44(\text{N/cm})$$

系统的固有圆频率为

$$\omega=\sqrt{\frac{k}{m}}=\sqrt{\frac{9\ 044.44}{53.52}}=13.0(\text{rad/s})$$

固有频率为

$$f=\frac{\omega}{2\pi}=\frac{13.0}{2\pi}=2.069(\text{Hz})$$

**【例 2.15】** 一钢结构的单层厂房可简化成如图 2.21(a)所示的单层框架。设楼板的质量为 $m=2\ 500$ kg,两侧墙壁的总质量为 2 700 kg,且在高度上均匀分布。每侧墙的折算截面惯性矩 $I=3\ 500\ \text{cm}^4$,钢的弹性模量 $E=2.06\times10^7\ \text{N/cm}^2$。求楼板横向振动的固有圆频率。

**【解】** 据题意,楼板的横向振动可用图 2.21(b)所示的弹簧—质量系统等效,弹簧刚度为

$$k_e=\frac{2\times3EI}{l^3}=\frac{2\times3\times2.06\times10^7\times3\ 500}{450^3}=4.747\times10^3\ \text{N/cm}$$

$$=4.747\times10^5\text{N/m}=0.474\ 7\times10^6\ \text{N/m}$$

$$m_e=2\ 500+\frac{33}{144}\times2\ 700=3\ 118.75\ \text{kg}$$

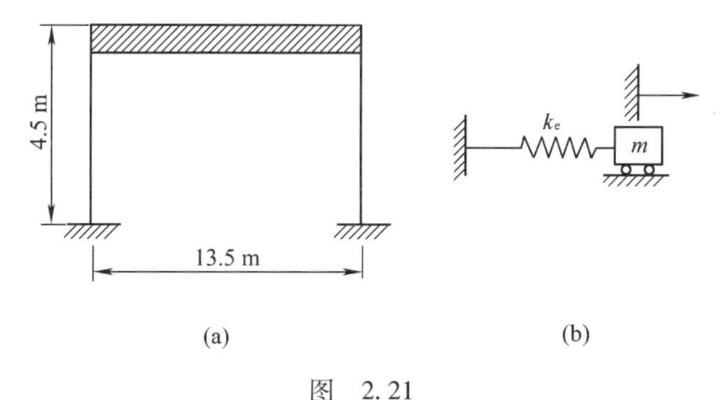


图 2.21

框架的固有圆频率为

$$\omega=\sqrt{\frac{k_e}{m_e}}=\sqrt{\frac{1.90\times10^6}{3\ 118.75}}=12.34\quad(\text{s}^{-1})$$

### 2.3.2 有阻尼的单自由度系统

各种机械系统中都存在着一定的阻尼。阻尼有各种来源,如两物体相对移动时的干摩擦阻尼;有润滑剂的两个物体表面之间的摩擦力;物体在液体中运动的流体阻尼;结构材料本身的内摩擦引起的材料阻尼等。各种阻尼的机理比较复杂,有的还未搞清楚;有的虽然可用数学模型来表示,但要列出振动方程式来解题却很困难。因此阻尼问题始终是振动分析中的一个难题。由于黏性阻尼与速度成正比,故又称线性阻尼,表示为

$$F=c\dot{x}\tag{2.14}$$

式中 $c$ 为比例常数,称为黏性阻尼系数,单位为 N·s/m。黏性阻尼在分析振动问题时使求解大为简化,也能阐明阻尼对系统响应的影响,因此着重分析有这类阻尼的振动。

图 2.22 所示为单自由度系统有黏性阻尼力的力学模型及其受力图,其运动微分方程为

$$m\ddot{x}+c\dot{x}+kx=0$$

令
$$\frac{k}{m}=\omega^2,\quad \frac{c}{m}=2\zeta\omega \tag{2.15}$$

得
$$\ddot{x}+2\zeta\omega\dot{x}+\omega^2x=0 \tag{2.16}$$

设方程的解为 $x=\mathrm{e}^{st}$,代入式(2.16)得

$$(s^2+2\zeta\omega s+\omega^2)\mathrm{e}^{st}=0$$

要使所有时间内上式都能满足,则

$$s^2+2\zeta\omega s+\omega^2=0$$

图 2.22

这是微分方程的特征方程,其解为

$$s_{1,2}=(-\zeta\pm\sqrt{\zeta^2-1})\omega \tag{2.17}$$

式中 $\zeta$ 为无量纲的量,称相对阻尼系数。

于是方程(2.16)的通解为

$$x=C_1\mathrm{e}^{s_1t}+C_2\mathrm{e}^{s_2t}$$

或
$$x=C_1\mathrm{e}^{(-\zeta+\sqrt{\zeta^2-1})\omega t}+C_2\mathrm{e}^{(-\zeta-\sqrt{\zeta^2-1})\omega t} \tag{2.18}$$

式中 $C_1$、$C_2$ 由运动的初始条件确定。

对于 $\zeta>1$,$\zeta=1$,$\zeta<1$ 这三种不同情况,式(2.18)所表示的运动性质各不相同。下面分别进行讨论。

1. $\zeta>1$,大阻尼情况

当 $\zeta>1$ 时,特征方程的根 $s_1$ 与 $s_2$ 均为负实数。式(2.18)表明,$x$ 将随时间按指数规律减小,并趋于平衡位置。

2. $\zeta=1$,临界阻尼情况

当 $\zeta=1$ 时,特征方程有重根 $s_1=s_2=-\omega$,故方程的通解为

$$x=(C+Dt)\mathrm{e}^{-\omega t} \tag{2.19}$$

在以上两种条件下,系统受到初始扰动离开平衡位置后,将逐渐回到平衡位置,运动已无振动的性质,只有当 $\dot{x}_0$ 为负且绝对值足够大时,物体才能通过平衡位置一次,随即回到平衡位置。在这两种情况下,对不同的初始条件,其运动曲线如图 2.23 所示。

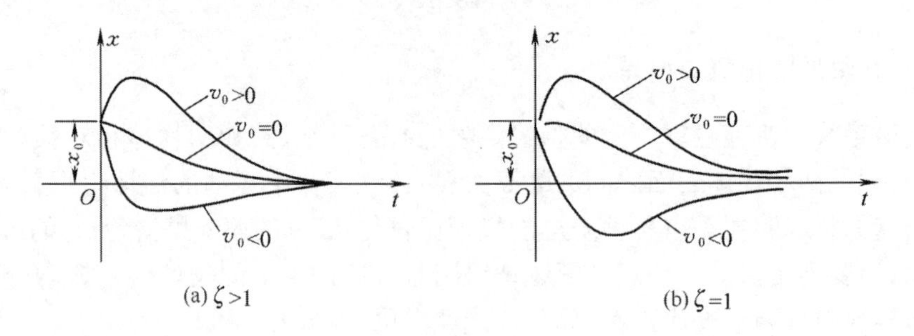


(a) $\zeta>1$　(b) $\zeta=1$

图 2.23

3. $\zeta<1$,小阻尼情况

$\zeta<1$ 时,特征方程的根 $s_1$、$s_2$ 为共扼复数

$$s_{1,2}=(-\zeta\pm \mathrm{i}\sqrt{1-\zeta^2})\omega \tag{2.20}$$

应用欧拉公式

$$\mathrm{e}^{\pm\mathrm{i}\sqrt{1-\zeta^2}\omega t}=\cos\sqrt{1-\zeta^2}\omega t\pm \mathrm{i}\sin\sqrt{1-\zeta^2}\omega t$$

得方程(2.16)的解为

$$x=\mathrm{e}^{-\zeta\omega t}(C\cos\omega' t+D\sin\omega' t) \tag{2.21}$$

式中 $\omega'=\sqrt{1-\zeta^2}\omega$，$C$、$D$ 由运动的初始条件确定。设 $t=0$ 时，$x=x_0$，$\dot{x}=\dot{x}_0$，则

$$C=x_0,\quad D=\frac{\dot{x}_0+\zeta\omega x_0}{\omega'} \tag{2.22}$$

经过三角函数变换可得

$$x=A\mathrm{e}^{-\zeta\omega t}\sin(\omega' t+\varphi) \tag{2.23}$$

式中

$$A=\sqrt{x_0^2+\left(\frac{\dot{x}_0+\zeta\omega x_0}{\omega'}\right)^2} \tag{2.24}$$

$$\varphi=\arctan\frac{\omega' x_0}{\dot{x}_0+\zeta\omega x_0} \tag{2.25}$$

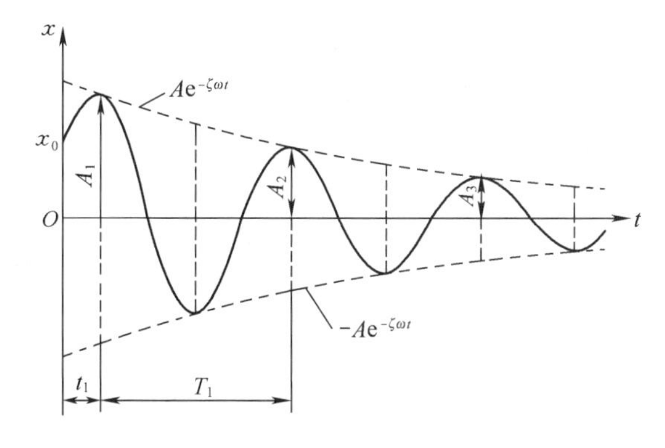


图 2.24

其运动曲线如图 2.24 所示。由于系统振动已不再是等幅的简谐振动，而是振幅被限制在曲线 $\pm A\mathrm{e}^{-\zeta\omega t}$ 之内，随时间不断衰减的衰减振动。

系统的衰减振动虽不是周期性运动，但式(2.23)中的因子 $\sin(\omega' t+\varphi)$ 仍表明物体周期地通过平衡位置 $O$ 向两侧偏离，因此，习惯上将

$$\omega'=\sqrt{1-\zeta^2}\omega \tag{2.26}$$

$$T_1=\frac{2\pi}{\omega'}=\frac{2\pi}{\sqrt{1-\zeta^2}\omega}=\frac{T}{\sqrt{1-\zeta^2}} \tag{2.27}$$

分别称为衰减振动的圆频率和周期。将上式与无阻尼情况相比，阻尼对自由振动的影响有两个方面，一方面是阻尼使系统振动频率 $\omega'$ 降低，周期 $T_1$ 略有加长。$\zeta$ 值越小，影响越小。例如，当 $\zeta=0.2$ 时，$\omega'=\sqrt{1-0.2^2}\omega=0.979\ 80\omega$，$T_1=\dfrac{T}{\sqrt{1-0.2^2}}=1.020\ 62T$；当 $\zeta=0.05$ 时，$\omega'=\sqrt{1-0.05^2}\omega=0.998\ 75\omega$，$T_1=\dfrac{T}{\sqrt{1-0.05^2}}=1.001\ 25T$。可见在 $\zeta\ll 1$ 时，阻尼对频率和周期的影响很小，因此常常不计阻尼的影响，直接引用 $\omega$ 与 $T$ 的值。

另一方面，式(2.23)中的因子 $A\mathrm{e}^{-\zeta\omega t}$ 说明衰减振动的振幅按指数规律缩减。当 $\sin(\omega' t+\varphi)=1$ 时，运动曲线与包络线 $A\mathrm{e}^{-\zeta\omega t}$ 相切；当 $\sin(\omega' t+\varphi)=-1$ 时，运动曲线与 $-A\mathrm{e}^{-\zeta\omega t}$ 相切；在切点处的 $x$ 值 $A\mathrm{e}^{-\zeta\omega t}$ 称为衰减振动的振幅。设在第 $i$ 个振幅处 $t=t_i$，振幅 $A_i=A\mathrm{e}^{-\zeta\omega t_i}$，第 $i+1$ 个振幅 $A_{i+1}=A\mathrm{e}^{-\zeta\omega(t_i+T_1)}$，则任意两个相邻振幅之比都等于

$$\eta=\frac{A_i}{A_{i+1}}=\frac{A\mathrm{e}^{-\zeta\omega t_i}}{A\mathrm{e}^{-\zeta\omega(t_i+T_1)}}=\mathrm{e}^{\zeta\omega T_1} \tag{2.28}$$

式中 $\eta$ 称为减幅系数或减缩率。上式说明衰减振动的振幅以公比 $\eta$ 按几何级数递减。阻尼越大,振幅衰减也愈快。当 $\zeta=0.05$ 时,$\eta=1.37$,$A_{i+1}=\dfrac{A_i}{1.37}=0.73A_i$,即振动一周后振幅减少27%,经过10个周期,振幅将减为初始振幅的4.3%,这说明振动将很快停息,可见阻尼对振幅的影响是显著的。

为了避免取指数值的不方便,常用对数减幅 $\delta$ 来代替减幅系数 $\eta$。

$$\delta=\ln\frac{A_i}{A_{i+1}}=\ln e^{\zeta\omega T_1}=\zeta\omega T_1 \tag{2.29}$$

将

$$T_1=\frac{2\pi}{\sqrt{1-\zeta^2}\omega}$$

代入式(2.29),得

$$\delta=\frac{2\pi\zeta}{\sqrt{1-\zeta^2}} \tag{2.30}$$

当 $\zeta\ll1$ 时,$\delta\approx2\pi\zeta$,$\zeta=0.05$ 时,$\delta=0.314$。因为任意两个相邻的振幅之比是一个常数 $e^{\zeta\omega T_1}$,即

$$\frac{A_1}{A_2}=\frac{A_2}{A_3}=\frac{A_3}{A_4}=\cdots\frac{A_i}{A_{i+1}}=e^{\zeta\omega T_1}=e^{\delta}$$

故有

$$\frac{A_1}{A_{i+1}}=\left(\frac{A_1}{A_2}\right)\left(\frac{A_2}{A_3}\right)\left(\frac{A_3}{A_4}\right)\cdots\left(\frac{A_i}{A_{i+1}}\right)=e^{i\delta} \tag{2.31}$$

因此对数减幅也可表达为

$$\delta=\frac{1}{i}\ln\frac{A_1}{A_{i+1}} \tag{2.32}$$

利用上式可以计算使振幅衰减到一定程度所需要的时间,称为衰减时间。

综合以上三种情况可见,系统运动是否具有往复性的临界条件是 $\zeta=1$。根据式(2.15),$\zeta=1$ 时的黏性阻尼系数

$$c_c=2m\omega=2\sqrt{km} \tag{2.33}$$

称为临介阻尼系数。而

$$\zeta=\frac{c}{c_c} \tag{2.34}$$

称为阻尼比。

从以上讨论可见,系统振动的性质取决于相对阻尼系数 $\zeta$ 的值。为了给出一个综合直观的描述,将特征方程的两个解(2.17)再次写出

$$s_{1,2}=(-\zeta\pm\sqrt{\zeta^2-1})\omega$$

显然,$s_1$ 和 $s_2$ 的性质取决于 $\zeta$ 的值,这种相依性可在 $s$ 平面上,即图2.25所示的复平面上表示出来。图中以 $\zeta$ 为参变量,实轴表示 $\zeta$ 值,以图的形式把根的轨迹表示成参数 $\zeta$ 的函数。当 $\zeta=0$ 时,$s_{1,2}=\pm i\omega$,是两个虚根,即虚轴上截距为 $\pm\omega$ 的两个点对称,对应于上节所讨论的无阻尼自由振动。当 $0<\zeta<1$ 时,$s_1$、$s_2$ 是一对共轭复数根,位于以 $\omega$ 为半

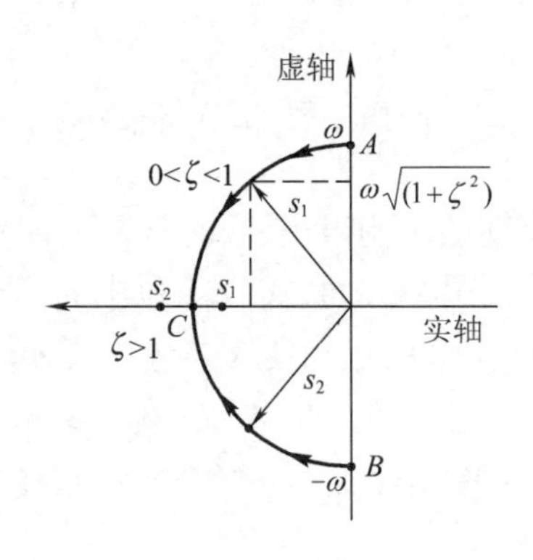


图 2.25

径的圆上。与实轴对称的两个点,对应于弱阻尼状态下的衰减振动。当$\zeta$趋于1时,$s_1$和$s_2$都趋近于实轴上一$\omega$点,对应于临界阻尼状态。当$\zeta>1$时,$s_1$和$s_2$是两个实数根,对应于强阻尼状态,随$\zeta$的增大,$s_1$与$s_2$沿实轴反向移动。$\zeta\to\infty$时,$s_1\to0$,$s_2\to-\infty$。

**【例 2.16】** 图2.26为弹簧—质量阻尼系统,设质量块$m=10$ kg,弹簧静伸长$\lambda_s=1$ cm。系统在衰减过程中,经过20个周期,振幅由0.64 cm减为0.16 cm,求阻尼系数$c$。

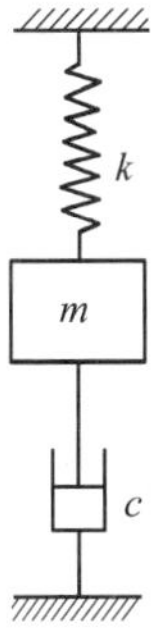

**【解】** 由式(2.31)得

$$\frac{A_1}{A_{21}}=\frac{0.64}{0.16}=e^{20\delta}=e^{20(\zeta\omega T_1)}$$

两端取对数,得
$$\ln 4=20(\zeta\omega T_1)=\frac{40\pi\zeta\omega}{\omega\sqrt{1-\zeta^2}}$$

由于振动衰减得很慢,$\zeta$值一定很小,所以

$$\ln 4\approx40\pi\zeta$$

而
$$\zeta=\frac{c}{c_c}=\frac{c}{2\sqrt{\dfrac{mg}{\lambda_s}\cdot m}}$$

图 2.26

所以
$$c=\frac{\ln 4}{40\pi}\cdot2m\sqrt{\frac{g}{\lambda_s}}=\frac{1.386}{20\pi}\times10\sqrt{\frac{981}{1}}=6.9\times10^{-2}(\mathrm{N\cdot s/cm})$$

## 2.4 单自由度系统的强迫振动

本节主要研究简谐激振所引起的系统的各种不同响应,特别是当激振的频率与系统的固有频率相等时出现的"共振"现象。虽然在实际问题中简谐激振比其他周期性或非周期性振动来说是较少的,但它揭示的一些规律和特性具有普遍意义,是分析研究更一般、更复杂振动问题的基础。对于任意周期函数的激振可按傅里叶级数展开为不同频率的简谐激振,然后用线性系统叠加原理来求其总的响应。最后再讨论任意激振的响应。

### 2.4.1 简谐激振力引起的强迫振动

1. 运动微分方程及求解

图2.27为单自由度系统受简谐激振力的力学模型。简谐力$F=F_0\sin\omega_0t$,$\omega_0$为激振频率,则系统运动微分方程分为

$$m\ddot{x}+c\dot{x}+kx=F_0\sin\omega_0t \tag{2.35}$$

上式坐标原点在静平衡位置。方程(2.35)之解可以表示为

$$x(t)=x_1(t)+x_2(t)$$

其中$x_1(t)$为通解,$x_2(t)$为特解。在弱阻尼情况下,由上节知

$$x_1(t)=e^{-\zeta\omega t}(D_1\cos\omega't+D_2\sin\omega't)$$

$x_2(t)$为方程的特解,令其形式为

$$x_2(t)=B\sin(\omega_0t-\varphi) \tag{2.36}$$

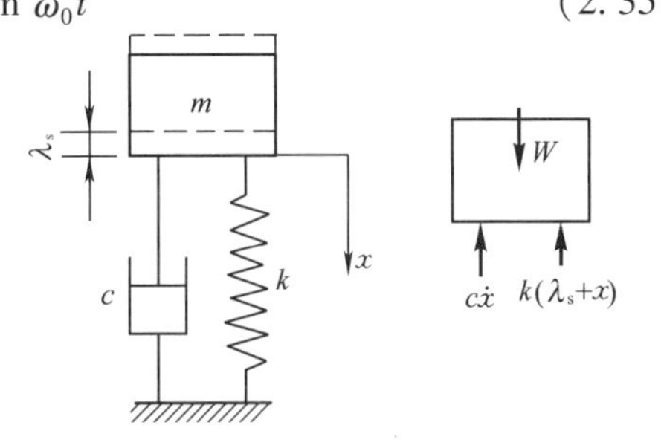


图 2.27

为求 $B$ 和 $\varphi$,将 $x_2(t)$ 及其一阶、二阶导数代入式(2.35),整理得

$$B=\frac{F_0}{\sqrt{(k-m\omega_0^2)^2+(c\omega_0)^2}} \tag{2.37}$$

令 $\omega_0/\omega=\lambda$,称为频率比,则

$$\frac{m\omega_0^2}{k}=\frac{\omega_0^2}{\omega^2}=\lambda^2,\quad \frac{c\omega_0}{k}=2\zeta\frac{\omega_0}{\omega}=2\lambda\zeta$$

式(2.37)可改写为

$$B=\frac{F_0/k}{\sqrt{(1-\lambda^2)^2+(2\zeta\lambda)^2}} \tag{2.38}$$

于是得系统的响应为

$$x_2(t)=\frac{F_0}{k}\cdot\frac{\sin(\omega_0 t-\varphi)}{\sqrt{(1-\lambda^2)^2+(2\zeta\lambda)^2}} \tag{2.39}$$

相应地可求出相位角 $\varphi$

$$\varphi=\arctan\left(\frac{c\omega_0}{k-m\omega_0^2}\right)=\arctan\left(\frac{2\zeta\lambda}{1-\lambda^2}\right) \tag{2.40}$$

系统的稳态响应在相位上比激振力滞后 $\varphi$ 角,其原因是系统存在着阻尼。若没有阻尼,即 $\zeta=0$,则 $\varphi=0$,此时激振力与响应同相位。

分析式(2.38)、式(2.39)和式(2.40),可得到强迫振动的一些带有普遍性质的特点:

(1)在简谐激振力作用下,强迫振动是简谐振动。振动的频率与激振力的频率 $\omega_0$ 相同。

(2)强迫振动的振幅 $B$ 和相位差 $\varphi$ 都只决定于系统本身的物理性质和激振力的大小与频率,而与初始条件无关。初始条件只影响系统的瞬态振动。

(3)影响强迫振动振幅的各种因素。记

$$B_0=\frac{F_0}{k}$$

则式(2.38)可改写为

$$B=\frac{B_0}{\sqrt{(1-\lambda^2)^2+(2\zeta\lambda)^2}} \tag{2.41}$$

由上式知影响因素有三个,即 $B_0$、$\lambda$ 和 $\zeta$。

$B_0$ 的影响反映了激振力的影响。因此,改变振幅方法之一就是改变激振力的幅值。

$\lambda$ 对振幅影响大,可以从下面所画的幅频响应曲线看出。为此将式(2.41)改写为

$$\beta=\frac{B}{B_0}=\frac{1}{\sqrt{(1-\lambda^2)^2+(2\zeta\lambda)^2}} \tag{2.42}$$

$\beta$ 称为动力放大系数。确定机械系统在其工作条件下的动力放大系数是进行动态分析的重要内容之一。为了观察系统的影响特性,以频率比 $\lambda$ 为横坐标、$\beta$ 为纵坐标和以阻尼比 $\zeta$ 为参数画出它们之间的关系图,可以得到如图 2.28 所示的一组曲线,称为幅频响应曲线。

从幅频曲线中可以看出:

(1)$\lambda \ll 1$ 时,即激振力频率 $\omega_0$ 远小于系统的固有频率 $\omega$ 时,无论阻尼的大小如何,动力放大系数 $\beta = B/B_0 \to 1$,$B \to F_0/k$,即振幅近似地等于激振力幅值 $F_0$ 作用下的静位移,这个区域内振幅 $B$ 主要由弹簧常数 $k$ 控制,故称为"弹性控制区"。

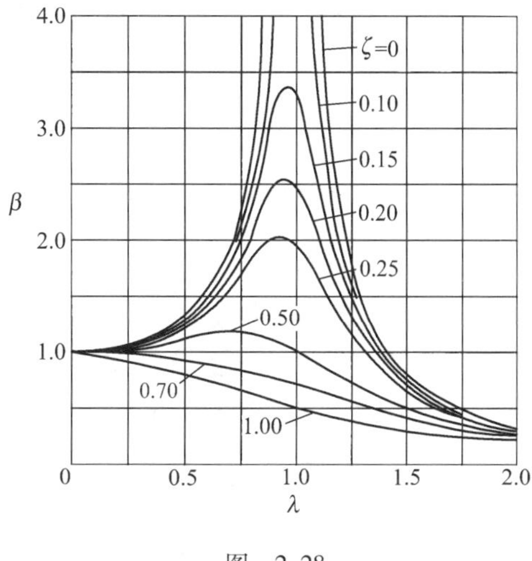

图 2.28

(2)$\lambda \gg 1$ 时,即 $\omega_0$ 远大于 $\omega$ 时,无论阻尼大小如何,$\beta \to 0$(实际上 $\lambda \to 3$ 时即是这种情况),此时 $B \approx \dfrac{F_0}{k\lambda^2} = \dfrac{F_0}{k} \cdot \dfrac{\omega^2}{\omega_0^2} = \dfrac{F_0}{m\omega_0^2}$,可见振幅的大小主要决定于系统的惯性。因此,这一区域称为"惯性控制区"。这对某些要求启动次数不多的高速旋转机械具有重要意义,只要在通过共振区后就有了抑制振幅的预防措施,因在越过共振区到达高速旋转时,其振幅反而很小,旋转更趋平稳。

(3)$\lambda \approx 1$ 时,即 $\omega_0$ 接近 $\omega$ 时,振幅大小与阻尼情况极为密切。在 $\zeta$ 较小的情况下,振幅 $B$ 可以很大,在 $\zeta \to 0$ 的情况下,振幅 $B$ 趋向无穷大。因为 $\omega_0 \approx \omega$,故 $m\omega_0^2 B \approx m\omega^2 B \approx kB$,可见惯性力和弹性力基本平衡,从而近似地有激振力与阻尼力相平衡,即有 $Bc\omega_0 \approx F_0$。因此阻尼对系统响应有着决定性影响,振幅 $B$ 的大小随阻尼 $c$ 而定,故这一区域称为"阻尼控制区"。

通常我们把激振力频率 $\omega_0$ 与系统固有频率 $\omega$ 相等时的振动称为共振。实际上当有阻尼作用时,振幅最大并不在 $\omega_0 = \omega$ 处,对式(2.42)求极值可得

$$\lambda = \frac{\omega_0}{\omega} = \sqrt{1 - 2\zeta^2} < 1 \tag{2.43}$$

由式(2.43)可知,响应的峰值出现在 $\omega_0$ 比 $\omega$ 略小的地方(与 $\zeta$ 的数值有关)。在实际上,阻尼往往比较小(例如 $\zeta = 0.05 \sim 0.20$),$\omega_0 \approx \omega$,所以一般以 $\omega_0 = \omega$ 作为共振频率。

相对阻尼系数 $\zeta$ 对振幅的影响,从幅频响应曲线可以看出阻尼在共振附近一定范围内,对减小振幅有显著作用,增加阻尼,振幅可以明显下降。

在共振时,$\lambda = 1$,振幅由式(2.41)知

$$B_{\max} = \frac{B_0}{2\zeta} = \frac{F_0}{c\omega}$$

在离开共振稍远的范围,阻尼对减小振幅的作用是不大的,尤其当 $\omega_0 \gg \omega$ 时,阻尼对振幅几乎没有什么影响。

(4)共振时的动力放大系数称为"品质因子",以符号 $Q$ 表示(引用电子工程术语)。由式(2.42)知,当 $\lambda = 1$ 时

$$Q = \frac{1}{2\zeta} \tag{2.44}$$

在图 2.29 中,频率比为 $\lambda = 1$ 的虚线两侧,曲线可以近似地认为是对称的,作 $Q/\sqrt{2}$ 的一条水平线与响应曲线交于 $q_1$ 和 $q_2$ 两点(称为半功率点),其对应的频率比为 $\lambda_1$ 和 $\lambda_2$。对于半功

率点 $q_1$ 和 $q_2$，由式(2.42)与式(2.44)得

$$\frac{Q}{\sqrt{2}}=\frac{1}{2\zeta\sqrt{2}}=\frac{1}{\sqrt{(1-\lambda^2)^2+(2\zeta\lambda)^2}}$$

从上式可解出两个根 $\lambda_1=1-\zeta$，$\lambda_2=1+\zeta$，这里 $\lambda_1$、$\lambda_2$ 就是半功率点的横坐标，$\lambda_2-\lambda_1=2\zeta$ 称为系统的带宽，于是 $Q$ 值亦可表示为

$$Q=\frac{1}{2\zeta}=\frac{1}{\lambda_2-\lambda_1}=\frac{\omega}{\omega_2-\omega_1} \tag{2.45}$$

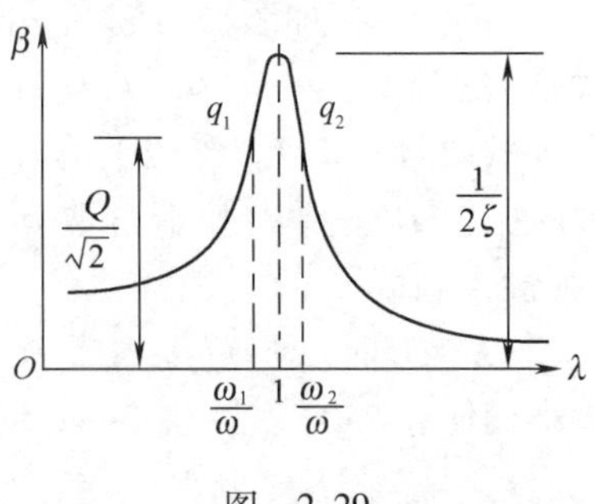


图 2.29

当阻尼大时，带宽就宽，过共振时振幅变化平缓，振幅较小；反之，阻尼小时，带宽就窄，过共振时振幅变化较陡，振幅较大。所以品质因子反映了系统阻尼强弱性质和共振峰的陡峭程度。在机械系统中，为了使过共振时比较平稳，希望 $Q$ 值小些。式(2.45)提供了由试验估算系统阻尼比 $\zeta$ 的方法，当 $Q>5$ 或 $\zeta<0.1$ 时，其误差不超过3%

半功率点 $q_1$ 及 $q_2$ 处的相位角由式(2.40)估算如下：

$$\tan\varphi_1=\frac{2\zeta\lambda_1}{1-\lambda_1^2}=\frac{2\zeta(1-\zeta)}{1-(1-\zeta)^2}\approx 1$$

$$\varphi_1=45°$$

$$\tan\varphi_2=\frac{2\zeta\lambda_2}{1-\lambda_2^2}=\frac{2\zeta(1+\zeta)}{1-(1+\zeta)^2}\approx -1$$

$$\varphi_2=135°$$

(5)相位差 $\varphi$ 与频率比 $\lambda$ 及 $\zeta$ 的关系也可以用图2.30的一组曲线表示，称为相位频率响应曲线。

① 当 $\lambda=1$，即共振时，不管系统的阻尼如何，响应总是滞后于激振力90°。

② 若 $\zeta=0$，相位角仅是0°或180°。相位在共振点前后发生突变。

③ 若 $\zeta>0$，则 $\varphi$ 随 $\lambda$ 增大而逐渐增大，不会发生突变，但在共振点(即 $\lambda=1$ 处)，特别当 $\zeta$ 较小时，相位角 $\varphi$ 变化较大。

在振动测试过程中，常应用共振点前后相位角 $\varphi$ 有较大变形的现象来确定系统的共振点。

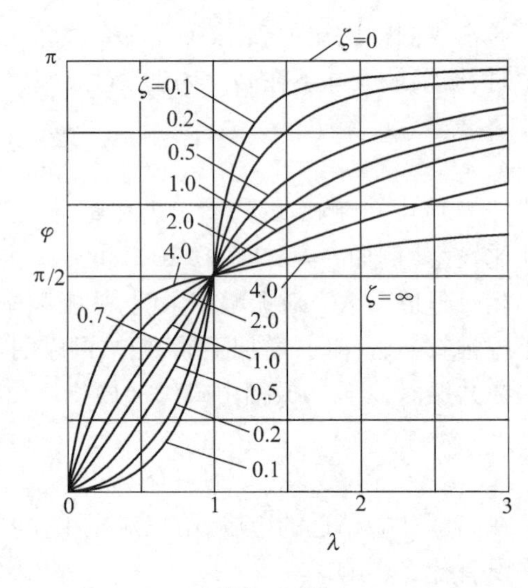


图 2.30

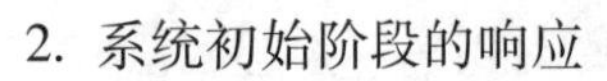

2. 系统初始阶段的响应

在简谐激振力作用下系统的总响应为

$$x(t)=x_1(t)+x_2(t)=A\mathrm{e}^{-\zeta\omega t}\sin(\omega' t+\varphi)+B\sin(w_0 t-\varphi) \tag{2.46}$$

这是由两种具有不同频率和振幅的简谐运动叠加而成的比较复杂的运动。图2.31中实线表示某种情况下两种运动叠加的结果。虚线表示等幅振动。经过一段时间后，实线逐渐与虚线相重合而成为单纯的稳态振动。

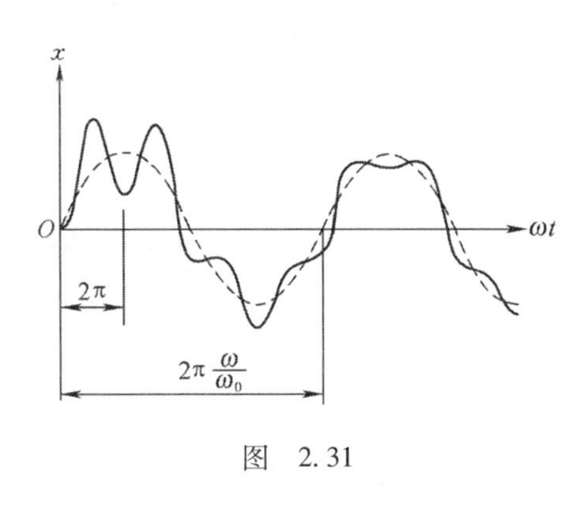

图 2.31

必须注意的是：式(2.46)中的积分常数 $A$、$\varphi$ 虽然仍由初始条件确定，但在此情况下不能按自由振动得到的积分常数直接代入。因为在强迫振动情况下，即使初始位移和初始速度均为零，而在响应中仍包含有瞬态部分，因此积分常数必须与稳态解一起考虑。为了说明这个问题，我们姑且略去系统的阻尼，将式(2.46)改写为

$$x(t)=A\sin(\omega t+\varphi)+\frac{F_0}{k}\frac{\sin\omega_0 t}{1-\lambda^2} \tag{2.47}$$

设 $t=0$ 时，$x=0$，$\dot{x}=0$，对上式求导并代入初始条件得

$$A=\frac{-F_0}{k(1-\lambda^2)}\frac{\omega_0}{\omega},\quad \varphi=0$$

代回式(2.47)，得

$$x(t)=\frac{F_0}{k(1-\lambda^2)}\left(\sin\omega_0 t-\frac{\omega_0}{\omega}\sin\omega t\right) \tag{2.48}$$

由此可见，强迫振动即使在系统的初始位移和初始速度均为零时，在激振力作用下仍存在着瞬态响应，即上式等号右端括号中的第二项，在有阻尼的情况下，此项数值将逐渐趋向于零。当系统的固有频率比较低时，瞬态振动振幅就可能比较大，而且在较长时间内不易衰减下去。所以在实验中测定强迫振动振幅时，应该在启动一段时间稳定以后再测量，否则就可能测到的是两部分振动之和。

如果初始条件为 $t=0$，$x=x_0$，$\dot{x}=\dot{x}_0$，则由式(2.46)，在简谐激振力作用下系统初始阶段的响应为

$$x=Ae^{-\zeta\omega t}\sin(\omega' t+\varphi)+B\sin(\omega_0 t-\varphi)$$

其中

$$\left.\begin{aligned}
&A=\sqrt{\left(\frac{\dot{x}_0+\zeta\omega\dot{x}_0+B\zeta\omega\sin\varphi-B\omega\cos\varphi}{\omega'}\right)^2+(\dot{x}_0+B\sin\varphi)^2}\\
&\varphi=\arctan\frac{\omega'(x_0+B\sin\psi)}{\dot{x}_0+\zeta\omega x_0+B\zeta\omega\sin\psi-B\omega_0\cos\psi}\\
&B=\frac{F_0/k}{\sqrt{(1-\lambda^2)^2+(2\zeta\lambda)^2}}
\end{aligned}\right\} \tag{2.49}$$

现研究激振力频率 $\omega_0$ 等于或接近于系统的自由振动频率 $\omega$ 的情况，引入

$$\omega-\omega_0=2\varepsilon$$

考虑式(2.48)，当 $\varepsilon$ 很小时，则

$$x=-\frac{F_0\sin\varepsilon t}{2\varepsilon m\omega}\cos\omega t \tag{2.50}$$

由于式(2.50)中 $\varepsilon$ 很小，故 $\sin\varepsilon t$ 变化缓慢，周期 $2\pi/\varepsilon$ 很大。式(2.50)可看成代表周期为 $2\pi/\omega$、可变振幅等于 $(F_0/2\varepsilon m\omega)\sin\varepsilon t$ 的振动。这种特殊现象称为拍，按图 2.32 中的拍规律

变化时,拍的周期为 $\pi/\varepsilon$。

当 $\omega_0$ 接近 $\omega$ 时(或当 $\varepsilon\to0$)

$$x\approx-\frac{F_0t}{2m\omega}\cos\omega t$$

上式说明共振时,如无阻尼,振幅将随时间无限增大,拍的周期成为无穷大,如图 2.33 所示。

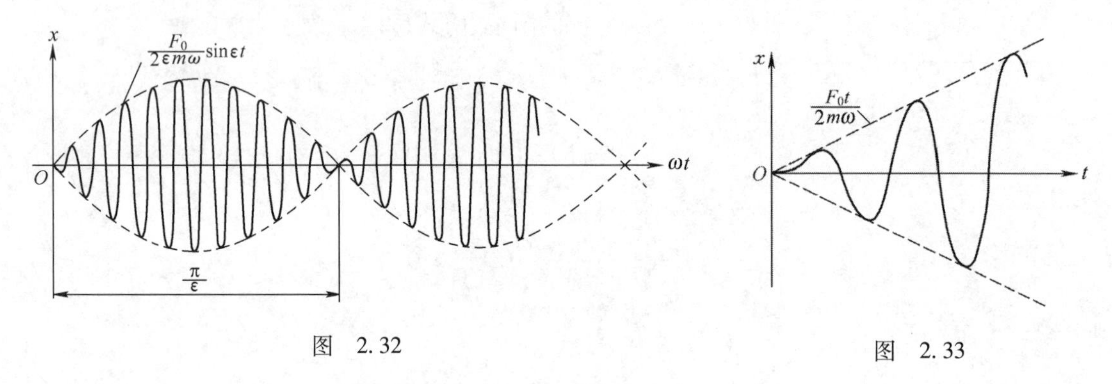


图 2.32　图 2.33

【例 2.17】 如图 2.26 所示的系统,若 $m=20$ kg,$k=8$ kN/m,$c=130$ N·s/m,受到 $F(t)=24\sin 15t$(N)的激振力作用。设 $t=0$ 时,$x(0)=0$,$\dot{x}(0)=100$ mm/s。求系统的稳态响应、瞬态响应和总响应。

【解】

$$\omega=\sqrt{\frac{k}{m}}=\sqrt{\frac{8\ 000}{20}}=20(\mathrm{rad/s})$$

$$\zeta=c/2m\omega=130/(2\times20\times20)=0.162\ 5$$

$$\omega'=\omega\sqrt{1-\zeta^2}=20\sqrt{1-0.162\ 5^2}$$
$$=19.73(\mathrm{rad/s})$$

系统的稳态响应由式(2.39)有

$$x_2(t)=\frac{F_0}{k}\frac{\sin(\omega_0t-\psi)}{\sqrt{(1-\lambda^2)^2+(2\zeta\lambda)^2}}$$

$$=\frac{24}{8\ 000}\frac{\sin(15t-\psi)}{\sqrt{\left[1-\left(\frac{15}{20}\right)^2\right]^2+\left(2\times0.162\ 5\times\frac{15}{20}\right)^2}}$$

$$=0.006\sin(15t-\psi)(\mathrm{m})=6\sin(15t-\psi)(\mathrm{mm})$$

$$\psi=\arctan\frac{2\zeta\lambda}{1-\lambda^2}=\arctan\frac{2\times0.162\ 5\times\frac{15}{20}}{1-\left(\frac{15}{20}\right)^2}=29.12^\circ$$

瞬态响应为

$$x_1(t)=A\mathrm{e}^{-\zeta\omega t}\sin(\omega't+\varphi)=A\mathrm{e}^{-3.25t}\sin(19.73t+\varphi)$$

总响应为

$$x(t)=Ae^{-3.25t}\sin(19.73t+\varphi)+6\sin(15t-29.12°) \tag{a}$$

根据已知初始条件：

$$x(0)=0=A\sin\varphi+6\sin(-29.12°),\quad \dot{x}(0)=100$$

得

$$A=3.31,\quad \varphi=61.82°$$

将 $A$、$\varphi$ 值代入式(a)，于是求得总响应为

$$x(t)=3.31e^{-3.25t}\sin(19.73t+61.82°)+6\sin(15t-29.12°)(\text{mm})$$

### 2.4.2 偏心质量引起的强迫振动

设机器的总质量为 $M$，其中转子质量为 $m$，转子质心到转轴距离(即偏心距)为 $e$，转子以角速度 $\omega_0$ 转动，机器通过弹簧与阻尼器安装在基础上。设由于约束的限制，机器只能沿铅直方向运动，如图 2.34(a)所示。

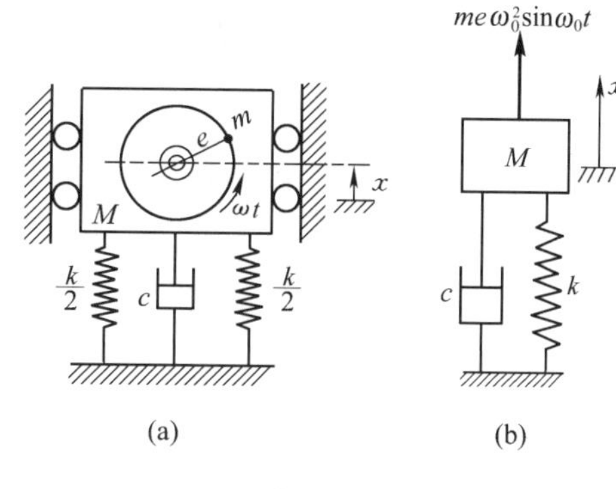

图 2.34

设 $x(t)$ 为非转动部分的质量 $(M-m)$ 自静平衡起的垂直位移，则 $m$ 的垂直位移为：$x(t)+e\sin\omega_0 t$。根据牛顿第二定律可列出系统的运动微分方程如下：

$$(M-m)\frac{d^2x}{dt^2}+m\frac{d^2}{dt^2}(x+e\sin\omega_0 t)=-c\frac{dx}{dt}-kx$$

整理得

$$M\ddot{x}+c\dot{x}+kx=me\omega_0^2\sin\omega_0 t=F_0\sin\omega_0 t \tag{2.51}$$

式中 $F_0=me\omega_0^2$ 为因转子失衡而产生的激振力的幅值，其等效系统如图 2.34(b)所示。

比较式(2.35)与式(2.51)知，只要用 $me\omega_0^2$ 取代 $F_0$，则前面的分析皆适用。系统的稳态强迫振动为

$$x=B\sin(\omega_0 t-\psi)$$

且有

$$B=\frac{me\omega_0^2/M}{\sqrt{(\omega^2-\omega_0^2)^2+(2\zeta\omega\omega_0^2)^2}}=\frac{me}{M}\frac{\lambda^2}{\sqrt{(1-\lambda^2)^2+(2\zeta\lambda)^2}}$$

$$\psi=\arctan\frac{2\zeta\omega\omega_0}{\omega^2-\omega_0^2}=\arctan\frac{2\zeta\lambda}{1-\lambda^2}$$

$$\frac{MB}{me}=\frac{\lambda^2}{\sqrt{(1-\lambda^2)^2+(2\zeta\lambda)^2}} \tag{2.52}$$

根据式(2.52)可画出 $\frac{MB}{me}$ 与 $\lambda$ 的关系曲线如图 2.35 所示。

由图 2.35 可知：

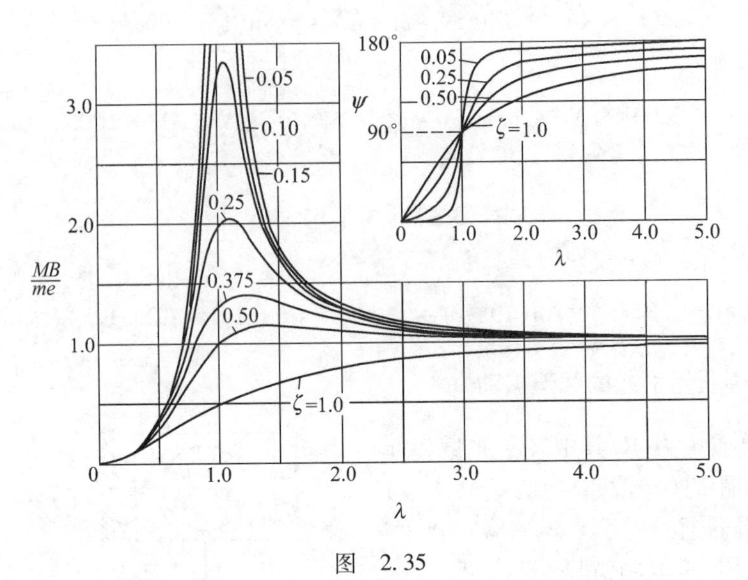


图 2.35

(1)当 $\lambda\to 0$,$\dfrac{MB}{me}\to 0$,即动态响应为零,这是因为 $\omega_0\to 0$ 时,自然就不产生振动了。

(2)当 $\lambda=1$,$\dfrac{MB}{me}=\dfrac{1}{2\zeta}$,这时(小阻尼)出现共振,$\psi=90°$,也就是说,当整个系统向上运动通过静平衡位置时,偏心质量正好处于旋转中心的正上方,因此,可用试验方法来测定系统的固有频率。

(3)当 $\lambda\gg 1$ 时,$\dfrac{MB}{me}\to 1$,即 $B\approx\dfrac{me}{M}$,这说明在超越临界转速后运转时,系统的响应与频率及阻尼无关,且振幅保持为一个常数。相位角 $\psi=180°$,也就是说整个系统向上运动到最高位置时,偏心质量正好在旋转中心的最下方。

### 2.4.3 支承运动引起的强迫振动

系统振动在不少情况下是由支承运动引起的。如地面的振动会引起它上面机器的振动,汽车驶过不平的路面产生的振动等。图 2.36 所示为在支承运动下的强迫振动模型。

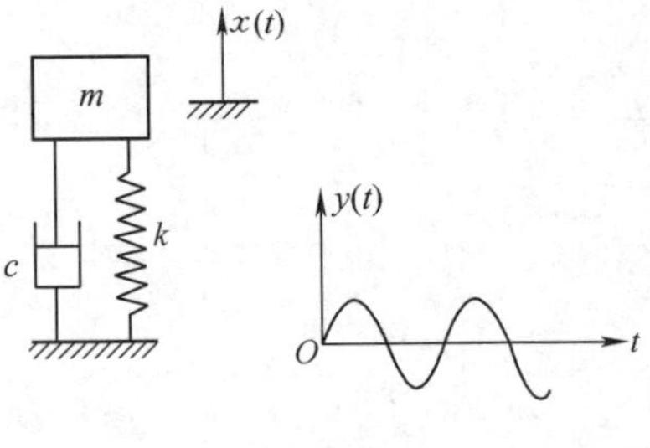

设 $y(t)$ 和 $x(t)$ 分别为基础和质量的位移,它们间的相对位移 $z=x-y$,以质量块为研究对象,由牛顿第二定律得

$$m\ddot{x}=-c(\dot{x}-\dot{y})-k(x-y) \tag{2.53}$$

以 $z=x-y$ 代入上式,并设支承点作简谐运动:$y=a\sin\omega_0 t$,则

图 2.36

$$m\ddot{z}+c\dot{z}+kz=-m\ddot{y}=ma\omega_0^2\sin\omega_0 t \tag{2.54}$$

式(2.54)与式(2.51)类似,其稳态响应为

$$z=B\sin(\omega_0 t-\varphi)$$

式中
$$B=\frac{ma\omega_0^2}{\sqrt{(k-m\omega_0^2)^2+(c\omega_0)^2}}=\frac{a\lambda^2}{\sqrt{(1-\lambda^2)^2+(2\zeta\lambda)^2}}$$

$$\tan\varphi=\frac{c\omega_0}{k-m\omega_0^2}=\frac{2\zeta\lambda}{1-\lambda^2}$$

其响应曲线与图 2. 35 类似,只需把图 2. 35 中的纵坐标改为 $B/a$ 就行了。

若用质量块的绝对运动 $x$ 来表示,则运动微分方程为

$$m\ddot{x}+c\dot{x}+kx=ky+c\dot{y} \tag{2.55}$$

可见支承运动时相当于系统上作用了两个激振力。一个是经过弹簧传递过来的 $ky$,另一个是 $c\dot{y}$。两者相位不同,前者与 $y$ 同向,后者超前 90°,与 $\dot{y}$ 同向。

设式(2. 55)的解为 $x=B\sin(\omega_0 t-\varphi)$,则可求得

$$\left.\begin{aligned}B&=a\sqrt{\frac{1+(2\zeta\lambda)^2}{(1-\lambda^2)^2+(2\zeta\lambda)^2}}\\ \varphi&=\arctan\frac{2\zeta\lambda^3}{1-\lambda^2+(2\zeta\lambda)^2}\end{aligned}\right\} \tag{2.56}$$

动力放大系数为

$$\beta=\frac{B}{a}=\sqrt{\frac{1+(2\zeta\lambda)^2}{(1-\lambda^2)^2+(2\zeta\lambda)^2}} \tag{2.57}$$

按照式(2. 56)、式(2. 57),可以描出幅频响应曲线和相频响应曲线,如图 2. 37 所示。

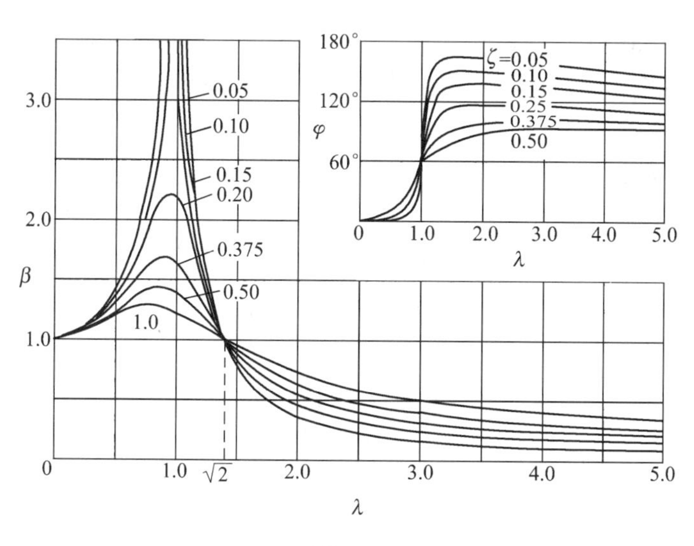


图 2. 37

分析上述公式与图 2. 37 可知:

当 $\lambda\to0$ 即 $\omega_0\to0$ 时,$\beta=1$,$\varphi=0$。这时质量块相对于支承几乎没有运动。

当 $\lambda\to1$ 时,响应大小取决于系统的阻尼比 $\zeta$。且阻尼较小时,$\beta$ 有极值,系统发生共振。

当 $\lambda=\sqrt{2}$ 时,不论 $\zeta$ 为何值,都有 $\beta=1$。

当 $\lambda>\sqrt{2}$ 时,振幅 $B$ 小于支承运动的振幅 $a$,而且阻尼大的系统比阻尼小的系统振幅反而要稍大些。

当 $\lambda \gg \sqrt{2}$ 时,$B/a \approx 0$,质量块几乎不动,这说明支承的运动对重物影响极小。

### 2.4.4 隔振原理

隔振是在物体与支承面之间加入弹性衬垫(如弹簧、橡胶垫、软木块等),以隔离振动。它分主动隔振和被动隔振两种情况。

1. 主动隔振

机器本身是振源,使它与地基隔离开来,以减少它对周围的影响,称主动隔振。例如把机器安装在较大的基础上,在基础与地基之间设置若干橡胶隔振器就是一种常用的主动隔离措施。

主动隔离效果用主动隔振系数 $\eta_1$ 表示:

$$\eta_1 = \frac{\text{隔振后传到地基上去的力幅}}{\text{没有隔振时传到地基上的力幅}}$$

图 2.38(a)表示质量块 $m$ 未加隔振装置,其上作用有简谐干扰力 $F = F_0 \sin \omega_0 t$,显然传到地基上的力幅是 $F_0$。加隔振装置后,如图 2.38(b)所示,传到地基上的力为弹簧作用的力 $F_k$ 与阻尼器作用的力 $F_c$ 之和。

$$F_k = kx = kB \sin(\omega_0 t - \varphi)$$

$$F_c = c\dot{x} = cB\omega_0 \cos(\omega_0 t - \varphi)$$

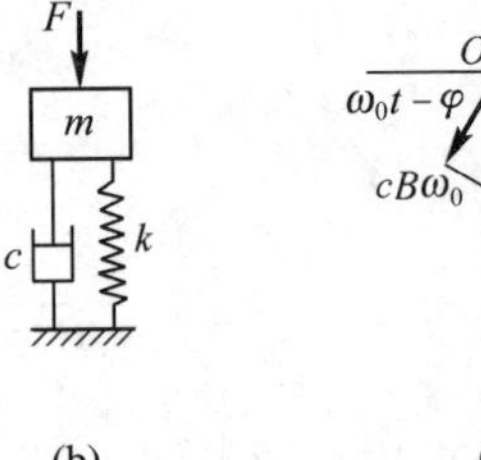


图 2.38

这两部分力的频率相同,均为 $\omega_0$,用旋转矢量表示如图 2.38(c)所示。它们的合力最大值为

$$F_T = \max \sqrt{F_k^2 + F_c^2} = B\sqrt{k^2 + c\omega_0^2} = kB\sqrt{1 + (2\zeta\lambda)^2} \tag{2.58}$$

由式(2.41)可知,在激振力 $F = F_0 \sin \omega_0 t$ 作用下,系统稳态响应振幅为

$$B = \frac{F_0}{k\sqrt{(1-\lambda^2)^2 + (2\zeta\lambda)^2}}$$

代入式(2.58)有

$$F_T = \frac{F_0\sqrt{1 + (2\zeta\lambda)^2}}{\sqrt{(1-\lambda^2)^2 + (2\zeta\lambda)^2}}$$

于是得主动隔振系数

$$\eta_1 = \frac{F_T}{F_0} = \sqrt{\frac{1 + (2\zeta\lambda)^2}{(1-\lambda^2)^2 + (2\zeta\lambda)^2}} \tag{2.59}$$

由于上式右端与式(2.57)右端完全相同,所以将图 2.37 中的纵坐标 $\beta$ 改为 $\eta_1$,就成为当阻尼比 $\zeta$ 为不同数值时主动隔振系数 $\eta_1$ 与频率比 $\lambda$ 的关系曲线。

隔振系数越小,隔振效果越好。显然,只有 $\eta_1 < 1$,隔振才有意义。令 $\eta_1 < 1$,得

$$1 + (2\zeta\lambda)^2 < (1-\lambda^2)^2 + (2\zeta\lambda)^2$$

故

$$1 - \lambda^2 > 1 \quad 或 \quad 1 - \lambda^2 < -1$$

第一个不等式不成立,由第二个不等式得

$$\lambda > \sqrt{2}$$

故只有当 $\lambda > \sqrt{2}$ 时，才有隔振效果。由图 2.37 可见，$\eta_1$ 值随 $\lambda$ 增加而下降，故设计支承弹簧时以刚度 $k$ 小些为好。如果弹簧刚度过小，以致 $\lambda < \sqrt{2}$，则 $\eta_1 > 1$，这时传给地基的力比不用隔振弹簧时还要大。

还应指出，当 $\lambda > \sqrt{2}$ 时，$\eta_1$ 值随阻尼 $\zeta$ 增加而变大，故如盲目增大阻尼，将反而使隔振效果变差。

2. 被动隔振

为了使外界振动少传到系统中来所采取的隔振措施称为被动隔振。其隔振效果用被动隔振系数 $\eta_2$ 表示

$$\eta_2 = \frac{\text{被隔振物块振幅}}{\text{振源振动的振幅}}$$

设振源振动是简谐的，$y = a\sin\omega_0 t$，则隔振后物块的振幅为

$$B = a\sqrt{\frac{1 + (2\zeta\lambda)^2}{(1 - \lambda^2)^2 + (2\zeta\lambda)^2}}$$

从而得被动隔振系数

$$\eta_2 = \frac{B}{a} = \sqrt{\frac{1 + (2\zeta\lambda)^2}{(1 - \lambda^2)^2 + (2\zeta\lambda)^2}} \tag{2.60}$$

由式(2.59)和式(2.60)可知，无论是主动隔振还是被动隔振，虽然概念不同，但隔振系数与频率的变化规律却是相同的，主动隔振时 $\eta_1$ 的讨论也适用于被动隔振。

**【例 2.18】** 一台电动机质量为 31 kg，转速 $n = 2\ 970$ r/min，在电动机与基础之间加有弹性衬垫，阻尼不计。要使传到基础上的力为不平衡力的 1/10，问弹性衬垫的刚度系数 $k$ 应为多少。

**【解】** 令式(2.59)中 $\zeta = 0$，则得不计阻尼时的隔振系数为

$$\eta = \frac{1}{|1 - \lambda^2|} = \frac{1}{\lambda^2 - 1} \quad (\lambda > \sqrt{2}\text{才有隔振效果})$$

由

$$\eta = \frac{1}{10}$$

得

$$\frac{1}{10} = \frac{1}{\lambda^2 - 1}$$

所以

$$\lambda^2 = \frac{\omega_0^2}{\omega^2} = 11 \quad (\lambda > \sqrt{2})$$

已知

$$\omega_0 = \frac{2\ 970\pi}{30} = 99\pi(\text{rad/s})$$

$$\omega^2 = \frac{k}{m}$$

所以

$$\frac{(99\pi)^2}{\dfrac{k}{31}} = 11$$

$$k = \frac{(99\pi)^2 \times 31}{11} = 2\ 726(\text{N/cm})$$

### 2.4.5 测振原理

测量振动用的仪器有测量振幅、振速和振动加速度3种类型,它们的基本原理都是应用本章所述的强迫振动理论。图2.39为机械式测振仪的原理图,它的基本部分由弹簧$k$、质量$m$、阻尼$c$和机械式记录器组成,其外壳固定在被测物体上与其一起振动。

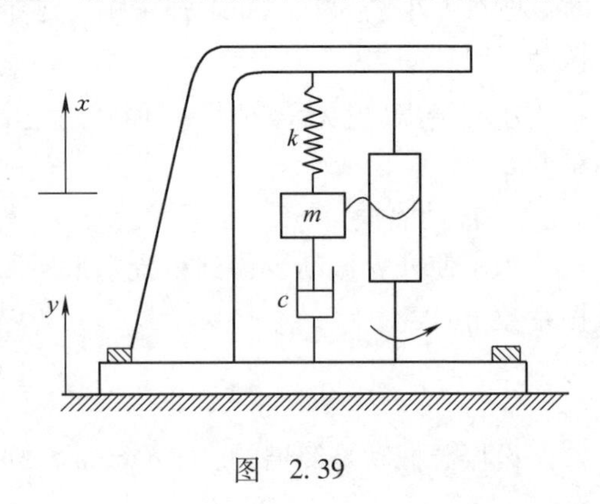

图 2.39

设$y$、$x$分别为被测物体和仪器质量$m$的位移,在记录器转筒上所记录的则是它们的相对位移$(x-y)$,这与图2.36所示的系统相似。

设 $y=a\sin\omega_0 t,\quad z=x-y$

则
$$m\ddot{x}=-c(\dot{x}-\dot{y})-k(x-y)$$
$$m\ddot{z}+c\dot{z}+kz=ma\omega_0^2\sin\omega_0 t$$

稳态强迫振动为
$$z=B\sin(\omega_0 t-\varphi)$$

式中
$$\left.\begin{aligned}B&=\frac{ma\omega_0^2}{\sqrt{(k-m\omega_0^2)^2+(c\omega_0)^2}}=\frac{a\lambda^2}{\sqrt{(1-\lambda^2)^2+(2\zeta\lambda)^2}}\\ \tan\varphi&=\frac{c\omega_0}{k-m\omega_0^2}=\frac{2\zeta\lambda}{1-\lambda^2}\end{aligned}\right\}\tag{2.61}$$

对各个不同的$\zeta$值,$B/a$与$\lambda$的关系如图2.40(与图2.35类同)所示。

上述惯性式测振仪有两种,一种是测定位移的,一种是测定加速度的。

1. 位移计

当$\lambda\gg1$,即$\omega_0\gg\omega$时,$B/a\approx1$,而这时$\varphi\approx\pi$,所以
$$z=a\sin(\omega_0 t-\pi)=-a\sin\omega_0 t$$

上式说明记录所得的相对运动的振幅与频率与被测物体的振幅与频率都相同,只是位相相反。这时$x=y+z\approx0$,重物在空间几乎不动。

为了扩大仪器的使用范围,应使$B/a\approx1$的范围尽量加大。

由于位移计必须$\omega_0\gg\omega$,所以它是一种低固有频率的仪器,其体积大而且比较笨重,适用于测量大型机器的振动和地震等。对重量不大的振动物体的测振结果影响较大,测量范围小。

2. 加速度计

当$\lambda\ll1$,即$\omega_0\ll\omega$时,式(2.61)的分母接近于1,因而
$$B\approx\frac{a\omega_0^2}{\omega^2}$$

因为加速度计体积小,质量轻,仪器本身的质量对测量结果的影响也比较小,所以工程上现在已广泛使用加速度计。

为了使测量结果准确,需尽量使$\dfrac{B\omega^2}{a\omega_0^2}=\dfrac{1}{\sqrt{(1-\lambda^2)^2+(2\zeta\lambda)^2}}=\beta$接近于1。$\lambda$与$\beta$、$\zeta$的关系见图2.28。为了便于分析比较,将图2.28中$\lambda<1$的部分放大画出图2.41。图中曲线表明,要扩大频率使用范围,应选择适当的阻尼,在$\zeta=0.65\sim0.70$,$\lambda=0\sim0.4$时,$\beta\approx1$,误差小

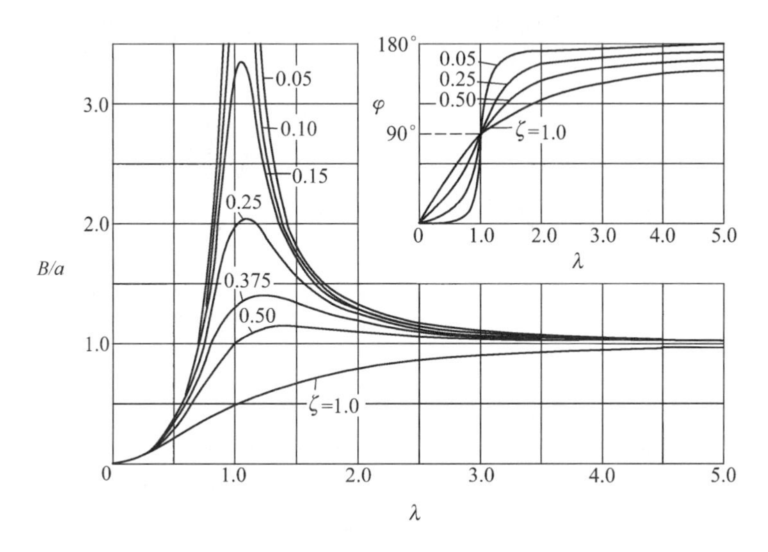


图　2.40

于 0.1%。因此阻尼的合理选择可以提高加速度计的频率使用范围。

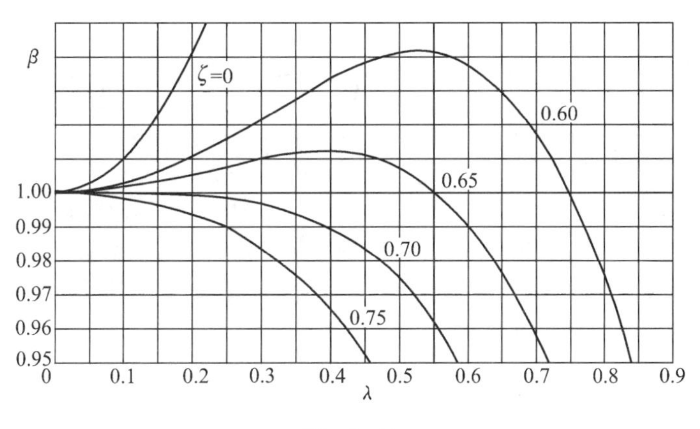


图　2.41

此外，以上两种测振仪都需要利用阻尼消除自由振动，使仪器工作时，能迅速稳定，这一点对测振仪是很重要的，尤其在测量冲击和瞬态振动时更为重要。$\zeta$ 过小的测振仪是很难使用的，由于测振仪初始的自由振动长时间不衰减，如叠加到被测量中，分析起来很困难。

3. 加速度计的相位矢量

由式(2.61)可知，加速度计指针所示的值与被测振动物体运动之间有相位差 $\varphi$。$\varphi$ 与 $\lambda$ 的关系如图 2.30 的响应曲线所表示。一般说 $\varphi$ 与 $\lambda$ 的变化规律是非线性的，在测量由若干简谐函数叠加而成的非简谐周期振动时，会造成波形畸变(或相位畸变)。要避免这种畸变，则要求所测量的各次简谐波的相位角皆为零或者是使每一简谐波的相位角 $\varphi$ 的变化必须与频率比 $\lambda$ 的变化成正比关系，即线性变化。在图 2.30 中，当 $\zeta = 0.7$ 时，在 $0 < \lambda < 1$ 的范围内 $\varphi$ 与 $\lambda$ 的关系是接近于直线的，此时 $\varphi = \frac{\pi}{2}\lambda$。所以当 $\zeta = 0$ 或 $\zeta = 0.7$ 时，相位失真可被消除。图 2.42(a)是由两个简谐波 $y_1(t)$ 和 $y_2(t)$ 组成的激振信号 $y(t)$，即

$$y(t) = y_1(t) + y_2(t) = a_1 \sin \omega_{01} t + a_2 \sin \omega_{02} t$$

图 2.42(b)为输出信号,由于两个简谐波间的相位角变动,使合成后的周期信号畸变。

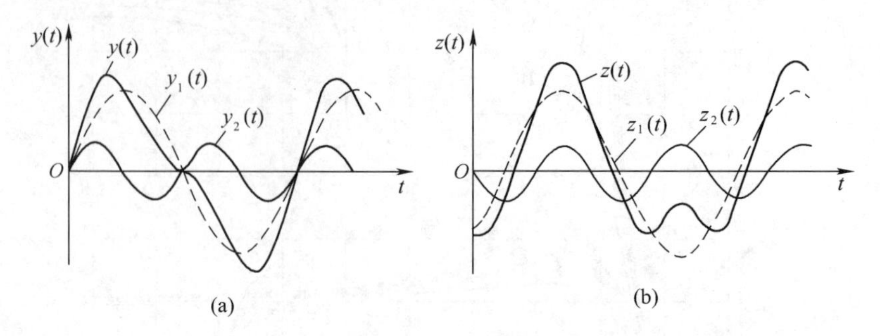


图 2.42

用加速度计对该激振信号 $y(t)$ 进行检测时,加速度计的输出为

$$\begin{aligned} z &= z_1(t) + z_2(t) \\ &= B_1 \sin(\omega_{01} t - \varphi_1) + B_2 \sin(\omega_{02} t - \varphi_2) \end{aligned}$$

当加速度计的阻尼比 $\zeta = 0.7$ 时

$$\varphi_1 = \frac{\pi}{2} \times \frac{\omega_{01}}{\omega}, \quad \varphi_2 = \frac{\pi}{2} \times \frac{\omega_{02}}{\omega}$$

故

$$z = \frac{1}{\omega^2}\left[ a_1 \omega_{01}^2 \sin \omega_{01}\left( t - \frac{\pi}{2\omega} \right) + a_2 \omega_{02}^2 \sin \omega_{02}\left( t - \frac{\pi}{2\omega} \right) \right]$$

上式右端两项中$\left( t - \frac{\pi}{2\omega} \right)$相同,所以两个组成波在时间上位移相同,从而使加速度计得以不失真地再现了被测物体的振动加速度。显然,若 $\varphi_1 = \varphi_2 = 0$,所得信号也是不失真的,但这是理想情况,实际上,阻尼不可能为零,即不可能出现 $\varphi_1 = \varphi_2 = 0$ 的情况。

由此可见,采用阻尼比 $\zeta = 0.7$ 不仅有利于扩大加速度计的使用频率范围,还有利于相位不失真。所以,阻尼的选择在测振仪中是一个重要问题。

### 2.4.6 简谐激振力的功

1. 简谐激振力在一个周期内所作的功

设作用在系统质量块上的简谐激振力为

$$F = F_0 \sin \omega_0 t$$

系统作简谐强迫振动,其位移为

$$x = B\sin(\omega_0 t - \varphi)$$

激振力 $F$ 在微小位移 $\mathrm{d}x$ 上所作之功为

$$\mathrm{d}W_{\mathrm{F}} = F\mathrm{d}x = F\,\dot{x}\,\mathrm{d}t$$

于是在一个周期内,即由 $t = 0$ 到 $t = \frac{2\pi}{\omega_0}$,激振力所作之功为

$$\begin{aligned} W_{\mathrm{F}} &= \int_0^T F\,\dot{x}\mathrm{d}t = \int_0^{2\pi/\omega_0} F_0 B \omega_0 \sin \omega_0 t \cos(\omega_0 t - \varphi)\,\mathrm{d}t \\ &= F_0 B \int_0^{2\pi} \sin \omega_0 t \cos(\omega_0 t - \varphi)\,\mathrm{d}(\omega_0 t) = \pi F_0 B \sin \varphi \end{aligned} \quad (2.62)$$

可见,简谐激振力在一周所作的功,除取决于力与振幅大小之外,还取决于两者之间

的相位差。当位移与激振力同相位时（$\varphi=0$ 或相位差 $\varphi=180°$），其功为零，当有阻尼时，$\varphi\neq0,\varphi\neq180°$，激振力在每周中总是要作一定量的功的。若把力与位移都用旋转矢量表示，如图 2.43 所示。再把 $F_0$ 分解为 $F_1$ 与 $F_2$ 两个分力，$F_1$ 与位移同相位，$F_2$ 超前位移90°。只有与位移有90°相位差的分力才在一个周期内作功，与位移同相位的分力不作功。

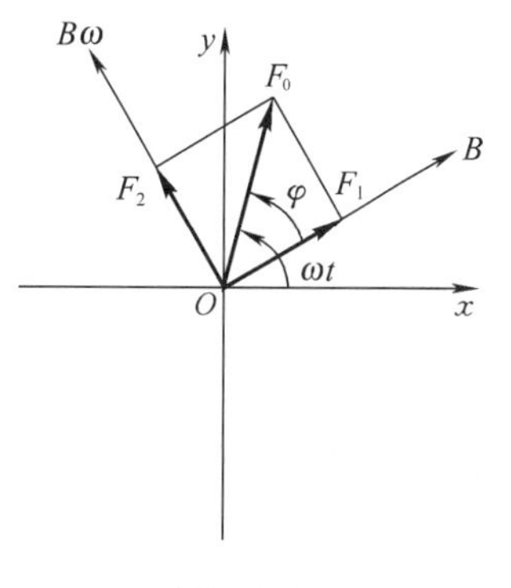

图 2.43

对无阻尼的强迫振动，位移与激振力之间的相位差 $\varphi$ 不是零就是180°（$\omega_0=\omega$，共振时除外），因此外力在一周之内所作的功 $W_F=0$，必然是稳态振动。当共振时，激振力超前位移90°，每一周期内外力所作之功

$$W_F=\pi F_0B\sin 90°=\pi F_0B$$

每经一周期，系统从激振力获得的能量值为 $\pi F_0B$，使振幅有一增量，这样随时间的延续，振幅必愈来愈大。

下面讨论简谐力与简谐振动的频率不同时的作功情况。

设简谐力与简谐振动分别为

$$F=F_0\sin n\omega_0t$$

$$x=B\sin(m\omega_0t-\varphi)$$

式中 $m$ 与 $n$ 都是整数，$\omega_0$ 是两者圆频率的公约数。

在一个周期内，简谐力在简谐振动位移上所作的功为

$$W_F=\int_0^{2\pi/\omega_0}F\dot{x}\mathrm{d}t=\int_0^{2\pi/\omega_0}F_0Bm\omega_0\sin n\omega_0t\cos(m\omega_0t-\varphi)\mathrm{d}t$$

利用三角函数族的正交性可以证明，当 $m\neq n$ 时，上式右边的积分结果为零，即在一个周期内简谐力在与它不同频率的简谐振动上所作功的和是零。当 $m=n$ 时，又成为简谐力在与之作同频率简谐振动系统上作功的问题。在一周期内简谐力所作之功显然为

$$W_F=n\pi F_0B\sin\varphi,\qquad m=n$$

2. 黏性阻尼力在一个周期内所消耗的能量（即一个周期内所作的功）

对于黏性阻尼力

$$F_c=c\dot{x}$$

系统作简谐振动时，有

$$x=B\sin(\omega_0t-\varphi)$$

$$\dot{x}=B\omega_0\cos(\omega_0t-\varphi)$$

$$F_c=cB\omega_0\cos(\omega_0t-\varphi)$$

所以阻尼力也是一种简谐力，它与位移相比落后90°的相位差。它在一个周期内所作的功为

$$W_c=\int_0^{2\pi/\omega_0}F_c\dot{x}\mathrm{d}t=\int_0^{2\pi/\omega_0}cB^2\omega_0^2\cos^2(\omega_0t-\varphi)\mathrm{d}t$$

$$=\frac{1}{2}CB^2\omega_0^2\int_0^{2\pi/\omega_0}[1-\cos^2(\omega_0t-\varphi)]\mathrm{d}t=\pi cB^2\omega_0 \tag{2.63}$$

可见，黏性阻尼力所作的功与振幅的平方、激振力的频率成正比。若阻尼所作的功（即所

消耗的能量)与激振力所作的功(即所输入的能量)相等,则由式(2.62)和式(2.63)得

$$cB\omega_0 = F_0 \sin\varphi$$

相应地有

$$W_c = \pi c B^2 \omega_0 = \pi F_0 B \sin\varphi = W_F$$

在共振时,相位角 $\varphi = 90°$,从上式即可得到激振力等于阻尼力,即

$$F_0 = cB\omega_0$$

这时激振力每周所作的功最大,阻尼力所消耗的能量也最大。

### 2.4.7 任意周期激励的响应

前面所讨论的问题都是在振动系统上作用有一个简谐激振力或系统支承只有一种简谐运动所引起的强迫振动。而在许多情况下,系统上受到的是一种非简谐的周期性激振力或系统支承是复杂运动的作用。任意一个周期激振函数,一般情况下根据傅里叶级数都可分解为一系列不同频率的简谐函数。对这些不同频率的简谐激振求出各自的响应,然后根据线性系统的叠加原理把这些响应一一叠加起来,其结果就是周期激振函数的响应。

对于任意周期激振力 $F(t)$,根据傅里叶级数可分解为

$$\begin{aligned} F(t) &= \frac{a_0}{2} + a_1 \cos\omega_0 t + a_2 \cos 2\omega_0 t + \cdots + b_1 \sin\omega_0 t + b_2 \sin 2\omega_0 t + \cdots \\ &= \frac{a_0}{2} + \sum_{j=1}^{\infty} (a_j \cos j\omega_0 t + b_j \sin j\omega_0 t) \end{aligned} \tag{2.64}$$

式中 $\omega_0$ 称激振力的基频,$\omega_0 = \frac{2\pi}{T}$,$T$ 为激振函数的周期,$a_0$、$a_j$、$b_j$ 为傅里叶系数。只要 $F(t)$ 为一个已知函数式,$a_0$、$a_j$、$b_j$ 就可以用下述方法确定。求 $a_0$ 时将式(2.64)的两边都乘以 $\mathrm{d}t$;求 $a_j$ 时两边都乘以 $\cos j\omega_0 t\mathrm{d}t$;求 $b_j$ 时两边都乘以 $\sin j\omega_0 t\mathrm{d}t$。然后依次在 $t=0$ 到 $t=T$ 一个周期内逐项积分,利用三角函数的正交性:

$$\int_0^T \cos i\omega_0 t \cos j\omega_0 t\mathrm{d}t = \begin{cases} 0, & i \neq j \\ T/2, & i = j \end{cases}$$

$$\int_0^T \sin i\omega_0 t \sin j\omega_0 t\mathrm{d}t = \begin{cases} 0, & i \neq j \\ T/2, & i = j \end{cases}$$

$$\int_0^T \sin i\omega_0 t \cos j\omega_0 t\mathrm{d}t = \int_0^T \cos i\omega_0 t \sin j\omega_0 t\mathrm{d}t = 0$$

$$\int_0^T \cos j\omega_0 t\mathrm{d}t = 0, j \neq 0$$

$$\int_0^T \sin j\omega_0 t\mathrm{d}t = 0$$

使上述逐项积分的结果在等式右边除 $i=j$ 的一项外,其余各项都等于零,从而得到

$$a_0 = \frac{2}{T}\int_0^T F(t)\mathrm{d}t, \quad a_j = \frac{2}{T}\int_0^T F(t)\cos j\omega_0 t\mathrm{d}t, \quad b_j = \frac{2}{T}\int_0^T F(t)\sin j\omega_0 t\mathrm{d}t$$

一个有阻尼的弹簧—质量系统在周期激振力 $F(t)$ 作用下的微分方程为

$$m\ddot{x}+c\dot{x}+kx=F(t)$$
$$=\frac{a_0}{2}+\sum_{j=1}^{\infty}(a_j\cos j\omega_0 t+b_j\sin j\omega_0 t) \tag{2.65}$$

式中第一项 $a_0/2$ 表示一个常力，它只影响系统的静平衡位置。只要坐标原点取在静平衡位置，此常数项就不出现在微分方程中，下面就不再记入这一项。

运用求简谐激振响应的方法及叠加原理，即可写出系统的响应力：

$$x(t)=\sum_{j=1}^{\infty}\left\{\frac{a_j\cos(j\omega_0 t-\varphi_j)+b_j\sin(j\omega_0 t-\varphi_j)}{k\sqrt{(1-\lambda_j^2)^2+(2\zeta\lambda_j)^2}}\right\} \tag{2.66}$$

式中 $\varphi_j=\arctan\frac{2\zeta\lambda_j}{1-\lambda_j^2}$，$\lambda_j=\frac{j\omega_0}{\omega}$。$\zeta$ 值较小时可以忽略不计，则 $\varphi_j=0$，有

$$x(t)=\sum_{j=1}^{\infty}\frac{a_j\cos j\omega_0 t+b_j\sin j\omega_0 t}{k(1-\lambda_j^2)}$$

式(2.65)又可以表示为

$$m\ddot{x}+c\dot{x}+kx=\frac{a_0}{2}+\sum_{j=1}^{\infty}A_j\sin(j\omega_0 t+\alpha_j) \tag{2.67}$$

式中
$$A_j=\sqrt{a_j^2+b_j^2},\quad \alpha_j=\arctan\frac{a_j}{b_j}$$

$A_j\sin(j\omega_0 t+\alpha_j)$称为 $F(t)$的第 $j$ 阶谐波。由式(2.67)可见，周期为 $T$ 的干扰力可以看成由频率为 $\omega_0$ 的基波和频率为 $\omega_0$ 的整倍数($2\omega_0$、$3\omega_0$…等)各高阶谐波之和。

若把式(2.67)中的常力 $a_0/2$ 借原点的适当移动消除，则系统的稳态振动为

$$x=\sum_{j=1}^{\infty}B_j\sin(j\omega_0 t+\alpha_j-\varepsilon_j) \tag{2.68}$$

式中

$$\left.\begin{aligned}B_j&=\frac{A_j}{k\sqrt{(1-\lambda_j^2)^2+(2\zeta\lambda_j)^2}}\\ \varepsilon_j&=\arctan\frac{2\zeta\lambda_j}{1-\lambda_j}\end{aligned}\right\} \tag{2.69}$$

比较式（2.67）和式（2.68）可见，干扰力的各阶谐波均引起相应的同频率强迫振动。式（2.69）的第一式表明：当干扰力的任一谐波频率与固有频率相等，即 $j\omega_0$（$j=1$，$2\cdots$）$=\omega$ 时，系统都将发生共振。当 $\omega=\omega_0$ 和 $\omega=2\omega_0\cdots$时，所发生的共振分别称为一阶共振、二阶共振……。由于高阶共振振幅很小，因此在实际问题中，只考虑几个低阶共振就可以了。

任意周期激励 $F(t)$也可用指数傅里叶级数的形式来表示。将式(2.65)的一般项改写为

$$a_j\cos j\omega_0 t+b_j\sin j\omega_0 t=A_j\sin(j\omega_0 t+\alpha_j)$$

由于
$$A_j=\sqrt{a_j^2+b_j^2},\quad \alpha_j=\arctan\frac{a_j}{b_j}$$

所以
$$F(t)=\sum_{j=0}^{\infty}A_j\cdot\sin(j\omega_0 t+\alpha_j)=\sum_{j=0}^{\infty}A_j\cdot e^{i(j\omega_0 t+\alpha_j)}=\sum_{j=0}^{\infty}\bar{A}_j e^{ij\omega_0 t}$$

其中$\bar{A}_j=A_j e^{i\alpha_j}$。于是 $F(t)$的响应可用下式表示：

$$x = \sum_{j=0}^{\infty} \frac{\bar{A}_j}{k} \cdot H_j(\omega_0) \cdot \mathrm{e}^{\mathrm{i}j\omega_0 t} = x \sum_{j=0}^{\infty} \frac{\bar{A}_j}{k} \left| H_j(\omega_0) \right| \mathrm{e}^{\mathrm{i}(j\omega_0 t - \varphi_j)}$$

$$= x \sum_{j=0}^{\infty} \frac{\bar{A}_j}{k} \left| H_j(\omega_0) \right| \mathrm{e}^{\mathrm{i}(j\omega_0 t + \alpha_j - \varphi_j)}$$

式中 $H_j(\omega_0)$ 为第 $j$ 次谐波的复频响应。

$$H_j(\omega_0) = \frac{1}{1 - \left(\frac{j\omega_0}{\omega}\right)^2 + \mathrm{i} \cdot 2\zeta\left(\frac{n\omega_0}{\omega}\right)} = \frac{1}{1 - \lambda_j^2 + \mathrm{i} \cdot 2\zeta\lambda_j}$$

其模为

$$\left| H_j(\omega_0) \right| = \frac{1}{\sqrt{(1-\lambda_j^2)^2 + (2\zeta\lambda_j)^2}}$$

**【例 2.19】** 如图 2.44(a)所示的矩形波激励 $F(t)$ 作用于图(b)的单自由度系统上。设系统的固有频率为 $\omega = \frac{8\pi}{T}$,求系统的稳态响应,并画出激励和响应的频谱图。

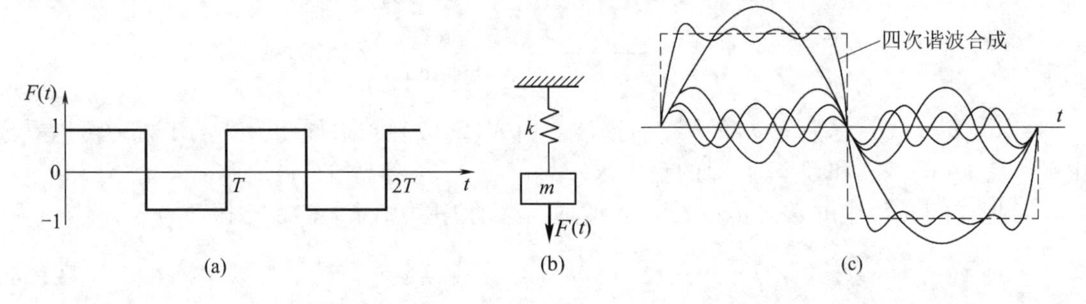


图 2.44

**【解】** 先将 $F(t)$ 分解为各个简谐激励,并计算傅里叶系数。由图 2.44(a)可知,激励的均值 $a_0/2=0$,其余有

$$a_j = \frac{2}{T}\int_0^T F(t)\cos j\omega_0 t\mathrm{d}t = \frac{2}{T}\int_0^{T/2} 1 \cdot \cos j\omega_0 t\mathrm{d}t - \frac{2}{T}\int_{T/2}^T 1 \cdot \cos j\omega_0 t\mathrm{d}t = 0$$

$$b_j = \frac{2}{T}\int_0^T F(t)\sin j\omega_0 t\mathrm{d}t = \frac{2}{T}\int_0^{T/2} 1 \cdot \sin j\omega_0 t\mathrm{d}t - \frac{2}{T}\int_{T/2}^T 1 \cdot \sin j\omega_0 t\mathrm{d}t$$

$$= \frac{2}{j\omega_0 T}\left[\int_0^{T/2} \sin j\omega_0 \mathrm{d}(j\omega_0 t) - \int_{T/2}^T \sin j\omega_0 t\mathrm{d}(j\omega_0 t)\right]$$

$$= \frac{2}{j\omega_0 T}\left[1 - 2\cos\frac{j\omega_0 T}{2} + \cos j\omega_0 T\right]$$

$$= \begin{cases} 0, & j = 2,4,6,\cdots \\ \dfrac{4}{j\pi}, & j = 1,3,5,\cdots \end{cases}$$

所以

$$F(t) = \frac{4}{\pi}\sin\omega_0 t + \frac{4}{3\pi}\sin 3\omega_0 t + \frac{4}{5\pi}\sin 5\omega_0 t + \cdots$$

$$= 1.27\sin\omega_0 t + 0.42\sin 3\omega_0 t + 0.25\sin 5\omega_0 t + \cdots$$

当系统无阻尼，即 $\zeta = 0$，且 $\omega = \frac{8\pi}{T} = 4\omega_0, \frac{\omega_0}{\omega} = \frac{1}{4}$ 时，系统的响应为

$$x = \sum_{j=1}^{\infty} \frac{b_j \sin j\omega_0 t}{k(1-\lambda_j^2)} = \frac{4}{\pi k}\frac{\sin\omega_0 t}{1-\left(\frac{1}{4}\right)^2} + \frac{4}{3\pi k}\cdot\frac{\sin 3\omega_0 t}{1-\left(\frac{3}{4}\right)^2} + \frac{4}{5\pi k}\frac{\sin 5\omega_0 t}{-1+\left(\frac{5}{4}\right)^2} + \cdots$$

$$= \frac{1.36}{k}\sin\omega_0 t + \frac{0.97}{k}\sin 3\omega_0 t + \frac{0.45}{k}\sin 5\omega_0 t + \cdots$$

激励 $F(t)$ 分解为 4 次谐波及其合成见图 2.44(c)。激励频率谱图和响应频谱图见图 2.45(a)、(b)。

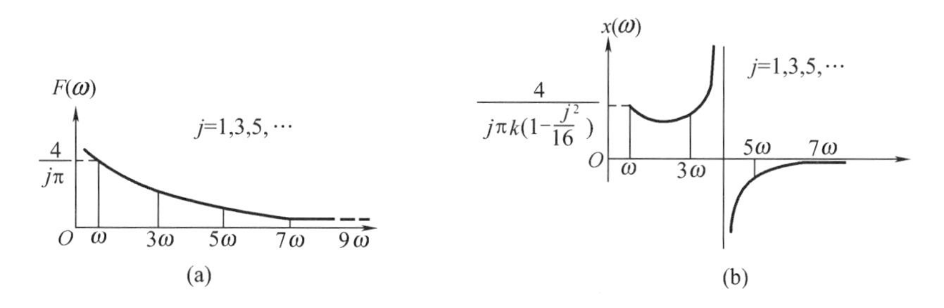


图 2.45

### 2.4.8 任意激振的响应

系统在周期激励下的响应包含稳态和瞬态两部分，瞬态响应由于阻尼的存在，而很快衰减，直至消失，所以它是周期性的稳态振动。但在许多实际问题中，对系统的激振并非周期性的，而是任意的时间函数，或者是在极短时间间隔内的冲击作用(如冲击力、地震波等)。在这种激振情况下，系统通常没有稳态振动，而只有瞬态振动。在激振作用停止后，系统按固有频率继续作自由振动。系统在任意激振下的运动状态，包括激振作用停止后的自由振动，称为任意激振的响应。显然冲击作用的时间极短，响应作用的时间也不长，但响应峰值很大，结构、机器可能被破坏或机器瞬时失灵。因此，瞬态振动的研究，对结构和机器工作的安全性和可靠性具有重要的实际意义。

为了工程问题的实用目的，冲击响应问题的求解一般可以用几种简单施力函数响应的组合去近似实际的脉冲响应。系统在冲击之后的振动是自由振动，因此只要求得冲击结束瞬间的系统位移和速度，以后的振动便可按自由振动求解。按这样的方法处理问题，概念清楚，应用方便。下面将首先介绍几种简单施力函数及其组合产生的响应，然后再介绍更一般的方法。

1. 几种常见的施力函数的响应

(1) 阶跃激励的响应

设一个有阻尼的单自由度系统，在 $t = 0$ 瞬时受一突加载荷 $F_0$ 的作用，此载荷在 $t \geqslant 0$ 时为常数[图 2.46(a)]。这种载荷一般称为阶跃载荷。在此载荷作用下，系统必产生振动。振动将围绕物块的静平衡位置进行。物块的运动微分方程为

$$m\ddot{x} + c\dot{x} + kx = F_0 \tag{2.70}$$

方程(2.70) 的通解由齐次方程的通解和非齐次方程的特解组成。齐次方程的通解前面已求得。方程的特解显然就是 $F_0/k$,于是方程(2.70) 的通解为

$$x = e^{-\zeta\omega t}(C\cos\omega' t + D\sin\omega' t) + F_0/k$$

在 $t = 0$ 时系统处于静止状态,设坐标原点取在物块静止时的位置上,则有

$$x(0) = \dot{x}(0) = 0$$

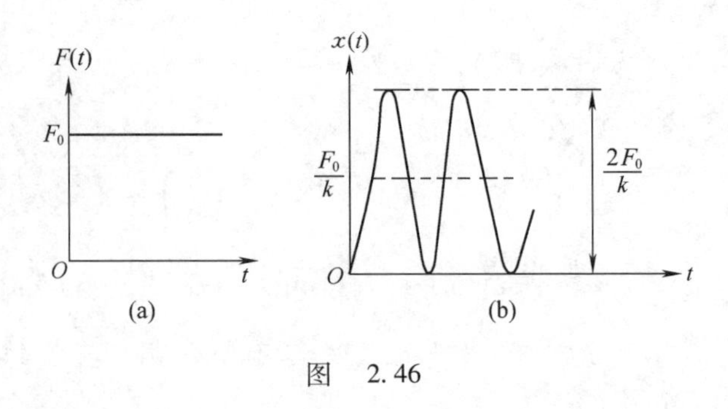


图 2.46

对通解求导并代入以上初始条件,可得以下两个积分常数:

$$C = -F_0/k, \qquad D = -\frac{\zeta}{\sqrt{1-\zeta^2}}\cdot\frac{F_0}{k}$$

于是系统的响应为

$$x = \frac{F_0}{k}\left[1 - e^{-\zeta\omega t}\left(\cos\omega' t + \frac{\zeta}{\sqrt{1-\zeta^2}}\sin\omega' t\right)\right] \tag{2.71}$$

对于无阻尼系统,$\zeta = 0$,则上式简化为

$$x = \frac{F_0}{k}(1 - \cos\omega t) \tag{2.72}$$

图 2.46(b) 是方程(2.72) 的图解。从图可见,最大位移为静位移的两倍。

(2) 斜坡载荷的响应

设一有阻尼单自由度系统,在 $t = 0$ 时开始受到一按直线增长的载荷 $F(t) = at$ 的作用,如图 2.47(a) 所示。质量块的运动微分方程为

$$m\ddot{x} + c\dot{x} + kx = at \tag{2.73}$$

上式的特解为$\dfrac{at}{k} - \dfrac{ca}{k^2}$,于是通解为

$$x = e^{-\zeta\omega t}(D_1\cos\omega' t + D_2\sin\omega' t) + \frac{at}{k} - \frac{ca}{k^2}$$

设 $t = 0$ 时,$x(0) = \dot{x}(0) = 0$,则积分常数为

$$D_1 = \frac{ca}{k^2}, \quad D_2 = \frac{a}{k\omega'}(2\zeta^2 - 1)$$

系统的响应为

$$x = e^{\zeta\omega t}\left[\frac{ca}{k^2}\cos\omega' t + \frac{a}{k\omega'}(2\zeta^2 - 1)\sin\omega' t\right] + \frac{at}{k} - \frac{ca}{k^2} \tag{2.74}$$

对于无阻尼系统,$\zeta = 0$,响应变为

$$x = \frac{a}{k\omega}(\omega t - \sin\omega t) \tag{2.75}$$

图 2.47(b) 表示无阻尼系统受斜坡载荷激励的响应曲线。从图中可见,响应曲线是围绕倾斜直线上下波动的。倾斜直线是系统静变形增长的直线。振动的振幅为 $a/k\omega$。

(3) 指数衰减载荷的响应

设一阻尼单自由度系统，在 $t=0$ 时受到突加载荷 $F_0$ 的激励，该载荷随时间作指数函数衰减，即 $F(t)=F_0e^{-at}$，如图 2.48(a) 所示，则系统的运动微分方程为

$$m\ddot{x}+c\dot{x}+kx=F_0e^{-at} \tag{2.76}$$

上式的特解为 $F_0e^{-at}/(ma^2-ca+k)$，其通解则为

$$x=e^{-\zeta\omega t}[D_1\cos\omega't+D_2\sin\omega't]+\frac{F_0e^{-at}}{ma^2-ca+k}$$

设 $t=0, x(0)=\dot{x}(0)=0$，则

$$D_1=\frac{-F_0}{ma^2-ca+k},\qquad D_2=\frac{F_0}{\omega'(ma^2-ca+k)}$$

系统的响应为

$$x=\frac{F_0}{ma^2-ca+k}\left[\left(\frac{a-\zeta\omega}{\omega'}\sin\omega't-\cos\omega't\right)e^{-\zeta\omega t}+e^{-at}\right]$$

对无阻尼系统，系统的响应为

$$x=\frac{F_0}{ma^2+k}\left[\frac{a}{\omega}\sin\omega t-\cos\omega t+e^{-at}\right] \tag{2.77}$$

图 2.48(b) 是方程(2.77) 的图解。响应的振幅与衰减指数 $a$ 的取值关系很大。当 $a\to0$ 时，施力函数衰减很慢，接近于阶跃函数，因而响应近似于式(2.77)。当 $a\to\infty$ 时，施力函数立即衰减到零。力的冲量接近于零，系统的速度没有发生变化，因此不可能产生振动。

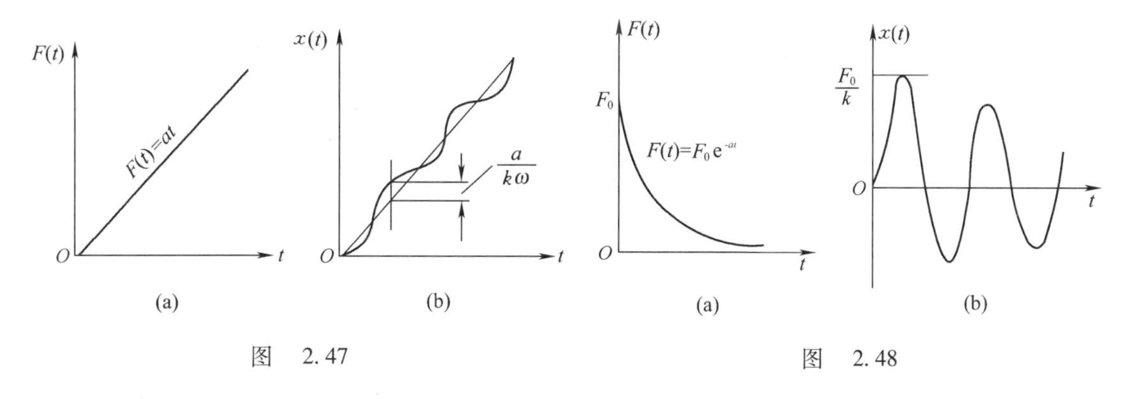


图　2.47　　　　图　2.48

有些施力函数有时可以表示为上述几种施力函数的叠加，如图 2.49 所示。图 2.49(a) 可以看作两个从不同时间开始的斜坡函数的叠加。应用公式(2.75) 可得 $t>t_1$ 时系统的响应为

$$x=\frac{a}{k}\left(t-\frac{\sin\omega t}{\omega}\right)-\frac{a}{k}\left[(t-t_1)-\frac{\sin\omega(t-t_1)}{\omega}\right]$$

$$=\frac{at_1}{k}+\frac{at_1}{k\omega}[\sin\omega(t-t_1)-\sin\omega t]$$

$$=\frac{F_0}{k}+\frac{F_0}{k\omega}[\sin\omega(t-t_1)-\sin\omega t]$$

这个结果与叠加法得到的相同。

(4) 三角形脉冲的响应

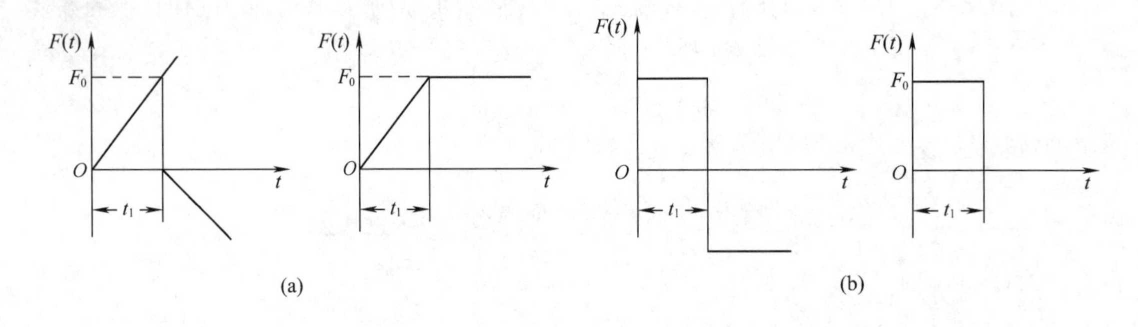


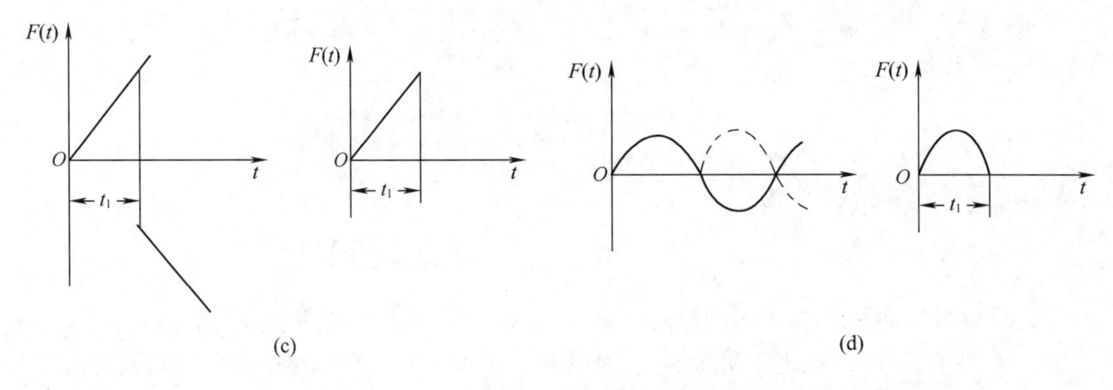


图 2.49

图 2.49(c) 右侧表示一直角三角形脉冲。

a. 把图 2.49(c) 右侧图看作左侧图所示两个斜坡函数的叠加,应用公式(2.72) 得 $t > t_1$ 时的响应为

$$x = \frac{a}{k}\left(t - \frac{\sin \omega t}{\omega}\right) - \frac{a}{k}\left[(t - t_1) - \frac{\sin \omega(t - t_1)}{\omega}\right] - \frac{F_0}{k}[1 - \cos \omega(t - t_1)]$$

因 $a = F_0/t_1$,上式整理后得

$$x = \frac{F_0}{kt_1}\left[t_1 \cos \omega(t - t_1) + \frac{1}{\omega}\sin \omega(t - t_1) - \frac{1}{\omega}\sin \omega t\right] \tag{2.78}$$

b. $t < t_1$ 时的响应按斜坡函数处理,$t > t_1$ 时的响应按自由振动处理。$t = t_1$ 时的位移与速度为

$$x_0 = \frac{a}{k}\left(t_1 - \frac{\sin \omega t_1}{\omega}\right), \qquad \dot{x}_0 = \frac{a}{k}(1 - \cos \omega t_1)$$

将 $x_0$、$\dot{x}_0$ 作为初始条件代入自由振动公式,得

$$\begin{aligned} x_0 &= x_0 \cos \omega(t - t_1) + \frac{\dot{x}_0}{\omega}\sin \omega(t - t_1) \\ &= \frac{a}{k}\left(t_1 - \frac{\sin \omega t_1}{\omega}\right)\cos \omega(t - t_1) + \frac{a}{k\omega}(1 - \cos \omega t_1)\sin \omega(t - t_1) \end{aligned}$$

式中 $a = F_0/t_1$,代入整理得

$$x = \frac{F_0}{kt_1}\left[t_1\cos\omega(t - t_1) + \frac{1}{\omega}\sin\omega(t - t_1) - \frac{1}{\omega}\sin\omega t\right]$$

两种解法所得结果相同。

(5) 半波正弦脉冲的响应

图 2.49(d) 右侧为半波正弦脉冲。

① 把图 2.49(d) 右侧图看作左侧图所示两个正弦函数的叠加。设 $t = 0$ 时的初速度和初位移均为零。$t > t_1$ 时响应为

$$x = \frac{F_0}{k(1 - \lambda^2)}[\sin\omega_0 t - \lambda\sin\omega t + \sin\omega_0(t - t_1) - \lambda\sin\omega(t - t_1)]$$

因半波的时间长度为 $t_1$，将 $t_1 = \pi/\omega_0$ 代入上式，有

$$x = -\frac{F_0}{k(1 - \lambda^2)}[\sin\omega_0(t - t_1) + \sin\omega_0 t] \tag{2.79a}$$

② $t < t_1$ 时，响应按简谐激励处理，这时设 $t = 0$ 时的初速度和初位移为零，响应为

$$x = \frac{F_0}{k(1 - \lambda^2)}(\sin\omega_0 t - \lambda\sin\omega t) \tag{2.79b}$$

$t > t_1$ 时的响应按自由振动处理，以 $t = t_1$ 时按上式求得的位移和速度为初位移和初速度。把 $t = t_1 = \pi/\omega_0$ 代入式(2.79b) 并求导数，得

$$x_0 = -\frac{F_0\lambda}{k(1 - \lambda^2)}\sin\frac{\pi\omega}{\omega_0}$$

$$\dot{x}_0 = -\frac{F_0\omega_0}{k(1 - \lambda^2)}\left[1 - \cos\frac{\pi\omega}{\omega_0}\right]$$

把 $x_0$、$\dot{x}_0$ 代入自由振动的响应公式，得

$$\begin{aligned} x &= -\frac{\lambda F_0}{k(1 - \lambda^2)}\left[\left(1 + \cos\frac{\pi\omega}{\omega_0}\right)\sin\omega(t - t_1) + \sin\frac{\pi\omega}{\omega_0}\cos\omega(t - t_1)\right] \\ &= -\frac{\lambda F_0}{k(1 - \lambda^2)}[\sin\omega(t - t_1) + \sin\omega t] \end{aligned}$$

这一结果与用叠加法得到的相同。

2. 任意激励的响应

对任意激励的响应，有各种推导方法，这取决于描述激励函数的方式。可将激励看成是持续时间非常短的脉冲的叠加，为了说明这种方法，我们将首先介绍单位脉冲或狄拉克 $\delta$ 函数的概念。单位脉冲的数学定义是，当 $t \neq \tau$ 时

$$\delta(t - \tau) = 0$$

当 $t = \tau$ 时，有

$$\int_{-\infty}^{\infty}\delta(t - \tau)\,\mathrm{d}t = 1 \tag{2.80}$$

在 $t = \tau$ 处，作用的单位脉冲以 $\delta(t - \tau)$ 表示，函数不为零的时间间隔被限定为无穷小，即图 2.50中的 $\varepsilon$ 在极限情况下趋近于零，在此时间间隔内函数的值是不确定的，而曲线下的面积则规定等于 1。另外 $\delta$ 函数的单位为 $\mathrm{s}^{-1}$，这从式(2.80)中的积分值是无量纲这一点就可以

得知。

在理论力学中曾定义一个力的冲量 $\hat{F}$ 是力 $F(t)$ 对时间的积分,即

$$\hat{F} = \int F(t)\mathrm{d}t$$

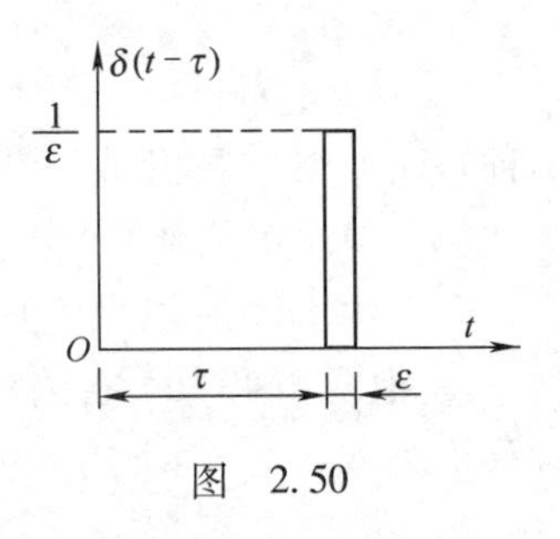


图 2.50

若力 $F(t)$ 的值非常大但作用时间却很短,那么冲量 $\hat{F}$ 仍是有限值,这样的力就称为脉冲力。在时间 $t=\tau$ 时作用的脉冲力可以用 $\delta$ 函数表示为

$$F(t) = \hat{F}\delta(t-\tau)$$

$\delta$ 函数还具有如下的重要性质:

$$\int_{-\infty}^{\infty} f(t)\delta(t-\tau)\mathrm{d}t = f(\tau) \tag{2.81}$$

若单自由度系统在 $t=0$ 时受到一脉冲力的激励,那么它的运动微分方程为

$$m\ddot{x} + c\dot{x} + kx = \hat{F}\delta(t)$$

若初始条件为零,即 $x(0)=\dot{x}(0)=0$,则在极短的时间 $\Delta t=\varepsilon$ 内,积分上式可写成

$$\lim_{\varepsilon\to 0}\int_0^{\varepsilon}(m\ddot{x} + c\dot{x} + kx)\mathrm{d}t = \lim_{\varepsilon\to 0}\int_0^{\varepsilon}\hat{F}\delta(t)\mathrm{d}t \tag{2.82}$$

方程右侧的积分结果,根据 $\delta$ 函数的性质应为 $\hat{F}$。方程左侧的积分共有三项:

$$\lim_{\varepsilon\to 0}\int_0^{\varepsilon} m\ddot{x}\mathrm{d}t = \lim_{\varepsilon\to 0} m\dot{x}\big|_0^{\varepsilon} = \lim_{\varepsilon\to 0} m[\dot{x}(\varepsilon) - \dot{x}(0)] = m\dot{x}(0^+)$$

$$\lim_{\varepsilon\to 0}\int_0^{\varepsilon} c\dot{x}\mathrm{d}t = \lim_{\varepsilon\to 0} cx\big|_0^{\varepsilon} = \lim_{\varepsilon\to 0} c[x(\varepsilon) - x(0)] = 0$$

$$\lim_{\varepsilon\to 0}\int_0^{\varepsilon} kx\mathrm{d}t = 0$$

记号 $\dot{x}(0^+)$ 是用来表示在时间增量 $\Delta t=\varepsilon$ 之后速度发生的变化。另外,因为时间 $\Delta t$ 非常短,还来不及发生位移,所以 $x(\varepsilon)=0$。于是方程(2.82)可写成

$$\dot{x}(0^+) = \hat{F}/m \tag{2.83}$$

实际上,上式也可以从理论力学中讲过的动量定理直接得到:系统动量的变化等于系统所受的力在此时刻的冲量,即 $m\mathrm{d}v = F(t)\mathrm{d}t = \hat{F}$。因为系统的速度变化 $\mathrm{d}v$ 就是 $\dot{x}(0^+)$,所以从动量定理可导出式(2.83)。

系统受这一脉冲力之后的响应可按自由振动处理,系统的响应为

$$x(t) = \frac{\hat{F}}{m\omega'}\mathrm{e}^{-\zeta\omega t}\sin\omega' t \tag{2.84}$$

$\hat{F}=1$ 时的响应称为单位脉冲响应,通常用符号 $h(t)$ 表示:

$$h(t)=\frac{1}{m\omega'}e^{-\zeta\omega t}\sin\omega' t \tag{2.85}$$

若单位脉冲力在 $t=\tau$ 时施加，则响应记为 $h(t-\tau)$，相应的表达式为

$$h(t-\tau)=\frac{1}{m\omega'}e^{-\zeta\omega(t-\tau)}\sin\omega'(t-\tau) \tag{2.86}$$

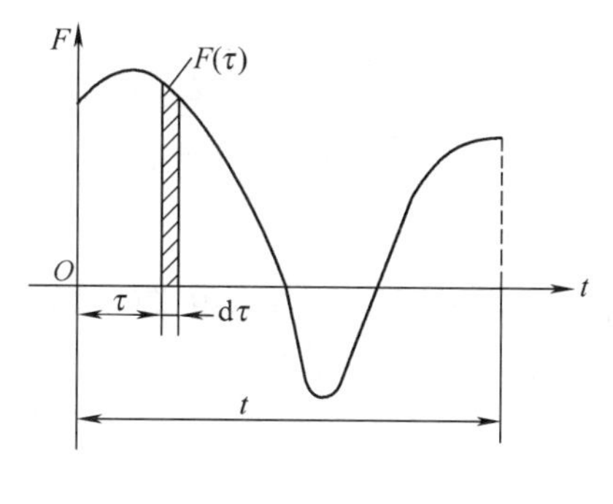


图　2.51

现用叠加原理来表示系统受任意激励的响应。设任意激励力 $F(\tau)$，$0\ll\tau\ll t$，如图 2.51 所示，作用在一个有阻尼的弹簧—质量系统上。系统的振动方程为

$$m\ddot{x}+c\dot{x}+kx=F(\tau) \tag{2.87}$$

我们将一任意激励分为很多脉冲力，其中 $t=\tau$ 邻近的微小冲量为 $F(\tau)\Delta\tau$，利用单位脉冲响应的公式，由 $F(\tau)\Delta\tau$ 产生的响应为

$$\Delta x=F(\tau)\Delta\tau h(t-\tau)$$

令 $\Delta\tau\to 0$，把响应叠加起来，并从零到 $t$ 积分，有

$$x(t)=\int_0^t F(\tau)h(t-\tau)\mathrm{d}\tau \tag{2.88}$$

上式所表示的响应，从数学上看，是函数 $F(t)$ 与 $h(t)$ 的卷积积分。将式(2.86)代入式(2.88)得

$$x(t)=\frac{1}{m\omega'}\int F(\tau)e^{-\zeta\omega(t-\tau)}\sin\omega'(t-\tau)\mathrm{d}\tau \tag{2.89}$$

上式表示单自由度系统受任意激励 $F(t)$ 作用时的系统响应，此式即为杜哈美积分。

注意到由杜哈美积分所得的响应是式(2.87)振动微分方程的全解，它包括了稳态响应和瞬态响应两部分。

在阻尼很小时，即 $\zeta=0,\omega'=\omega$，则

$$x=\frac{1}{m\omega}\int_0^t F\sin\omega(t-\tau)\mathrm{d}\tau \tag{2.90}$$

若在 $t=0$ 时有初速度 $\dot{x}_0$ 和初位移 $x_0$ 存在，那么系统的总响应为

$$x(t)=e^{-\zeta\omega t}\left[\frac{\dot{x}_0+\zeta\omega x_0}{\omega'}\sin\omega' t+x_0\cos\omega' t\right]+\frac{1}{m\omega'}\int_0^t F(\tau)e^{-\zeta\omega(t-\tau)}\sin\omega'(t-\tau)\mathrm{d}\tau \tag{2.91}$$

忽略阻尼，总响应为

$$x(t)=\frac{\dot{x}_0}{\omega}\sin\omega t+x_0\cos\omega t+\frac{1}{m\omega}\int_0^t F(\tau)\sin\omega(t-\tau)\mathrm{d}\tau \tag{2.92}$$

若系统在其支承的运动下振动，而支承运动是任意时间函数 $y(\tau)$，同样可用杜哈美积分来求系统的解。由支承运动微分方程

$$m\ddot{x}+c\dot{x}+kx=ky+c\dot{y}$$

上式相当于系统上作用了两个激振力 $ky$ 和 $c\dot{y}$，应用线性系统叠加原理，由式(2.89)，可得系统的响应为

$$x = \frac{1}{m\omega'}\int_0^t (ky + c\dot{y})\mathrm{e}^{-\zeta\omega(t-\tau)}\sin\omega'(t-\tau)\mathrm{d}\tau$$

$$= \frac{1}{\omega'}\int_0^t (\omega^2 y + 2\zeta\omega\dot{y})\mathrm{e}^{-\zeta\omega(t-\tau)}\sin\omega'(t-\tau)\mathrm{d}\tau \tag{2.93}$$

当支承运动的加速度为任意函数$\ddot{y}(\tau)$时,则选用系统的相对位移来求解比较方便。现以$z=x-y$表示质量块的相对位移,则可知系统的运动微分方程为

$$m\ddot{z} + c\dot{z} + kz = -m\ddot{y}$$

将$-m\ddot{y}$作为激振力,则由式(2.89)得

$$z = \frac{1}{m\omega'}\int_0^t (-m\ddot{y})\mathrm{e}^{-\zeta\omega(t-\tau)}\sin\omega'(t-\tau)\mathrm{d}\tau$$

$$= \frac{-1}{\omega'}\int_0^t \ddot{y}\mathrm{e}^{-\zeta\omega(t-\tau)}\sin\omega'(t-\tau)\mathrm{d}\tau$$

这样就可根据初始条件计算出支承运动的位移$y$,就得到系统的总响应为

$$x = z + y$$

**【例 2.20】** 设$x_0 = x_0 = 0$,求无阻尼弹簧—质量系统对简谐力$F(\tau) = F_0\sin\omega_0 t$的响应。

**【解】** 将$F(\tau) = F_0\sin\omega_0$代入式(2.90),有

$$x_0 = \frac{F_0}{m\omega}\int_0^t \sin\omega_0\tau\sin\omega(t-\tau)\mathrm{d}\tau$$

利用三角积分关系

$$\int_0^t \sin\omega_0\tau\sin\omega(t-\tau)\mathrm{d}\tau = \frac{1}{2}\int_0^t \left\{\cos[(\omega_0+\omega)\tau - \omega t] - \cos[(\omega_0-\omega)\tau + \omega t]\right\}\mathrm{d}\tau$$

$$= \frac{\omega}{\omega^2 - \omega_0^2}\left(\sin\omega_0 t - \frac{\omega_0}{\omega}\sin\omega t\right)$$

故得

$$x = \frac{F_0}{m}\cdot\frac{1}{\omega^2-\omega_0^2}\left(\sin\omega_0 t - \frac{\omega_0}{\omega}\sin\omega t\right)$$

**【例 2.21】** 设$x_0 = \dot{x}_0 = 0$,试用杜哈美积分求无阻尼单自由度系统受斜坡函数力作用的响应。

**【解】** 将$F(\tau) = a\tau$代入式(2.90),有

$$x = \frac{1}{m\omega}\int_0^t a\tau\sin\omega(t-\tau)\mathrm{d}\tau$$

$$= \frac{a}{m\omega}\left[\left.\frac{\tau\cos\omega(t-\tau)}{\omega}\right|_0^t - \frac{1}{\omega}\int_0^t \cos\omega(t-\tau)\mathrm{d}\tau\right]$$

$$= \frac{at}{m\omega^2} + \frac{a}{m\omega^3}[\sin\omega(t-\tau)]\Big|_0^t$$

$$= \frac{a}{k}\left[t - \frac{1}{\omega}\sin\omega t\right]$$

**【例 2.22】** 图 2.52 所示箱中有一无阻尼弹簧—质量系统,箱子由高$h$处静止自由下落,试求:①箱子下落过程中,质量块$m$相对于箱子的运动$x(t)$;②箱子落地后传到地面上的$F_{\max}$。

**【解】** ① 建立$m$对箱子的相对运动微分方程。设$x$为$m$的相对位移,$y$为箱子的位移,

则有

$$m\ddot{x} = -kx - m\ddot{y}$$

$m$ 的振动微分方程为

$$\ddot{x} + \omega^2 x = -\ddot{y}$$

式中 $\omega^2 = k/m$。

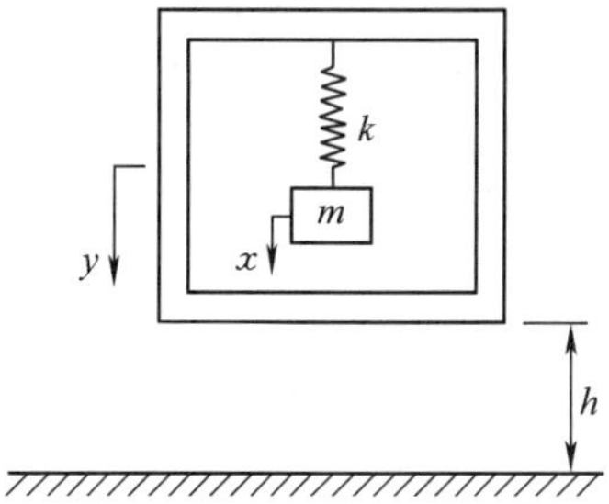

由于不计 $m$ 对箱子下落的影响,即

$$\ddot{y} = g$$

图　2.52

考虑初始条件 $t=0$ 时,$x_0=0$,$\ddot{x}=0$,由杜哈美积分,得

$$x = -\frac{1}{\omega}\int g\sin\omega(t-\tau)\,\mathrm{d}\tau = -\frac{g}{\omega^2}(1-\cos\omega t)$$

② 由自由落体知箱子下落时间 $t_1$ 为

$$t_1 = \sqrt{\frac{2h}{g}}$$

碰地之前一瞬间,质量块 $m$ 的相对位移、相对速度为

$$x_1 = -\frac{g}{\omega^2}(1-\cos\omega t_1),\quad \dot{x}_1 = -\frac{g}{\omega}\sin\omega t_1$$

同时箱子的速度为

$$\dot{y} = gt_1$$

碰地时 $m$ 相对箱子的位移与速度应分别为

$$x_0 = x_1 = -\frac{g}{\omega^2}(1-\cos\omega t_1)$$

$$\dot{x}_0 = \dot{x}_1 + \dot{y} = -\frac{g}{\omega}\sin\omega t_1 + gt_1$$

碰地后,$m$ 相对箱子作自由振动,设其振动规律为 $x$,则

$$x = \frac{\dot{x}_0}{\omega}\sin\omega t + x_0\cos\omega t = \frac{g}{\omega^2}(\omega t_1 - \sin\omega t_1)\sin\omega t - \frac{g}{\omega^2}(1-\cos\omega t_1)\cos\omega t$$

$$= A\sin(\omega t - \varphi)$$

式中

$$A = \frac{g}{\omega}\sqrt{(\omega t_1 - \sin\omega t_1)^2 + (1-\cos\omega t_1)^2}$$

$$\varphi = \arctan\left(\frac{1-\cos\omega t_1}{\omega t_1 - \sin\omega t_1}\right)$$

传到地面上的最大力 $F_{\max}$ 为

$$F_{\max} = kA = \frac{kg}{\omega^2}\sqrt{(\omega t_1 - \sin\omega t_1)^2 + (1-\cos\omega t_1)^2}$$

## 习　题

2.1　一重块支承在平台上,$W=100$ N,如题 2.1 图所示。重块下联结两个弹簧,其刚度均为

$k=20\ \mathrm{N/cm}$。在图示位置时,每个弹簧中已有初压力 $F_0=10\ \mathrm{N}$。设将平台突然撤去,则重块将下落多少距离?

2.2 题2.2图所示的均质圆柱体半径为 $R$,质量为 $m$,作无滑动的微幅摆动。求其固有频率。

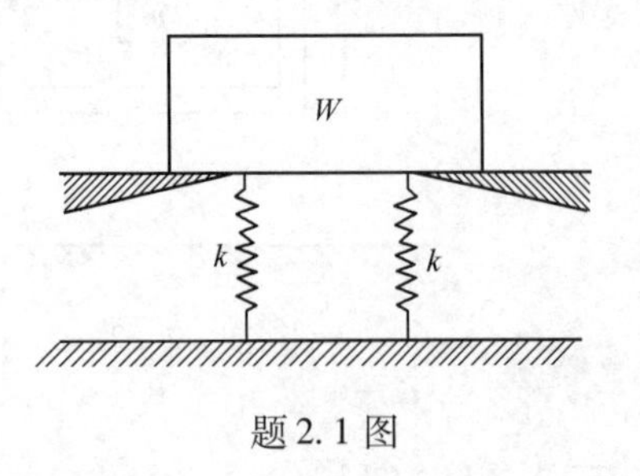


题2.1图

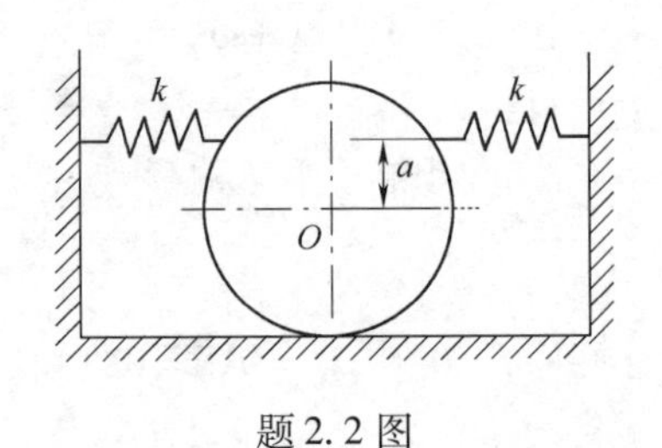


题2.2图

2.3 求题2.3图所示轴系扭转振动的固有频率。轴的直径为 $d$,剪切弹性模量为 $G$,两端固定。圆盘的转动惯量为 $J$,固定于轴上,至轴两端的距离分别为 $l_1$ 和 $l_2$。

2.4 一均质等直杆 $AB$,重为 $W$,用两相同尺寸的铅垂直线悬挂如题2.4图所示。线长为 $l$,两线相距为 $2a$。试推导 $AB$ 杆绕通过重心的铅垂轴作微摆动的振动微分方程,并求出其固有频率。

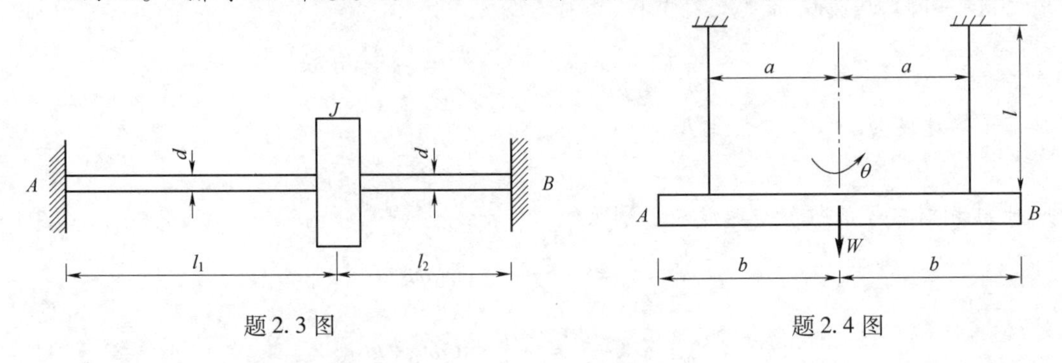


题2.3图 题2.4图

2.5 有一简支梁,抗弯刚度 $EI=2\times10^{10}\ \mathrm{N\cdot cm^2}$,跨度 $l=4\ \mathrm{m}$,用题2.5(a)、(b)图的两种方式在梁跨中联接一螺旋弹簧和重块。弹簧刚度 $k=5\ \mathrm{kN/cm}$,重块重量 $W=4\ \mathrm{kN}$。求两种弹簧—质量系统的固有频率。

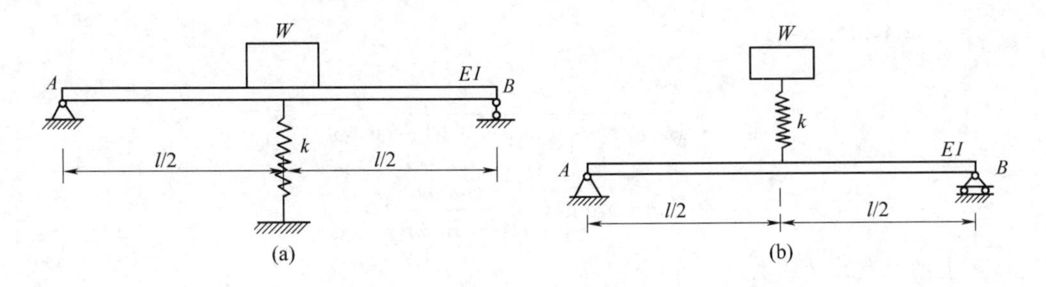


题2.5图

2.6 一刚性直杆 $AB$,长度为 $l$,$A$ 端铰支,离铰支端 $a$ 处用一刚度为 $k_1$ 的弹簧悬挂,在 $B$ 端用一刚度为 $k_2$ 的弹簧悬挂一质量 $m$ 的物块。忽略杆本身的质量,求这个系统的固有频率。

2.7 建立题2.7图所示系统的运动微分方程,并求其固有角频率。

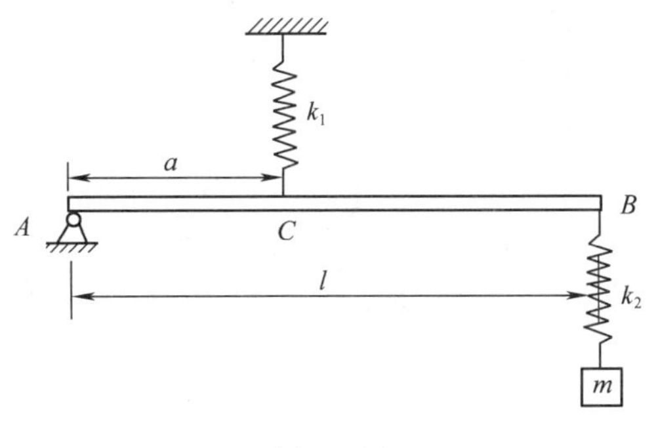


题 2.6 图

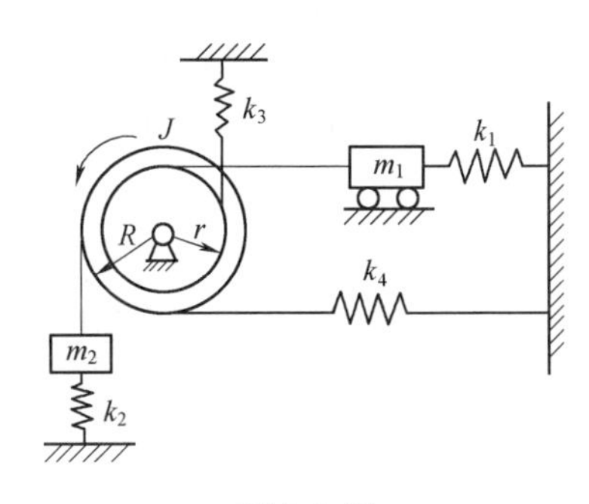


题 2.7 图

2.8 一弹簧—质量系统的质量块重 $W=20$ kN,弹簧刚度 $k=500$ N/cm。今需在此系统中配置一阻尼器,使系统的相对阻尼系数 $\zeta=0.10$。问阻尼器的黏性阻尼系数 $c$ 应为多少?系统自由振动时的频率是多少?

2.9 一有黏性阻尼的单自由度系统,在振动时,它的振幅在 5 个周期之后减少了 50% 。试求系统的相对阻尼系数 $\zeta$。

2.10 列出题 2.10 图所示系统的振动微分方程,并计算其振动频率。

2.11 如题 2.11 图所示轴承,轴的直径 $d=2$ cm,$l=40$ cm,剪切弹性模量 $G=8\times10^6$ N/cm$^2$。圆盘绕对称轴的转动惯量为 $J=10$ kN · cm · s$^2$,并在 $M=5\pi\sin2\pi t$ (kN · cm) 的外力偶矩作用下发生扭振,求振幅值。

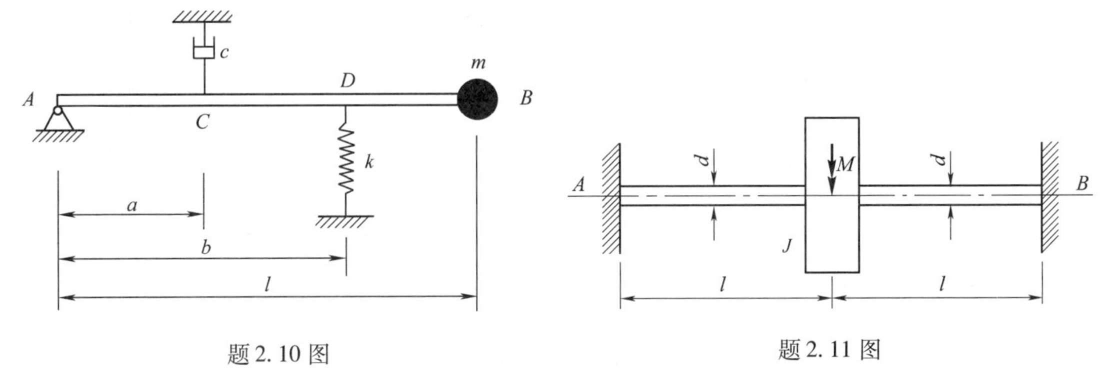


题 2.10 图

题 2.11 图

2.12 已知一弹簧—质量系统,质量块重 $W=196$ N,弹簧刚度 $k=20$ N/cm,作用在质量块上的力为 $F=16\sin 19t$,所受阻力为 $R=2.56v$。$F$、$R$ 的单位均为 N,$t$ 的单位为 s,$v$ 的单位为 cm/s。求(1)忽略阻力时,质量块的位移和放大因子;(2)考虑阻力时,质量块的位移和放大因子。

2.13 一有阻尼的弹簧—质量系统,其固有圆频率为 2s$^{-1}$,弹簧刚度为 $k=30$ N/cm,黏性阻尼系数 $c=15$ N · s/cm。求在外力 $F=20\cos 3t$(N) 作用下的振幅和相位角。

2.14 试写出有阻尼的弹簧—质量系统在初始条件 $t=0, x_0=\dot{x}_0=0$ 和质量块上受有 $F=F_0\sin\omega_0 t$ 时的响应。

2.15 一电动机装置放在由螺旋弹簧所支承的平台上,电动机与平台总质量为 100 kg,弹簧的总刚度 $k=700$ N/cm。电动机轴上有一偏心块质量为 1 kg,偏心距离 $e=10$ cm,电机转速 $n=2\,000$ r/min,求平台的振幅。

2.16　如题 2.16 图所示弹簧—质量系统,在质量块上作用有简谐力 $F=F_0\sin\omega_0 t$。同时在弹簧固定端有支承运动 $x_s=a\cos\omega_0 t$。试写出此系统的振动微分方程和稳态振动的解。

2.17　写出题 2.17 图所示系统的振动微分方程,并求出稳态振动的解。

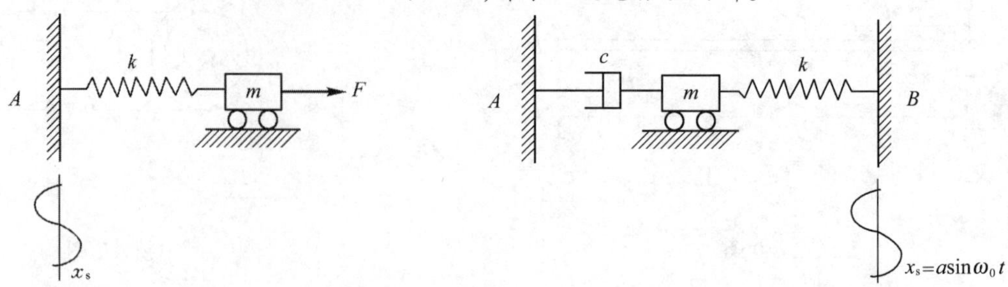


题 2.16 图　　题 2.17 图

2.18　写出题 2.18 图所示系统的振动微分方程,并求出稳态振动的解。

2.19　一挂在匣内的单摆,如题 2.19 图所示。设匣子作水平简谐运动 $x_s=x_0\sin\omega_0 t$,试用图示坐标 $x$ 写出单摆微振动微分方程,并求其振幅之值。

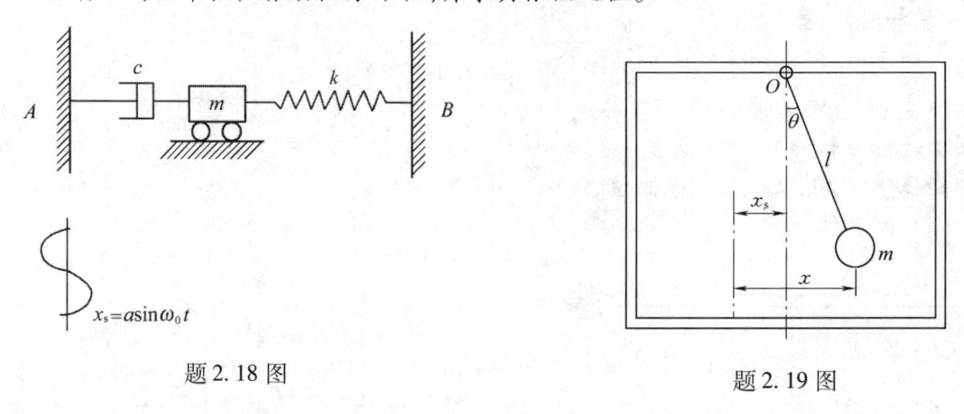


题 2.18 图　　题 2.19 图

2.20　试写出如题 2.20 图所示结构系统的振动微分方程,并求出系统的固有频率、相对阻尼系数和稳态振动的振幅。

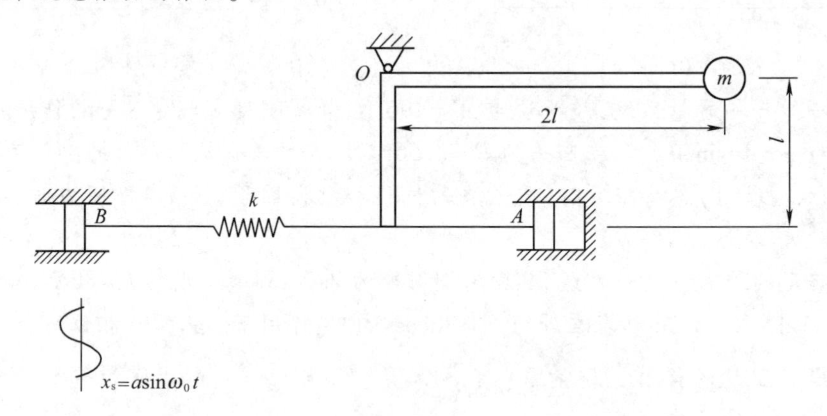


题 2.20 图

2.21　一弹簧—质量系统在如题 2.21 图所示的激振力作用下作强迫振动。试求其稳态振动的响应。

2.22　一弹簧—质量系统在如题 2.22 图所示的激振力作用下作强迫振动。试求其稳态振动的响应。

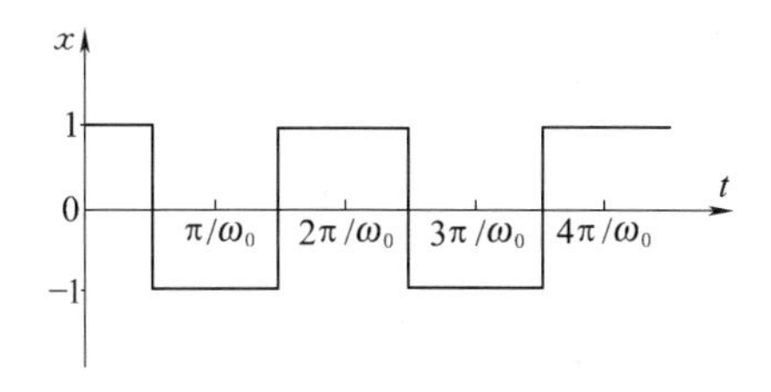


题 2.21 图

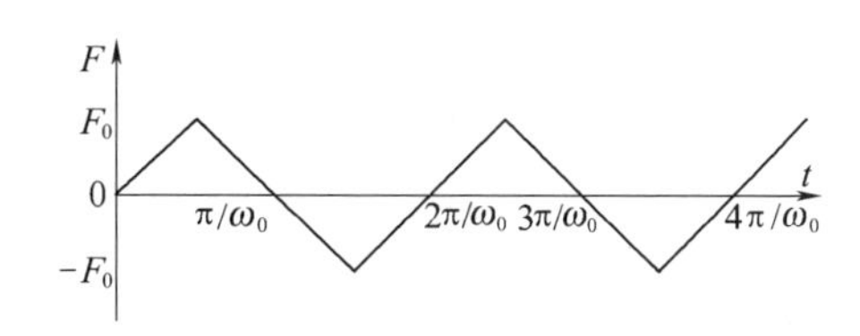


题 2.22 图

2.23　求如题 2.23 图所示弹簧—质量系统，支承处突然向上按 $x_s=a$ 运动时的响应。

2.24　求一弹簧—质量系统在题 2.24 图所示外力 $F=F_0\sin\left(\dfrac{\pi t}{t_1}\right)$ 作用下的响应。

2.25　求一弹簧—质量系统在题 2.25 图所示外力作用下的响应。

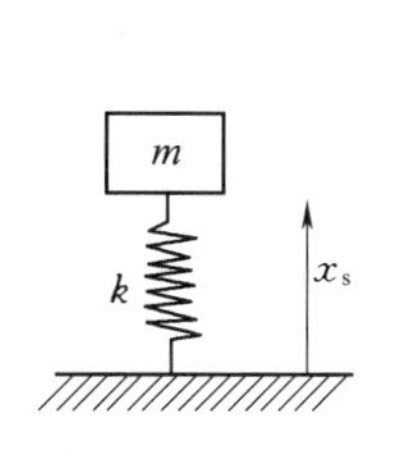


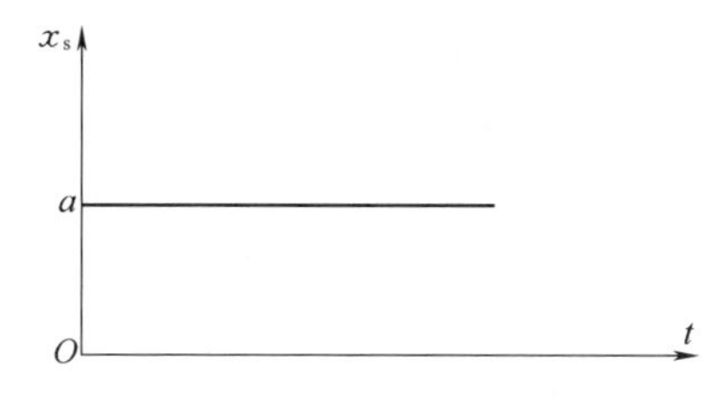


题 2.23 图

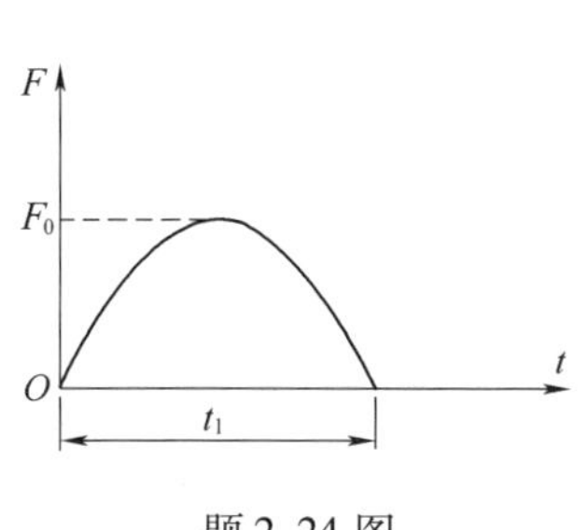


题 2.24 图

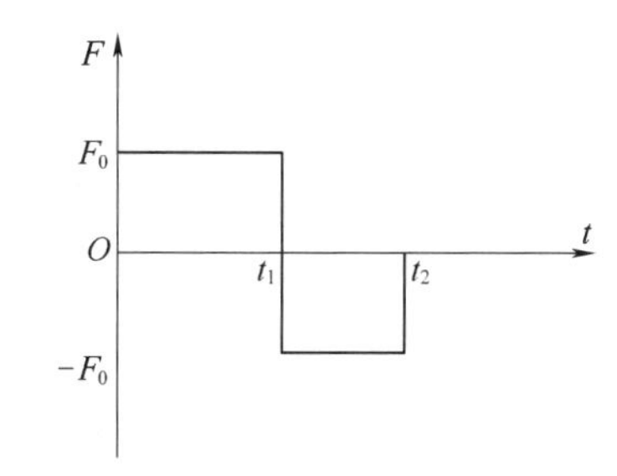


题 2.25 图

2.26　求题 2.26 图所示齿轮系统的固有频率。已知齿轮 $A$ 的质量为 $m_A$，半径为 $r_A$；齿轮 $B$ 的质量为 $m_B$，半径为 $r_B$；杆 $AC$ 的扭转刚度为 $k_A$，杆 $BD$ 的扭转刚度为 $k_B$。

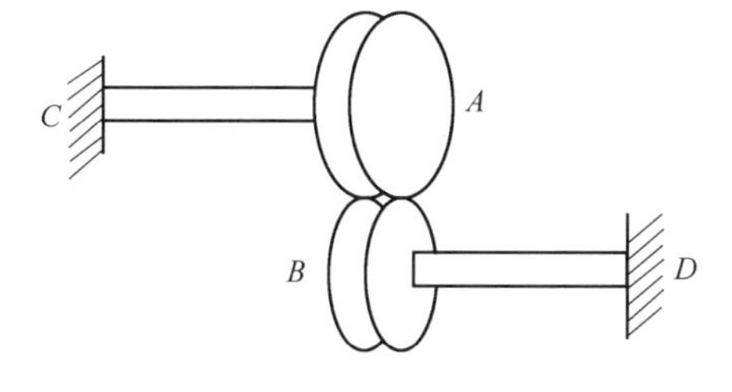


题 2.26 图

2.27　已知题 2.27 图所示振动系统中，匀质杆长为 $l$，质量为 $m$，两弹簧刚度皆为 $k$，阻尼系数为 $C$，求当初始条件 $\theta_0=\dot{\theta}_0=0$ 时：(1)$f(t)=F\sin\omega t$ 的稳态解；(2)$f(t)=\delta(t)t$ 的解。

2.28 汽车以速度 $v$ 在水平路面行使。其单自由度模型如题 2.28 图。设 $m$、$k$、$c$ 已知。路面波动情况可以用正弦函数 $y=h\sin(at)$ 表示。求:(1)建立汽车上下振动的数学模型;(2)汽车振动的稳态解。

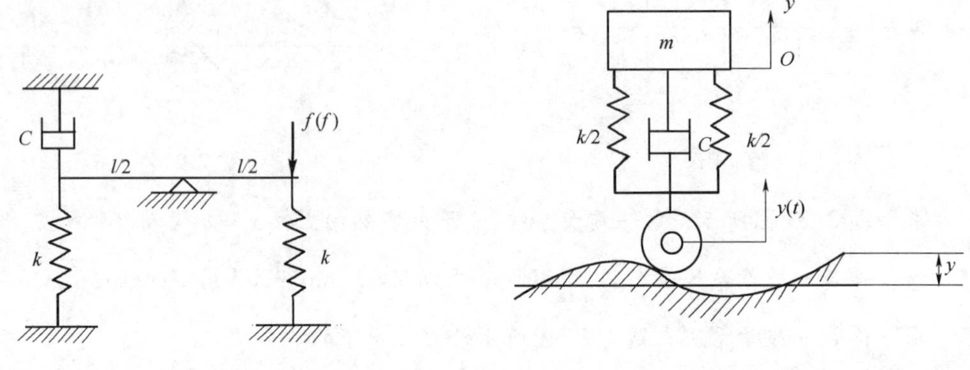


题 2.27 图　　　　题 2.28 图

2.29 题 2.29 图所示为铣床切削过程的力学模型,工件随平台以等速 $v$ 向左运动,刀具与工件之间摩擦系数在一定范围内可表达为 $f=a-bu$,$u$ 为工件与刀具之间的相对速度,$a$、$b$ 为常数。试写出系统的振动微分方程,并问 $C$ 在什么范围内时,系统将动态不稳定。

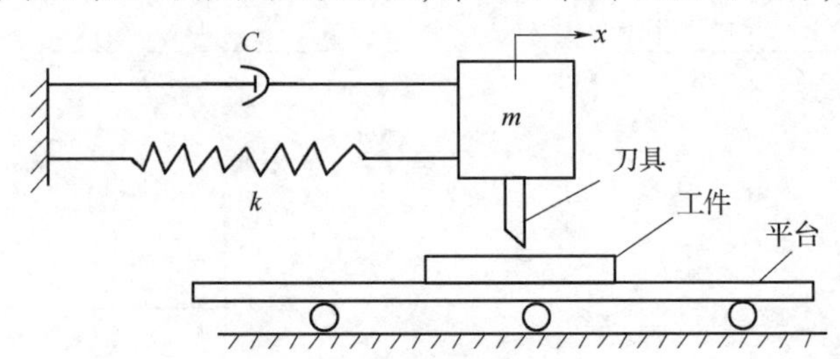


题 2.29 图

2.30 一飞机升降舵的控制板铰接于升降舵的轴上,如题 2.30 图所示 $O$ 点,另有一相当于扭簧 $k_\theta$ 的联动装置控制其转动。控制板绕 $O$ 轴的转动惯量 $J_O$ 为已知。为了计算控制板系统的固有频率,用图示实验方法测定 $k_\theta$,将升降舵固定,而在控制板的自由端联结两个弹簧 $k_1$、$k_2$,使 $k_2$ 的一端有简谐支承运动 $y_s=a\sin\omega t$,调节激振频率至系统共振,测定共振频率 $\omega_0$。试计算 $k_\theta$ 及固有频率。

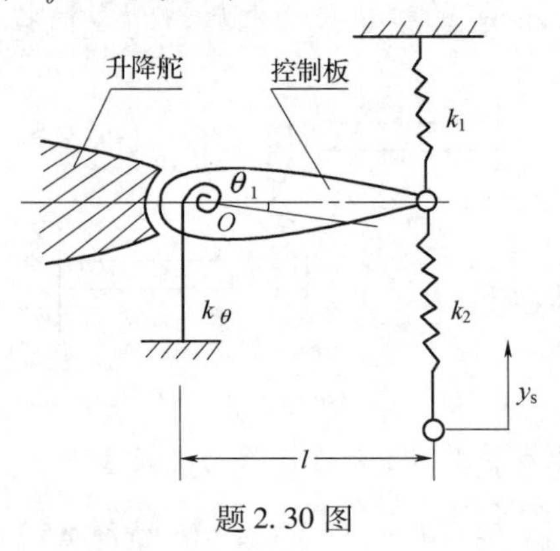


题 2.30 图

# 3 多自由度系统振动

工程中的振动问题,有一些可简化为一个自由度系统,但有很多问题,不能采用这种过分简化的力系模型。一个工程结构或一台机器,总是由一些杆、梁、板、壳等构件组成的复杂的弹性系统,质量和弹性都是连续分布的,理论上都是一些具有无限多自由度的系统。在大多数情况下,对无限多自由度系统简化为有限多个自由度系统进行分析。随着简化模型自由度数目增加,解题精度会提高,使其更接近于实际。

多自由度系统和单自由度系统振动的固有性质是有区别的。单自由度系统受初始扰动后,按系统的固有频率作简谐振动,表现出了单自由度系统振动的固有性质。多自由度系统有多个固有频率(当系统按某一个固有频率作自由振动时,称为主振动,它是一种简谐运动),因此,多自由度系统就有多个主振动。系统作某个主振动时,任何瞬时各点位移之间具有一定的相对比值,即整个系统具有确定的振动形态,称为主振型(也称主模态)。主振型是多自由度系统以及弹性体振动的重要特征。

两个自由度系统是最简单的多自由度系统。其力学模型、振动微分方程式的建立、求解方法以及振动特征等,与多自由度系统没有什么本质区别。而前者数学求解容易,为此本章先对两自由度系统作理论推导和实例分析,然后再推广到几个自由度的系统。

## 3.1 两自由度系统的振动

两自由度系统就是用两个独立坐标可以完全描述其在空间位置的系统。图 3.1 是两自由度系统的 3 个示例,其中图(a)是由两质量块和两弹簧组成的,质量块被限制在铅垂方向移动,因此用两个独立坐标 $x_1$ 和 $x_2$ 就可以完全描述;图(b)是弹簧—质量系统,可在图示平面内摆动,因而是两自由度系统;图(c)是一刚性块支承在弹簧上,可在图示平面内作上下垂直振动和绕刚性块质心的前后俯仰振动。

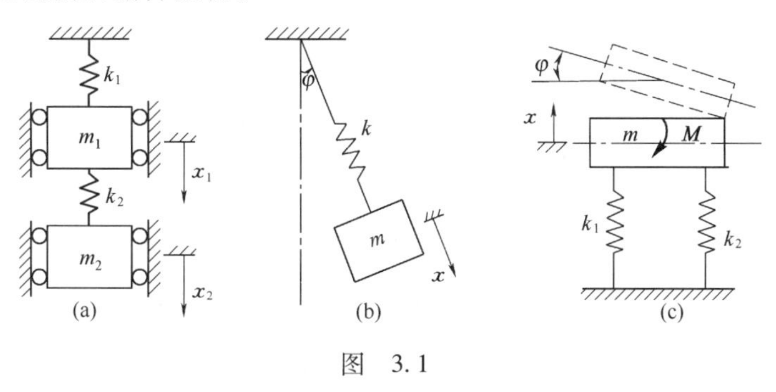


图 3.1

### 3.1.1 无阻尼系统的自由振动

与单自由度系统一样,研究多自由度系统振动的目的,主要是求系统的固有频率。对 $n$ 个自由度系统,有 $n$ 个固有频率 。研究多自由度系统自由振动的另一个目的是了解系统的主振型。下面将对此作详细分析。

图 3.2 所示是一个两自由度无阻尼系统的力学模型。

若 $x_1$、$x_2$ 分别为两质量块 $m_1$ 和 $m_2$ 的位移,$k_1$、$k_2$、$k_3$ 分别是连接弹簧,则由受力图对每一质量块应用牛顿第二定律,得系统的运动方程为

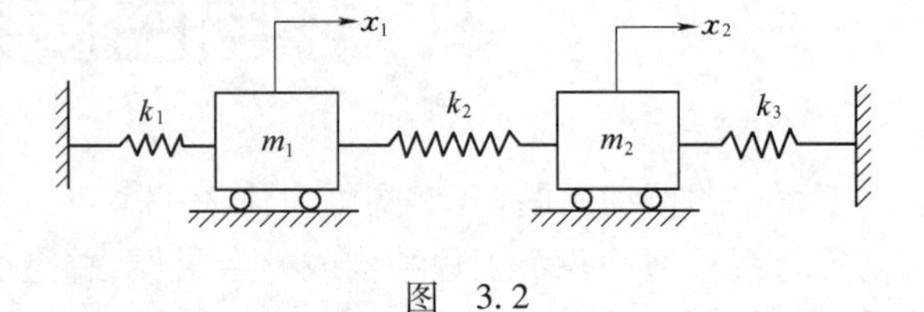


图 3.2

$$\left.\begin{aligned} m_1\ddot{x}_1 &= -k_1x_1-k_2(x_1-x_2) \\ m_2\ddot{x}_2 &= k_2(x_1-x_2)-k_3x_2 \end{aligned}\right\} \quad (3.1)$$

或

$$\left.\begin{aligned} m_1\ddot{x}_1+(k_1+k_2)x_1-k_2x_2=0 \\ m_2\ddot{x}_2-k_2x_1+(k_2+k_3)x_2=0 \end{aligned}\right\} \quad (3.2)$$

上述方程组可用矩阵表示为

$$\begin{bmatrix} m_1 & 0 \\ 0 & m_2 \end{bmatrix}\begin{Bmatrix} \ddot{x}_1 \\ \ddot{x}_2 \end{Bmatrix}+\begin{bmatrix} k_1+k_2 & -k_2 \\ -k_2 & k_2+k_3 \end{bmatrix}\begin{Bmatrix} x_1 \\ x_2 \end{Bmatrix}=\begin{Bmatrix} 0 \\ 0 \end{Bmatrix} \quad (3.3)$$

设系统每个质量块作同一频率的简谐振动且同时通过平衡位置,则可令

$$\left.\begin{aligned} x_1=A_1\sin(\omega t+\varphi) \\ x_2=A_2\sin(\omega t+\varphi) \end{aligned}\right\} \quad (3.4)$$

式中振幅 $A_1$、$A_2$,频率 $\omega$ 和相位角 $\varphi$ 为待定常数。

将式(3.4)代入式(3.2),有

$$\left.\begin{aligned} [-m_1\omega^2+(k_1+k_2)]A_1-k_2A_2=0 \\ -k_2A_1+[-m_2\omega^2+(k_2+k_3)]A_2=0 \end{aligned}\right\} \quad (3.5)$$

$$a=\frac{k_1+k_2}{m_1},\quad b=\frac{k_2}{m_1},\quad c=\frac{k_2}{m_2},\quad d=\frac{k_2+k_3}{m_2}$$

令

则式(3.5)可简写为

$$\left.\begin{aligned} (a-\omega^2)A_1-bA_2=0 \\ -cA_1+(d-\omega^2)A_2=0 \end{aligned}\right\} \quad (3.6)$$

上述方程中 $A_1$、$A_2$ 要有非零解,其充分必要条件为

$$\Delta(\omega^2)=\begin{vmatrix} a-\omega^2 & -b \\ -c & d-\omega^2 \end{vmatrix}=0$$

展开后得

$$\Delta(\omega^2)=\omega^4-(a+d)\omega^2+(ad-bc)=0 \quad (3.7)$$

上式称为系统的频率方程或特征方程。显然,方程有两个特征根,即

$$\omega_{1,2}^2=\frac{a+d}{2}\mp\sqrt{\left(\frac{a+d}{2}\right)^2-(ad-bc)}$$

$$=\frac{a+d}{2}\mp\sqrt{\left(\frac{a-d}{2}\right)^2+bc}$$

由分析可知，$\omega_1^2$ 和 $\omega_2^2$ 是两个正实根。它们反映系统本身的物理性质（质量和弹簧刚度），因此称为振动系统的固有频率。较低的一个称为第一阶固有频率，简称基频；较高的一个称为第二阶固有频率。

分别将 $\omega_1^2$ 与 $\omega_2^2$ 代回方程(3.6)。由于方程(3.6)的系数行列式为零，且方程中的两式彼此不是独立的，因此，由方程(3.6)不能求得振幅 $A_1$ 与 $A_2$ 的具体数值。但可将特征值 $\omega_1^2$ 与 $\omega_2^2$ 分别代回方程(3.6)中任一式，分别求得对应于每一个固有频率的振幅比 $\mu_1$ 和 $\mu_2$，即

$$\left.\begin{aligned}\mu_1=\frac{A_2^{(1)}}{A_1^{(1)}}=\frac{a-\omega_1^2}{b}=\frac{c}{d-\omega_1^2}\\ \mu_2=\frac{A_2^{(2)}}{A_1^{(2)}}=\frac{a-\omega_2^2}{b}=\frac{c}{d-\omega_2^2}\end{aligned}\right\}\tag{3.8}$$

由式(3.8)可以看出，虽然振幅的大小与初始条件有关，但当系统按任一固有频率振动时，其振幅比却和固有频率一样只取决于系统本身的物理性质，同时，联系到式(3.5)，不难看出两个质量任一瞬时的位移比值 $x_2/x_1$ 也同样是确定的，并且等于振幅比。由于振幅比决定了整个系统的振动形态，因此该振动形态称为主振型。与振幅比 $\mu_1$ 对应的振型称为第一阶主振型，与振幅比 $\mu_2$ 对应的振型称为第二阶主振型。将 $\omega_1$ 与 $\omega_2$ 之值代入式(3.8)，得

$$\left.\begin{aligned}\mu_1=\frac{1}{b}\left[\frac{a-d}{2}+\sqrt{\left(\frac{a-d}{2}\right)^2+bc}\right]>0\\ \mu_2=\frac{1}{b}\left[\frac{a-d}{2}-\sqrt{\left(\frac{a-d}{2}\right)^2+bc}\right]<0\end{aligned}\right\}\tag{3.9}$$

上式说明，当系统以频率 $\omega_1$ 振动时，质量块 $m_1$、$m_2$ 总是按同一方向运动，而当系统以频率 $\omega_2$ 振动时，则两质量块按相反的方向运动。

系统以某一阶固有频率按其相应的主振型作振动时，称为系统的主振动。第一阶主振动为

$$\left.\begin{aligned}x_1^{(1)}&=A_1^{(1)}\sin(\omega_1 t+\varphi_1)\\ x_2^{(1)}&=A_2^{(1)}\sin(\omega_1 t+\varphi_1)=\mu_1 A_1^{(1)}\sin(\omega_1 t+\varphi_1)\end{aligned}\right\}\tag{3.10}$$

第二阶主振动为

$$\left.\begin{aligned}x_1^{(2)}&=A_1^{(2)}\sin(\omega_2 t+\varphi_2)\\ x_2^{(2)}&=A_2^{(2)}\sin(\omega_2 t+\varphi_2)=\mu_2 A_1^{(2)}\sin(\omega_2 t+\varphi_2)\end{aligned}\right\}\tag{3.11}$$

可见系统的每一阶主振动，都是具有确定频率和振型的简谐振动。而系统在一般情况下的运动即微分方程组式(3.2)的通解是式(3.10)和式(3.11)两种主振动的叠加，即

$$\left.\begin{aligned}x_1&=x_1^{(1)}+x_1^{(2)}=A_1^{(1)}\sin(\omega_1 t+\varphi_1)+A_1^{(2)}\sin(\omega_2 t+\varphi_2)\\ x_2&=x_2^{(1)}+x_2^{(2)}=\mu_1 A_1^{(1)}\sin(\omega_1 t+\varphi_1)+\mu_2 A_1^{(2)}\sin(\omega_2 t+\varphi_2)\end{aligned}\right\}\tag{3.12}$$

因此，在一般情况下，系统的自由振动是两种不同频率的主振动的叠加，其结果不一定是简谐振动。

**【例 3.1】** 车辆振动在简单计算中可简化为一根刚性杆（车体）支承在弹簧（悬挂弹簧或轮胎）上，作上下垂直振动和绕刚性杆质心轴的前后俯仰振动，如图 3.3 所示。设刚性杆质量

为 $m$,两端弹簧的刚度为 $k_1$ 与 $k_2$,杆质心 $C$ 与弹簧 $k_1$、$k_2$ 的距离为 $l_1$ 与 $l_2$,杆绕过质心并垂直于纸面轴的转动惯量为 $J_C$。试求此系统的固有频率,并分析 $k_2l_2>k_1l_1$ 时的主振型。

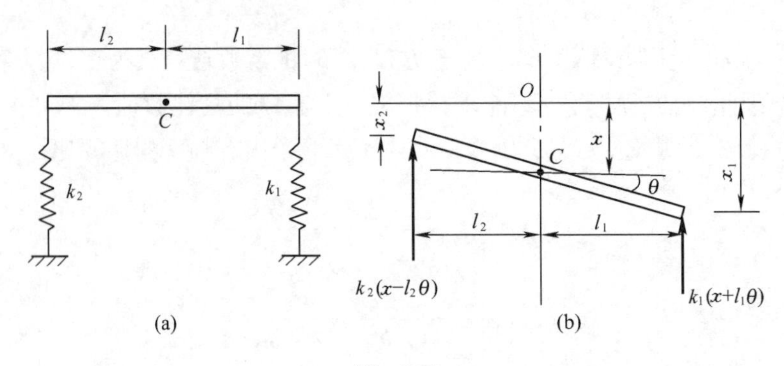


图 3.3

【解】 以质心垂直位移 $x$(向下为正)及杆绕质心的转角 $\theta$(顺针向为正)为两个独立坐标,$x$ 的坐标原点取在静平衡位置,前后弹簧作用在杆上的弹性力如图 3.3(b)所示。应用刚体平面运动微分方程得

$$\left.\begin{aligned} m\ddot{x} &= -k_1(x+l_1\theta)-k_2(x-l_2\theta) \\ J_C\ddot{\theta} &= -k_1l_1(x+l_1\theta)+k_2l_2(x-l_2\theta) \end{aligned}\right\} \tag{a}$$

移项整理得

$$\left.\begin{aligned} m\ddot{x}+(k_1+k_2)x-(k_2l_2-k_1l_1)\theta=0 \\ J_C\ddot{\theta}-(k_2l_2-k_1l_1)x+(k_1l_1^2+k_2l_2^2)\theta=0 \end{aligned}\right\} \tag{b}$$

记

$$a=\frac{k_1+k_2}{m},\quad b=\frac{k_2l_2-k_1l_1}{m},\quad c=\frac{k_2l_2-k_1l_1}{J_C},\quad d=\frac{k_1l_1^2+k_2l_2^2}{J_C}$$

得到微分方程组

$$\ddot{x}+ax-b\theta=0$$

$$\ddot{\theta}-cx+d\theta=0$$

所以系统的固有频率和主振型仍可用上述理论进行计算,系统的固有频率为

$$\omega_{1,2}^2=\frac{1}{2}\left[\frac{k_1+k_2}{m}+\frac{k_1l_1^2+k_2l_2^2}{J_C}\mp\sqrt{\left(\frac{k_1+k_2}{m}+\frac{k_1l_1^2+k_2l_2^2}{J_C}\right)^2-\frac{4k_1k_2(l_1+l_2)^2}{mJ_C}}\right]$$

振幅比是角位移 $\theta$ 与垂直位移 $x$ 的比值。当 $k_2l_2>k_1l_1$ 时,因 $b>0,c>0$,由式(3.8)可知 $\mu_1=\dfrac{A_2^{(1)}}{A_1^{(1)}}>0$,$\mu_2=\dfrac{A_2^{(2)}}{A_1^{(2)}}<0$,即第一阶主振动时,$x$ 与 $\theta$ 同时朝正向或同时朝负向运动;而第二阶主振动时,$x$ 与 $\theta$ 是反向运动。在实际情况中,振幅比的绝对值 $\left|\dfrac{A_2^{(2)}}{A_1^{(2)}}\right|\gg\left|\dfrac{A_2^{(1)}}{A_1^{(1)}}\right|$,表明两种主振动如以相同的角位移 $\theta$ 作比较,第一阶主振动的质心位移远大于第二阶主振动的质心位移,也就是第一阶主振动以上下垂直振动为主,其振型如图 3.4(a)所示,第二阶主振动以杆绕质心轴的俯仰振动为主,其主振动如图 3.4(b)所示。

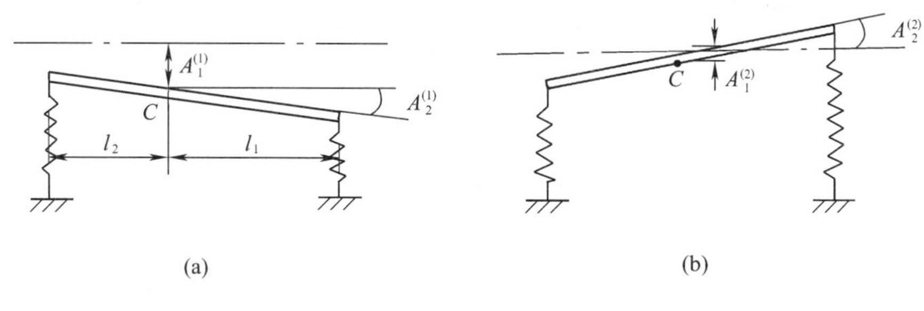


图 3.4

### 3.1.2 耦合与主坐标

一般情况下两自由度系统振动微分方程组如式(3.2)所示,每个方程式中往往都有耦合项。这种坐标 $x_1$ 和 $x_2$ 之间有耦合的情况称为静力耦合或弹性耦合。

在例3.1中,若以弹簧支承处的位移 $x_1$ 与 $x_2$ 为独立坐标来建立振动微分方程,见图3.3, $x_1$、$x_2$ 与 $x$、$\theta$ 关系如下:

$$x_1 = x + l_1\theta, \quad x_2 = x - l_2\theta$$

转换后得

$$x = \frac{l_2 x_1 + l_1 x_2}{l_1 + l_2}, \quad \theta = \frac{x_1 - x_2}{l_1 + l_2}$$

将上式代入刚体平面运动微分方程

$$\left.\begin{aligned} m\ddot{x} &= -k_1(x + l_1\theta) - k_2(x - l_2\theta) \\ J_C\ddot{\theta} &= -k_1 l_1(x + l_1\theta) + k_2 l_2(x - l_2\theta) \end{aligned}\right\} \tag{3.13}$$

有

$$\left.\begin{aligned} m\left(\frac{l_2\ddot{x}_1 + l_1\ddot{x}_2}{l_1 + l_2}\right) &= -k_1 x_1 - k_2 x_2 \\ J_C\left(\frac{\ddot{x}_1 - \ddot{x}_2}{l_1 + l_2}\right) &= -k_1 l_1 x_1 - k_2 l_2 x_2 \end{aligned}\right\} \tag{3.14}$$

整理得

$$\left.\begin{aligned} ml_2\ddot{x}_1 + ml_1\ddot{x}_2 + k_1(l_1 + l_2)x_1 + k_2(l_1 + l_2)x_2 = 0 \\ J_C\ddot{x}_1 + J_C\ddot{x}_2 + k_1 l_1(l_1 + l_2)x_1 + k_2 l_2(l_1 + l_2)x_2 = 0 \end{aligned}\right\} \tag{3.15}$$

上述方程中不仅坐标 $x_1$ 和 $x_2$ 有耦合,而且加速度 $\ddot{x}_1$ 和 $\ddot{x}_2$ 的项也有耦合,这种加速度之间有耦合的情况,称为动力耦合或惯性耦合。方程组(3.15)同时具有静力耦合和动力耦合,属于耦合的一般情况。如果选取的坐标恰好可使微分方程组的耦合项全等于零,既无静力耦合,又无动力耦合,就相当于两个单自由度系统,这时的坐标就称为主坐标。选取不同的独立坐标所建立的运动微分方程形式虽然不同,但坐标的转换并不影响固有频率的计算结果。如果一开始就用主坐标建立微分方程,那么固有频率的计算就变得很简单了,但问题是,一开始不容易直接找到这种主坐标。

在例3.1中,是以 $x$ 与 $\theta$ 为两个独立坐标。如果 $k_1 l_1 = k_2 l_2$,则引进的符号 $b = c = 0$,则式

(3.2)中的耦合项均为零,简化成

$$\ddot{x} + ax = 0$$

$$\ddot{\theta} + d\theta = 0$$

相当于两个单自由度系统各自独立地作不同固有频率的主振动:

$$\omega_1 = \sqrt{a} = \sqrt{\frac{k_1 + k_2}{m}}$$

$$\omega_2 = \sqrt{d} = \sqrt{\frac{k_1 l_1^2 + k_2 l_2^2}{J_C}}$$

这时所选的坐标 $x$ 与 $\theta$ 就是主坐标。

**【例 3.2】** 长为 $l$、质量为 $m$ 的两个相同的单摆,用刚度为 $k$ 的弹簧相连,如图 3.5(a)所示。设弹簧原长为 $AB$,试分析两摆在图示平面内作微振动时的固有频率和主振型。

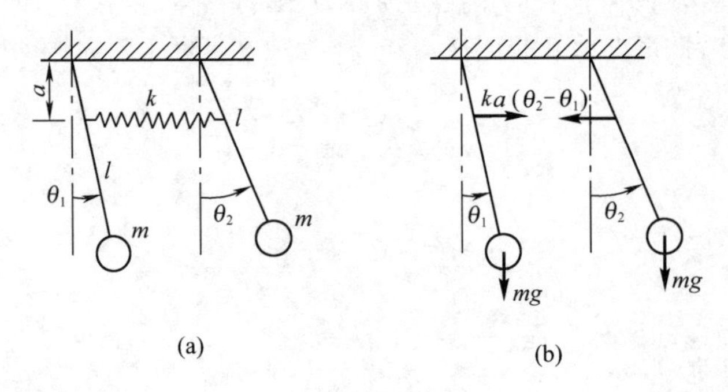


图 3.5

**【解】** 取两摆离开铅垂平衡的角位移 $\theta_1$ 与 $\theta_2$ 为独立坐标,以逆时针方向为正。任一瞬时位置,两个摆上所受的力如图 3.5(b)。系统作微振动时,其运动微分方程为

$$\left.\begin{aligned} ml^2\ddot{\theta}_1 &= -mgl\theta_1 + ka^2(\theta_2 - \theta_1) \\ ml^2\ddot{\theta}_2 &= -mgl\theta_2 - ka^2(\theta_2 - \theta_1) \end{aligned}\right\}$$

或

$$\left.\begin{aligned} ml^2\ddot{\theta}_1 + (mgl + ka^2)\theta_1 - ka^2\theta_2 = 0 \\ ml^2\ddot{\theta}_2 - ka^2\theta_1 + (mgl + ka^2)\theta_2 = 0 \end{aligned}\right\} \tag{a}$$

此方程组与式(3.1)形式上相同,用前面介绍过的方法可求得系统的频率方程为

$$(mgl + ka^2 - ml^2\omega^2)^2 - (ka^2)^2 = 0 \tag{b}$$

解得固有频率为

$$\omega_1^2 = \frac{g}{l}, \quad \omega_2^2 = \frac{g}{l} + \frac{2ka^2}{ml^2}$$

相应地有

$$\left(\frac{A_1}{A_2}\right)^{(1)}=1,\quad \left(\frac{A_1}{A_2}\right)^{(2)}=-1$$

现用主坐标分析，将式(a)的两个方程相加和相减后可得一组新的方程：

$$\left.\begin{aligned} ml^2(\ddot{\theta}_1+\ddot{\theta}_2) &= -mgl(\theta_1+\theta_2) \\ ml^2(\ddot{\theta}_1-\ddot{\theta}_2) &= -mgl(\theta_1-\theta_2)-2ka^2(\theta_1-\theta_2) \end{aligned}\right\} \tag{c}$$

取 $\psi_1=\theta_1+\theta_2,\psi_2=\theta_1-\theta_2$，上式方程可转换为

$$\left.\begin{aligned} ml^2\ddot{\psi}_1 &= -mgl\psi_1 \\ ml^2\ddot{\psi}_2 &= -mgl\psi_2-2ka^2\psi_2 \end{aligned}\right\}$$

或

$$\left.\begin{aligned} \ddot{\psi}_1+\frac{g}{l}\psi_1 &= 0 \\ \ddot{\psi}_2+\left(\frac{g}{l}+\frac{2ka^2}{ml^2}\right)\psi_2 &= 0 \end{aligned}\right\} \tag{d}$$

上式是没有耦合项的，相当于两个单自由度系统振动方程。显然 $\psi_1$、$\psi_2$ 的系数即为频率的平方，很易得出为

$$\omega_1^2=\frac{g}{l},\quad \omega_2^2=\frac{g}{l}+\frac{2ka^2}{ml^2}$$

**【例 3.3】** 用刚度影响系数法，建立图 3.6 所示的两自由度系统的运动微分方程。

**【解】** 首先用力使质量块 $m_1$ 从静平衡位置移动一单位位移，同时用力制住 $m_2$ 不动。这时对 $m_1$ 沿 $x_1$ 正方向施加的是弹簧 $k_1$ 和 $k_2$ 的弹力之和。因位移为 1，因此弹力之和为 $k_1+k_2$，即 $k_{11}=k_1+k_2$，这时在质量块 $m_2$ 上施加的力的大小等于 $k_2$，方向与 $x_1$ 位移方向相同，即 $k_{21}=-k_2$。再用力使质量块 $m_2$ 离开静平衡位置单位位移，同时用力制住 $m_1$ 不动，得 $k_{22}=k_2+k_3,k_{12}=-k_2$。将所得的刚度影响系数代入用刚度系数建立的振动微分方程组，有

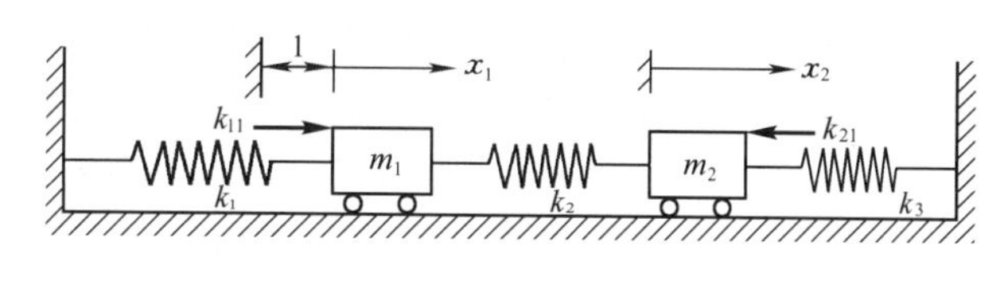

图 3.6

$$-m_1\ddot{x}_1=k_{11}x_1+k_{12}x_2$$

$$-m_2\ddot{x}_2=k_{21}x_1+k_{22}x_2$$

移项整理得

$$m_1\ddot{x}_1+(k_1+k_2)x_1-k_2x_2=0$$

$$m_2\ddot{x}_2-k_2x_1+(k_2+k_3)x_2=0$$

上式即为式(3.1)。此式可用矩阵形式表示：

$$\begin{bmatrix} m_1 & 0 \\ 0 & m_2 \end{bmatrix}\begin{Bmatrix} \ddot{x}_1 \\ \ddot{x}_2 \end{Bmatrix}+\begin{bmatrix} k_1+k_2 & -k_2 \\ -k_2 & k_2+k_3 \end{bmatrix}\begin{Bmatrix} x_1 \\ x_2 \end{Bmatrix}=0$$

或

$$\boldsymbol{M}\ddot{\boldsymbol{x}}+\boldsymbol{K}\boldsymbol{x}=0$$

式中 $\boldsymbol{x}$、$\ddot{\boldsymbol{x}}$分别是系统位移、加速度列阵,$\boldsymbol{M}$、$\boldsymbol{K}$ 分别是系统的质量矩阵和刚度矩阵。

从刚度矩阵可知,刚度影响系数 $k_{ij}$为刚度矩阵 $\boldsymbol{K}$ 中的一个元素。

### 3.1.3　无阻尼系统的强迫振动

对于无阻尼系统的强迫振动的一般性质,仍按图 3.2 所示的双弹簧—质量系统为例进行讨论。

如图 3.7 所示,设两质量块分别在简谐激振力 $F_1\sin\omega t$ 和 $F_2\sin\omega t$ 作用下运动。根据牛顿运动定律,可直接写出系统强迫振动的微分方程:

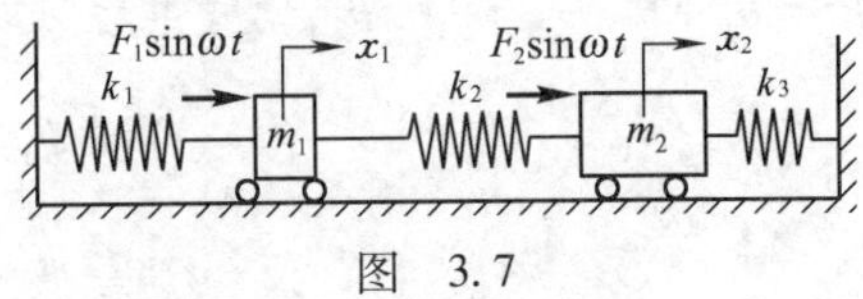


图　3.7

$$\left.\begin{aligned} m_1\ddot{x}_1+(k_1+k_2)x_1-k_2x_2=F_1\sin\omega t \\ m_2\ddot{x}_2-k_2x_1+(k_2+k_3)x_2=F_2\sin\omega t \end{aligned}\right\} \tag{3.16}$$

令　$a=(k_1+k_2)/m_1$, $b=k_2/m_1$, $c=k_2/m_2$,$d=(k_2+k_3)/m_2$, $f_1=F_1/m_1$, $f_2=F_2/m_2$

则式(3.16)可写为

$$\left.\begin{aligned} \ddot{x}_1+ax_1-bx_2=f_1\sin\omega t \\ \ddot{x}_2-cx_1+dx_2=f_2\sin\omega t \end{aligned}\right\} \tag{3.17}$$

这是二阶线性常系数非齐次微分方程组。其齐次方程解即为前面讨论过的自由振动,由于阻尼的存在,在一段时间以后自由振动就逐渐衰减掉。非齐次的特解则是稳定阶段的等幅振动,系统按与激振力相同的频率 $\omega$ 作强迫振动。设其解为

$$\left.\begin{aligned} x_1=B_1\sin\omega t \\ x_2=B_2\sin\omega t \end{aligned}\right\} \tag{3.18}$$

式中振幅 $B_1$、$B_2$ 为待定常数,代入式(3.17),有

$$\left.\begin{aligned} (a-\omega^2)B_1-bB_2=f_1 \\ -cB_1+(d-\omega^2)B_2=f_2 \end{aligned}\right\} \tag{3.19}$$

则方程的系数行列式为

$$\begin{aligned} \Delta(\omega^2)&=\begin{vmatrix} a-\omega^2 & -b \\ -c & d-\omega^2 \end{vmatrix}=(a-\omega^2)(d-\omega^2)-bc \\ &=(\omega_1^2-\omega^2)(\omega_2^2-\omega^2) \end{aligned}$$

式中 $\omega_1$、$\omega_2$ 为系统的两个固有频率。解方程(3.19),有

$$\left.\begin{aligned} B_1=\frac{(d-\omega^2)f_1+bf_2}{\Delta(\omega^2)} \\ B_2=\frac{cf_1+(a-\omega^2)f_2}{\Delta(\omega^2)} \end{aligned}\right\} \tag{3.20}$$

将 $B_1$、$B_2$ 代回式(3.18)即为系统在激振力作用下的稳态响应,是与激振力的频率相同的简谐振动。其振幅不仅取决于激振力的幅值 $F_1$ 与 $F_2$,特别与系统的固有频率和激振频率之比有较大关系。由式(3.20)可见,当激振频率 $\omega$ 等于 $\omega_1$ 或 $\omega_2$ 时,系统振幅无限增大,即为共振。两自由度系统的强迫振动有两个共振频率。

同时由式(3.20)可知,两个质量块的振幅比为

$$\frac{B_2}{B_1}=\frac{cf_1+(a-\omega^2)f_2}{(d-\omega^2)f_1+bf_2} \tag{3.21}$$

式(3.21)说明,在一定激振力的幅值和频率下,振幅比是定值,也就是说系统具有一定的振型。当激振频率等于第一阶固有频率 $\omega_1$ 时,振幅比为

$$\frac{B_2}{B_1}=\frac{cf_1+(a-\omega_1^2)f_2}{(d-\omega_1^2)f_1+bf_2}$$

由式(3.8)中可求出 $\mu_1$、$\mu_2$。现对 $\frac{a-\omega_1^2}{b}$ 的分子分母均乘以 $f_2$,$\frac{c}{d-\omega_1^2}$ 的分子分母均乘以 $f_1$,然后按比例式相加法则可得

$$\mu_1=\frac{A_2^{(1)}}{A_1^{(1)}}=\frac{cf_1+(a-\omega_1^2)f_2}{(d-\omega_1^2)f_1+bf_2}=\left(\frac{B_2}{B_1}\right)$$

同理

$$\mu_2=\frac{A_2^{(2)}}{A_1^{(2)}}=\left(\frac{B_2}{B_1}\right)$$

这表明系统在任意一个共振频率下的振型就是相应的主振型。在实践中经常用共振法测定系统的固有频率,并根据测出的振型来判定固有频率的阶次。其振幅频率响应曲线,同单自由度强迫振动一样,可用频率比作横坐标,振幅作纵坐标画出。

**【例 3.4】** 在图 3.7 所示的系统中,已知 $m_1=m, m_2=2m, k_1=k_2=k, k_3=2k$。今在质量 $m_1$ 上作用一激振力 $F_1\sin\omega t$,而 $F_2=0$。(1)求系统的响应;(2)计算共振时的振幅比;(3)作振幅频率响应曲线。

**【解】** 由式(3.17)可写出强迫振动微分方程为

$$\left.\begin{aligned}\ddot{x}_1+ax_1-bx_2&=f_1\sin\omega t\\ \ddot{x}_2-cx_1+dx_2&=0\end{aligned}\right\} \tag{a}$$

其中 $a=2k/m, b=k/m, c=k/2m, d=3k/2m, f_1=F_1/m$。

由方程(a)对应的齐次方程可求得系统的两个固有频率为

$$\omega_1^2=\frac{k}{m},\quad \omega_2^2=\frac{5k}{2m}$$

(1)系统的响应

将相关数据代入式(3.20),得

$$B_1=\frac{(3k-2m\omega^2)F_1}{(k-m\omega^2)(5k-2m\omega^2)}$$

$$B_2=\frac{kF_1}{(k-m\omega^2)(5k-2m\omega^2)}$$

于是系统的响应为

$$\left.\begin{aligned}x_1&=\frac{(3k-2m\omega^2)F_1}{(k-m\omega^2)(5k-2m\omega^2)}\sin\omega t\\ x_2&=\frac{kF_1}{(k-m\omega^2)(5k-2m\omega^2)}\sin\omega t\end{aligned}\right\} \tag{b}$$

(2)共振时的振幅比

$$\frac{B_2}{B_1}=\frac{k}{3k-2m\omega^2}$$

当
$$\omega^2=\omega_1^2=\frac{k}{m}\text{时},\ \frac{B_2}{B_1}=1=\mu_1$$
$$\omega^2=\omega_2^2=\frac{5k}{2m}\text{时},\ \frac{B_2}{B_1}=-\frac{1}{2}=\mu_2$$

(3)幅频响应曲线

将振幅改写为

$$B_1=\frac{2F_1}{5k}\cdot\frac{\frac{3}{2}-\left(\frac{\omega}{\omega_1}\right)^2}{\left[1-\left(\frac{\omega}{\omega_1}\right)^2\right]\left[1-\left(\frac{\omega}{\omega_2}\right)^2\right]}$$
$$B_2=\frac{F_1}{5k}\cdot\frac{1}{\left[1-\left(\frac{\omega}{\omega_1}\right)^2\right]\left[1-\left(\frac{\omega}{\omega_2}\right)^2\right]}$$

以 $\omega/\omega_1$ 为横坐标,$B_1$、$B_2$ 为纵坐标,分别作出质量块 $m_1$ 与 $m_2$ 的幅频响应曲线如图 3.8(a)、(b)所示。

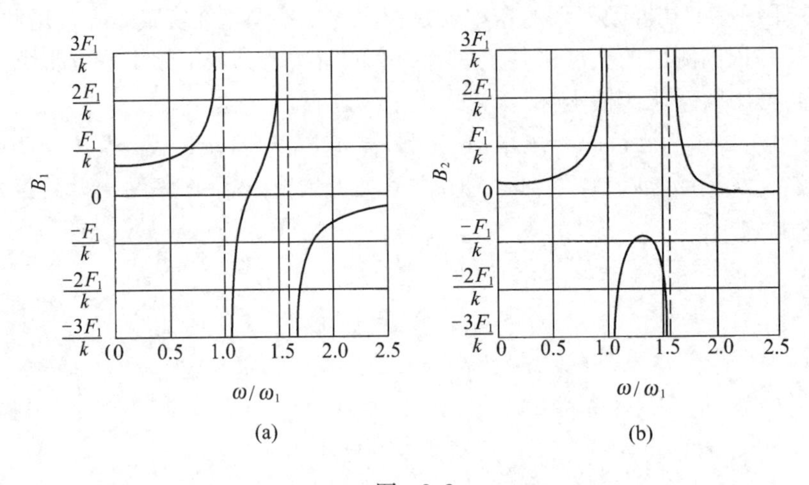


图 3.8

从上图可以看到,当$\frac{\omega}{\omega_1}=1$,$\frac{\omega}{\omega_1}=\sqrt{\frac{5}{2}}$(即$\frac{\omega}{\omega_2}=1$)时,出现共振,且有两次共振。每次共振时,两个质量块的振幅同时达到最大值。当 $\omega<\sqrt{\frac{3k}{2m}}$ 时两个质量块运动方向是相同的,而在 $\omega>\sqrt{\frac{3k}{2m}}$时,两个质量块运动方向是相反的。当 $\omega\gg\omega_2$ 时两个质量块的振幅都非常小而趋于零。而当$\frac{\omega}{\omega_2}=\sqrt{\frac{3}{2}}$时,$B_1=0$,即在激振频率 $\omega=\sqrt{\frac{3k}{2m}}$时,第一个质量静止不动,这种现象通常称为反共振。

### 3.1.4 阻尼对强迫振动的影响

前面为了简化问题,并突出两自由度系统振动的基本特性,在讨论过程中,没有考虑阻尼。实际上系统总是有阻尼的。下面我们以图 3.9 所示的两自由度系统为例说明阻尼对强迫振动的影响。

这个系统是在动力减振器的两个质量块之间加上一个阻尼器而组成的，称为阻尼减振器。系统的运动微分方程为

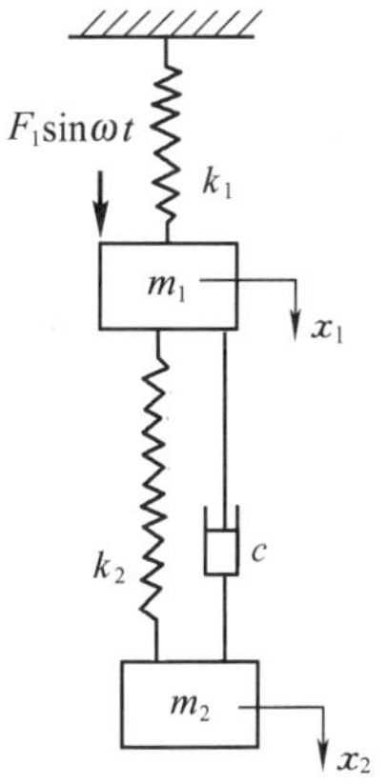

$$\left.\begin{aligned} m_1\ddot{x}_1 + c(\dot{x}_1 - \dot{x}_2) + (k_1 + k_2)x_1 - k_2x_2 &= F_1\sin\omega t \\ m_2\ddot{x}_2 - c(\dot{x}_1 - \dot{x}_2) - k_2x_1 + k_2x_2 &= 0 \end{aligned}\right\} \tag{3.22}$$

这个有阻尼的两自由度系统的振动微分方程只要在式(3.16)的左边都加上一项阻尼力就可以了。但它的解却要复杂得多。我们用复数解上述耦合的联立微分方程，以 $F_1e^{i\omega t}$ 表示式(3.22)第一式右边的激振力。正如单自由度系统那样，两自由度系统的稳态响应也一定是与激振力同频率的，但因阻尼而使响应落后于激振力一相位角。设其解具有如下形式：

图 3.9

$$x_1 = B_1e^{i(\omega t - \varphi_1)}$$

$$x_2 = B_2e^{i(\omega t - \varphi_2)}$$

代入式(3.22)，得

$$\left.\begin{aligned} (k_1 + k_2 - m_1\omega^2 + ic\omega)B_1e^{i(\omega t - \varphi_1)} - (k_2 + ic\omega)B_2e^{i(\omega t - \varphi_2)} &= F_1e^{i\omega t} \\ -(k_2 + ic\omega)B_1e^{i(\varphi_2 - \varphi_1)} + (k_2 - m_2\omega^2 + ic\omega)B_2 &= 0 \end{aligned}\right\} \tag{3.23}$$

从以上两式可解出 $B_1$、$B_2$。为了讨论阻尼对主质量 $m_1$ 强迫振动的影响，这里计算 $B_1$。

$$B_1e^{-i\varphi_1} = F_1\frac{k_2 - m_2\omega^2 + ic\omega}{[(k_1 - m_1\omega^2)(k_2 - m_2\omega^2) - k_2m_2\omega^2] + ic\omega(k_1 - m_1\omega^2 - m_2\omega^2)}$$

根据复数运算规则有

$$B_1 = F_1\sqrt{\frac{(k_2 - m_2\omega^2)^2 + c^2\omega^2}{[(k_1 - m_1\omega^2)(k_2 - m_2\omega^2) - k_2m_2\omega^2]^2 + c^2\omega^2(k_1 - m_1\omega^2 - m_2\omega^2)^2}} \tag{3.24}$$

令

$$\mu = \frac{m_2}{m_1},\quad \omega_{01}^2 = \frac{k_1}{m_1},\quad \omega_{02}^2 = \frac{k_2}{m_2},\quad a = \frac{\omega_{02}}{\omega_{01}}$$

$$\lambda = \frac{\omega}{\omega_{01}},\quad \delta = \frac{F_1}{k_1},\quad \zeta = \frac{c}{2m_2\omega_{02}}$$

则式(3.24)可写成无量纲形式

$$\frac{B_1}{\delta} = \sqrt{\frac{(\lambda^2 - a^2)^2 + (2\zeta\lambda)^2}{[\mu\lambda^2a^2 - (\lambda^2 - a^2)]^2 + (2\zeta\lambda)^2(\lambda^2 - 1 + \mu\lambda^2)^2}} \tag{3.25}$$

可见振幅 $B_1$ 是4个参数 $\mu$、$a$、$\zeta$、$\lambda$ 的函数。$\mu$、$a$ 是已知的，$B_1/\delta$ 即为 $\zeta$ 和 $\lambda$ 的函数，这和单自由度系统的强迫振动情况一样。

图3.10表示 $\mu = 1/20$，$a = 1$ 的阻尼减振器，在不同的阻尼 $\zeta$ 下，主质量振幅的动力放大系数 $B_1/\delta$ 随频率比 $\lambda = \omega/\omega_{01}$ 变化的幅频响应曲线。

当 $\zeta = 0$，即为无阻尼强迫振动情况，式(3.25)变为

$$\frac{B_1}{\delta} = \frac{a^2 - \lambda^2}{(1 - \lambda^2)(a^2 - \lambda^2) - \mu\lambda^2a^2} \tag{3.26}$$

其幅频响应曲线如图3.10中虚线所示。当 $\lambda = 0.895$，$\lambda = 1.12$ 时为两个共振频率。

当 $\zeta = \infty$ 时，两质量块 $m_1$ 与 $m_2$ 之间无相对运动，系数变为只有一个质量块 $m_1 + m_2$ 和弹簧刚度 $k_1$ 的单自由度系统。由式(3.25)得

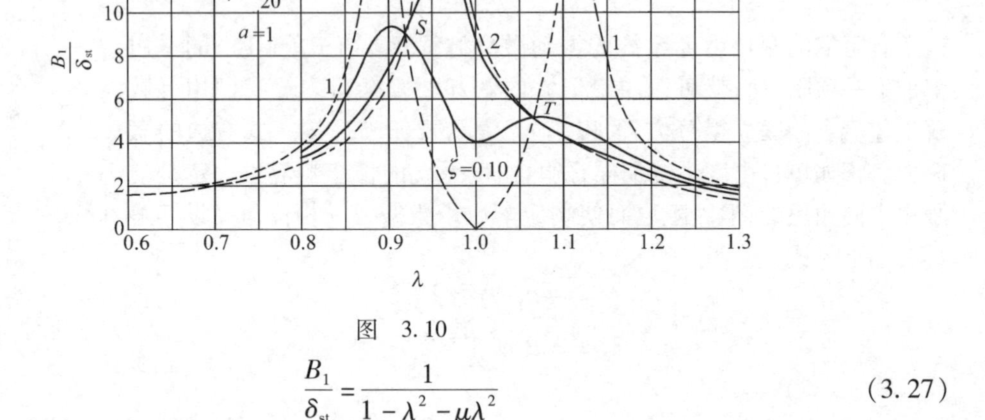


图 3.10

$$\frac{B_1}{\delta_{st}}=\frac{1}{1-\lambda^2-\mu\lambda^2} \tag{3.27}$$

其幅频响应曲线与无阻尼单自由度强迫振动的相同,如图 3.10 中曲线所示。令式(3.27)的分母等于零,可得共振时的频率比为

$$\lambda=\sqrt{\frac{1}{1+\mu}}=0.976$$

图 3.10 中画出了 $\zeta=0.1$ 和 $\zeta=0.32$ 的两条响应曲线,表明阻尼使共振附近的振幅显著减小,而且在相同的阻尼下,频率高的那个共振振幅降低的程度比频率低的那个大,这就是为什么实际结构的动力响应只需考虑最低 $n$ 阶振型的原因。

从图 3.10 中还可看出,在激振频率 $\omega \ll \omega_1$ 或 $\omega \gg \omega_2$ 的范围内,阻尼的影响是很小的,且所有的响应曲线都通过 $S$ 和 $T$ 两点。这意味着对于这两个相应的 $\lambda$ 值,质量块 $m_1$ 的强迫振动振幅与阻尼大小无关。因此在设计阻尼减振器时,选择最佳阻尼比 $\zeta$ 和最佳频率比 $\lambda$ 是十分重要的。

## 3.2 多自由度系统的振动

多自由度系统在概念上与两个自由度系统没有本质区别:一个 $n$ 自由度系统可用一组 $n$ 个二阶常微分联立方程组来描述;方程组一般是耦合的,适当选择坐标可使方程成为非耦合的;系统固有频率数与自由度数相等;对每个固有频率都有相应的主振型;系统的运动由不同频率的简谐波组成。但随着自由度数增加,其计算变得复杂多了。考虑到矩阵可把大量方程组处理成简洁的表达式并给出统一的计算法则,故在多自由度系统问题的研究中广泛采用矩阵这一数学工具。

建立多自由度系统的运动方程式,可用动力学基本定律或定理,包括牛顿定律以及刚度影响系数法和柔度影响系数法。对于一些自由度数目较多较复杂的系统,则采用拉格朗日方程建立运动方程式。

为建立多自由度系统的运动方程,我们选择一个典型的例子:设有一个由 $n$ 个质量,$n$ 个弹簧和 $n$ 个阻尼器组成的链式平动系统,如图 3.11(a)所示。现将第 $i$ 个质量块取出画受力

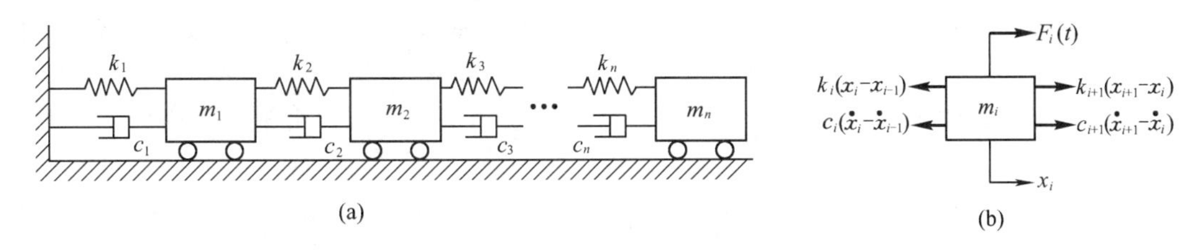


图　3.11

图,如图3.11(b)所示。

根据牛顿运动定律,建立第 $i$ 个质量块的运动方程:

$$m_i\ddot{x}_i-c_{i+1}(\dot{x}_{i+1}-\dot{x}_i)+c_i(\dot{x}_i-\dot{x}_{i-1})-k_{i+1}(x_{i+1}-x_i)+k_i(x_i-x_{i-1})=F_i(t)$$

或
$$m_i\ddot{x}_i-c_i\dot{x}_{i-1}+(c_i+c_{i+1})\dot{x}_i-c_{i+1}\dot{x}_{i+1}-k_ix_{i-1}+(k_i+k_{i+1})x_i-k_{i+1}x_{i+1}=F_i(t)$$

则系统的运动方程可写成矩阵形式:

$$\boldsymbol{M}\ddot{\boldsymbol{x}}+\boldsymbol{C}\dot{\boldsymbol{x}}+\boldsymbol{K}\boldsymbol{x}=\boldsymbol{F} \tag{3.28}$$

其中

$$\boldsymbol{x}=\begin{Bmatrix}x_1\\x_2\\\vdots\\x_n\end{Bmatrix},\quad \boldsymbol{M}=\begin{bmatrix}m_1 & & & 0\\ & m_2 & & \\ & & \ddots & \\ 0 & & & m_n\end{bmatrix},\quad \boldsymbol{F}=\begin{Bmatrix}F_1(t)\\F_2(t)\\\vdots\\F_n(t)\end{Bmatrix}$$

$$\boldsymbol{C}=\begin{bmatrix}c_1+c_2 & -c_2 & & & 0\\ -c_2 & c_2+c_3 & -c_3 & & \\ & -c_3 & & & \\ & \ddots & & \ddots & \\ & & -c_{n-1} & c_{n-1}+c_n & -c_n\\ 0 & & & -c_n & c_n\end{bmatrix}$$

$$\boldsymbol{K}=\begin{bmatrix}k_1+k_2 & -k_2 & & 0\\ -k_2 & k_2+k_3 & -k_3 & \\ & \ddots & \ddots & \ddots \\ 0 & & k_{n-1}+k_n & -k_n\\ & & -k_n & k_n\end{bmatrix}$$

从上式中,可得出这样一些规律:

(1)一般将系统质心作为坐标原点,这时的质量矩阵将是对角阵。

(2)刚度矩阵的主对角元素可表达为 $\sum_{i=1}^{n} K_{ii}$(即连接到质量块 $m_i$ 的弹簧刚度之和),刚度矩阵的非主对角元素可表达为 $-\sum_{\substack{j=1\\j\neq i}}^{n} k_{ij}$(即连接质量块 $m_i$ 和 $m_j$ 的弹簧刚度之和)。

(3)阻尼矩阵和刚度矩阵的规律相同,即主对角元素可表达为 $\sum_{i=1}^{n} c_{ii}$,非主对角元素可表达为 $-\sum_{\substack{j=1\\j\neq i}}^{n} c_{ij}$。

掌握这个规律,对于多自由度系统可不必每一次都按牛顿第二定律或拉氏方程列式,再整理成标准的矩阵形式运动方程,而常采用直接"观察"的方法给出。

**【例 3.5】** 试写出图 3.12 所示系统的运动方程式。

**【解】** 此系统如果按常规先写出运动方程式再简化要费一些时间,但用"观察"法可立即给出

$$\begin{bmatrix} m_1 & 0 & 0 \\ 0 & m_2 & 0 \\ 0 & 0 & m_3 \end{bmatrix}\begin{Bmatrix} \ddot{x}_1 \\ \ddot{x}_2 \\ \ddot{x}_3 \end{Bmatrix} + \begin{bmatrix} c_2+c_4 & -c_2 & -c_4 \\ -c_2 & c_2 & 0 \\ -c_4 & 0 & c_4+c_5 \end{bmatrix}\begin{Bmatrix} \dot{x}_1 \\ \dot{x}_2 \\ \dot{x}_3 \end{Bmatrix}$$

$$+\begin{bmatrix} k_1+k_2+k_4 & -k_2 & -k_4 \\ -k_2 & k_2+k_3+k_6 & -k_3 \\ -k_4 & -k_3 & k_3+k_4+k_5 \end{bmatrix}\begin{Bmatrix} x_1 \\ x_2 \\ x_3 \end{Bmatrix} = \begin{Bmatrix} 0 \\ 0 \\ 0 \end{Bmatrix}$$

上述结果与按常规方法求得的结果相一致。

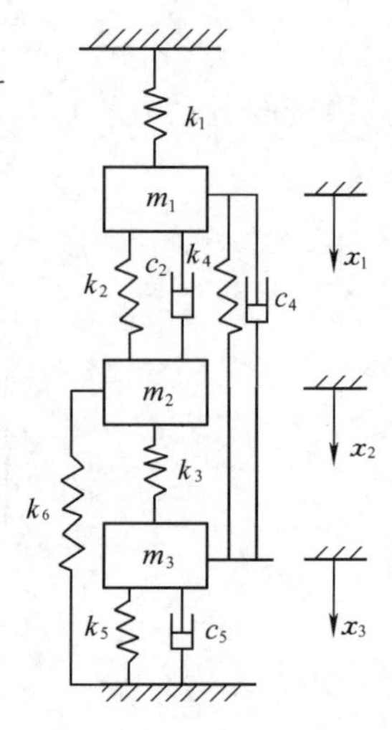


图 3.12

### 3.2.1 无阻尼系统的自由振动

在无阻尼情况下,系统的自由振动方程可以表达为

$$\boldsymbol{M}\ddot{\boldsymbol{x}} + \boldsymbol{K}\boldsymbol{x} = 0$$

上式若写为一般情况,则有

$$\begin{bmatrix} m_{11} & m_{12} & \cdots & m_{1n} \\ m_{21} & m_{22} & \cdots & m_{2n} \\ \vdots & \vdots & \vdots & \vdots \\ m_{n1} & m_{n2} & \cdots & m_{nn} \end{bmatrix}\begin{Bmatrix} \ddot{x}_1 \\ \ddot{x}_2 \\ \vdots \\ \ddot{x}_n \end{Bmatrix} + \begin{bmatrix} k_{11} & k_{12} & \cdots & k_{1n} \\ k_{21} & k_{22} & \cdots & k_{2n} \\ \vdots & \vdots & \vdots & \vdots \\ k_{n1} & k_{n2} & \cdots & k_{nn} \end{bmatrix}\begin{Bmatrix} x_1 \\ x_2 \\ \vdots \\ x_n \end{Bmatrix} = \begin{Bmatrix} 0 \\ 0 \\ \vdots \\ 0 \end{Bmatrix} \tag{3.29}$$

式中 $m_{ij}=m_{ji}$,$k_{ij}=k_{ji}$。

设方程(3.29)的通解为

$$x_i = A_i\sin(\omega t+\varphi) \qquad (i=1,2,\cdots,n) \tag{3.30}$$

即设系统偏离平衡作自由振动时,存在着各坐标均按同一频率 $\omega$、同一相位角 $\varphi$ 作简谐振动的特解,将方程代入(3.29),则有

$$\boldsymbol{KA} - \omega^2\boldsymbol{MA} = \boldsymbol{0} \tag{3.31}$$

或
$$\boldsymbol{BA}=(\boldsymbol{K}-\omega^2\boldsymbol{M})\boldsymbol{A}=\boldsymbol{0}$$
上式中 $\boldsymbol{B}=\boldsymbol{K}-\omega^2\boldsymbol{M}$ 称为系统的特征矩阵。式(3.31)是一组 $A_i$ 的 $n$ 元齐次线性代数方程组。由 $A_i$ 的系数组成的行列式 $\Delta(\omega^2)$ 称为特征行列式。若 $\Delta(\omega^2)$ 等于零,则是系统特征方程或频率方程。由此可求得固有频率 $\omega$ 值:

$$\Delta(\omega^2)=\begin{vmatrix} k_{11}-m_{11}\omega^2 & k_{12}-m_{12}\omega^2 & \cdots & k_{1n}-m_{1n}\omega^2 \\ k_{21}-m_{21}\omega^2 & k_{22}-m_{22}\omega^2 & \cdots & k_{2n}-m_{2n}\omega^2 \\ \vdots & \vdots & \vdots & \vdots \\ k_{n1}-m_{n1}\omega^2 & k_{n2}-m_{n2}\omega^2 & \cdots & k_{nn}-m_{nn}\omega^2 \end{vmatrix}=0 \tag{3.32}$$

展开式(3.32)后可得到 $\omega^2$ 的 $n$ 次代数方程组
$$\omega^{2n}+a_1\omega^{2(n-1)}+a_2\omega^{2(n-2)}+\cdots+a_{n-1}\omega^2+a_n=0 \tag{3.33}$$

解式(3.33),可得 $\omega^2$ 的 $n$ 个根,即特征值,特征值的平方根 $\omega_1,\omega_2,\cdots,\omega_n$ 就是系统的固有频率。对于正定系统,这 $n$ 个固有频率值在大多数情况下互不相等。在求得各阶固有频率 $\omega_i$ 后,把某一个 $\omega_j$ 代入式(3.31),并不能求出各振幅的数值,因式(3.31)的系数矩阵不满秩,即有某一式不独立,故去掉其中不独立的某一式(例如最后一式),并将剩下的 $n-1$ 个方程式中某一相同的项(如 $A_n$ 项)移到等式右边,可得代数方程组:

$$\left.\begin{aligned} &(k_{11}-m_{11}\omega_j^2)A_1+(k_{12}-m_{12}\omega_j^2)A_2+\cdots+(k_{1n-1}-m_{1n-1}\omega_j^2)A_{n-1} \\ &=-(k_{1n}-m_{1n}\omega_j^2)A_n \\ &(k_{21}-m_{21}\omega_j^2)A_1+(k_{22}-m_{22}\omega_j^2)A_2+\cdots+(k_{2n-1}-m_{2n-1}\omega_j^2)A_{n-1} \\ &=-(k_{2n}-m_{2n}\omega_j^2)A_n \\ &\vdots \\ &(k_{n-11}-m_{n-11}\omega_j^2)A_1+(k_{n-12}-m_{n-12}\omega_j^2)A_2+\cdots+ \\ &(k_{n-1n-1}-m_{n-1n-1}\omega_j^2)A_{n-1}=-(k_{n-1n}-m_{n-1n}\omega_j^2)A_n \end{aligned}\right\} \tag{3.34}$$

根据以上方程组,对 $A_1,A_2,\cdots,A_{n-1}$ 求解。显然求得的各 $A_i$ 值($i=1,2,\cdots,n-1$)都是与 $A_n$ 值成正比的,这样可以得到对应于固有频率 $\omega_j$ 的 $n$ 个振幅值 $A_1^{(j)},A_2^{(j)},\cdots,A_n^{(j)}$ 间的比例关系,称为振幅比。这说明当系统按第 $j$ 阶固有频率 $\omega_j$ 作简谐振动时,各振幅值 $A_1^{(j)},A_2^{(j)},\cdots,A_n^{(j)}$ 间具有确定的相对比值,或者说系统有一定的振动形态。

将各 $\omega_j$ 及 $A_i^{(j)}$ ($i,j=1,2,\cdots,n$)代回式(3.30),得 $n$ 组特解,将这 $n$ 组特解相加,可得系统自由振动的一般解:

$$\left.\begin{aligned} x_1&=A_1^{(1)}\sin(\omega_1t+\varphi_1)+A_1^{(2)}\sin(\omega_2t+\varphi_2)+\cdots+A_1^{(n)}\sin(\omega_nt+\varphi_n) \\ x_2&=A_2^{(1)}\sin(\omega_1t+\varphi_1)+A_2^{(2)}\sin(\omega_2t+\varphi_2)+\cdots+A_2^{(n)}\sin(\omega_nt+\varphi_n) \\ &\vdots \\ x_n&=A_n^{(1)}\sin(\omega_1t+\varphi_1)+A_n^{(2)}\sin(\omega_2t+\varphi_2)+\cdots+A_n^{(n)}\sin(\omega_nt+\varphi_n) \end{aligned}\right\} \tag{3.35}$$

式(3.29)中是 $n$ 个二阶常微分方程组,其一般解应包含 $2n$ 个特定常数。在式(3.35)的一般解中,除 $n$ 个待定常数 $\varphi_1,\varphi_2,\cdots,\varphi_n$ 外,还有 $n$ 个确定振幅值的待定常数。例如可取为 $A_n^{(1)},A_n^{(2)},\cdots,A_n^{(n)}$,这样一共有 $2n$ 个待定常数。这 $2n$ 个待定常数的数值,由系统运动的初始条件决定。

如果系统在某一特殊的初始条件下,使得待定常数中只有 $A_n^{(1)} \neq 0$,而其他的 $A_n^{(2)} = A_n^{(3)} = \cdots = A_n^{(n)} = 0$,因而与 $A_n^{(j)}(j=2,3,\cdots,n)$ 成正比的 $A_i^{(2)} = A_i^{(3)} = \cdots = A_i^{(n)} = 0(i=1,2,\cdots,n-1)$,则式(3.35)所表示的系统运动方程只保留第一项,成为下列特殊形式:

$$\left.\begin{aligned} x_1 &= A_1^{(1)}\sin(\omega_1 t + \varphi_1) \\ x_2 &= A_2^{(1)}\sin(\omega_1 t + \varphi_1) \\ &\vdots \\ x_n &= A_n^{(1)}\sin(\omega_1 t + \varphi_1) \end{aligned}\right\}$$

这时在第一阶固有频率上,整个系统作同步简谐运动,各坐标值在任何瞬时都保持固定不变的比值,即恒有

$$\frac{x_1}{A_1^{(1)}} = \frac{x_2}{A_2^{(1)}} = \cdots = \frac{x_n}{A_n^{(1)}} \tag{3.36}$$

因此 $\boldsymbol{A}^{(1)}$ 各元素比值完全确定了系统振动的形态,称该振动形态为第一阶主振型。由式(3.35)描述的系统的运动,称为第一阶主振动。

系统在某些初始条件下,还可以产生系统的第二阶、第三阶、…一直到第 $n$ 阶主振动。它们各自具有与第一阶主振动完全类似的性质。

一般在描述系统第 $j$ 阶主振动时,可任意取某一振幅为标准值,如 $A_n^{(j)} = 1$。这样,由方程(3.34)就可以确定其他各振幅 $A_1^{(j)}, A_2^{(j)}, \cdots, A_{n-1}^{(j)}$ 的值,而不必局限于具体初始条件下系统作第 $j$ 阶主振动时,各坐标幅值组成的主振型的绝对值。

将 $n$ 个幅值 $A_1^{(j)}, A_2^{(j)}, \cdots, A_n^{(j)}$ 作为元素组成一个列阵 $\boldsymbol{A}^{(j)}$,称它为第 $j$ 阶主振型列阵,即

$$\boldsymbol{A}^{(j)} = \begin{bmatrix} A_1^{(j)} \\ A_2^{(j)} \\ \vdots \\ A_n^{(j)} \end{bmatrix} \quad (j=1,2,\cdots,n) \tag{3.37}$$

对于一个 $n$ 自由度系统,一般可以找到 $n$ 个固有频率,以及相应的 $n$ 个主振型。

**【例 3.6】** 在图 3.13(a)所示的三自由度系统中,设 $k_1 = k_4 = 3k, k_2 = k_3 = k, m_1 = m_3 = 2m, m_2 = m$,求此系统的固有频率和主振型。

**【解】** 取三质量块各自偏离平衡位置的位移 $x_1$、$x_2$、$x_3$ 为广义坐标,可写出系统的质量矩阵 $\boldsymbol{M}$ 和刚度矩阵 $\boldsymbol{K}$,即

$$\boldsymbol{M} = \begin{bmatrix} 2m & 0 & 0 \\ 0 & m & 0 \\ 0 & 0 & 2m \end{bmatrix}, \quad \boldsymbol{K} = \begin{bmatrix} 4k & -k & 0 \\ -k & 2k & -k \\ 0 & -k & 4k \end{bmatrix}$$

系统自由振动微分方程为

$$\begin{bmatrix} 2m & 0 & 0 \\ 0 & m & 0 \\ 0 & 0 & 2m \end{bmatrix}\begin{bmatrix} \ddot{x}_1 \\ \ddot{x}_2 \\ \ddot{x}_3 \end{bmatrix} + \begin{bmatrix} 4k & -k & 0 \\ -k & 2k & -k \\ 0 & -k & 4k \end{bmatrix}\begin{bmatrix} x_1 \\ x_2 \\ x_3 \end{bmatrix} = \begin{bmatrix} 0 \\ 0 \\ 0 \end{bmatrix}$$

令其解

$$x_i = A_i \sin(\omega t + \varphi) \quad (i=1,2,3)$$

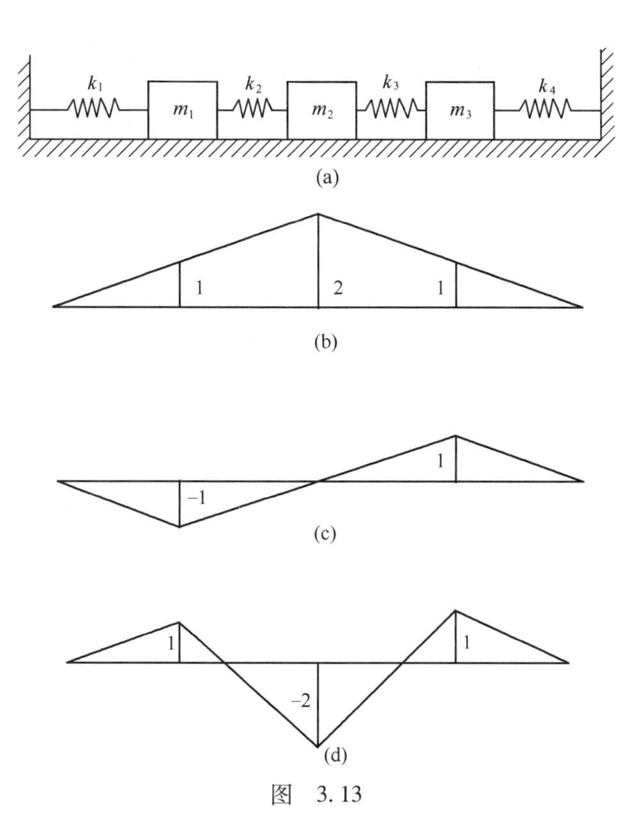


图　3.13

代入微分方程得

$$\left.\begin{aligned}(4k-2m\omega^2)A_1-kA_2=0\\-kA_1+(2k-m\omega^2)A_2-kA_3=0\\-kA_2+(4k-2m\omega^2)A_3=0\end{aligned}\right\}\tag{a}$$

则特征方程为

$$\begin{vmatrix}4k-2m\omega^2 & -k & 0\\ -k & 2k-m\omega^2 & -k\\ 0 & -k & 4k-2m\omega^2\end{vmatrix}=0$$

展开整理后，有

$$(2k-m\omega^2)(3k-m\omega^2)(k-m\omega^2)=0$$

可求得 $\omega^2$ 的 3 个根为

$$\omega_1^2=\frac{k}{m},\quad \omega_2^2=\frac{2k}{m},\quad \omega_3^2=\frac{3k}{m}$$

将 $\omega_1^2=k/m$ 代入式(a)中第一、二式，并令 $A_3^{(1)}=1$，可解得

$$A_1^{(1)}=1,\quad A_2^{(1)}=2$$

再分别将 $\omega_2^2=2k/m$、$\omega_3^2=3k/m$ 代入式(a)中第一、二式，并令 $A_3^{(2)}=1$，$A_3^{(3)}=1$，可解得

$$A_1^{(2)}=-1,\quad A_2^{(2)}=0$$

$$A_1^{(3)}=1,\quad A_2^{(3)}=-2$$

从而得到 3 个固有频率的主振型列阵

$$A^{(1)}=\begin{Bmatrix}1\\2\\1\end{Bmatrix},\quad A^{(2)}=\begin{Bmatrix}-1\\0\\1\end{Bmatrix},\quad A^{(3)}=\begin{Bmatrix}1\\-2\\1\end{Bmatrix}$$

各主振型分别由图 3.13(b)、(c)、(d)表示。

### 3.2.2 主坐标和正则坐标

1. 主振型的正交性

在前面我们分析了无阻尼系统自由振动的一般性质,指出一个 $n$ 自由度的系统具有 $n$ 个固有频率 $\omega_j$ 及 $n$ 组主振型 $\boldsymbol{A}^{(j)}(j=1,2,\cdots,n)$。现在我们来研究两组主振型之间的关系。已知对应于固有频率 $\omega_i$ 及 $\omega_j$ 的主振型 $\boldsymbol{A}^{(i)}$ 及 $\boldsymbol{A}^{(j)}$ 分别满足下述两个方程式:

$$\boldsymbol{KA}^{(i)}=\omega_i^2\boldsymbol{MA}^{(i)} \tag{3.38}$$

$$\boldsymbol{KA}^{(j)}=\omega_j^2\boldsymbol{MA}^{(j)} \tag{3.39}$$

将式(3.38)左乘 $\boldsymbol{A}^{(j)}$ 的转置矩阵 $\boldsymbol{A}^{(j)\mathrm{T}}$,另外将式(3.39)两端转置,然后右乘 $\boldsymbol{A}^{i}$,得

$$\boldsymbol{A}^{(j)\mathrm{T}}\boldsymbol{KA}^{(i)}=\omega_i^2\boldsymbol{A}^{(j)\mathrm{T}}\boldsymbol{MA}^{(i)} \tag{3.40}$$

$$\boldsymbol{A}^{(j)\mathrm{T}}\boldsymbol{KA}^{(i)}=\omega_j^2\boldsymbol{A}^{(j)\mathrm{T}}\boldsymbol{MA}^{(i)} \tag{3.41}$$

将式(3.40)减去式(3.41),得

$$(\omega_i^2-\omega_j^2)\boldsymbol{A}^{(j)\mathrm{T}}\boldsymbol{MA}^{(i)}=0$$

在 $\omega_i^2\neq\omega_j^2$ 的条件,必然有

$$\boldsymbol{A}^{(j)\mathrm{T}}\boldsymbol{MA}^{(i)}=0 \tag{3.42}$$

将上式代入式(3.40),得

$$\boldsymbol{A}^{(j)\mathrm{T}}\boldsymbol{KA}^{(i)}=0 \tag{3.43}$$

式(3.42)、式(3.43)表示不相等的两个固有频率的主振型之间,既存在着对质量矩阵 $\boldsymbol{M}$ 的正交性,又存在着对刚度矩阵 $\boldsymbol{K}$ 的正交性,统称为主振型的正交性。

将式(3.38)两边左乘行阵 $\boldsymbol{A}^{(i)\mathrm{T}}$,得

$$\boldsymbol{A}^{(i)\mathrm{T}}\boldsymbol{KA}^{(i)}=\omega_i^2\boldsymbol{A}^{(i)\mathrm{T}}\boldsymbol{MA}^{(i)} \tag{3.44}$$

因质量矩阵是正定的,令

$$\boldsymbol{A}^{(i)\mathrm{T}}\boldsymbol{MA}^{(i)}=M_i\qquad(i=1,2,\cdots,n) \tag{3.45}$$

$M_i$ 总是一个正实数,称它为第 $i$ 阶主质量。对正定系统来说,刚度矩阵 $\boldsymbol{K}$ 是正定的,令

$$\boldsymbol{A}^{(i)\mathrm{T}}\boldsymbol{KA}^{(i)}=K_i\qquad(i=1,2,\cdots,n) \tag{3.46}$$

$K_i$ 也是一个正实数,称它为第 $i$ 阶主刚度。将式(3.44)两边除 $\boldsymbol{A}^{(i)\mathrm{T}}\boldsymbol{MA}^{(i)}$ 后,得

$$\omega_i^2=\frac{\boldsymbol{A}^{(i)\mathrm{T}}\boldsymbol{KA}^{(i)}}{\boldsymbol{A}^{(i)\mathrm{T}}\boldsymbol{MA}^{(i)}}=\frac{K_i}{M_i}\qquad(i=1,2,\cdots,n)$$

即第 $i$ 阶特征值 $\omega_i^2$ 等于第 $i$ 阶主刚度 $K_i$ 与第 $i$ 阶主质量 $M_i$ 的比值。

2. 振型矩阵及正则振型矩阵

为了方便计算,把相互间存在正交性的各阶主振型列阵,依序排成各列,构成一个 $n \times n$ 阶的振型矩阵 $\boldsymbol{A}_P$,即

$$\boldsymbol{A}_P = \begin{bmatrix} A_1^{(1)} & A_1^{(2)} & \cdots & A_1^{(n)} \\ A_2^{(1)} & A_2^{(2)} & \cdots & A_2^{(n)} \\ \vdots & \vdots & \vdots & \vdots \\ A_n^{(1)} & A_n^{(2)} & \cdots & A_n^{(n)} \end{bmatrix} \tag{3.47}$$

这样把式(3.42)和式(3.45)合并成一个式子,即

$$\boldsymbol{A}_P^T \boldsymbol{M} \boldsymbol{A}_P = \boldsymbol{M}_P \tag{3.48}$$

$\boldsymbol{M}_P$ 为主质量矩阵,是对角阵,即

$$\boldsymbol{M}_P = \begin{bmatrix} M_1 & 0 & \cdots & 0 \\ 0 & M_2 & \cdots & 0 \\ \vdots & \vdots & \vdots & \vdots \\ 0 & 0 & \cdots & M_n \end{bmatrix} \tag{3.49}$$

同理,把式(3.43)和式(3.46)合并写为

$$\boldsymbol{A}_P^T \boldsymbol{K} \boldsymbol{A}_P = \boldsymbol{K}_P \tag{3.50}$$

$\boldsymbol{K}_P$ 也是对角阵,称为主刚度矩阵,即

$$\boldsymbol{K}_P = \begin{bmatrix} K_1 & 0 & \cdots & 0 \\ 0 & K_2 & \cdots & 0 \\ \vdots & \vdots & \vdots & \vdots \\ 0 & 0 & \cdots & K_n \end{bmatrix} \tag{3.51}$$

由于主振型列阵只表示系统作主振动时各坐标间幅值的相对大小,上节中曾建议如 $A_n^{(i)} \neq 0$,可令 $A_n^{(i)} = 1$,这才确定了主振型列阵各元素的相对数值。由这样的主振型列阵构成了振型矩阵 $\boldsymbol{A}_P$,再按式(3.48)运算求得主质量矩阵 $\boldsymbol{M}_P$。通常 $\boldsymbol{M}_P$ 各对角元素 $M_i$ 值大小不等。为了方便起见,可将各主振型正则化。对于每一阶主振动,定义一组特定的主振型为正则振型,用列阵 $\boldsymbol{A}_N^{(i)}$ 表示,它满足下列条件:

$$\boldsymbol{A}_N^{(i)T} \boldsymbol{M} \boldsymbol{A}_N^{(i)} = 1 \tag{3.52}$$

正则振型 $\boldsymbol{A}_N^{(i)}$ 可以用任意主振型 $\boldsymbol{A}^{(i)}$ 求出。令

$$\boldsymbol{A}_N^{(i)} = \frac{1}{\sqrt{M_i}} \boldsymbol{A}^{(i)} \qquad (i = 1, 2, \cdots, n) \tag{3.53}$$

由正交性原理,则

$$\boldsymbol{A}_N^{(i)T} \boldsymbol{M} \boldsymbol{A}_N^{(i)} = \frac{1}{\sqrt{M_i}} \boldsymbol{A}^{(i)T} \boldsymbol{M} \frac{1}{\sqrt{M_i}} \boldsymbol{A}^{(i)} = \frac{1}{M_i} \cdot M_i = 1$$

说明式(3.53)是满足条件式(3.52)的,对各阶主振型依次进行式(3.53)的运算,就可以得到

对应 $n$ 阶主振动的 $n$ 个正则振型 $\boldsymbol{A}_{\mathrm{N}}^{(i)}$。

将所有 $n$ 个正则振型列阵 $\boldsymbol{A}_{\mathrm{N}}^{(i)}$ 依次排列,就构成一个 $n\times n$ 阶的正则振型矩阵 $\boldsymbol{A}_{\mathrm{N}}$。

$$\boldsymbol{A}_{n}=\begin{bmatrix} A_{\mathrm{N}1}^{(1)} & A_{\mathrm{N}1}^{(2)} & \cdots & A_{\mathrm{N}1}^{(n)} \\ A_{\mathrm{N}2}^{(1)} & A_{\mathrm{N}2}^{(2)} & \cdots & A_{\mathrm{N}2}^{(n)} \\ \vdots & \vdots & \vdots & \vdots \\ A_{\mathrm{N}n}^{(1)} & A_{\mathrm{N}n}^{(2)} & \cdots & A_{\mathrm{N}n}^{(n)} \end{bmatrix} \tag{3.54}$$

这样,用正则振型矩阵 $\boldsymbol{A}_{\mathrm{N}}$,按照式(3.48)计算得到的正则质量矩阵 $\boldsymbol{M}_{\mathrm{N}}$ 是一个单位矩阵 $\boldsymbol{I}$,即

$$\boldsymbol{A}_{\mathrm{N}}^{\mathrm{T}}\boldsymbol{M}\boldsymbol{A}_{\mathrm{N}}=\boldsymbol{M}_{\mathrm{N}}=\boldsymbol{I} \tag{3.55}$$

把正则振型矩阵 $\boldsymbol{A}_{\mathrm{N}}^{(i)}$ 代入式(3.46),并考虑到式(3.52),可得

$$\omega_i^2=\frac{\boldsymbol{A}_{\mathrm{N}}^{(i)\,\mathrm{T}}\boldsymbol{K}\boldsymbol{A}_{\mathrm{N}}^{(i)}}{\boldsymbol{A}_{\mathrm{N}}^{(i)\,\mathrm{T}}\boldsymbol{M}\boldsymbol{A}_{\mathrm{N}}^{(i)}}=\frac{K_{\mathrm{N}i}}{1}=K_{\mathrm{N}i}\quad (i=1,2,\cdots,n) \tag{3.56}$$

可见正则刚度 $K_{\mathrm{N}i}$ 等于固有频率的平方,因此用正则振型矩阵 $\boldsymbol{A}_{\mathrm{N}}$ 按式(3.50)算出的正则刚度矩阵 $\boldsymbol{K}_{\mathrm{N}}$,它的主对角线元素分别对应各阶固有频率的平方,即

$$\boldsymbol{A}_{\mathrm{N}}^{\mathrm{T}}\boldsymbol{K}\boldsymbol{A}_{\mathrm{N}}=\boldsymbol{K}_{\mathrm{N}} \tag{3.57}$$

$$K_{\mathrm{N}}=\begin{bmatrix} K_{\mathrm{N}1} & 0 & \cdots & 0 \\ 0 & K_{\mathrm{N}2} & \cdots & 0 \\ \vdots & \vdots & \vdots & \vdots \\ 0 & 0 & \cdots & K_{\mathrm{N}n} \end{bmatrix}=\begin{bmatrix} \omega_1^2 & 0 & \cdots & 0 \\ 0 & \omega_2^2 & \cdots & 0 \\ \vdots & \vdots & \vdots & \vdots \\ 0 & 0 & \cdots & \omega_n^2 \end{bmatrix}$$

**【例 3.7】** 由例 3.6 的结果,求振型矩阵 $\boldsymbol{A}_{\mathrm{P}}$ 及与它对应的主质量矩阵 $\boldsymbol{M}_{\mathrm{P}}$、主刚度矩阵 $\boldsymbol{K}_{\mathrm{P}}$,并求正则振型矩阵 $\boldsymbol{A}_{\mathrm{N}}$ 及正则刚度矩阵 $\boldsymbol{K}_{\mathrm{N}}$。

**【解】** 例 3.6 中已求出各阶主振型为

$$\boldsymbol{A}^{(1)}=\begin{Bmatrix}1\\2\\1\end{Bmatrix},\quad \boldsymbol{A}^{(2)}=\begin{Bmatrix}-1\\0\\1\end{Bmatrix},\quad \boldsymbol{A}^{(3)}=\begin{Bmatrix}1\\-2\\1\end{Bmatrix}$$

按定义可得振型矩阵

$$\boldsymbol{A}_{\mathrm{P}}=\begin{bmatrix}1 & -1 & 1\\ 2 & 0 & -2\\ 1 & 1 & 1\end{bmatrix}$$

主质量矩阵

$$\boldsymbol{M}_{\mathrm{P}}=\boldsymbol{A}_{\mathrm{P}}^{\mathrm{T}}\boldsymbol{M}\boldsymbol{A}_{\mathrm{P}}=\begin{bmatrix}1 & 2 & 1\\ -1 & 0 & 1\\ 1 & -2 & 1\end{bmatrix}\begin{bmatrix}2m & 0 & 0\\ 0 & m & 0\\ 0 & 0 & 2m\end{bmatrix}\begin{bmatrix}1 & -1 & 1\\ 2 & 0 & -2\\ 1 & 1 & 1\end{bmatrix}=4m\begin{bmatrix}2 & 0 & 0\\ 0 & 1 & 0\\ 0 & 0 & 2\end{bmatrix}$$

主刚度矩阵

$$\boldsymbol{K}_{\mathrm{P}}=\boldsymbol{A}_{\mathrm{P}}^{\mathrm{T}}\boldsymbol{K}\boldsymbol{A}_{\mathrm{P}}=\begin{bmatrix}1 & 2 & 1\\ -1 & 0 & 1\\ 1 & -2 & 1\end{bmatrix}\begin{bmatrix}4k & -k & 0\\ -k & 2k & -k\\ 0 & -k & 4k\end{bmatrix}\begin{bmatrix}1 & -1 & 1\\ 2 & 0 & -2\\ 1 & 1 & 1\end{bmatrix}=8k\begin{bmatrix}1 & 0 & 0\\ 0 & 1 & 0\\ 0 & 0 & 3\end{bmatrix}$$

由 $\boldsymbol{A}_{\mathrm{N}}^{(i)}=\dfrac{1}{\sqrt{M_i}}\boldsymbol{A}^{(i)}$ 可得各正则振型列阵如下:

$$A_N^{(1)} = \frac{1}{\sqrt{8m}}\begin{Bmatrix}1\\2\\1\end{Bmatrix} = \frac{1}{\sqrt{m}}\begin{Bmatrix}\sqrt{2}/4\\\sqrt{2}/2\\\sqrt{2}/4\end{Bmatrix}$$

$$A_N^{(2)} = \frac{1}{\sqrt{4m}}\begin{Bmatrix}-1\\0\\1\end{Bmatrix} = \frac{1}{\sqrt{m}}\begin{Bmatrix}-1/2\\0\\1/2\end{Bmatrix}$$

$$A_N^{(3)} = \frac{1}{\sqrt{8m}}\begin{Bmatrix}1\\-2\\1\end{Bmatrix} = \frac{1}{\sqrt{m}}\begin{Bmatrix}\sqrt{2}/4\\-\sqrt{2}/2\\\sqrt{2}/4\end{Bmatrix}$$

于是得正则振型矩阵

$$A_N = \frac{1}{\sqrt{m}}\begin{bmatrix}\sqrt{2}/4 & -1/2 & \sqrt{2}/4\\\sqrt{2}/2 & 0 & -\sqrt{2}/2\\\sqrt{2}/4 & 1/2 & \sqrt{2}/4\end{bmatrix}$$

正则刚度矩阵

$$K_N = A_N^T K A_N = \frac{1}{\sqrt{m}}\begin{bmatrix}\sqrt{2}/4 & \sqrt{2}/2 & \sqrt{2}/4\\-1/2 & 0 & 1/2\\\sqrt{2}/4 & -\sqrt{2}/2 & \sqrt{2}/4\end{bmatrix}\begin{bmatrix}4k & -k & 0\\-k & 2k & -k\\0 & -k & 4k\end{bmatrix}\frac{1}{\sqrt{m}}\begin{bmatrix}\sqrt{2}/4 & -1/2 & \sqrt{2}/4\\\sqrt{2}/2 & 0 & -\sqrt{2}/2\\\sqrt{2}/4 & 1/2 & \sqrt{2}/4\end{bmatrix}$$

$$= \begin{bmatrix}\frac{k}{m} & 0 & 0\\0 & \frac{2k}{m} & 0\\0 & 0 & \frac{3k}{m}\end{bmatrix} = \begin{bmatrix}\omega_1^2 & 0 & 0\\0 & \omega_2^2 & 0\\0 & 0 & \omega_3^2\end{bmatrix}$$

3. 主坐标和正则坐标

根据式(3.28),一个 $n$ 自由度系统的自由振动微分方程可表示为

$$M\ddot{x} + Kx = 0 \tag{3.58}$$

由于 $M$、$K$ 一般不是对角矩阵,因此上式是一组相互耦合的微分方程组。上面我们看到,利用振型矩阵 $A_P$,可使系统的质量矩阵 $M$ 及刚度矩阵 $K$ 都变换成对角矩阵形式的主质量矩阵 $M_P$ 和主刚度矩阵 $K_P$。与此类似,我们也可以利用振型矩阵简化系统运动微分方程式形式。下面利用振型矩阵 $A_P$,将系统原有坐标 $x$ 变换成一组新坐标 $x_P$,即定义

$$x = A_P x_P \tag{3.59}$$

相应地有

$$\ddot{x} = A_P \ddot{x}_P \tag{3.60}$$

将式(3.59)和式(3.60)代入式(3.58),有

$$MA_P \ddot{x}_P + KA_P x_P = 0$$

上式左乘以 $A_P^T$,得

$$\boldsymbol{M}_{\mathrm{P}}\ddot{\boldsymbol{x}}_{\mathrm{P}}+\boldsymbol{K}_{\mathrm{P}}\boldsymbol{x}_{\mathrm{P}}=0 \tag{3.61}$$

由于主质量矩阵 $\boldsymbol{M}_{\mathrm{P}}$ 及主刚度矩阵 $\boldsymbol{K}_{\mathrm{P}}$ 都是对角矩阵,故用式(3.61)所描述的系统运动各方程之间互不耦合。新坐标 $\boldsymbol{x}_{\mathrm{P}}$ 称为主坐标,式(3.59)称为主坐标变换式。

式(3.61)中的每一方程都可用单自由度系统的方法求解。可见,使用主坐标$\{x_{\mathrm{P}}\}$来描述系统的运动是很方便的。

将式(3.59)两边左乘以 $\boldsymbol{A}_{\mathrm{P}}^{\mathrm{T}}\boldsymbol{M}$ 后可得

$$\boldsymbol{A}_{\mathrm{P}}^{\mathrm{T}}\boldsymbol{M}\boldsymbol{x}=\boldsymbol{A}_{\mathrm{P}}^{\mathrm{T}}\boldsymbol{M}\boldsymbol{A}_{\mathrm{P}}\boldsymbol{x}_{\mathrm{P}}=\boldsymbol{M}_{\mathrm{P}}\boldsymbol{x}_{\mathrm{P}}$$

$$\boldsymbol{x}_{\mathrm{P}}=\boldsymbol{M}_{\mathrm{P}}^{-1}\boldsymbol{A}_{\mathrm{P}}^{\mathrm{T}}\boldsymbol{M}\boldsymbol{x} \tag{3.62}$$

用式(3.62)很容易由原坐标 $\boldsymbol{x}$ 计算主坐标 $\boldsymbol{x}_{\mathrm{P}}$。

由于正则振型是一组特定的主振型,也可以用正则振型矩阵 $\boldsymbol{A}_{\mathrm{N}}$ 对原坐标进行线性变换,即令

$$\boldsymbol{x}=\boldsymbol{A}_{\mathrm{N}}\boldsymbol{x}_{\mathrm{N}} \tag{3.63}$$

就可使方程(3.58)解耦。新坐标列阵 $\boldsymbol{x}_{\mathrm{N}}$ 中各元素 $x_{\mathrm{N1}},x_{\mathrm{N2}},\cdots,x_{\mathrm{N}n}$称为正则坐标,而式(3.63)称为正则变换式。将式(3.63)代入式(3.58),再左乘以 $\boldsymbol{A}_{\mathrm{N}}^{\mathrm{T}}$,得

$$\ddot{\boldsymbol{x}}_{\mathrm{N}}+\boldsymbol{K}_{\mathrm{N}}\boldsymbol{x}_{\mathrm{N}}=\boldsymbol{0} \tag{3.64}$$

可见采用正则坐标来描述系统的自由振动,可使方程的形式更简单。根据式(3.62),可由原来坐标 $\boldsymbol{x}$ 求正则坐标 $\boldsymbol{x}_{\mathrm{N}}$ 的表达式

$$\begin{aligned}\boldsymbol{x}_{\mathrm{N}}&=\boldsymbol{M}_{\mathrm{N}}^{-1}\boldsymbol{A}_{\mathrm{N}}^{\mathrm{T}}\boldsymbol{M}\boldsymbol{x}=\boldsymbol{I}\boldsymbol{A}_{\mathrm{N}}^{\mathrm{T}}\boldsymbol{M}\boldsymbol{x}\\&=\boldsymbol{A}_{\mathrm{N}}^{\mathrm{T}}\boldsymbol{M}\boldsymbol{x}\end{aligned} \tag{3.65}$$

从上述分析可知,坐标变换是研究多自由度系统各种响应的有效而方便的方法,是振型叠加法的主要依据。

### 3.2.3 无阻尼系统对初始条件的响应

对于一般的 $n$ 自由度系统,选广义坐标 $x_i(i=1,2,\cdots,n)$,并且在 $t=0$ 时,各坐标与速度的初始值为 $x_{i0}$与$\dot{x}_{i0}$。下面用振型叠加法求系统对此初始条件的响应。为此,在求出系统的固有频率和主振型、正则振型后,利用式(3.63)进行原有坐标与正则坐标之间的坐标变换,得到一组用正则坐标 $x_{\mathrm{N}i}(i=1,2,\cdots,n)$表示的系统自由振动微分方程式(3.64)。对正定系统,由式(3.64)很容易求出各正则坐标的一般解为

$$x_{\mathrm{N}i}=x_{\mathrm{N}i0}\cos\omega_i t+\frac{\dot{x}_{\mathrm{N}i0}}{\omega_i}\sin\omega_i t\qquad(i=1,2,\cdots,n) \tag{3.66}$$

其中正则坐标及其速度的初始值 $x_{\mathrm{N}i0}$、$\dot{x}_{\mathrm{N}i0}$可由原坐标及其速度的初始值 $x_{i0}$、$\dot{x}_{i0}$求出。

由式(3.65)可求得正则坐标的初始值,当 $t=0$ 时有

$$\boldsymbol{x}_{\mathrm{N}}\big|_{t=0}=\boldsymbol{A}_{\mathrm{N}}^{\mathrm{T}}\boldsymbol{M}\boldsymbol{x}\big|_{t=0} \tag{3.67}$$

将式(3.65)两边对时间求导,得

$$\dot{\boldsymbol{x}}_{\mathrm{N}}=\boldsymbol{A}_{\mathrm{N}}^{\mathrm{T}}\boldsymbol{M}\dot{\boldsymbol{x}} \tag{3.68}$$

在 $t=0$ 时,有

$$\dot{\boldsymbol{x}}_{\mathrm{N}}\big|_{t=0}=\boldsymbol{A}_{\mathrm{N}}^{\mathrm{T}}\boldsymbol{M}\dot{\boldsymbol{x}}\big|_{t=0} \tag{3.69}$$

将式(3.67)、式(3.69)的计算结果代入式(3.66),再由式(3.63)就可求得系统用原先的坐标 $x_1$、$x_2$、…、$x_n$ 表示的响应,即

$$\boldsymbol{x}=\boldsymbol{A}_{\mathrm{N}}\boldsymbol{x}_{\mathrm{N}}$$

或

$$\begin{bmatrix} x_1 \\ x_2 \\ \vdots \\ x_n \end{bmatrix}=\begin{bmatrix} A_{\mathrm{N}1}^{(1)} & A_{\mathrm{N}1}^{(2)} & \cdots & A_{\mathrm{N}1}^{(n)} \\ A_{\mathrm{N}2}^{(1)} & A_{\mathrm{N}2}^{(2)} & \cdots & A_{\mathrm{N}2}^{(n)} \\ \vdots & \vdots & & \vdots \\ A_{\mathrm{N}n}^{(1)} & A_{\mathrm{N}n}^{(2)} & \cdots & A_{\mathrm{N}n}^{(n)} \end{bmatrix}\begin{bmatrix} x_{\mathrm{N}10}\cos\omega_1 t+\dfrac{1}{\omega_1}\dot{x}_{\mathrm{N}10}\sin\omega_1 t \\ x_{\mathrm{N}20}\cos\omega_2 t+\dfrac{1}{\omega_2}\dot{x}_{\mathrm{N}20}\sin\omega_2 t \\ \vdots \\ x_{\mathrm{N}n0}\cos\omega_n t+\dfrac{1}{\omega_n}\dot{x}_{\mathrm{N}n0}\sin\omega_n t \end{bmatrix} \tag{3.70}$$

由上式可见,系统的响应是由各阶振型按一定的比例叠加而得到的。

**【例3.8】** 在图3.14的系统中,令 $m_1=m_2=m$, $m_3=2m$, $k_1=k_2=k_3=k$,初始条件为 $x_{10}=a$, $x_{20}=x_{30}=0$, $\dot{x}_{10}=\dot{x}_{20}=\dot{x}_{30}=0$。求系统的响应。

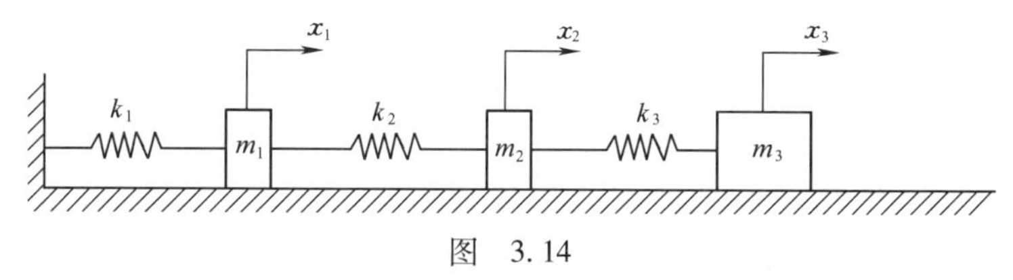


图 3.14

**【解】** 系统的运动微分方程为

$$\begin{bmatrix} m & 0 & 0 \\ 0 & m & 0 \\ 0 & 0 & 2m \end{bmatrix}\begin{Bmatrix} \ddot{x}_1 \\ \ddot{x}_2 \\ \ddot{x}_3 \end{Bmatrix}+\begin{bmatrix} 2k & -k & 0 \\ -k & 2k & -k \\ 0 & -k & k \end{bmatrix}\begin{Bmatrix} x_1 \\ x_2 \\ x_3 \end{Bmatrix}=0 \tag{a}$$

设式(a)的特解为

$$x_i=A_i\sin\omega t \qquad (i=1,2,3) \tag{b}$$

将式(b)代入式(a),得

$$\begin{bmatrix} 2k-m\omega^2 & k & 0 \\ -k & 2k-m\omega^2 & -k \\ 0 & -k & k-2m\omega^2 \end{bmatrix}\begin{Bmatrix} A_1 \\ A_2 \\ A_3 \end{Bmatrix}=0 \tag{c}$$

特征矩阵为

$$\begin{bmatrix} 2k-m\omega^2 & -k & 0 \\ -k & 2k-m\omega^2 & -k \\ 0 & -k & k-2m\omega^2 \end{bmatrix} \tag{d}$$

特征方程为

$$-2m^3\omega^6+9km^2\omega^4-9mk^2\omega^2+k^3=0$$

解得

$$\omega_1^2=0.126\ 7\frac{k}{m},\quad \omega_2^2=1.272\ 6\frac{k}{m}$$

$$\omega_3^2 = 3.100\,7\,\frac{k}{m}$$

相应地有

$$\omega_1 = 0.355\,9\sqrt{\frac{k}{m}},\quad \omega_2 = 1.281\sqrt{\frac{k}{m}},\quad \omega_3 = 1.760\,9\sqrt{\frac{k}{m}}$$

将3个特征值分别代入式(c),并对第一个元素标准化,即令 $A_1^{(i)} = 1(i=1,2,3)$,得3个主振型为

$$\boldsymbol{A}^{(1)} = \begin{bmatrix} 1.000\,0 \\ 1.873\,3 \\ 2.509\,2 \end{bmatrix},\quad \boldsymbol{A}^{(2)} = \begin{bmatrix} 1.000\,0 \\ 0.727\,4 \\ -0.470\,9 \end{bmatrix},\quad \boldsymbol{A}^{(3)} = \begin{bmatrix} 1.000\,0 \\ -1.100\,7 \\ 0.211\,5 \end{bmatrix}$$

按定义可得振型矩阵为

$$\boldsymbol{A}_\mathrm{P} = \begin{bmatrix} 1 & 1 & 1 \\ 1.873\,3 & 0.727\,4 & -1.100\,7 \\ 2.509\,2 & -0.470\,9 & 0.211\,5 \end{bmatrix}$$

主质量矩阵为

$$\boldsymbol{M}_\mathrm{P} = \boldsymbol{A}_\mathrm{P}^\mathrm{T}\boldsymbol{M}\boldsymbol{A}_\mathrm{P} = \begin{bmatrix} 1 & 1.873\,3 & 2.509\,2 \\ 1 & 0.727\,4 & -0.470\,9 \\ 1 & -1.100\,7 & 0.211\,5 \end{bmatrix}\begin{bmatrix} m & 0 & 0 \\ 0 & m & 0 \\ 0 & 0 & 2m \end{bmatrix}$$

$$\times\begin{bmatrix} 1 & 1 & 1 \\ 1.873\,3 & 0.727\,4 & -1.100\,7 \\ 2.509\,2 & -0.470\,9 & 0.211\,5 \end{bmatrix} = m\begin{bmatrix} 17.101\,4 & 0 & 0 \\ 0 & 1.972\,6 & 0 \\ 0 & 0 & 2.301\,0 \end{bmatrix}$$

由 $\boldsymbol{A}_\mathrm{N}^{(i)} = \dfrac{1}{\sqrt{M_i}}\boldsymbol{A}^{(i)}$ 可得各正则阵型列阵如下:

$$\boldsymbol{A}_\mathrm{N}^{(1)} = \frac{1}{\sqrt{17.101\,4\,m}}\boldsymbol{A}^{(1)} = \frac{0.241\,8}{\sqrt{m}}\boldsymbol{A}^{(1)}$$

$$\boldsymbol{A}_\mathrm{N}^{(2)} = \frac{1}{\sqrt{1.972\,6\,m}}\boldsymbol{A}^{(2)} = \frac{0.712\,0}{\sqrt{m}}\boldsymbol{A}^{(2)}$$

$$\boldsymbol{A}_\mathrm{N}^{(3)} = \frac{1}{\sqrt{2.301\,0\,m}}\boldsymbol{A}^{(3)} = \frac{0.659\,2}{\sqrt{m}}\boldsymbol{A}^{(3)}$$

正则振型矩阵为

$$\boldsymbol{A}_\mathrm{N} = \frac{1}{\sqrt{m}}\begin{bmatrix} 0.241\,8 & 0.712\,0 & 0.659\,2 \\ 0.453\,0 & 0.517\,9 & -0.725\,6 \\ 0.606\,7 & -0.335\,9 & 0.139\,4 \end{bmatrix}$$

正则坐标及其速度的初始值为

$$\boldsymbol{x}_\mathrm{N}\big|_{t=0} = \boldsymbol{A}_\mathrm{N}^\mathrm{T}\boldsymbol{M}\boldsymbol{x}\big|_{t=0} = \sqrt{m}\begin{bmatrix} 0.241\,8 & 0.453\,0 & 0.606\,7 \\ 0.712\,0 & 0.517\,9 & -0.335\,3 \\ 0.659\,2 & -0.725\,6 & 0.139\,4 \end{bmatrix}\begin{bmatrix} 1 & 0 & 0 \\ 0 & 1 & 0 \\ 0 & 0 & 2 \end{bmatrix}\begin{bmatrix} a \\ 0 \\ 0 \end{bmatrix}$$

$$= \sqrt{m}\,a\begin{bmatrix} 0.241\,8 \\ 0.712\,0 \\ 0.659\,2 \end{bmatrix}$$

$$\dot{\boldsymbol{x}}_{\mathrm{N}}\big|_{t=0}=\boldsymbol{A}_{\mathrm{N}}^{\mathrm{T}}\boldsymbol{M}\dot{\boldsymbol{x}}\big|_{t=0}=\boldsymbol{0}$$

由
$$x_{\mathrm{N}i}=x_{\mathrm{N}i0}\cos\omega_i t+\frac{\dot{x}_{\mathrm{N}i0}}{\omega_i}\sin\omega_i t\qquad(i=1,2,3)$$

得
$$x_{\mathrm{N1}}=0.241\ 8\sqrt{m}a\cos\omega_1 t$$

$$x_{\mathrm{N2}}=0.712\ 0\sqrt{m}a\cos\omega_2 t$$

$$x_{\mathrm{N3}}=0.659\ 2\sqrt{m}a\cos\omega_3 t$$

系统用原先坐标表示的响应为

$$\boldsymbol{x}=\boldsymbol{A}_{\mathrm{N}}\boldsymbol{x}_{\mathrm{N}}=\frac{1}{\sqrt{m}}\begin{bmatrix}0.241\ 8\\0.453\ 0\\0.606\ 7\end{bmatrix}x_{\mathrm{N1}}+\frac{1}{\sqrt{m}}\begin{bmatrix}0.712\ 0\\0.517\ 9\\-0.335\ 3\end{bmatrix}x_{\mathrm{N2}}+\frac{1}{\sqrt{m}}\begin{bmatrix}0.659\ 2\\-0.725\ 6\\0.139\ 4\end{bmatrix}x_{\mathrm{N3}}$$

$$=\begin{bmatrix}0.059\ 5\\0.105\ 9\\0.146\ 7\end{bmatrix}a\cos\left(0.355\ 9\sqrt{\frac{k}{m}}t\right)+\begin{bmatrix}0.506\ 9\\0.368\ 7\\-0.238\ 7\end{bmatrix}a\cos\left(1.1281\sqrt{\frac{k}{m}}t\right)$$

$$+\begin{bmatrix}0.434\ 5\\-0.478\ 3\\0.091\ 9\end{bmatrix}a\cos\left(1.760\ 9\sqrt{\frac{k}{m}}t\right)$$

### 3.2.4 多自由度系统中的阻尼

实际的振动系统总受到各种阻尼力的作用。在阻尼较小或干扰力频率远离共振区等情况下,阻尼可以忽略不计。但在必须考虑阻尼时,由于各种阻尼力的机理比较复杂,在振动分析计算时,常将各种阻尼力都简化为与速度成正比的黏性阻尼力,具有黏性阻尼的多自由度系统,其运动微分方程为

$$\boldsymbol{M}\ddot{\boldsymbol{x}}+\boldsymbol{C}\dot{\boldsymbol{x}}+\boldsymbol{K}\boldsymbol{x}=\boldsymbol{P}\qquad(3.71)$$

式中 $\boldsymbol{C}$ 是阻尼矩阵,一般也是正定或半正定的对称矩阵,$\boldsymbol{P}$ 是激振力列阵。

用振型叠加法求解有阻尼系统的振动问题时,引入正则坐标 $\boldsymbol{x}_{\mathrm{N}}$,并将其代入式(3.71),得

$$\boldsymbol{M}\boldsymbol{A}_{\mathrm{N}}\ddot{\boldsymbol{x}}_{\mathrm{N}}+\boldsymbol{C}\boldsymbol{A}_{\mathrm{N}}\dot{\boldsymbol{x}}_{\mathrm{N}}+\boldsymbol{K}\boldsymbol{A}_{\mathrm{N}}\boldsymbol{x}_{\mathrm{N}}=\boldsymbol{P}$$

上式两边左乘以 $\boldsymbol{A}_{\mathrm{N}}^{\mathrm{T}}$,则得

$$\boldsymbol{M}_{\mathrm{N}}\ddot{\boldsymbol{x}}_{\mathrm{N}}+\boldsymbol{C}_{\mathrm{N}}\dot{\boldsymbol{x}}_{\mathrm{N}}+\boldsymbol{K}_{\mathrm{N}}\boldsymbol{x}_{\mathrm{N}}=\boldsymbol{P}_{\mathrm{N}}\qquad(3.72)$$

式中 $\boldsymbol{P}_{\mathrm{N}}=\boldsymbol{A}_{\mathrm{N}}^{\mathrm{T}}\boldsymbol{P}$ 为正则坐标中的广义力列阵,$\boldsymbol{C}_{\mathrm{N}}$ 是正则坐标中的阻尼矩阵。

$$\boldsymbol{C}_{\mathrm{N}}=\boldsymbol{A}_{\mathrm{N}}^{\mathrm{T}}\boldsymbol{C}\boldsymbol{A}_{\mathrm{N}}\qquad(3.73)$$

在方程(3.72)中,$\ddot{\boldsymbol{x}}_{\mathrm{N}}$ 与 $\boldsymbol{x}_{\mathrm{N}}$ 的系数矩阵分别是单位矩阵和对角矩阵。由于 $\boldsymbol{C}_{\mathrm{N}}$ 一般不是对角矩阵,所以式(3.72)是一组通过速度项相互耦合的微分方程。若 $\boldsymbol{C}_{\mathrm{N}}$ 是对角矩阵,那么就能使式(3.72)的各式独立,使求解大为简化。但在某些特殊情况下,振型叠加法还是有效的。例如当阻尼较小时,可略去 $\boldsymbol{C}_{\mathrm{N}}$ 的非对角线元素组成的各阻尼力项,即令 $\boldsymbol{C}_{\mathrm{N}}$ 的所有非对角线元素的值为零;或者当阻尼矩阵 $\boldsymbol{C}$ 是 $\boldsymbol{M}$ 与 $\boldsymbol{K}$ 的线性组合的情况时,即

$$\boldsymbol{C}=\alpha\boldsymbol{M}+\beta\boldsymbol{K} \tag{3.74}$$

则有

$$\boldsymbol{C}_{\mathrm{N}}=\boldsymbol{A}_{\mathrm{N}}^{\mathrm{T}}\boldsymbol{C}\boldsymbol{A}_{\mathrm{N}}=\alpha\boldsymbol{A}_{\mathrm{N}}^{\mathrm{T}}\boldsymbol{M}\boldsymbol{A}_{\mathrm{N}}+\beta\boldsymbol{A}_{\mathrm{N}}^{\mathrm{T}}\boldsymbol{K}\boldsymbol{A}_{\mathrm{N}}=\alpha\boldsymbol{I}+\beta\boldsymbol{K}_{\mathrm{N}}$$
$$=\begin{bmatrix}\alpha+\beta\omega_1^2 & 0 & \cdots & 0\\ 0 & \alpha+\beta\omega_2^2 & \cdots & 0\\ \vdots & \vdots & \vdots & \vdots\\ 0 & 0 & \cdots & \alpha+\beta\omega_n^2\end{bmatrix} \tag{3.75}$$

因而 $\boldsymbol{C}_{\mathrm{N}}$ 也是对角阵。满足式(3.74)的阻尼称比例阻尼。$\boldsymbol{C}_{\mathrm{N}}$ 为对角阵时,式(3.72)的展开形式为

$$\ddot{x}_{\mathrm{N}j}+C_{\mathrm{N}j}\dot{x}_{\mathrm{N}j}+\omega_j^2x_{\mathrm{N}j}=P_{\mathrm{N}j}\qquad(j=1,2,\cdots,n) \tag{3.76}$$

这是一组 $n$ 个相互独立的二阶常数线性微分方程式,彼此可以独立求解。这样,就把有阻尼的多自由度系统的振动问题,简化成为 $n$ 个正则坐标的单自由度系统的振动问题。$C_{\mathrm{N}j}$ 称为 $j$ 阶正则振型的阻尼系数,而 $\boldsymbol{C}_{\mathrm{N}}$ 称为正则振型的阻尼矩阵。

将式(3.76)改写为

$$\ddot{x}_{\mathrm{N}j}+2\zeta_j\omega_j\dot{x}_{\mathrm{N}j}+\omega_j^2x_{\mathrm{N}j}=P_{\mathrm{N}j}\qquad(j=1,2,\cdots,n) \tag{3.77}$$

其中 $\zeta_j=C_{\mathrm{N}j}/2\omega_j$,称为第 $j$ 阶正则振型的相对阻尼系数。

如果系统没有外力,$\boldsymbol{C}_{\mathrm{N}}$ 为对角阵,则式(3.72)变成

$$\ddot{\boldsymbol{x}}_{\mathrm{N}}+\boldsymbol{C}_{\mathrm{N}}\dot{\boldsymbol{x}}_{\mathrm{N}}+\boldsymbol{K}_{\mathrm{N}}\boldsymbol{x}_{\mathrm{N}}=\boldsymbol{0}$$

其展开式为

$$\dot{x}_{\mathrm{N}j}+C_{\mathrm{N}j}\dot{x}_{\mathrm{N}j}+\omega_j^2x_{\mathrm{N}j}=0\qquad(j=1,2,\cdots,n) \tag{3.78}$$

或

$$\dot{x}_{\mathrm{N}j}+2\zeta_j\omega_j\dot{x}_{\mathrm{N}j}+\omega_j^2x_{\mathrm{N}j}=0\qquad(j=1,2,\cdots,n) \tag{3.79}$$

由上式可求出

$$x_{\mathrm{N}j}=\mathrm{e}^{-\zeta_j\omega_jt}(C_j\cos\omega_j't+D_j\sin\omega_j't) \tag{3.80}$$

式中 $\omega_j'=\omega_j\sqrt{1-\zeta_j^2}$,$C_j$、$D_j$ 是待定常数,由初始时刻 $t=0$ 时正则坐标及速度的值 $x_{\mathrm{N}j0}$、$\dot{x}_{\mathrm{N}j0}$ 确定,即

$$\left.\begin{aligned}C_j&=x_{\mathrm{N}j0}\\ D_j&=\frac{1}{\omega_j'}(\dot{x}_{\mathrm{N}j0}+\zeta_j\omega_jx_{\mathrm{N}j0})\end{aligned}\right\} \tag{3.81}$$

若给定系统原先坐标 $\boldsymbol{x}$ 及速度 $\dot{\boldsymbol{x}}$ 在 $t=0$ 时的值 $\boldsymbol{x}|_{t=0}$ 及 $\dot{\boldsymbol{x}}|_{t=0}$,由式(3.65)可得

$$\boldsymbol{x}_{\mathrm{N}}|_{t=0}=\boldsymbol{A}_{\mathrm{N}}^{\mathrm{T}}\boldsymbol{M}\boldsymbol{x}|_{t=0}$$
$$\dot{\boldsymbol{x}}_{\mathrm{N}}|_{t=0}=\boldsymbol{A}_{\mathrm{N}}^{\mathrm{T}}\boldsymbol{M}\dot{\boldsymbol{x}}|_{t=0}$$

把上两式代入式(3.81)可确定各 $C_j$、$D_j$ 值,代入式(3.80)可求得 $\boldsymbol{x}_{\mathrm{N}}$ 的运动规律,再由式(3.63)就可求出系统对原坐标 $\boldsymbol{x}$ 的解。

$$\begin{bmatrix} x_1 \\ x_2 \\ \vdots \\ x_n \end{bmatrix} = \begin{bmatrix} A_{N1}^{(1)} & A_{N1}^{(2)} & \cdots & A_{N1}^{(n)} \\ A_{N2}^{(1)} & A_{N2}^{(2)} & \cdots & A_{N2}^{(n)} \\ \vdots & \vdots & & \vdots \\ A_{Nn}^{(1)} & A_{Nn}^{(2)} & \cdots & A_{Nn}^{(n)} \end{bmatrix} \begin{bmatrix} e^{-\zeta_1\omega_1 t}\left\{x_{N10}\cos\omega_1' t + \frac{1}{\omega_1'}(\dot{x}_{N10} + \zeta_1\omega_1 x_{N10})\sin\omega_1' t\right\} \\ e^{-\zeta_2\omega_2 t}\left\{x_{N20}\cos\omega_2' t + \frac{1}{\omega_2'}(\dot{x}_{N20} + \zeta_2\omega_2 x_{N20})\sin\omega_2' t\right\} \\ \vdots \\ e^{-\zeta_n\omega_n t}\left\{x_{Nn0}\cos\omega_n' t + \frac{1}{\omega_n'}(\dot{x}_{Nn0} + \zeta_n\omega_n x_{Nn0})\sin\omega_n' t\right\} \end{bmatrix} \tag{3.82}$$

有时候可以略去对系统原先坐标的阻尼矩阵 $\boldsymbol{C}$ 的计算或实测工作，而采用实验方法或对类似系统阻尼性能的实际经验，直接确定各阶正则振型阻尼比 $\zeta_j$，再由 $C_{Nj}=2\zeta_j\omega_j$，求出 $C_{Nj}$ 及 $\boldsymbol{C}_N$。即在建立系统振动微分方程时，可以先不考虑阻尼，待经过正则坐标变换后，再在以正则坐标表示的振动微分方程中引入 $\zeta_j$，可直接写出式(3.77)或式(3.79)，这种方法具有很大的实用价值，它一般适用于弱阻尼系统，即各个 $\zeta_j$ 值不大于0.20的系统。如果还需要知道 $\boldsymbol{C}$，可以反过来由已经确定的 $\boldsymbol{C}_N$ 计算 $\boldsymbol{C}$，利用式(3.73)有

$$\boldsymbol{C}_N=\boldsymbol{A}_N^T\boldsymbol{C}\boldsymbol{A}_N$$

相应地

$$\boldsymbol{C}=(\boldsymbol{A}_N^T)^{-1}\boldsymbol{C}_N\boldsymbol{A}_N^{-1} \tag{3.83}$$

或

$$\boldsymbol{C}=\boldsymbol{M}\boldsymbol{A}_N\boldsymbol{C}_N\boldsymbol{A}_N^T\boldsymbol{M} \tag{3.84}$$

### 3.2.5 系统对激振的响应

1. 系统对简谐激振力的响应

研究最简单的情况，即假定具有黏性阻尼的多自由度系统，它的各广义坐标上有同频率、同相位的简谐力 $\boldsymbol{P}\sin\omega t$ 作用，则系统的强迫振动微分方程为

$$\boldsymbol{M}\ddot{\boldsymbol{x}}+\boldsymbol{C}\dot{\boldsymbol{x}}+\boldsymbol{K}\boldsymbol{x}=\boldsymbol{P}\sin\omega t \tag{3.85}$$

采用正则坐标 $\boldsymbol{x}_N$ 代替原有坐标 $\boldsymbol{x}$，建立下述互不耦合的正则坐标的强迫振动方程式

$$\boldsymbol{I}\ddot{\boldsymbol{x}}_N+\boldsymbol{C}_N\dot{\boldsymbol{x}}_N+\boldsymbol{K}_N\boldsymbol{x}_N=\boldsymbol{P}_N\sin\omega t \tag{3.86}$$

即

$$\ddot{x}_{Nj}+C_{Nj}\dot{x}_{Nj}+\omega_j^2x_{Nj}=P_{Nj}\sin\omega t \qquad (j=1,2,\cdots,n) \tag{3.87}$$

式中 $\boldsymbol{P}_N=\boldsymbol{A}_N^T\boldsymbol{P}$。

将式(3.87)改写为

$$\ddot{x}_{Nj}+2\zeta_j\omega_j\dot{x}_{Nj}+\omega_j^2x_{Nj}=P_{Nj}\sin\omega t \qquad (j=1,2,\cdots,n) \tag{3.88}$$

上式是一组相互独立的方程，其中每一个都可以像单自由度系统问题一样单独求解，得每个正则坐标的解应为

$$x_{Nj}=\frac{P_{Nj}}{\omega_j^2}\cdot\frac{1}{\sqrt{\left[1-\left(\frac{\omega}{\omega_j}\right)^2\right]^2+\left[2\zeta_j\frac{\omega}{\omega_j}\right]^2}}\sin(\omega t-\varphi_j) \tag{3.89}$$

或

$$x_{Nj}=\frac{P_{Nj}}{\omega_j^2}\cdot\frac{1}{\sqrt{(1-\lambda_j^2)^2+(2\zeta_j\lambda_j)^2}}\sin(\omega t-\varphi_j) \tag{3.90}$$

式中 $\lambda_j=\omega/\omega_j$，$\zeta_j=C_{Nj}/2\omega_j$，$\varphi_j=\arctan[2\zeta_j\lambda_j/(1-\lambda_j^2)]$ $(j=1,2,\cdots,n)$。

把式(3.90)代入式(3.63),可求得系统对原先坐标的响应,即

$$x_i = \sum_{j=1}^{n} A_{Ni}^{(j)} x_{Nj} = \sum_{j=1}^{n} \frac{A_{Ni}^{(j)} P_{Nj}}{\omega_j^2} \cdot \frac{1}{\sqrt{(1-\lambda_j^2)^2 + (2\zeta_j\lambda_j)^2}} \sin(\omega t - \varphi_j)$$

$$(i = 1,2,\cdots,n)(j = 1,2,\cdots,n) \tag{3.91}$$

当激振频率 $\omega$ 与系统第 $j$ 阶固有频率 $\omega_j$ 的值比较接近时,即 $\omega \approx \omega_j$,第 $j$ 阶正则坐标 $x_{Nj}$ 的稳态强迫振动的振幅值就很大。因此,对于 $n$ 自由度系统,可以出现 $n$ 阶频率不同的共振现象。当发生第 $j$ 阶共振时,由于 $x_{Nj}$ 的振幅值远远大于其他各正则坐标的振幅值,因此在式(3.91)中,第 $j$ 项在整个式中占有主要成分,这时各坐标 $x_i$ 的运动规律可近似地看成

$$x_i \approx \frac{A_{Ni}^{(j)} P_{Nj}}{\omega_j^2} \cdot \frac{1}{\sqrt{(1-\lambda_j^2)^2 + (2\zeta_j\lambda_j)^2}} \sin(\omega t - \varphi_j) \tag{3.92}$$

由于共振时存在 $\lambda_j \approx 1, \varphi_j \approx \pi/2$,故式(3.92)又可写为

$$x_i \approx \frac{A_{Ni}^{(j)} P_{Nj}}{\omega_j^2} \cdot \frac{1}{2\zeta_j} \sin(\omega t - \pi/2) \qquad (i=1,2,\cdots,n) \tag{3.93}$$

上式说明,当激振频率 $\omega$ 与系统第 $j$ 阶固有频率 $\omega_j$ 接近时,各坐标 $x_i$ 的振幅比接近于系统第 $j$ 阶主振型的振幅比。根据这一点,可以采用一般的共振实验方法,近似地测量系统的各阶固有频率及主振型。

2. 系统对周期激振力的响应

设一多自由度系统,在各坐标上作用着与周期函数 $F(t)$ 成比例的激振力 $\boldsymbol{P}F(t)$,$F(t)$ 可展开成傅里叶级数,即

$$F(t) = \frac{a_0}{2} + \sum_{n=1}^{\infty} (a_n \cos n\omega t + b_n \sin n\omega t)$$

式中 $a_0$、$a_n$、$b_n$ 由下述各式确定

$$a_0 = \frac{2}{T}\int_0^T F(t)\,\mathrm{d}t, \quad a_n = \frac{2}{T}\int_0^T F(t)\cos n\omega t\,\mathrm{d}t, \quad b_n = \frac{2}{T}\int_0^T F(t)\sin n\omega t\,\mathrm{d}t$$

在正则坐标中,力的列阵为

$$\boldsymbol{P}_{\mathrm{N}} F(t) = \boldsymbol{A}_{\mathrm{N}}^{\mathrm{T}} \boldsymbol{P} F(t) \tag{3.94}$$

即

$$P_{\mathrm{N}j} F(t) = \boldsymbol{A}_{\mathrm{N}}^{(j)\mathrm{T}} \boldsymbol{P} F(t) \qquad (j=1,2,\cdots,n) \tag{3.95}$$

正则坐标的强迫振动方程为

$$\ddot{x}_{\mathrm{N}j} + 2\zeta\omega_j \dot{x}_{\mathrm{N}j} + \omega_j^2 x_{\mathrm{N}j} = P_{\mathrm{N}j} F(t) \qquad (j=1,2,\cdots,n)$$

式中 $P_{\mathrm{N}j}$ 为一常数。由于正则坐标的运动方程式是一组互不耦合的单自由度系统形式的强迫振动方程组,所以可根据前面的讨论思路进行求解。在得出正则坐标的稳态响应后,可由式(3.63)求出系统对原坐标的响应。

3. 系统对任意激振力的响应

如果系统受任意随时间变化的激振力 $\boldsymbol{P}(t)$ 作用,则在正则坐标中,力的列阵为

$$\boldsymbol{P}_{\mathrm{N}}(t) = \boldsymbol{A}_{\mathrm{N}}^{\mathrm{T}} \boldsymbol{P}(t) \tag{3.96}$$

即

$$P_{\mathrm{N}j}(t) = \boldsymbol{A}_{\mathrm{N}}^{(j)\mathrm{T}} \boldsymbol{P}(t) \qquad (j=1,2,\cdots,n) \tag{3.97}$$

则相应的用正则坐标表示的强迫振动微分方程为

$$\ddot{x}_{Nj}+2\zeta_j\omega_j\dot{x}_{Nj}+\omega_j^2x_{Nj}=P_{Nj}(t)\qquad(j=1,2,\cdots,n)\tag{3.98}$$

根据事先给定的原坐标 $\boldsymbol{x}$ 及其速度 $\dot{\boldsymbol{x}}$ 的初始值 $\boldsymbol{x}|_{t=0}$ 及 $\dot{\boldsymbol{x}}|_{t=0}$，可由式(3.66)确定正则坐标 $x_N$ 及其速度 $\dot{\boldsymbol{x}}_N$ 的初始值 $\boldsymbol{x}_N|_{t=0}$ 及 $\dot{\boldsymbol{x}}|_{t=0}$，则有

$$\begin{aligned}x_{Nj}(t)&=e^{-\zeta_j\omega_jt}\left[\frac{1}{\omega_j'}(\dot{x}_{Nj0}+\zeta_j\omega_jx_{Nj0})\sin\omega_j't+x_{Nj0}\cos\omega_j't\right.\\&\left.\quad+\frac{1}{\omega_j'}\int_0^tP_{Nj}(t)e^{\zeta_j\omega_j\tau}\sin\omega_j'(t-\tau)d\tau\right]\end{aligned}\tag{3.99}$$

然后，由式(3.63)可求出对原坐标的响应 $\boldsymbol{x}(t)$。

**【例3.9】** 在例3.8中，设作用激振力矢量 $P(t)=(P\sin\omega t,\ 0,\ 0)^T$，求系统对此作用力的稳态响应。

**【解】** 由例3.8，得到系统的正则矩阵为

$$\boldsymbol{A}_N=\frac{1}{\sqrt{m}}\begin{bmatrix}0.2418&0.7120&0.6592\\0.4530&0.5179&-0.7256\\0.6067&-0.3353&0.1394\end{bmatrix}\tag{a}$$

则

$$\boldsymbol{P}_N=\frac{1}{\sqrt{m}}\begin{bmatrix}0.2418&0.4530&0.6067\\0.7120&0.5179&-0.3353\\0.6592&-0.7256&0.1394\end{bmatrix}\begin{Bmatrix}P\sin\omega t\\0\\0\end{Bmatrix}=\begin{Bmatrix}0.2418\\0.7120\\0.6592\end{Bmatrix}\frac{P}{\sqrt{m}}\sin\omega t\tag{b}$$

由式(3.88)得系统运动方程式为

$$\left.\begin{aligned}\ddot{x}_{N1}+\omega_1^2x_{N1}&=P_{N1}\\\ddot{x}_{N2}+\omega_2^2x_{N2}&=P_{N2}\\\ddot{x}_{N3}+\omega_3^2x_{N3}&=P_{N3}\end{aligned}\right\}\tag{c}$$

由式(3.90)得三个方程的解为

$$\left.\begin{aligned}x_{N1}&=\frac{0.2418}{\omega_1^2-\omega^2}\frac{P}{\sqrt{m}}\sin\omega t\\x_{N2}&=\frac{0.7120}{\omega_2^2-\omega^2}\frac{P}{\sqrt{m}}\sin\omega t\\x_{N3}&=\frac{0.6592}{\omega_3^2-\omega^2}\frac{P}{\sqrt{m}}\sin\omega t\end{aligned}\right\}\tag{d}$$

将式(d)代入式(3.63)，则得系统对原坐标的响应为

$$\boldsymbol{x}=\boldsymbol{A}_Nx_N=\frac{1}{\sqrt{m}}\begin{bmatrix}0.2418&0.7120&0.6592\\0.4530&0.5179&-0.7256\\0.6067&-0.3353&0.1394\end{bmatrix}\begin{Bmatrix}0.2418/(\omega_1^2-\omega^2)\\0.7120/(\omega_2^2-\omega^2)\\0.6592/(\omega_3^2-\omega^2)\end{Bmatrix}\frac{P}{\sqrt{m}}\sin\omega t$$

$$
=\begin{Bmatrix}
\dfrac{0.058\,5}{\omega_1^2-\omega^2}+\dfrac{0.506\,9}{\omega_2^2-\omega^2}+\dfrac{0.434\,5}{\omega_3^2-\omega^2} \\
\dfrac{0.109\,5}{\omega_1^2-\omega^2}+\dfrac{0.369\,7}{\omega_2^2-\omega^2}+\dfrac{0.478\,3}{\omega_3^2-\omega^2} \\
\dfrac{0.146\,7}{\omega_1^2-\omega^2}+\dfrac{0.238\,7}{\omega_2^2-\omega^2}+\dfrac{0.091\,9}{\omega_3^2-\omega^2}
\end{Bmatrix}\frac{P}{m}\sin\omega t
$$

与两自由度系统一样,激振力频率 $\omega$ 等于任一个固有频率时,系统都要发生共振。

## 3.3 多自由度系统固有特性的近似解法

在工程问题的动力分析中,振动系统的固有频率是最基本的,它们是其他计算的基础和出发点,而固有频率中的最低阶频率——基频,又是实际应用中最重要的物理数据。从前面了解到,多自由度系统的特征值(频率)和特征向量(振型)计算都是很复杂的。为避开复杂而冗长的计算,在工程技术中常常应用一些较简便的近似方法,计算或估算系统的固有频率和振型。

下面将介绍几种近似的估算法。

### 3.3.1 邓柯莱法

此方法最早是由邓柯莱(Dunkerley)在用实验确定多圆盘的轴的横向振动固有频率时提出的。由于方法简单,便于作为系统基频的估算公式,所以工程上经常采用它。

设 $n$ 自由度系统的质量矩阵为对角阵

$$
\boldsymbol{M}=\begin{bmatrix} m_{11} & & & 0 \\ & m_{22} & & \\ & & \ddots & \\ 0 & & & m_{nn} \end{bmatrix}
$$

系统的柔度矩阵

$$
\boldsymbol{\delta}=\begin{bmatrix} \delta_{11} & \delta_{12} & \cdots & \delta_{1n} \\ \delta_{21} & \delta_{22} & \cdots & \delta_{2n} \\ \vdots & \vdots & & \vdots \\ \delta_{n1} & \delta_{n2} & \cdots & \delta_{nn} \end{bmatrix}
$$

则由柔度法写出的特征方程为

$$
\begin{vmatrix} \delta_{11}m_{11}-\lambda & \delta_{12}m_{22} & \cdots & \delta_{1n}m_{nn} \\ \delta_{21}m_{21} & \delta_{22}m_{22}-\lambda & \cdots & \delta_{2n}m_{nn} \\ \vdots & \vdots & \vdots & \vdots \\ \delta_{n1}m_{n1} & \delta_{n2}m_{n2} & \cdots & \delta_{nn}m_{nn}-\lambda \end{vmatrix}=0 \tag{3.100}
$$

式中 $\lambda=1/\omega^2$。将式(3.100)展开后,有

$$
\lambda^n-(\delta_{11}m_{11}+\delta_{22}m_{22}+\cdots+\delta_{nn}m_{nn})\lambda^{n-1}+\cdots=0 \tag{3.101}
$$

设上式的根 $\lambda_1=1/\omega_1^2,\lambda_2=1/\omega_2^2,\cdots,\lambda_n=1/\omega_n^2$,则式(3.101)又可写为

$$(\lambda-\lambda_1)(\lambda-\lambda_2)\cdots(\lambda-\lambda_n)=0 \tag{3.102}$$

展开得

$$\lambda^n-(\lambda_1+\lambda_2+\cdots+\lambda_n)\lambda^{n-1}+\cdots=0 \tag{3.103}$$

比较式(3.101)和式(3.103),得

$$\lambda_1+\lambda_2+\cdots+\lambda_n=\delta_{11}m_{11}+\delta_{22}m_{22}+\cdots+\delta_{nn}m_{nn}$$

即

$$\frac{1}{\omega_1^2}+\frac{1}{\omega_2^2}+\cdots+\frac{1}{\omega_n^2}=\delta_{11}m_{11}+\delta_{22}m_{22}+\cdots+\delta_{nn}m_{nn} \tag{3.104}$$

因为一般 $\omega_1 \ll \omega_2$、$\omega_3$、$\cdots\omega_n$,故 $1/\omega_2^2$、$1/\omega_3^2$、$\cdots$、$1/\omega_n^2$ 等数值较小,略去不计,则得

$$\frac{1}{\omega_1^2}\approx\delta_{11}m_{11}+\delta_{22}m_{22}+\cdots+\delta_{nn}m_{nn}=\sum_{i=1}^{n}\delta_{ii}m_{ii} \tag{3.105}$$

式中 $\delta_{ii}=1/k_{ii}$,则

$$\delta_{ii}m_{ii}=\frac{m_{ii}}{k_{ii}}=1\bigg/\left(\frac{k_{ii}}{m_{ii}}\right)=\frac{1}{\omega_{ii}^2} \tag{3.106}$$

故

$$\frac{1}{\omega_1^2}\approx\frac{1}{\omega_{11}^2}+\frac{1}{\omega_{22}^2}+\cdots+\frac{1}{\omega_{nn}^2}=\sum_{i=1}^{n}\frac{1}{\omega_{ii}^2} \tag{3.107}$$

上式即为邓柯莱公式,$\omega_{ii}$是系统在质量 $m_{ii}$单独作用下(其他质量为零)系统的固有频率。

由于式(3.105)的左边舍去了一些正数项,所以由式(3.105)算出的 $1/\omega_1^2$ 比实际的大,从而得到的 $\omega_1^2$ 值比实际的偏小。

**【例 3.10】** 图 3.15 所示为一等截面简支梁。梁上有 3 个集中质量是 $m_1$、$m_2$、$m_3$ 的质量块,梁的弯曲刚度为 $EI$,其质量略去不计。试用邓柯莱法计算系统第一阶固有频率的近似值。已知:$m_1=m_3=m$,$m_2=2m$。

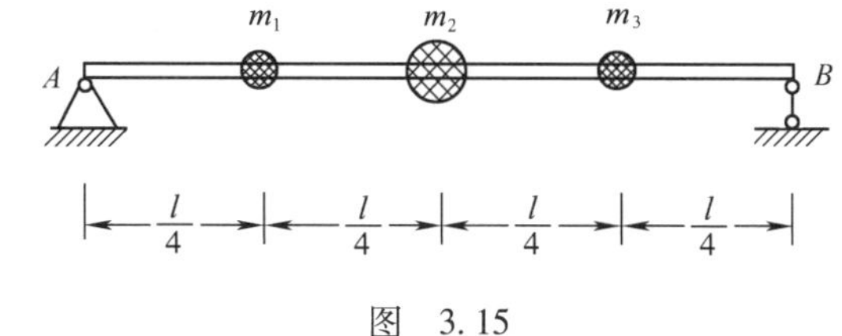


图 3.15

**【解】** 由材料力学知识,简支梁在单位力作用下的挠度公式为

$$\delta=\frac{bx}{6lEI}(l^2-b^2-x^2),\qquad 0\leqslant x\leqslant a$$

$$\delta=\frac{b}{6lEI}\left[(l^2-b^2-x^2)x+\frac{l}{b}(x-a)^3\right],\qquad a\leqslant x\leqslant l$$

式中 $a$、$b$ 分别为力的作用点到梁左右端的距离。

利用上述公式,可求得各柔度影响系数为

$$\delta_{11}=\frac{9l^3}{768EI},\quad \delta_{22}=\frac{16l^3}{768EI},\quad \delta_{33}=\frac{9l^3}{768EI}$$

故

$$\frac{1}{\omega_{11}^2}=\frac{1}{\omega_{33}^2}=\frac{9ml^3}{768EI},\quad \frac{1}{\omega_{22}^2}=\frac{32ml^3}{768EI}$$

由(3.107)式得

$$\frac{1}{\omega_1^2}\approx\frac{1}{\omega_{11}^2}+\frac{1}{\omega_{22}^2}+\frac{1}{\omega_{33}^2}=\frac{50}{768}\frac{EI}{ml^3}$$

$$\omega_1^2\approx\frac{768}{50}\frac{EI}{ml^3}=15.36\frac{EI}{ml^3}$$

$$\omega_1 \approx 3.919\sqrt{\frac{EI}{ml^3}}$$

这里求得的 $\omega_1$ 值比精确值小 2.5%。

### 3.3.2 瑞雷法

单自由度无阻尼系统的固有频率可利用能量守恒定律——最大动能与最大势能相等的原理求得。瑞雷(Rayleigh)认为此方法也可用于多自由度系统,仅需对振型预先作出合理的假设。

多自由度系统的动能 $T$ 与势能 $U$ 的一般表达式为

$$T = \frac{1}{2}\dot{\boldsymbol{x}}^{\mathrm{T}}\boldsymbol{M}\dot{\boldsymbol{x}} \tag{3.108}$$

$$U = \frac{1}{2}\boldsymbol{x}^{\mathrm{T}}\boldsymbol{K}\boldsymbol{x} \tag{3.109}$$

系统作某一阶主振动时

$$\boldsymbol{x} = \boldsymbol{A}\sin(\omega t + \varphi) \tag{3.110}$$

则相应地有

$$\dot{\boldsymbol{x}} = \boldsymbol{A}\omega\cos(\omega t + \varphi) \tag{3.111}$$

$$\ddot{\boldsymbol{x}} = -\boldsymbol{A}\omega^2\sin(\omega t + \varphi) \tag{3.112}$$

将式(3.111)与式(3.110)分别代入式(3.108)和式(3.109),则得系统在作主振动时,最大动能值 $T_{\max}$ 与最大势能值 $U_{\max}$ 分别为

$$T_{\max} = \frac{1}{2}\omega^2\boldsymbol{A}^{\mathrm{T}}\boldsymbol{M}\boldsymbol{A} \tag{3.113}$$

$$U_{\max} = \frac{1}{2}\boldsymbol{A}^{\mathrm{T}}\boldsymbol{K}\boldsymbol{A} \tag{3.114}$$

由机械能守恒定律,$T_{\max} = U_{\max}$,则有

$$\frac{1}{2}\omega^2\boldsymbol{A}^{\mathrm{T}}\boldsymbol{M}\boldsymbol{A} = \frac{1}{2}\boldsymbol{A}^{\mathrm{T}}\boldsymbol{K}\boldsymbol{A}$$

故

$$\omega^2 = \frac{\boldsymbol{A}^{\mathrm{T}}\boldsymbol{K}\boldsymbol{A}}{\boldsymbol{A}^{\mathrm{T}}\boldsymbol{M}\boldsymbol{A}} \tag{3.115}$$

若在式(3.115)中 $\boldsymbol{A}$ 代入假设的振型,所得结果以 $R_1$ 表示,则

$$R_1 = \frac{\boldsymbol{A}^{\mathrm{T}}\boldsymbol{K}\boldsymbol{A}}{\boldsymbol{A}^{\mathrm{T}}\boldsymbol{M}\boldsymbol{A}} \tag{3.116}$$

称上式为瑞雷商。其值不是系统任何一阶固有频率的平方值,但如果所假设的 $\boldsymbol{A}$ 接近于系统的某一阶主振型,则所得瑞雷商将是相应特征值平方的近似值。实际上很难选取 $\boldsymbol{A}$ 接近于高阶主振型,而第一阶主振型比较容易估计,故通常不用瑞雷法求高阶固有频率,而只用它求最低阶固有频率的近似值。

取一个接近第一阶主振型的假设振型 $\boldsymbol{A}$ 代入式(3.115),则所得的瑞雷商将是第一阶固有频率平方值的近似值。现作如下证明:

一般所取的假设振型 $\boldsymbol{A}$ 不是主振型,但可将其用正则振型的线性组合来表示,如

$$A = C_1 A_N^{(1)} + C_2 A_N^{(2)} + \cdots + C_n A_N^{(n)} = \sum_{i=1}^{n} C_i A_N^{(i)} \tag{3.117}$$

根据正则振型的性质,对假设的 $\boldsymbol{A}$ 计算 $\boldsymbol{A}^{\mathrm{T}}\boldsymbol{MA}$ 及 $\boldsymbol{A}^{\mathrm{T}}\boldsymbol{KA}$ 值,有

$$\begin{aligned} \boldsymbol{A}^{\mathrm{T}}\boldsymbol{MA} &= \left(\sum_{i=1}^{n} C_i \boldsymbol{A}_N^{(i)}\right)^{\mathrm{T}} \boldsymbol{M} \left(\sum_{i=1}^{n} C_i \boldsymbol{A}_N^{(i)}\right) \\ &= C_1^2 + C_2^2 + \cdots + C_n^2 \\ \boldsymbol{A}^{\mathrm{T}}\boldsymbol{KA} &= \left(\sum_{i=1}^{n} C_i \boldsymbol{A}_N^{(i)}\right)^{\mathrm{T}} \boldsymbol{K} \left(\sum_{i=1}^{n} C_i \boldsymbol{A}_N^{(i)}\right) \\ &= C_1^2\omega_1^2 + C_2^2\omega_2^2 + \cdots + C_n^2\omega_n^2 \end{aligned}$$

式中 $\omega_1,\omega_2,\cdots,\omega_n$ 为各阶固有频率。由此对假设的 $\boldsymbol{A}$,按式(3.116)可算得瑞雷商。

$$R_1 = \frac{\boldsymbol{A}^{\mathrm{T}}\boldsymbol{KA}}{\boldsymbol{A}^{\mathrm{T}}\boldsymbol{MA}} = \frac{C_1^2\omega_1^2 + C_2^2\omega_2^2 + \cdots + C_n^2\omega_n^2}{C_1^2 + C_2^2 + \cdots + C_n^2} \tag{3.118}$$

若所选择的 $\boldsymbol{A}$ 很接近于第一阶主振型 $\boldsymbol{A}^{(1)}$,则 $C_2/C_1 \ll 1, C_3/C_1 \ll 1, \cdots, C_n/C_1 \ll 1$,由式(3.118)得

$$\begin{aligned} R_1 &= \omega_1^2 \frac{1 + \dfrac{C_2^2\omega_2^2}{C_1^2\omega_1^2} + \cdots + \dfrac{C_n^2\omega_n^2}{C_1^2\omega_1^2}}{1 + \dfrac{C_2^2}{C_1^2} + \cdots + \dfrac{C_n^2}{C_1^2}} \\ &\approx \omega_1^2 \left[1 + \frac{C_2^2}{C_1^2}\left(\frac{\omega_2^2}{\omega_1^2} - 1\right) + \cdots + \frac{C_n^2}{C_1^2}\left(\frac{\omega_n^2}{\omega_1^2} - 1\right)\right] \approx \omega_1^2 \end{aligned} \tag{3.119}$$

从式(3.119)可见,瑞雷商的平方根是 $\omega_1$ 的近似值,这就是瑞雷法求系统最低阶固有频率的原理。若所取得的假设振型越接近于真实的第一阶主振型,则所得的结果将愈准确。一般以系统的静变形作为假设振型,可以得到相当准确的结果。如果在选取时有困难,不妨先任选一个 $\boldsymbol{A}$。将其与动力矩阵 $\boldsymbol{D}$ 相乘,求得 $\boldsymbol{B}_1 = \boldsymbol{DA}$,即相当于矩阵迭代法中计算第一个循环,然后选 $\boldsymbol{B}_1$ 或与其成比例的 $\boldsymbol{A}_1$ 作为 $\boldsymbol{A}^{(1)}$ 的近似振型,用它按式(3.116)计算 $R_1$,一般就可得到 $\omega_1^2$ 很好的近似值。

瑞雷法也可应用于由柔度矩阵 $\boldsymbol{\delta}$ 建立运动方程的情况,这时系统的势能 $U$ 在数值上等于外力作的功,即

$$U = \frac{1}{2}\boldsymbol{P}^{\mathrm{T}}\boldsymbol{x} \tag{3.120}$$

而在系统的振动过程中,只有惯性力作用在系统上,即

$$\boldsymbol{P} = -\boldsymbol{M}\ddot{\boldsymbol{x}} \tag{3.121}$$

因而 $\boldsymbol{x}$ 为

$$\boldsymbol{x} = \boldsymbol{\delta P} = -\boldsymbol{\delta M}\ddot{\boldsymbol{x}} \tag{3.122}$$

将式(3.121)和式(3.122)代入式(3.120),得

$$U = \frac{1}{2}\ddot{\boldsymbol{x}}^{\mathrm{T}}\boldsymbol{M\delta M}\ddot{\boldsymbol{x}}$$

势能 $U$ 的最大值 $U_{\max}$ 为

$$U_{\max} = \frac{1}{2}\omega^4 \boldsymbol{A}^{\mathrm{T}}\boldsymbol{M\delta MA}$$

由 $T_{\max} = U_{\max}$,得

$$T_{\max} = \frac{1}{2}\omega^2 \boldsymbol{A}^{\mathrm{T}}\boldsymbol{MA} = \frac{1}{2}\omega^4 \boldsymbol{A}^{\mathrm{T}}\boldsymbol{M\delta MA}$$

故得

$$\omega^2 = \frac{\boldsymbol{A}^{\mathrm{T}}\boldsymbol{MA}}{\boldsymbol{A}^{\mathrm{T}}\boldsymbol{M\delta MA}} \tag{3.123}$$

同样,当 $\boldsymbol{A}$ 为第 $i$ 阶主振型 $\boldsymbol{A}^{(i)}$ 时,由式(3.122)可求得第 $i$ 阶固有频率的平方值 $\omega_i^2$。若在(3.122)式中代入假想的振型 $\boldsymbol{A}$,所得结果用 $R_2$ 表示,则有

$$R_2 = \frac{\boldsymbol{A}^{\mathrm{T}}\boldsymbol{MA}}{\boldsymbol{A}^{\mathrm{T}}\boldsymbol{M\delta MA}} \tag{3.124}$$

上式称为第二瑞雷商。同样可以证明,用很接近于第一阶主振型的 $\boldsymbol{A}$ 代入上式,计算出来的第二瑞雷商接近于第一阶固有频率的平方值 $\omega_1^2$。注意到:不管用式(3.115),还是式(3.123)计算出的 $\omega^2$ 值总比精确值 $\omega_1^2$ 要大。因为任选一个 $\boldsymbol{A}$,即是对系统增加了约束,提高了系统的刚度,使频率值增大。

**【例 3.11】** 用瑞雷法求例 3.10 系统中第一阶固有频率的近似值。

**【解】** 由例 3.10 已知系统的质量矩阵 $\boldsymbol{M}$ 和柔度矩阵 $\boldsymbol{\delta}$ 为

$$\boldsymbol{M} = m\begin{bmatrix} 1 & 0 & 0 \\ 0 & 2 & 0 \\ 0 & 0 & 1 \end{bmatrix}, \quad \boldsymbol{\delta} = \frac{l^3}{768EI}\begin{bmatrix} 9 & 11 & 7 \\ 11 & 16 & 11 \\ 7 & 11 & 9 \end{bmatrix}$$

三质点处的静挠度为

$$y_1 = mg\delta_{11} + 2mg\delta_{12} + mg\delta_{13} = \frac{mgl^3}{768EI}(9+22+7) = \frac{38mgl^3}{768EI}$$

$$y_2 = mg\delta_{21} + 2mg\delta_{22} + mg\delta_{23} = \frac{54}{768}\frac{mgl^3}{EI}$$

$$y_3 = mg\delta_{31} + 2mg\delta_{32} + mg\delta_{33} = \frac{38}{768}\frac{mgl^3}{EI}$$

系统的势能为梁在弯曲变形中的变形能,所以

$$U_{\max} = \frac{g}{2}(m_1y_1 + m_2y_2 + m_3y_3)$$

各质点的最大速度为 $\omega y_1$、$\omega y_2$、$\omega y_3$,故最大动能

$$T_{\max} = \frac{\omega^2}{2}(m_1y_1^2 + m_2y_2^2 + m_3y_3^2)$$

将以上两式代入式(3.124),得

$$\omega_1^2 \approx \frac{mg(38+2\times54+38)\times768EI}{m(38^2+2\times54^2+38^2)mgl^3} = 16.2055\frac{EI}{ml^3}$$

$$\omega_1 \approx 4.026\sqrt{\frac{EI}{ml^3}}$$

此结果比真实值略高,误差为0.02%。

### 3.3.3　李兹法

瑞雷法在理论上可用来估算系统的各阶固有频率,但在一般情况下假设高阶振型很困难,故瑞雷法难以应用于求高阶固有频率。李兹(Ritz)法利用了瑞雷商的极值形式,并进行了改进,能找到比较精确的低阶和高阶振型,因此,李兹法不但可以求出更精确的基频,还可以计算高阶频率和对应的振型,故李兹法也被称为瑞雷—李兹法。

李兹法要预先假定若干个振型,并按照这些振型进行最佳的线性组合,再用瑞雷法计算前几阶固有频率。一般说来,若系统自由度数 $n$ 相当大,那么矩阵的阶数就很高,不仅存储量大而且运算速度也慢。应用李兹法,如果希望有 $s$ 阶频率与振型为准确值,那么就要假设 $n_1$ 个振型,通常 $n_1>2s$,但 $n_1<n$,这样矩阵阶数大为降低,故李兹法是一种缩减系统自由度数的近似解法。以下具体介绍这种方法。

设有 $n_1$ 个假设振型 $\boldsymbol{\psi}_1$、$\boldsymbol{\psi}_2$、…、$\boldsymbol{\psi}_{n_1}$,用它们的线性组合作为新的假设振型 $\boldsymbol{A}$,即

$$\boldsymbol{A}=C_1\boldsymbol{\psi}_1+C_2\boldsymbol{\psi}_2+\cdots+C_{n_1}\boldsymbol{\psi}_{n_1}=\sum_{j=1}^{n_1}C_j\boldsymbol{\psi}_j \tag{3.125}$$

式中 $C_1$、$C_2$、…、$C_{n_1}$为待定常数,将式(3.125)写成矩阵形式,则为

$$\boldsymbol{A}=\boldsymbol{\psi C} \tag{3.126}$$

式中

$$\boldsymbol{\psi}=[\boldsymbol{\psi}_1\quad \boldsymbol{\psi}_2\quad \cdots\quad \boldsymbol{\psi}_{n1}]$$

$$\boldsymbol{C}=[C_1\quad C_2\quad \cdots\quad C_{n1}]^{\mathrm{T}}$$

用新的假设振型 $\boldsymbol{A}=\boldsymbol{\psi C}$ 代入式(3.116)中,得

$$R=\frac{\boldsymbol{A}^{\mathrm{T}}\boldsymbol{KA}}{\boldsymbol{A}^{\mathrm{T}}\boldsymbol{MA}}=\frac{\boldsymbol{C}^{\mathrm{T}}\boldsymbol{\psi}^{\mathrm{T}}\boldsymbol{K\psi C}}{\boldsymbol{C}^{\mathrm{T}}\boldsymbol{\psi}^{\mathrm{T}}\boldsymbol{M\psi C}}=\omega^2 \tag{3.127}$$

根据瑞雷商的极值性质,待定常数 $C_j$ 可由极值条件获得,即令

$$\frac{\partial R}{\partial C_j}=0,\quad j=1,2,\cdots,n_1 \tag{3.128}$$

经过并不困难的推导,把这 $n_1$ 个方程表示成矩阵形式为

$$\boldsymbol{\psi}^{\mathrm{T}}\boldsymbol{K\psi C}-R\boldsymbol{\psi}^{\mathrm{T}}\boldsymbol{M\psi C}=0 \tag{3.129}$$

或

$$(\boldsymbol{K}^*-R\boldsymbol{M}^*)\boldsymbol{C}=0 \tag{3.130}$$

式中

$$\boldsymbol{K}^*=\boldsymbol{\psi}^{\mathrm{T}}\boldsymbol{K\psi}$$

$$\boldsymbol{M}^*=\boldsymbol{\psi}^{\mathrm{T}}\boldsymbol{M\psi}$$

分别为 $n_1\times n_1$ 的广义刚度矩阵和广义质量矩阵。

式(3.130)也是特征值问题,因其阶数 $n_1$ 远比系统的自由度数 $n$ 低,为此,它的求解也就较为简便。

由式(3.130)可解得 $n_1$ 个特征值 $R_1$、$R_2$、…、$R_{n_1}$和振型 $\boldsymbol{C}^{(1)},\boldsymbol{C}^{(2)},\cdots,\boldsymbol{C}^{(n_1)}$,它们就是原系统最低的 $n_1$ 个固有频率平方($\omega^2$),而对应的 $n_1$ 个主振型近似为

$$\boldsymbol{A}^{(j)}=\boldsymbol{\psi C}^{(j)},\quad j=1,2,\cdots,n_1 \tag{3.131}$$

通常前面几阶(例如 $s/2$)是相当精确的。

**【例 3.12】**　图 3.16 所示 4 个等质量、等刚度的弹簧—质量系统。试用李兹法求前二阶固有频率和主振型。

**【解】**　此系统可由 4 个独立坐标确定,故为 4 个自由度系统,现取广义坐标 $x_1$、$x_2$、$x_3$、$x_4$,

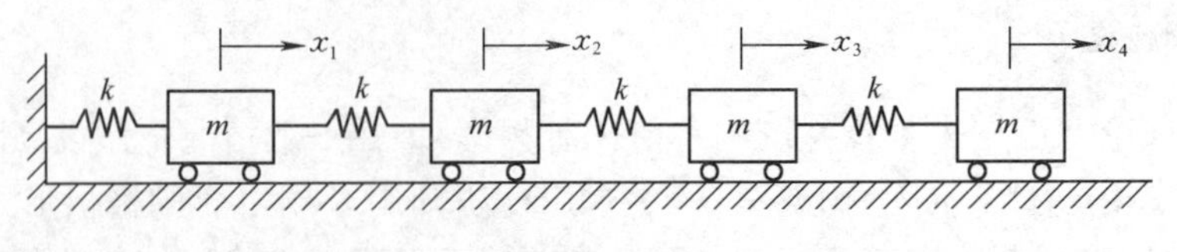


图 3.16

则系统的质量矩阵、刚度矩阵分别为

$$\boldsymbol{M}=m\begin{bmatrix}1&0&0&0\\0&1&0&0\\0&0&1&0\\0&0&0&1\end{bmatrix},\quad \boldsymbol{K}=k\begin{bmatrix}2&-1&0&0\\-1&2&-1&0\\0&-1&2&-1\\0&0&-1&1\end{bmatrix}$$

假设两个振型

$$\boldsymbol{\psi}_1=[0.25\quad 0.5\quad 0.75\quad 1.0]^{\mathrm{T}}$$

$$\boldsymbol{\psi}_2=[0\quad 0.2\quad 0.6\quad 1.0]^{\mathrm{T}}$$

则广义刚度矩阵为

$$\boldsymbol{K}^*=\boldsymbol{\psi}^{\mathrm{T}}\boldsymbol{K}\boldsymbol{\psi}$$

$$=\begin{bmatrix}0.25&0.5&0.75&1.0\\0&0.2&0.6&1.0\end{bmatrix}k\begin{bmatrix}2&-1&0&0\\-1&2&-1&0\\0&-1&2&-1\\0&0&-1&1\end{bmatrix}\begin{bmatrix}0.25&0.0\\0.5&0.2\\0.75&0.6\\1.0&1.0\end{bmatrix}=k\begin{bmatrix}0.25&0.25\\0.25&0.36\end{bmatrix}\tag{a}$$

广义质量矩阵为

$$\boldsymbol{M}^*=\boldsymbol{\psi}^{\mathrm{T}}\boldsymbol{M}\boldsymbol{\psi}$$

$$=\begin{bmatrix}0.25&0.5&0.75&1.0\\0&0.2&0.6&1.0\end{bmatrix}m\begin{bmatrix}1&0&0&0\\0&1&0&0\\0&0&1&0\\0&0&0&1\end{bmatrix}\begin{bmatrix}0.25&0.0\\0.5&0.2\\0.75&0.6\\1.0&1.0\end{bmatrix}=m\begin{bmatrix}1.875&1.55\\1.55&1.4\end{bmatrix}\tag{b}$$

将式(a)、式(b)代入式(3.130),得

$$\begin{bmatrix}0.25k-1.875mR&0.25k-1.55mR\\0.25k-1.55mR&0.36k-1.4mR\end{bmatrix}\begin{Bmatrix}C_1\\C_2\end{Bmatrix}=0$$

由上式可以解出

$$R_1=0.1236\frac{k}{m},\qquad \boldsymbol{C}^{(1)}=\begin{Bmatrix}-3.1999\\1.0000\end{Bmatrix}$$

$$R_2=\frac{k}{m},\qquad \boldsymbol{C}^{(2)}=\begin{Bmatrix}-0.8000\\1.0000\end{Bmatrix}$$

故系统最低二阶固有频率的近似值为

$$\omega_1=0.3516\sqrt{\frac{k}{m}},\quad \omega_2=\sqrt{\frac{k}{m}}$$

而主振型的近似值为

$$A^{(1)}=\psi C^{(1)}=\begin{bmatrix}0.25 & 0.0\\0.5 & 0.2\\0.75 & 0.6\\1.0 & 1.0\end{bmatrix}\begin{Bmatrix}-3.199\,9\\1.000\,0\end{Bmatrix}=-2.199\,9\begin{Bmatrix}0.363\,6\\0.636\,4\\0.819\,2\\1.000\,0\end{Bmatrix}$$

$$A^{(2)}=\psi C^{(2)}=\begin{bmatrix}0.25 & 0.0\\0.5 & 0.2\\0.75 & 0.6\\1.0 & 1.0\end{bmatrix}\begin{Bmatrix}-0.800\,0\\1.000\,0\end{Bmatrix}=0.2\begin{Bmatrix}-1\\-1\\0\\1\end{Bmatrix}$$

请读者另选两个假设振型,求系统的前二阶固有频率和主振型,并与以上结果进行比较分析。

### 3.3.4　传递矩阵法

前面介绍的几种方法,基本上是在系统的质量矩阵、刚度矩阵形成之后进行的,这些方法适用性广,有着广泛的应用。若系统自由度数很大,如有几百个自由度,虽然已可缩减自由度数目,但其运算的工作量之大也是可想而知的。

工程中,有些结构是由很多单元一环连一环地结合而成的,呈一种链状结构的形式,如发动机曲轴、汽车发电机转轴、连续梁等,这些结构可以离散化成轴上带有集中质量的横向振动系统,或轴上带有圆盘的扭转振动系统。对这种系统进行振动分析时,可以采用另一种很有效的计算方法——传递矩阵法。传递矩阵法的特点是:将一个系统,如一个结构,分成有限单元或段,每一个小的单元与邻近单元在分界面上用位移协调或力的平衡条件予以联系;每一小单元可以用牛顿第二定律或动力学普遍定理建立运动方程,求解时可从系统的边界开始,在边界上有的外力及变形关系是已知的,于是根据所建立的运动方程可求解单元另一侧的力和位移;依次进行下去最后可得到问题的解。这样,一个复杂或连续系统就用一等效离散系统近似分析所代替。

用传递矩阵法进行振动分析时,只需要对一些阶次很低的传递矩阵进行连续的矩阵乘法运算,在数值求解时只需计算低阶次的传递矩阵和行列式的值,这就大大节省了计算量。

在介绍本方法前,首先要理清状态矢量与传递矩阵的概念。通常把分界面上的力和位移变量组成一个列矢量,称为状态矢量;相邻单元间的状态矢量用矩阵联系,称传递矩阵。传递矩阵把状态变量从一个位置转换到另一个位置。因此这一方法一般称为传递矩阵法,有时也叫变换矩阵法。

1. 梁上有集中质量的横向振动系统

连续梁或汽轮机的发动机转子可以离散化成无质量的梁上带有若干集中质量的横向振动系统,如图3.17(a)所示。由图3.17(b),设第 $i$ 个单元内集中质量为 $m_i$,梁段长为 $l_i$,抗弯刚度为 $EI_i$。图3.17(c)、(d)分别画出了梁段及集中质量的受力情况,其中各截面处的挠度 $y$、截面转角 $\theta$、剪力 $Q$ 及弯矩 $M$ 都约定为正值。

此时任一截面的状态响量包括4个元素,即广义位移 $y$ 与 $\theta$ 及广义力 $Q$ 与 $M$,将它们排列为

$$Z=[y\quad\theta\quad M\quad Q]^{\mathrm{T}}\tag{3.132}$$

由图 3. 17(d),根据力的平衡条件知

$$Q_i^{\mathrm{L}} = Q_{i-1}^{\mathrm{R}} \tag{3.133}$$

$$M_i^{\mathrm{L}} = Q_{i-1}^{\mathrm{R}} l_i + M_{i-1}^{\mathrm{R}} \tag{3.134}$$

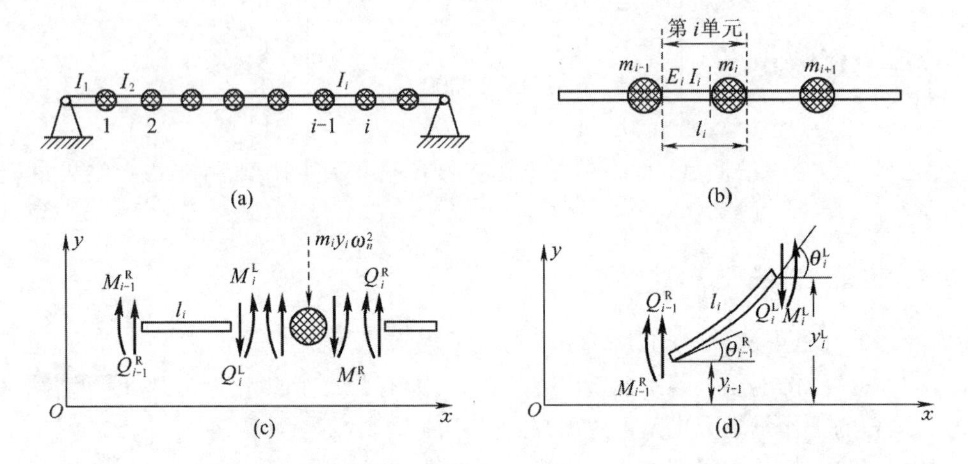


图 3. 17

设第 $i$ 梁段上距左端 $x$ 远的截面的弯矩、剪力、转角及挠度分别为 $M_i(x)$、$Q_i(x)$、$\theta_i(x)$ 及 $y_i(x)$,与式(3. 134)类似地有

$$M_i(x) = Q_{i-1}^{\mathrm{R}} x + M_{i-1}^{\mathrm{R}}$$

根据材料力学知识,有

$$\theta_i(x) = \theta_{i-1}^{\mathrm{R}} + \frac{1}{EI_i}\int_0^x M_i(x)\,\mathrm{d}x = \theta_{i-1}^{\mathrm{R}} + \frac{1}{EI_i}M_{i-1}^{\mathrm{R}} x + \frac{1}{2EI_i}Q_{i-1}^{\mathrm{R}} x^2$$

$$y_i(x) = y_{i-1}^{\mathrm{R}} + \int_0^x \theta_i(x)\,\mathrm{d}x = y_{i-1}^{\mathrm{R}} + \theta_{i-1}^{\mathrm{R}} x + \frac{1}{2EI_i}M_{i-1}^{\mathrm{R}} x^2 + \frac{1}{6EI_i}Q_{i-1}^{\mathrm{R}} x^3$$

在上述两式中令 $x = l_i$,得到

$$\theta_i^{\mathrm{L}} = \theta_{i-1}^{\mathrm{R}} + \frac{M_{i-1}^{\mathrm{R}} l_i}{EI_i} + \frac{Q_{i-1}^{\mathrm{R}} l_i^2}{2EI_i} \tag{3.135}$$

$$y_i^{\mathrm{L}} = y_{i-1}^{\mathrm{R}} + \theta_{i-1}^{\mathrm{R}} l_i + \frac{M_{i-1}^{\mathrm{R}} l_i^2}{2EI_i} + \frac{Q_{i-1}^{\mathrm{R}} l_i^3}{6EI_i} \tag{3.136}$$

将式(3. 133)、式(3. 134)、式(3. 135)和式(3. 136)合写成矩阵形式,有

$$\begin{bmatrix} y \\ \theta \\ M \\ Q \end{bmatrix}_i^{\mathrm{L}} = \begin{bmatrix} 1 & l & \dfrac{l^2}{2EI} & \dfrac{l^3}{6EI} \\ 0 & 1 & \dfrac{l}{EI} & \dfrac{l^2}{2EI} \\ 0 & 0 & 1 & l \\ 0 & 0 & 0 & 1 \end{bmatrix} \begin{bmatrix} y \\ \theta \\ M \\ Q \end{bmatrix}_{i-1}^{\mathrm{R}} \tag{3.137}$$

简写成

$$\boldsymbol{Z}_i^{\mathrm{L}}=\boldsymbol{H}_i^{\mathrm{f}}\boldsymbol{Z}_{i-1}^{\mathrm{R}} \tag{3.138}$$

式中 $\boldsymbol{H}_i^{\mathrm{f}}$ 称为场传递矩阵。

由图3.17(c)知,集中质量两边的挠度、转角、弯矩及剪力满足

$$y_i^{\mathrm{R}}=y_i^{\mathrm{L}} \tag{3.139}$$

$$\theta_i^{\mathrm{R}}=\theta_i^{\mathrm{L}} \tag{3.140}$$

$$M_i^{\mathrm{R}}=M_i^{\mathrm{L}} \tag{3.141}$$

$$Q_i^{\mathrm{R}}=-m_i\ddot{y}_i+Q_i^{\mathrm{L}} \tag{3.142}$$

当系统以频率 $\omega$ 作简谐振动时,式(3.142)变为

$$Q_i^{\mathrm{R}}=\omega^2m_iy_i^{\mathrm{L}}+Q_i^{\mathrm{L}} \tag{3.143}$$

将式(3.139)、式(3.140)、式(3.141)和式(3.143)合写为

$$\begin{bmatrix} y\\ \theta\\ M\\ Q\end{bmatrix}_i^{\mathrm{R}}=\begin{bmatrix}1&0&0&0\\0&1&0&0\\0&0&1&0\\m\omega^2&0&0&1\end{bmatrix}_i\begin{bmatrix} y\\ \theta\\ M\\ Q\end{bmatrix}_i^{\mathrm{L}} \tag{3.144}$$

$$\boldsymbol{Z}_i^{\mathrm{R}}=\boldsymbol{H}_i^{\mathrm{P}}\boldsymbol{Z}_i^{\mathrm{L}} \tag{3.145}$$

式中 $\boldsymbol{H}_i^{\mathrm{P}}$ 称为点传递矩阵。由式(3.138)、式(3.145)得到从 $\boldsymbol{Z}_{i-1}^{\mathrm{R}}$ 到 $\boldsymbol{Z}_i^{\mathrm{R}}$ 的传递关系为

$$\boldsymbol{Z}_i^{\mathrm{R}}=\boldsymbol{H}_i^{\mathrm{P}}\boldsymbol{Z}_i^{\mathrm{L}}=\boldsymbol{H}_i^{\mathrm{P}}\boldsymbol{H}_i^{\mathrm{f}}\boldsymbol{Z}_{i-1}^{\mathrm{R}}=\boldsymbol{H}_i\boldsymbol{Z}_{i-1}^{\mathrm{R}} \tag{3.146}$$

其中 $\boldsymbol{H}_i$ 是第 $i$ 单元的传递矩阵,

$$\boldsymbol{H}_i=\boldsymbol{H}_i^{\mathrm{P}}\boldsymbol{H}_i^{\mathrm{f}}=\begin{bmatrix}1&l&\dfrac{l^2}{2EI}&\dfrac{l^3}{6EI}\\0&1&\dfrac{l}{EI}&\dfrac{l^2}{2EI}\\0&0&1&l\\m\omega^2&ml\omega^2&\dfrac{ml^2\omega^2}{2EI}&1+\dfrac{ml^3\omega^2}{6EI}\end{bmatrix} \tag{3.147}$$

有了各个单元的传递矩阵,就可以得到梁横向弯曲振动系统最左端与最右端的状态向量之间的传递关系。

根据以上的推导,得到相邻的状态向量之间的传递关系为

$$\boldsymbol{Z}_1^{\mathrm{R}}=\boldsymbol{H}_1\boldsymbol{Z}_0,\quad \boldsymbol{Z}_2^{\mathrm{R}}=\boldsymbol{H}_2\boldsymbol{Z}_1^{\mathrm{R}},\quad \cdots,\quad \boldsymbol{Z}_n^{\mathrm{R}}=\boldsymbol{H}_n\boldsymbol{Z}_{n-1}^{\mathrm{R}} \tag{3.148}$$

若记总传递矩阵为

$$\boldsymbol{H}=\boldsymbol{H}_n\boldsymbol{H}_{n-1}\cdots\boldsymbol{H}_2\boldsymbol{H}_1=\begin{bmatrix}h_{11}&h_{12}&h_{13}&h_{14}\\h_{21}&h_{22}&h_{23}&h_{24}\\h_{31}&h_{32}&h_{33}&h_{34}\\h_{41}&h_{42}&h_{43}&h_{44}\end{bmatrix} \tag{3.149}$$

则从最左端的 $\boldsymbol{Z}_0$ 与最右端的 $\boldsymbol{Z}_n^{\mathrm{R}}$ 之间的传递关系为

$$\boldsymbol{Z}_n^{\mathrm{R}}=\boldsymbol{H}\boldsymbol{Z}_0 \tag{3.150}$$

或具体写为

$$\begin{bmatrix} y \\ \theta \\ M \\ Q \end{bmatrix}_n^{\mathrm{R}} = H\begin{bmatrix} y \\ \theta \\ M \\ Q \end{bmatrix}_0 = \begin{bmatrix} h_{11} & h_{12} & h_{13} & h_{14} \\ h_{21} & h_{22} & h_{23} & h_{24} \\ h_{31} & h_{32} & h_{33} & h_{34} \\ h_{41} & h_{42} & h_{43} & h_{44} \end{bmatrix}\begin{bmatrix} y \\ \theta \\ M \\ Q \end{bmatrix}_0 \tag{3.151}$$

$\boldsymbol{H}$ 中的各元素依赖于 $\omega$,可表示为

$$\boldsymbol{H}=\begin{bmatrix} h_{11}(\omega) & h_{12}(\omega) & h_{13}(\omega) & h_{14}(\omega) \\ h_{21}(\omega) & h_{22}(\omega) & h_{23}(\omega) & h_{24}(\omega) \\ h_{31}(\omega) & h_{32}(\omega) & h_{33}(\omega) & h_{34}(\omega) \\ h_{41}(\omega) & h_{42}(\omega) & h_{43}(\omega) & h_{44}(\omega) \end{bmatrix} \tag{3.152}$$

一般地说,两端的边界条件总是已知的,因此满足这些条件的频率就是梁的固有频率。

2. 轴盘扭转振动系统

设有一链状的轴盘扭转振动系统,如图 3.18(a)所示,一个典型单元包括一个无质量的轴段和一个作为刚体考虑的圆盘。设第 $i$ 单元内轴段的扭转刚度为 $k_i$,长度为 $l_i$,圆盘的转动惯量为 $J_i$,图 3.18(b)、(c)分别画出了轴段及圆盘的受力情况,其中各截面上的转角 $\theta$、扭矩 $M$ 均约定为正值。

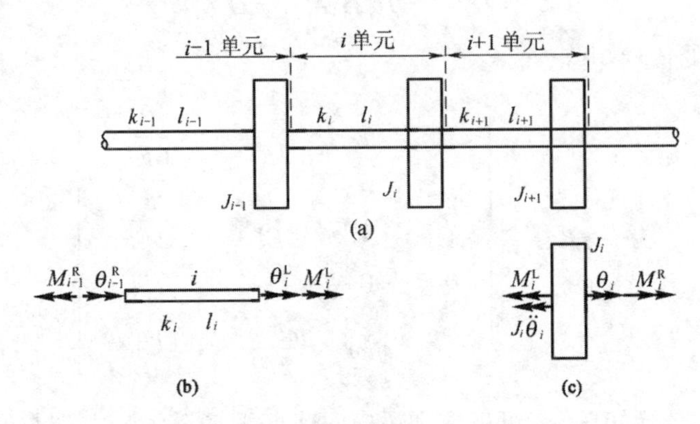


图 3.18

由上述的设定,得截面的状态向量为

$$\boldsymbol{Z}=[\theta \quad M]^{\mathrm{T}} \tag{3.153}$$

若不计轴段的转动惯量,则由图 3.18 知两边的扭矩应相等,即

$$\boldsymbol{M}_i^{\mathrm{L}}=\boldsymbol{M}_{i-1}^{\mathrm{R}} \tag{3.154}$$

轴段两边的转角有下列关系:

$$\boldsymbol{\theta}_i^{\mathrm{L}}-\boldsymbol{\theta}_{i-1}^{\mathrm{R}}=\frac{1}{k_i}\boldsymbol{M}_{i-1}^{\mathrm{R}} \tag{3.155}$$

将式(3.154)与式(3.155)合并,可写成矩阵形式:

$$\begin{bmatrix}\theta\\M\end{bmatrix}_i^{\mathrm{L}}=\begin{bmatrix}1&\dfrac{1}{k}\\0&1\end{bmatrix}_i\begin{bmatrix}\theta\\M\end{bmatrix}_{i-1}^{\mathrm{R}}$$

简写为

$$\boldsymbol{Z}_i^{\mathrm{L}}=\boldsymbol{H}_i^{\mathrm{f}}\boldsymbol{Z}_{i-1}^{\mathrm{R}} \tag{3.156}$$

上式表示了从状态向量 $\boldsymbol{Z}_{i-1}^{\mathrm{R}}$ 到 $\boldsymbol{Z}_i^{\mathrm{L}}$ 的传递关系,其中 $\boldsymbol{H}_i^{\mathrm{f}}$ 称为场传递矩阵。

由图3.18(c)可知圆盘两边的转角应相等,即

$$\theta_i=\theta_i^{\mathrm{R}}=\theta_i^{\mathrm{L}} \tag{3.157}$$

则圆盘的运动微分方程为

$$J_i\ddot{\theta}_i+M_i^{\mathrm{L}}=M_i^{\mathrm{R}}$$

当轴盘系统以频率 $\omega$ 作简谐振动时,有 $\ddot{\theta}_i=-\omega^2\theta_i^{\mathrm{L}}$,代入上式得到

$$M_i^{\mathrm{R}}=-\omega^2J_i\theta_i^{\mathrm{L}}+M_i^{\mathrm{L}} \tag{3.158}$$

将式(3.158)与式(3.157)合写为矩阵形式,有

$$\begin{bmatrix}\theta\\M\end{bmatrix}_i^{\mathrm{R}}=\begin{bmatrix}1&0\\-\omega^2J&1\end{bmatrix}_i\begin{bmatrix}\theta\\M\end{bmatrix}_i^{\mathrm{L}} \tag{3.159}$$

利用状态向量符号可写为

$$\boldsymbol{Z}_i^{\mathrm{R}}=\boldsymbol{H}_i^{\mathrm{P}}\boldsymbol{Z}_i^{\mathrm{L}} \tag{3.160}$$

上式表示了从状态向量 $\boldsymbol{Z}_i^{\mathrm{L}}$ 到 $\boldsymbol{Z}_i^{\mathrm{R}}$ 的传递关系,式中的 $\boldsymbol{H}_i^{\mathrm{P}}$ 称为点传递矩阵。

由式(3.156)和式(3.160)得到从 $\boldsymbol{Z}_i^{\mathrm{R}}$ 到 $\boldsymbol{Z}_{i-1}^{\mathrm{R}}$ 的传递关系为

$$\boldsymbol{Z}_i^{\mathrm{R}}=\boldsymbol{H}_i^{\mathrm{P}}\boldsymbol{Z}_i^{\mathrm{L}}=\boldsymbol{H}_i^{\mathrm{P}}\boldsymbol{H}_i^{\mathrm{f}}\boldsymbol{Z}_{i-1}^{\mathrm{R}}=\boldsymbol{H}_i\boldsymbol{Z}_{i-1}^{\mathrm{R}} \tag{3.161}$$

其中 $\boldsymbol{H}_i$ 称为第 $i$ 单元的传递矩阵,它等于

$$\boldsymbol{H}_i=\boldsymbol{H}_i^{\mathrm{P}}\boldsymbol{H}_i^{\mathrm{f}}=\begin{bmatrix}1&\dfrac{1}{k}\\-J\omega^2&1-\dfrac{\omega^2J}{k}\end{bmatrix} \tag{3.162}$$

式中矩阵 $\boldsymbol{H}_i^{\mathrm{P}}$、$\boldsymbol{H}_i^{\mathrm{f}}$ 和 $\boldsymbol{H}_i$ 都是频率 $\omega$ 的函数。通过各单元的传递矩阵,最终可以建立结构最左端与最右端的状态向量之间的传递关系。从分析中知,作为 $\omega$ 函数的传递矩阵已满足了各个单元的运动微分方程,如果再要求满足已知的边界条件,就可以求出轴盘扭转振动系统的固有频率及主振型。

**【例3.13】** 图3.19所示为具有3个圆盘的扭振系统。各圆盘的转动惯量为 $J_1=4.9\ \mathrm{kg\cdot m^2}$,$J_2=9.8\ \mathrm{kg\cdot m^2}$,$J_3=19.6\ \mathrm{kg\cdot m^2}$,轴段的扭转刚度 $k_2=98\times10^3\ \mathrm{N\cdot m}$,$k_3=196\times10^3\ \mathrm{N\cdot m}$,试用传递

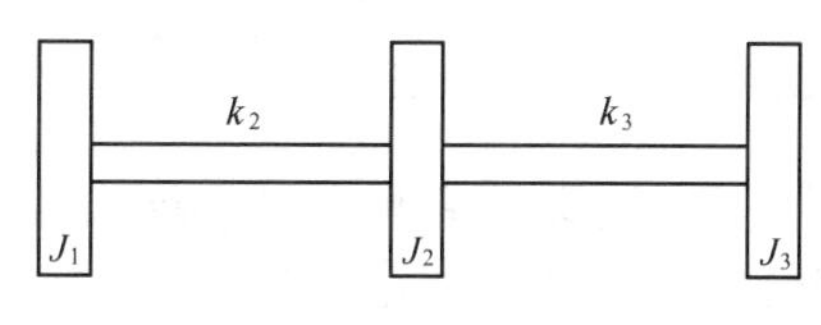


图 3.19

矩阵法求各阶固有频率和主振型。

**【解】** 根据传递矩阵法,系统最左端与最右端的状态向量之间的传递关系为

$$\boldsymbol{Z}_3^{R}=\boldsymbol{H}\boldsymbol{Z}_1^{L}$$

即

$$\begin{bmatrix}\theta\\M\end{bmatrix}_3^{R}=\begin{bmatrix}h_{11}&h_{12}\\h_{21}&h_{22}\end{bmatrix}\begin{bmatrix}\theta\\M\end{bmatrix}_1^{L}\tag{a}$$

系统的边界条件为 $M_1^{L}=M_3^{R}=0$。先考虑左端的边界条件,则在式(a)中,令 $M_1^{L}=0$,得

$$M_3^{R}=h_{21}\theta_1^{L}=h_{21}(\omega)\theta_1^{L}\tag{b}$$

由于 $\theta_1^{L}$ 是任意的,若频率 $\omega$ 是固有频率,则还要满足 $M_3^{R}=0$,把 $M_3^{R}=0$ 代入式(b),有

$$h_{21}(\omega)=0\tag{c}$$

上式即为频率方程。

设最左端的状态向量为

$$\boldsymbol{Z}_1^{L}=\begin{bmatrix}\theta\\M\end{bmatrix}_1^{L}=\begin{bmatrix}1\\0\end{bmatrix}$$

则可将 $\boldsymbol{Z}_1^{R}=\boldsymbol{H}_1^{P}Z_1^{L},\boldsymbol{Z}_2^{R}=H_1^{f}\boldsymbol{Z}_1^{R},\boldsymbol{Z}_3^{R}=\boldsymbol{H}_3\boldsymbol{Z}_2^{R}$ 具体写为

$$\begin{bmatrix}\theta\\M\end{bmatrix}_1^{R}=\begin{bmatrix}1&0\\-J_1\omega^2&1\end{bmatrix}_1\begin{bmatrix}\theta\\M\end{bmatrix}_1^{L}=\begin{bmatrix}1&0\\-4.9\omega^2&1\end{bmatrix}\begin{bmatrix}1\\0\end{bmatrix}$$

$$\begin{bmatrix}\theta\\M\end{bmatrix}_2^{R}=\begin{bmatrix}1&\dfrac{1}{k}\\-J_2\omega^2&1-\dfrac{J\omega^2}{k}\end{bmatrix}_2\begin{bmatrix}\theta\\M\end{bmatrix}_1^{R}=\begin{bmatrix}1&\dfrac{1}{98}\\-9.8\omega^2&1-\dfrac{9.8\omega^2}{98}\end{bmatrix}\begin{bmatrix}\theta\\M\end{bmatrix}_1^{R}$$

$$\begin{bmatrix}\theta\\M\end{bmatrix}_3^{R}=\begin{bmatrix}1&\dfrac{1}{k}\\-J_3\omega^2&1-\dfrac{J\omega^2}{k}\end{bmatrix}_3\begin{bmatrix}\theta\\M\end{bmatrix}_2^{R}=\begin{bmatrix}1&\dfrac{1}{196}\\-19.6\omega^2&1-\dfrac{19.6\omega^2}{196}\end{bmatrix}\begin{bmatrix}\theta\\M\end{bmatrix}_2^{R}$$

假定一系列不同的 $\omega$ 值,计算对应的 $\boldsymbol{Z}_1^{R}$、$\boldsymbol{Z}_2^{R}$ 和 $\boldsymbol{Z}_3^{R}$,并画出 $M_3^{R}$ 值随 $\omega$ 变化的曲线,如图 3.20(a)所示,图中使 $M_3^{R}$ 值恰好为零(即满足了最右端边界条件)的 $\omega$ 值,即为此扭转系统的固有频率,由图知

$$\omega_1=0,\quad \omega_2=126\ \text{rad/s},\quad \omega_3=210\ \text{rad/s}$$

对应的各主振型为

$$\boldsymbol{A}^{(1)}=\begin{bmatrix}1\\1\\1\end{bmatrix},\quad \boldsymbol{A}^{(2)}=\begin{bmatrix}1.000\\0.206\\-0.355\end{bmatrix},\quad \boldsymbol{A}^{(3)}=\begin{bmatrix}1.000\\-1.205\\0.347\end{bmatrix}$$

如图 3.20(b)所示。

### 3.3.5 矩阵迭代法

1. 求第一阶固有频率和振型

对于无阻尼多自由度系统的振动,其固有频率及主振型可由下式求出:

$$\boldsymbol{KA}-\omega^2\boldsymbol{MA}=\boldsymbol{0}\tag{3.163}$$

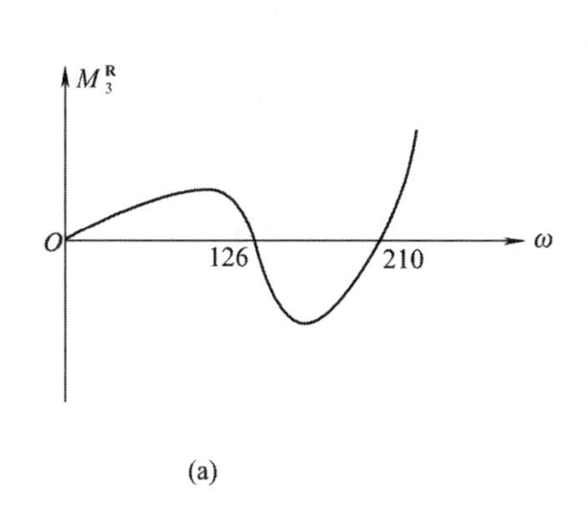

(a)

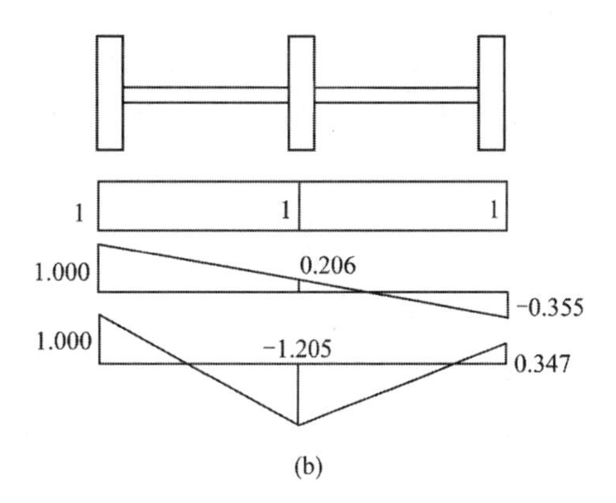

(b)

图　3.20

上式也可写为

$$\frac{1}{\omega^2}\boldsymbol{A}=\boldsymbol{\delta M A} \tag{3.164}$$

引入记号 $\boldsymbol{D}=\boldsymbol{\delta M}$ 和 $\lambda=1/\omega^2$,则式(3.164)可写为

$$\boldsymbol{DA}=\lambda\boldsymbol{A} \tag{3.165}$$

式中的 $\boldsymbol{D}$ 称为系统的动力矩阵。

这里所介绍的矩阵迭代法是计算固有频率和主振型的一种实用的方法。用该方法对式(3.165)进行迭代运算,其运算步骤如下:

(1)首先任意假设一个初始振型 $\boldsymbol{A}_0$;

(2)按下列格式计算位形列阵序列 $\boldsymbol{A}_m,m=1,2,\cdots$;

$$\left.\begin{aligned}\boldsymbol{A}_1&=\boldsymbol{DA}_0\\\boldsymbol{A}_2&=\boldsymbol{DA}_1\\&\vdots\\\boldsymbol{A}_m&=\boldsymbol{DA}_{m-1}\end{aligned}\right\} \tag{3.166}$$

当迭代次数足够多,即 $m$ 足够大时,则位形列阵趋于第一主振型,即

$$\boldsymbol{A}_m\to\boldsymbol{A}^{(1)}$$

且

$$\frac{(a_i)_{m-1}}{(a_i)_m}\approx\frac{1}{\lambda_1}=\omega_1^2 \tag{3.167}$$

式中 $(a_i)_m$ 为列阵 $\boldsymbol{A}_m=[a_1\quad a_2\quad\cdots\quad a_i\quad\cdots]_m^{\mathrm{T}}$ 的第 $i$ 个元素。

现证明式(3.167)的结论成立。根据展开定理,任意振型 $\boldsymbol{A}_0$ 可表示成主振型的线性组合,即

$$\boldsymbol{A}_0=C_1\boldsymbol{A}^{(1)}+C_2\boldsymbol{A}^{(2)}+\cdots+C_n\boldsymbol{A}^n$$

由第一次迭代得

$$\boldsymbol{A}_1=\boldsymbol{DA}_0=\sum_{i=1}^{n}C_i\boldsymbol{DA}^{(i)}$$

考虑到 $\boldsymbol{A}^{(i)}$ 和 $\lambda_i$ 必须满足方程(3.165),即

$$\boldsymbol{DA}^{(i)}=\lambda\boldsymbol{A}^{(i)}$$

故有

$$A_1 = \sum_{i=1}^{n} C_i\lambda_i A^{(i)}$$

将 $A_1$ 的上述表达式代入式(3.166)的第二式 $A_2 = DA_1$ 后,得

$$A_2 = \sum_{i=1}^{n} C_i\lambda_i^2 A^{(i)}$$

如此继续迭代下去,一般地有

$$A_{m-1} = \sum_{i=1}^{n} C_i\lambda_i^{m-1} A^{(i)} = \lambda_1^{m-1} C_1\left[A^{(1)} + \frac{C_2}{C_1}\left(\frac{\lambda_2}{\lambda_1}\right)^{m-1} A^{(2)} + \cdots + \frac{C_n}{C_1}\left(\frac{\lambda_n}{\lambda_1}\right)^{m-1} A^{n}\right]$$

$$A_m = \sum_{i=1}^{n} C_i\lambda_i^{m} A^{(1)} = \lambda_1^{m} C_1\left[A^{(1)} + \frac{C_2}{C_1}\left(\frac{\lambda_2}{\lambda_1}\right)^{m} A^{(2)} + \cdots + \frac{C_n}{C_1}\left(\frac{\lambda_n}{\lambda_1}\right)^{m} A^{(n)}\right]$$

在上式中,当迭代次数足够多时,$(\lambda_2/\lambda_1)^m$,$(\lambda_3/\lambda_1)^m$,…,$(\lambda_n/\lambda_1)^m$ 均小于1,这时,除了第一项外,其他各项均小到可以忽略不计,从而证明式(3.167)成立。

应用矩阵迭代法时,其收敛速度与两方面的条件有关。一是系统本身的性质,即 $\lambda_2/\lambda_1$ 的值越小,收敛越快。另一方面与所采用的初始列阵 $A_0$ 有关,它越接近于第一阶主振型,即 $C_2/C_1$、$C_3/C_1$、…等越小,收敛越快,但主要是取决于 $\lambda_2/\lambda_1$ 的比值,迭代法的一个优点是迭代过程中的运算失误,并不影响最后的结果。

2. 求高阶固有频率和振型

矩阵迭代法不但可以求系统的基频和第一主振型,还可以依次求出较低的各阶固有频率及主振型,必要时可以一直求出全部固有频率及主振型。下面说明依次求出各阶固有频率及主振型的清除矩阵迭代法。

设系统的第一阶固有频率 $\omega_1$ 和主振型 $A^{(1)}$ 已经求得,将 $A^{(1)}$ 对质量矩阵正则化得 $A_N^{(1)}$。为求第二频率,应构造如下动力矩阵:

$$D_2 = D - \lambda_1 A_N^{(1)} A_N^{(1)\mathrm{T}} M \tag{3.168}$$

式中 $D_2$ 称为清除矩阵(清除了第一振型的动力矩阵)。然后用上述的迭代步骤,任取初始振型 $A$,用 $D_2$ 替代原来的 $D$,迭代过程将收敛于 $\lambda_2$ 及 $A^{(2)}$。现作如下证明。

由于

$$A_0 = \sum_{i=1}^{n} C_i A_N^{(i)}$$

进行第一次迭代

$$\begin{aligned} A_1 &= D_2 A_0 = \sum_{i=1}^{n} C_i D_2 A_N^{(i)} \\ &= \sum_{i=1}^{n} C_i D A_N^{(i)} - \lambda_1 A_N^{(1)\mathrm{T}} \sum_{i=1}^{n} (C_i A_N^{(1)\mathrm{T}} M A_N^{(i)}) \end{aligned}$$

注意到

$$DA_N^{(i)} = \lambda A_N^{(i)}$$

$$A_N^{(i)\mathrm{T}} M A_N^{(i)} = \begin{cases} 1, & i=1 \\ 0, & i \neq 1 \end{cases}$$

故得到

$$D_2 A_0 = \sum_{i=1}^{n} C_i\lambda_i A_N^{(i)} - C_1\lambda_1 A_N^{(1)} = \sum_{i=2}^{n} C_i\lambda_i A_N^{(i)} \tag{3.169}$$

由式(3.169)可见，第一次迭代结果不含第一主振型，因此，继续迭代将收敛于第二主振型和第二阶固有频率。

类似地，在求得 $\lambda_1$、$\lambda_2$ 和 $\boldsymbol{A}_N^{(1)}$、$\boldsymbol{A}_N^{(2)}$ 后，可再构造如下第三阶固有频率的清除矩阵 $\boldsymbol{D}_3$：

$$\boldsymbol{D}_3=\boldsymbol{D}_2-\lambda_2\boldsymbol{A}_N^{(2)}\boldsymbol{A}_N^{(2)\mathrm{T}}\boldsymbol{M} \tag{3.170}$$

通过同样的迭代过程可求得 $\boldsymbol{A}_N^{(3)}$ 和 $\lambda_3$。

上述过程还可以继续，以求得高阶频率和高阶振型。但高阶频率、主振型的估算，受到低阶精度的影响，收敛速度会越来越慢。

**【例 3.14】** 用矩阵迭代法求解例 3.10 中系统的基频和主振型，如图 3.15 所示。

**【解】** 已知

$$\boldsymbol{M}=m\begin{bmatrix}1&0&0\\0&2&0\\0&0&1\end{bmatrix},\quad \boldsymbol{\delta}=\frac{l^3}{768EI}\begin{bmatrix}9&11&7\\11&16&11\\7&11&9\end{bmatrix}$$

由此可得动力矩阵

$$\boldsymbol{D}=\boldsymbol{\delta}\boldsymbol{M}=m\delta\begin{bmatrix}9&22&7\\11&32&11\\7&22&9\end{bmatrix}$$

式中

$$\delta=\frac{l^3}{768EI}$$

设初始振型 $\boldsymbol{A}_0=[1\quad 1\quad 1]^{\mathrm{T}}$，现进行第一次迭代如下：

$$\boldsymbol{D}\boldsymbol{A}_0=m\delta\begin{bmatrix}9&22&7\\11&32&11\\7&22&9\end{bmatrix}\begin{Bmatrix}1\\1\\1\end{Bmatrix}=m\delta\begin{Bmatrix}38\\54\\38\end{Bmatrix}=38m\delta\begin{Bmatrix}1.0000\\1.4211\\1.0000\end{Bmatrix}=38m\delta\boldsymbol{A}_1$$

第二次迭代

$$\boldsymbol{D}\boldsymbol{A}_1=m\delta\begin{bmatrix}9&22&7\\11&32&11\\7&22&9\end{bmatrix}\begin{Bmatrix}1.0000\\1.4211\\1.0000\end{Bmatrix}=47.2632m\delta\begin{Bmatrix}1.0000\\1.4276\\1.0000\end{Bmatrix}=47.2632m\delta\boldsymbol{A}_2$$

继续迭代有

$$\boldsymbol{D}\boldsymbol{A}_2=47.4075m\delta\begin{bmatrix}1.0000\\1.4277\\1.0000\end{bmatrix}=47.4075m\delta\boldsymbol{A}_3$$

$$\boldsymbol{D}\boldsymbol{A}_3=47.4094m\delta\begin{bmatrix}1.0000\\1.4277\\1.0000\end{bmatrix}=47.4094m\delta\boldsymbol{A}_4$$

从以上两式可以看出，$\boldsymbol{A}_3\approx\boldsymbol{A}_4$，则迭代可停止，得第一阶主振型和基频为

$$\boldsymbol{A}^{(1)}=\boldsymbol{A}_4\begin{bmatrix}1.0000\\1.4277\\1.0000\end{bmatrix}$$

$$\lambda_1\approx47.4094m\delta=\frac{47.4094ml^3}{768EI}$$

$$\omega_1=\sqrt{\frac{1}{\lambda_1}}=4.03\sqrt{\frac{EI}{ml^3}}$$

**【例 3.15】** 求例 3.14 的第二阶固有频率和主振型。

**【解】** 将上例中求得的 $\boldsymbol{A}^{(1)}=[1.000\quad 1.4277\quad 1.0000]^{\mathrm{T}}$ 对 $\boldsymbol{M}$ 正则化,得

$$\boldsymbol{A}_{\mathrm{N}}^{(1)}=\frac{1}{\sqrt{6.0767m}}\begin{Bmatrix}1.0000\\1.4277\\1.0000\end{Bmatrix}=\frac{1}{\sqrt{m}}\begin{Bmatrix}0.4057\\0.5792\\0.4057\end{Bmatrix}$$

由式(3.168),有

$$\boldsymbol{D}_2=m\delta\begin{bmatrix}9&22&7\\11&32&11\\7&22&9\end{bmatrix}-\lambda_1\boldsymbol{A}_{\mathrm{N}}^{(1)}\boldsymbol{A}_{\mathrm{N}}^{(1)\mathrm{T}}\boldsymbol{M}=m\delta\begin{bmatrix}1.1983&-0.2767&-0.8017\\-0.1384&0.1949&-0.1384\\-0.8017&-0.2767&1.1983\end{bmatrix}$$

由于第二阶主振型将有一个节点,所以取初始列阵为

$$\boldsymbol{A}_0=\{1\quad 1\quad -1\}^{\mathrm{T}}$$

按 $\boldsymbol{A}_m=\boldsymbol{D}_2\boldsymbol{A}_{m-1}(m=1,2,\cdots)$ 进行迭代,迭代 10 次(限于篇幅,中间迭代过程不再详述),最后的结果为

$$\boldsymbol{A}_{10}=\boldsymbol{D}_2\boldsymbol{A}_9=2m\delta\begin{Bmatrix}1.0000\\0.0000\\-1.0001\end{Bmatrix}$$

于是得

$$\lambda_2=2m\delta=\frac{2ml^3}{768EI}$$

即

$$\omega_2=19.6\sqrt{\frac{EI}{ml^3}}$$

主振型为

$$\boldsymbol{A}^{(2)}=\begin{Bmatrix}1.0000\\0.0000\\-1.0000\end{Bmatrix}$$

讨论:第二阶假设主振型为什么其中有一个元素取负值,从而考虑在第三阶假设主振型时应如何取值。

## 习 题

3.1 题 3.1 图所示的弹簧—质量系统在光滑水平面上作自由振动。

(1)试写出系统的振动微分方程;

(2)求系统的固有圆频率,并求出相应的主振型。

3.2 上题中若 $k_1=k$,且物体 $A$ 和 $B$ 的初始位移分别为 $x_{10}=5$ mm,$x_{20}=5$ mm,初始速度 $\dot{x}_{10}=0$,$\dot{x}_{20}=0$。求系统的响应。

3.3 题 3.3 图所示系统,质量块 $m_1$ 和块 $m_2$ 由刚度为 $k$ 的弹簧连接。

(1)试写出系统运动的微分方程,并求出运动的规律;

(2)讨论此系统的一般运动情况和作振动的条件。

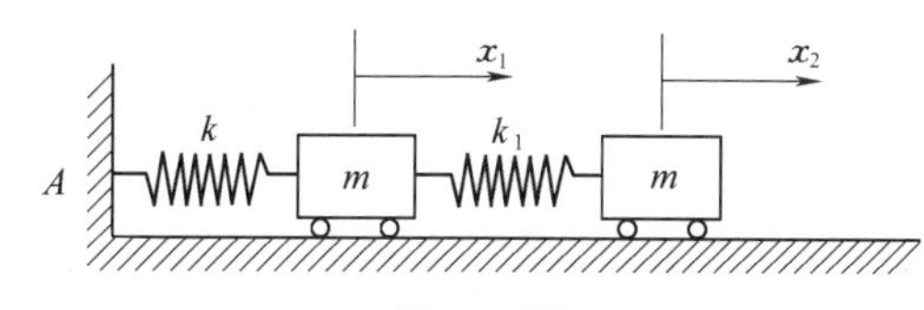


题 3.1 图

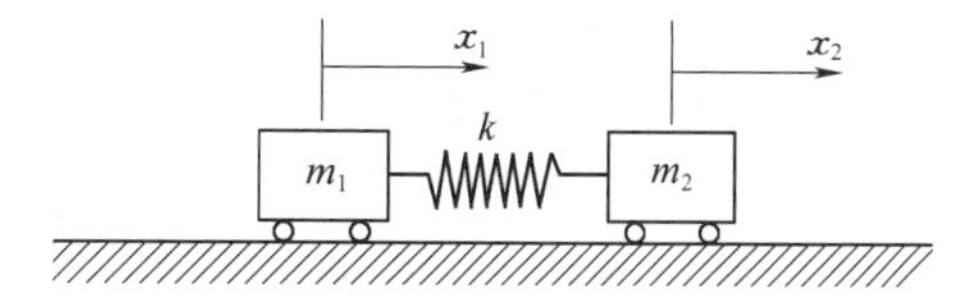


题 3.3 图

3.4 两个质量相同摆长相等的摆，可绕 $x$ 轴自由摆动，如题 3.4 图所示。两摆用一橡皮管连接。已知橡皮管的扭转刚度为 $k_\theta$（N · cm/rad），摆长为 $l$（cm），重量为 $W$（N），试列出该系统绕 $x$ 轴摆动的微分方程，并求其固有频率和运动规律。

3.5 上题中若 $l=50$ cm，$W=17$ N，$k_\theta=22$N · cm/rad。初始条件为：$t=0$ 时，$\theta_1=0$，$\theta_2=\theta_0$，$\dot{\theta}_1=\dot{\theta}_2=0$。试求系统的运动规律及“拍”的周期。

3.6 题 3.6 图所示扭振系统由无质量的轴和两个圆盘所组成。已知轴的扭转刚度 $k_{\theta1}=k_{\theta2}=k_\theta$，圆盘的转动惯量 $J_1=2J_2=J$。求系统的扭转振动固有频率和主振型。

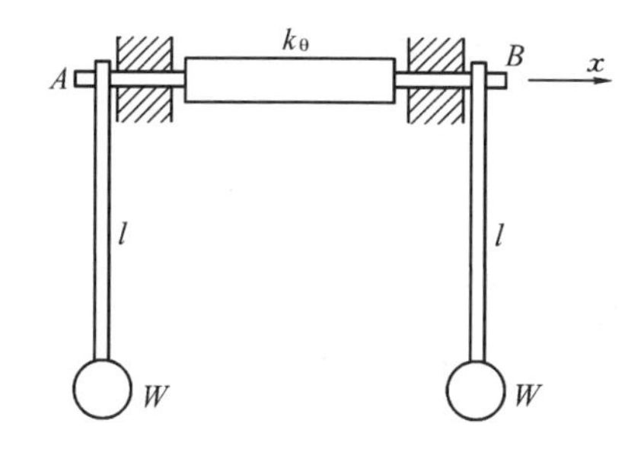


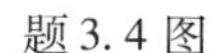

题 3.4 图

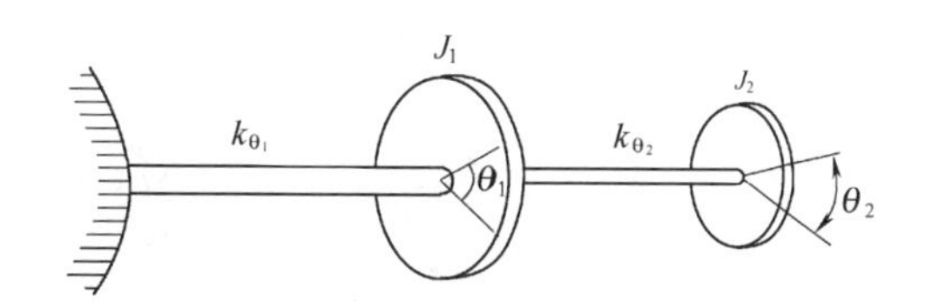


题 3.6 图

3.7 题 3.7 图所示扭振系统由无质量的阶梯轴和两圆盘所组成。已知圆盘的转动惯量 $J_1=2J_2=J$，轴的直径 $d_1=1.2d_2=d$，轴的长度 $l_1=2l_2=l_3$，求系统的固有频率和主振型。

3.8 题 3.8 图所示悬臂梁，长为 $l$，抗弯刚度为 $EI$，在中点和自由端分别有集中质量块 $m$，忽略梁本身的质量，试写出系统横向振动的微分方程，并求出固有频率和画出相应的主振型图。

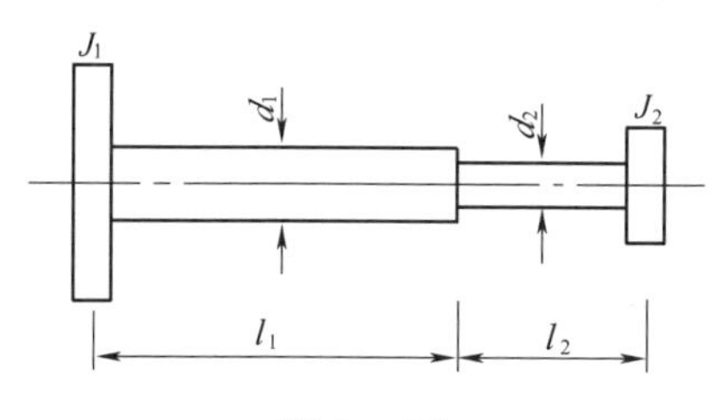


题 3.7 图

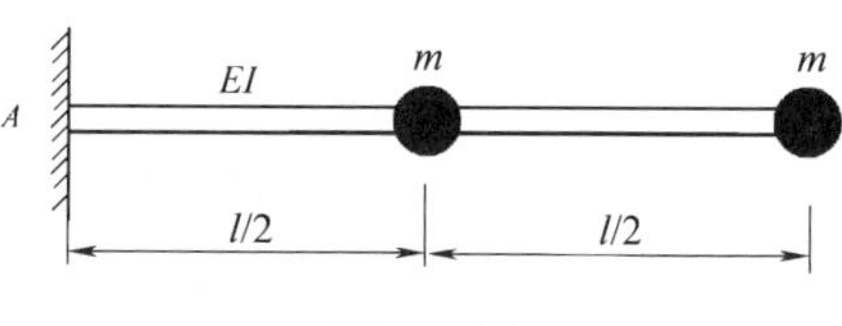


题 3.8 图

3.9 在风洞实验中，把机翼段简化为题 3.9 图所示平面内的刚体，并由刚度为 $k_1$ 的弹簧和刚度为 $k_\theta$ 的扭簧所支持。已知翼段的质量为 $m$，绕重心 $G$ 的转动惯量为 $J_G$，重心与支持点的距离为 $e$，试列出系统在图示平面内微振动的微分方程。

3.10 一机器系统如题 3.10 图所示。已知机器质量 $m_1=90$ kg，减振器质量 $m_2=2.25$ kg，若机器上有一偏心块质量为 0.5 kg，偏心距 $e=1$ cm，机器转速 $n=1\ 800$ r/min。试求：

(1)减振器的弹簧刚度 $k_2$ 多大，才能使机器振幅为零；

(2)此时减振器的振幅 $B_2$ 为多大;

(3)若使减振器的振幅 $B_2$ 不超过 2 mm,应如何改变减振器的参数。

3.11 题 3.11 图所示弹簧—质量系统,如 $m_1=m_2=m_3=m$,$k_1=k_2=k_3=k$,求其各阶固有频率及主振型。

3.12 如题 3.12 图所示,如 $m_1=m_2=m_3=m_4=m$,$k_1=k_2=k_3=k$,求各阶固有频率及主振型。若系统 $t=0$ 时的初始条件为 $x_{10}=x_{20}=x_{30}=x_{40}=0$,$\dot{x}_{10}=\dot{x}_{40}=v$,$\dot{x}_{20}=\dot{x}_{30}=0$。求系统对此初始条件的响应。

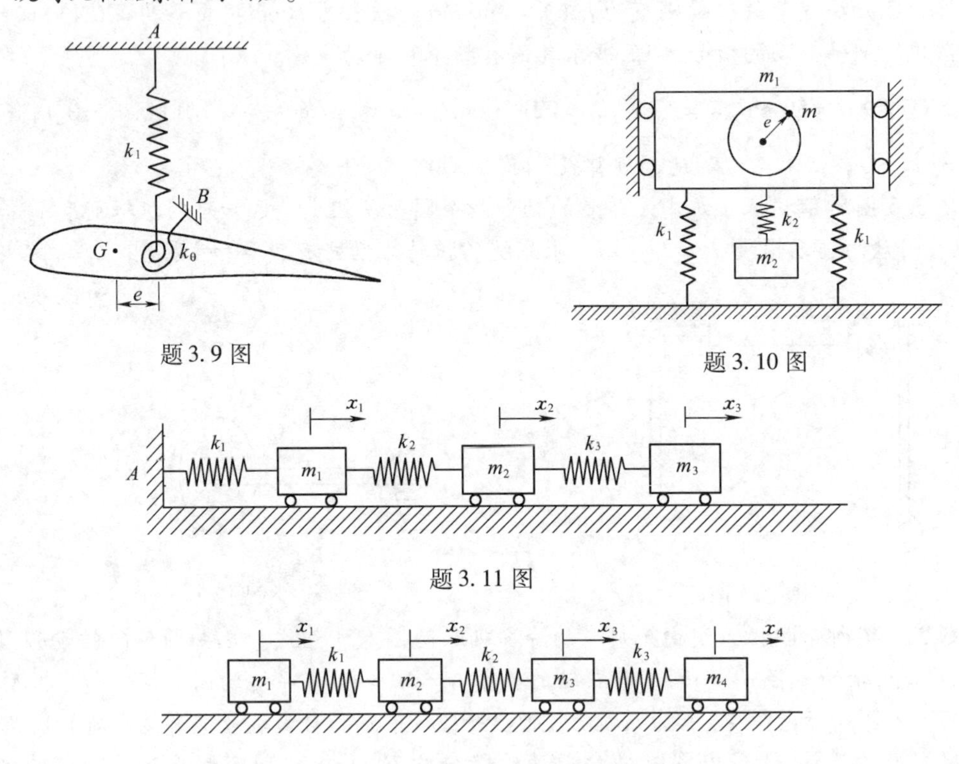


题 3.9 图

题 3.10 图

题 3.11 图

题 3.12 图

3.13 题 3.13 图所示弹簧—质量系统,若 $m_1=m_2=m_3=m$,$k_1=k_2=k_3=k_4=k$,试利用柔度法求系统各阶固有频率及主振型。

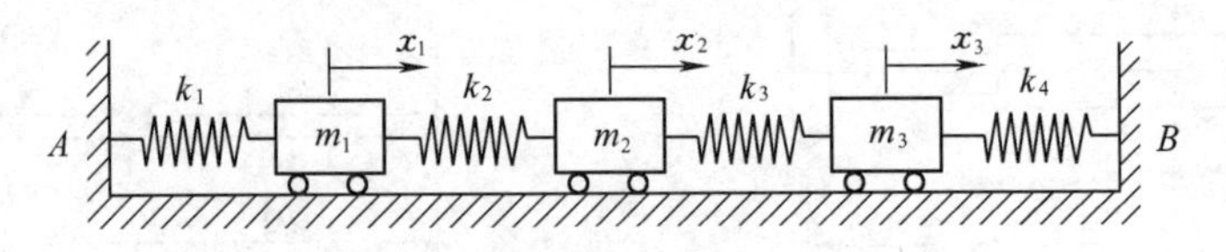


题 3.13 图

3.14 题 3.14 图所示简支梁,在四等分处有 3 个质量块,$m_1=m_2=m_3=m$,梁的抗弯刚度为 $EI$,其质量略去不计,求各阶固有频率及主振型。

3.15 校核题 3.11 中各阶主振型对系统质量矩阵及刚度矩阵的正交性,并求出各阶正则振型。

3.16 题 3.16 图所示系统是考虑了阻尼后的弹簧—质量系统,如 $m_1=m_2=m_3=m$,$k_1=k_2=k_3=k$,各质量上分别作用有外力 $P_1=P_2=P_3=P\sin\omega_0 t$,相对阻尼系数 $\zeta_1=\zeta_2=\zeta_3=$

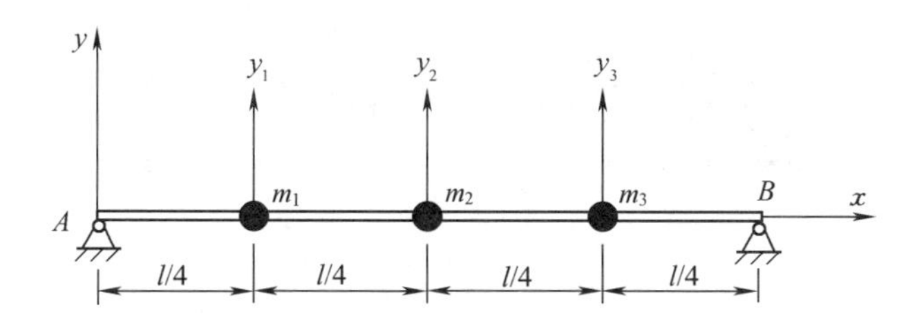


题 3.14 图

0.01,试求系统的稳态强迫振动。

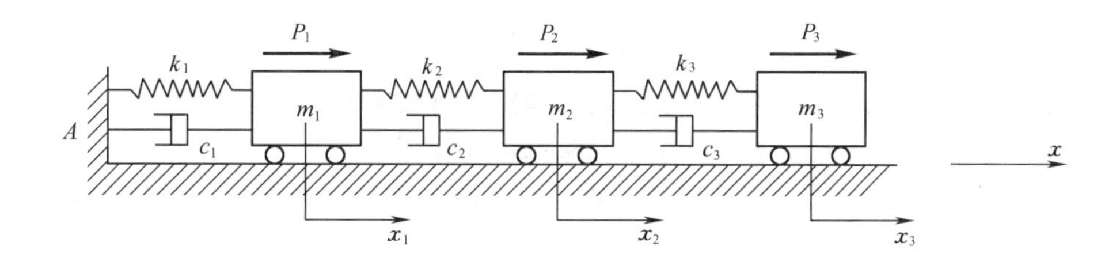


题 3.16 图

3.17　用邓柯莱法计算题 3.17 图所示系统的第一阶固有频率。

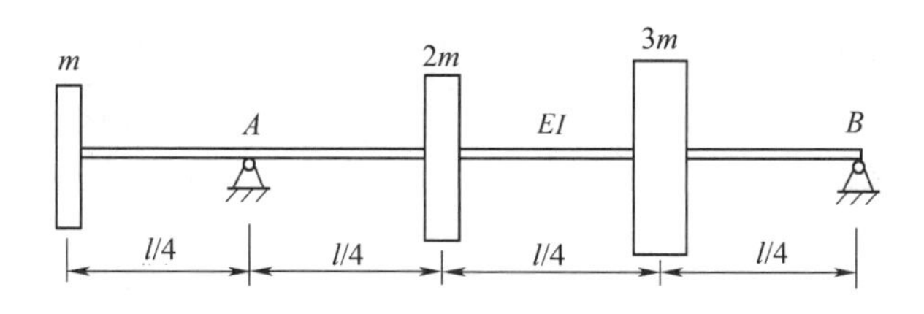


题 3.17 图

3.18　已知题 3.18 图中均质等直简支梁的基频为 $\pi^2\sqrt{EI/ml^3}$,其中 $m$ 是梁的质量,试用邓柯莱法估算梁中央附加集中质量 $M$ 时系统的基频。

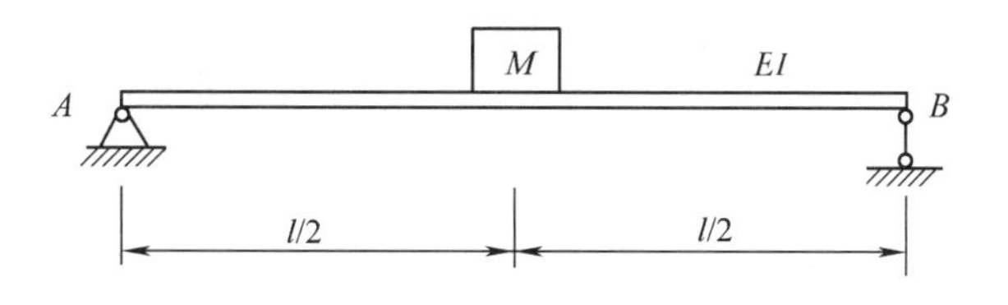


题 3.18 图

3.19　用瑞雷法估算题 3.17 图所示系统的第一阶固有频率。

3.20　用瑞雷法计算题 3.20 图所示系统的基频。

3.21　题 3.21 图所示的两端简支的等直轴,在 4 等分跨距的各处有 3 个圆盘,其质量分别为 $m$、$2m$、$m$,已知轴长 $l$,弯曲刚度 $EI$,不计轴的质量与圆盘的转动惯量。试用瑞雷法计算横向振动的第一阶固有频率。

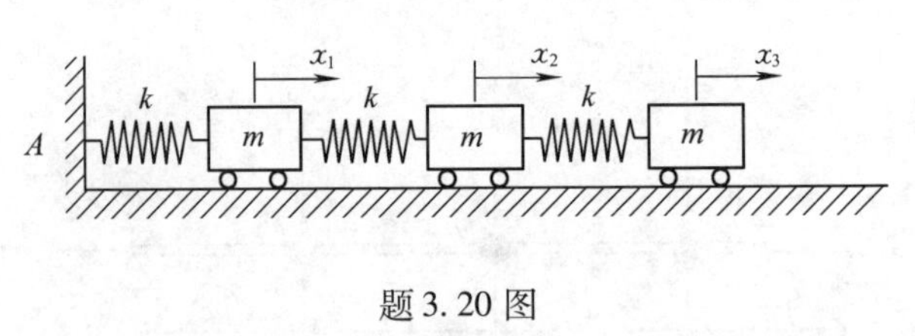


题 3.20 图

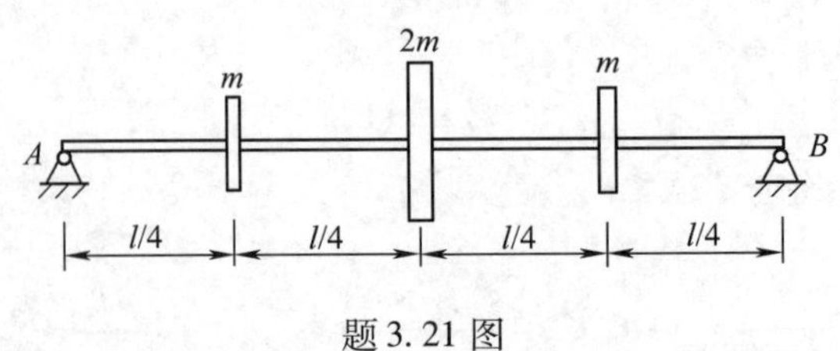


题 3.21 图

3.22　试用李兹法计算题 3.20 图所示系统的前二阶固有频率及主振型。

3.23　试用传递矩阵法求题 3.17 图所示系统横向振动的固有频率。

3.24　试用传递矩阵法求题 3.24 图所示悬臂梁在自由端有集中质量块 $m$ 时横向振动的固有频率。

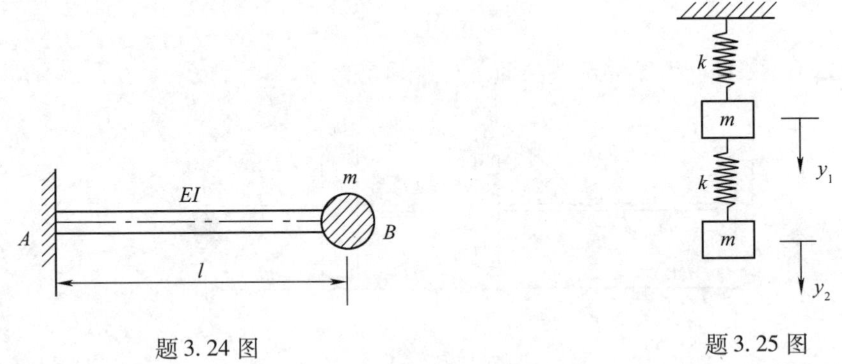


题 3.24 图　　题 3.25 图

3.25　试用传递矩阵法求题 3.25 图所示弹簧—质量系统的固有频率和主振型。

3.26　题 3.26 图所示为三层弹性结构,其全部质量的 1/2 分布在第一层,另外 1/2 质量则在第二及第三层等分。设各层间的刚度都相等,试用矩阵迭代法求第一、二阶固有频率及主振型。

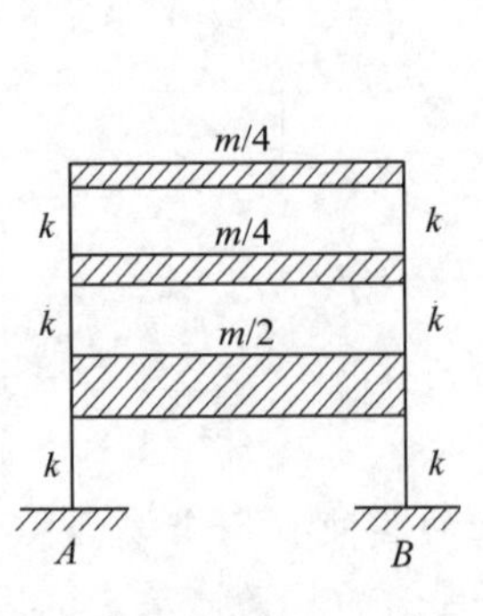


题 3.26 图

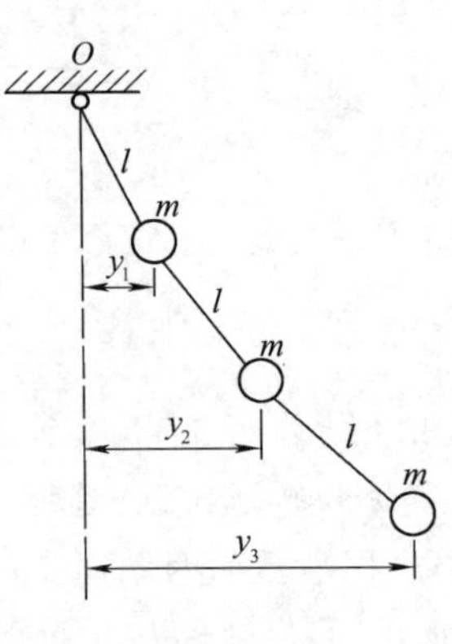


题 3.27 图

3.27　试用矩阵迭代法求题3.27图所示三重摆的第一、二阶固有频率(提示:选广义坐标$y_1$、$y_2$、$y_3$,先求影响系数后再写出振动方程)。

3.28　在题3.28图示振动系统中,已知:二物体的质量分别为$m_1$和$m_2$,弹簧的刚度系数分别为$k_1$、$k_2$、$k_3$、$k_4$、$k_5$,物块的运动阻力不计。试求:(1)采用影响系数法写出系统的动力学方程;(2)假设$m_1 = m_2 = m$,$k_1 = k_2 = k$,$k_3 = k_4 = k_5 = 1/3k$,求出振动系统的固有频率和相应的振型;(3)假定系统存在初始条件$\begin{bmatrix} x_1(0) \\ x_2(0) \end{bmatrix} = \begin{bmatrix} 2 \\ 4 \end{bmatrix}$,$\begin{bmatrix} \dot{x}_1(0) \\ \dot{x}_2(0) \end{bmatrix} = \begin{bmatrix} 6 \\ 2 \end{bmatrix}$,求系统响应。

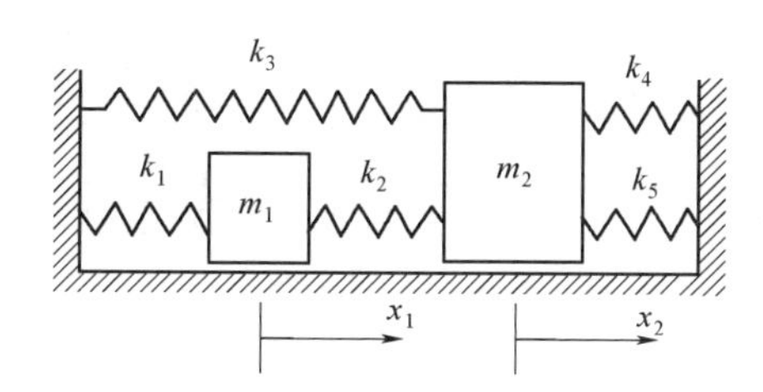


题3.28图

3.29　一栋三层楼房,如题3.29图,其刚度、质量矩阵和固有频率及振型如下:

$$[k] = \begin{bmatrix} 800 & -800 & 0 \\ -800 & 2\,400 & -1\,600 \\ 0 & -1\,600 & 4\,000 \end{bmatrix},\quad [m] = \begin{bmatrix} 1 & 0 & 0 \\ 0 & 2 & 0 \\ 0 & 0 & 2 \end{bmatrix}$$

$$\omega_1^2 = 251.1,\quad \omega_2^2 = 1\,200.0,\quad \omega_3^2 = 2\,548.9$$

$$[\varphi] = \begin{bmatrix} 1.000\,00 & 1.000\,00 & 0.313\,86 \\ 0.686\,14 & -0.500\,00 & -0.686\,14 \\ 0.313\,86 & -0.500\,00 & 1.000\,00 \end{bmatrix}$$

求:(1)确定主质量、主刚度矩阵$M$,$K$;(2)若$p(t) = [100\quad 100\quad 100]^{\mathrm{T}}\cos(\Omega t)$,确定模态力$F_r$;(3)确定稳定响应的表达式。

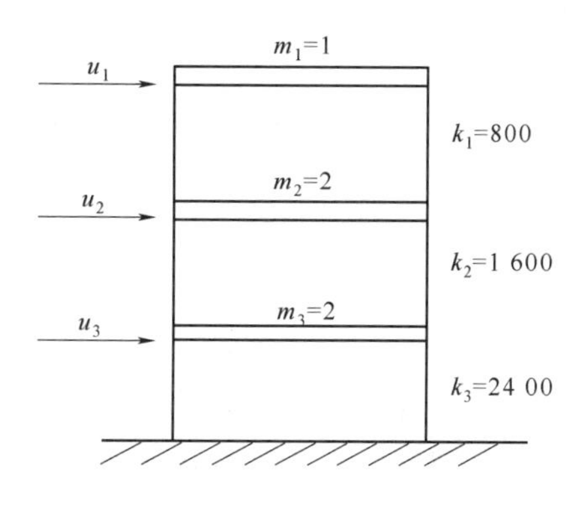


题3.29图

# 4 连续系统振动

连续系统的力学模型是由具有分布的质量和分布的弹性所组成的，如柔索或弦、梁、板等。

在数学上，它们的运动状态可用时间和坐标的函数来描述：

$$y=f(x,t)$$

为此，所建立的系统的振动运动微分方程将是偏微分方程。

由于本章只考虑线性的连续系统，故作如下基本假设：

(1)材料是均匀连续的，且各向同性；

(2)在所有情况下，应力都在弹性范围内，即服从胡克定律；

(3)任一点的变形皆是微小的，且满足连续条件。

## 4.1 弦、杆、轴的振动

### 4.1.1 弦的横向振动

弦和绳索是工程上和生活上常用的构件，如悬索桥的索[图4.1(a)]、斜拉桥的斜拉索[图4.1(b)]、悬索屋顶结构[图4.1(c)]、高压输电线[图4.1(d)]及乐器中的小提琴、胡琴等的琴弦。

对于连续系统而言，它们是最简单的构件，是质量连续分布、无弯曲刚度的一维连续体。

悬索结构的缆索(输电线及拉索等)在风载作用下将产生涡激振动，结了冰的电缆会产生弛振。这些振动属于非线性振动，但线性振动是研究非线性振动的基础。在此，我们只研究弦的线性的横向振动，讨论其振动方程的建立及求解的方法，获得固有频率、主振型及响应。

1. 弦的横向自由振动微分方程

首先考虑这样一种弦，其两端固定，且用张力 $\boldsymbol{T}_0$ 拉紧弦，如图4.2所示。在开始时给弦一干扰(冲击力或位移)，待干扰消失后，弦将在 $Oxy$ 平面内发生横向自由振动。设弦的单位体积的质量为 $\rho$，弦的横截面面积为 $A$，弦的长度为 $l$，且在整个振动过程中引起的张力变化较小，可以认为张力 $\boldsymbol{T}_0$ 的大小为常量。现将以离散系统和连续系统这两种力学模型分别建立其振动微分方程。

(1)以离散系统为力学模型建立振动微分方程

现先把弦任意分割为 $n+1$ 段，那么分割点的数目为 $n$，如图4.3(a)所示。然后，将每段弦的质量对半分别地聚缩在每段弦的两端。令各质量点的质量为 $m_i(i=1,2,\cdots,n)$，且 $m_i=\rho A\cdot\Delta x_i$，这样就把这种弦变成只受张力 $\boldsymbol{T}_0$ 的弦段，以此来连接每一个集中质量 $m_i$ 的力学模型，使连续系统简化为离散系统，成为研究一个 $n$ 自由度系统的振动问题。要注意弦的固定端处的两质量点 $m_0$ 和 $m_{n+1}$ 将不会参与振动。

设坐标系 $Oxy$ 如图4.3(a)所示，用 $y_i$ 表示各质点 $m_i$ 偏离平衡位置的横向位移，且各质点

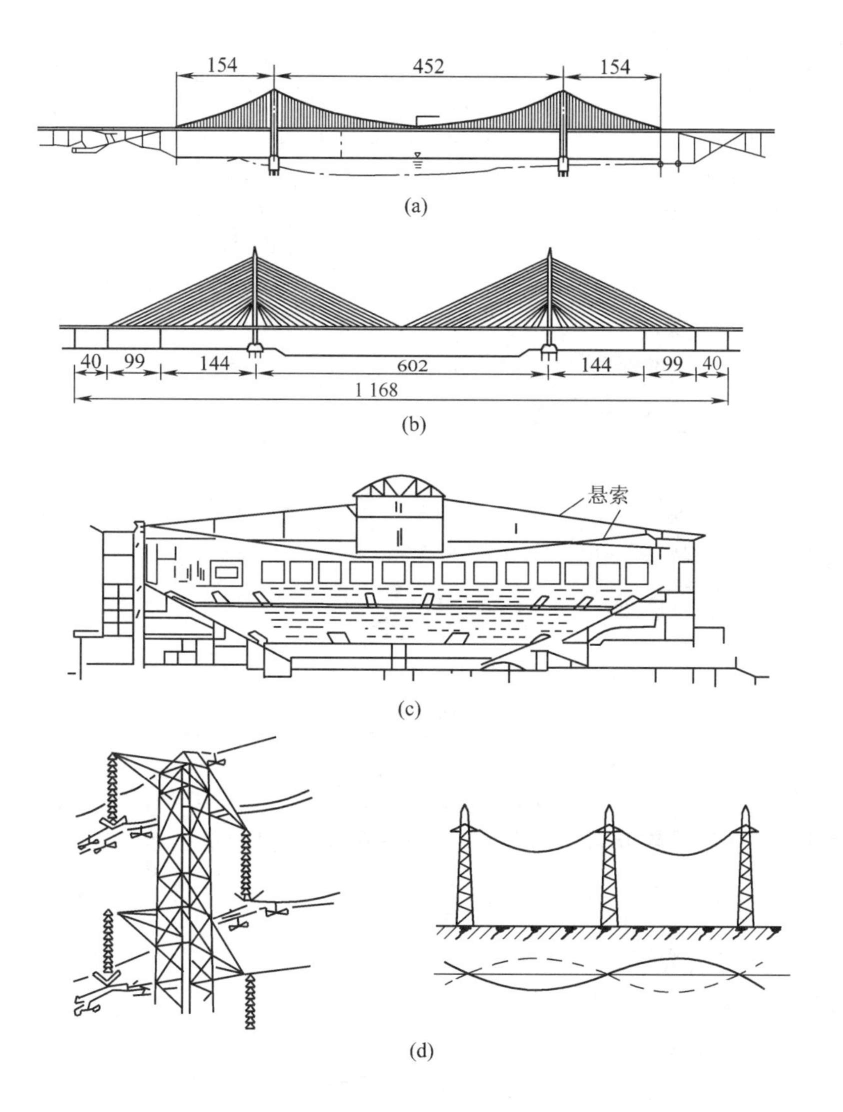


图　4.1

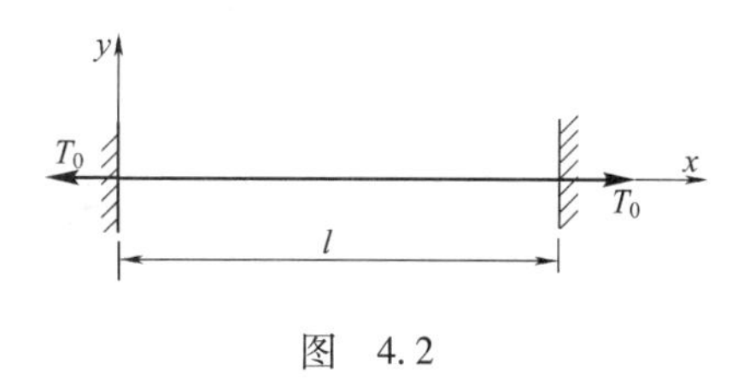


图　4.2

的位移很小，故各质点 $m_i$ 作微振动。现从该系统中取出3个相邻质点 $m_{i-1}$、$m_i$ 和 $m_{i+1}$，画出质点 $m_i$ 的受力图，如图4.3(b)所示。其中 $\boldsymbol{T}_0$ 为连接质点 $m_i$ 和 $m_{i-1}$ 及 $m_i$ 和 $m_{i+1}$ 的线段中的张力，虽然它们的大小皆为 $\boldsymbol{T}_0$，但它们的方向是不同的。

根据牛顿第二定律，可写出质点 $m_i$ 的横向振动微分方程为

$$m_i \ddot{y}_i = -T_0 \sin \alpha_i - T_0 \sin \beta_i \tag{a}$$

式中 $\alpha_i$、$\beta_i$ 分别为质点 $m_i$ 上两相邻弦段的张力 $\boldsymbol{T}_0$ 与 $x$ 轴的夹角。因每一个质点 $m_i$ 作微振动，故有 $\sin \alpha_i \approx \tan \alpha_i$，$\sin \beta_i \approx \tan \beta_i$，且

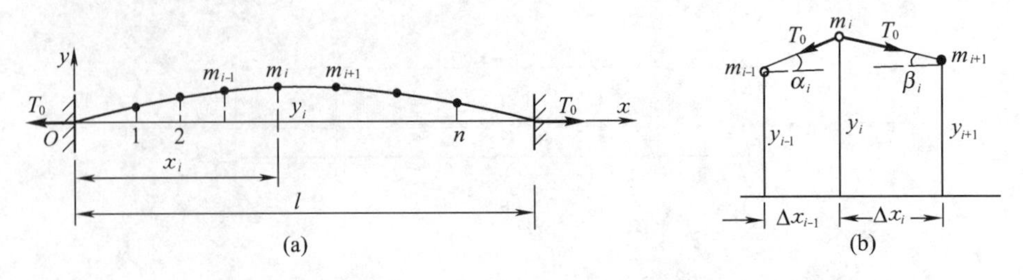


图 4.3

$$\tan\alpha_i=\frac{y_i-y_{i-1}}{\Delta x_{i-1}},\quad \tan\beta_i=\frac{y_i-y_{i+1}}{\Delta x_i}=-\frac{y_{i+1}-y_i}{\Delta x_i} \tag{b}$$

把式(b)中的两式代入到式(a)中,整理后可得

$$m_i\ddot{y}_i=T_0\left(\frac{y_{i+1}-y_i}{\Delta x_i}\right)-T_0\left(\frac{y_i-y_{i-1}}{\Delta x_{i-1}}\right) \tag{4.1}$$

现令 $\Delta y_{i-1}=y_i-y_{i-1}$,$\Delta y_i=y_{i+1}-y_i$,代入式(4.1)中得

$$m_i\ddot{y}_i=\Delta\left(T_0\frac{\Delta y_i}{\Delta x_i}\right)\qquad (i=1,2,\cdots,n)$$

因张力 $\boldsymbol{T}_0$ 的大小为常量,在方程两边同除以 $\Delta x_i$,上式可改写为

$$\frac{m_i\ddot{y}_i}{\Delta x_i}=T_0\frac{\Delta}{\Delta x_i}\left(\frac{\Delta y_i}{\Delta x_i}\right)\qquad (i=1,2,\cdots,n)$$

若将弦的分段无限地缩小,即 $\Delta x_i\to 0$,那么,上式在趋向它的极限时,就相当于质量被分布在弦的全长上,使离散系统趋近为连续系统。又 $y$ 是变量 $x$ 和 $t$ 的二元函数,此时上式可写为

$$T_0\frac{\partial^2 y}{\partial x^2}=\rho A\frac{\partial^2 y}{\partial t^2} \tag{4.2}$$

这就是弦的横向自由振动的偏微分方程。

(2)以连续系统为力学模型来建立振动微分方程

对连续系统可应用材料力学中常用的取微单元的方法来研究。在离左边固定端 $x$ 的弦上取一微段 d$x$[图 4.4(a)],其分离体图如图 4.4(b)所示。用 $y$ 表示弦上 $x$ 点的横向位移 $y=y(x,t)$,其质量为 $\mathrm{d}m=\rho A\mathrm{d}x$,在任一瞬时,此微段的两端上分别作用着一个张力,它们是大小相等而方向不同的两个张力 $\boldsymbol{T}_0$。

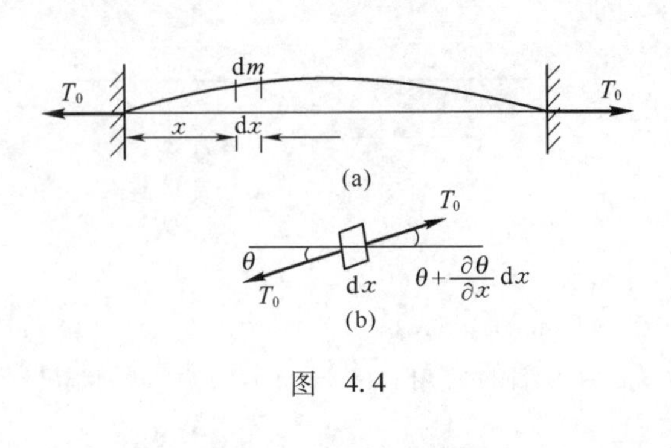


图 4.4

由牛顿第二定律,可写出该微段的运动微分方程为

$$(\mathrm{d}m)\frac{\partial^2 y}{\partial t^2}=T_0\sin\left(\theta+\frac{\partial\theta}{\partial x}\mathrm{d}x\right)-T_0\sin\theta \tag{a}$$

因弦作微幅振动,且 $\mathrm{d}m=\rho A\mathrm{d}x$,故有 $\sin\left(\theta+\frac{\partial\theta}{\partial x}\mathrm{d}x\right)\approx\theta+\frac{\partial\theta}{\partial x}\mathrm{d}x$, $\sin\theta\approx\theta$。又因为 $\theta=\partial y/\partial x$,把这些式子代入式(a),简化后得

$$T_0\frac{\partial^2 y}{\partial x^2}=\rho A\frac{\partial^2 y}{\partial t^2}$$

上式和式(4.2)是通过两个不同的模型所建立的,但振动微分方程是完全相同的,这说明离散

系统的数学公式取极限后可推导出连续系统的数学公式。

2. 弦的横向自由振动微分方程的解

现把式(4.2)简写为

$$\frac{\partial^2 y(x,t)}{\partial t^2}=c^2\frac{\partial^2 y(x,t)}{\partial x^2} \tag{4.3}$$

式中 $c^2=T_0/\rho A$，$c$ 为波沿弦长度方向传播的速度，式(4.3)一般称为一维波动方程。解此方程时，同样要应用有限自由度系统分析的特性：

(1)各质点按同样的频率和相位运动；

(2)各质点同时经过平衡位置和达到最大偏离位置，即系统具有一定的、与时间无关的振型。从而可设式(4.3)的解为

$$y(x,t)=Y(x)T(t) \tag{4.4}$$

式中 $Y(x)$ 为弦的振型，是 $x$ 的函数，而 $T(t)$ 为弦的振动方式，是 $t$ 的函数。把式(4.4)代入(4.3)中，可得

$$Y(x)\frac{\mathrm{d}^2 T}{\mathrm{d}t^2}=c^2\frac{\mathrm{d}^2 Y(x)}{\mathrm{d}x^2}T(t)$$

整理后得

$$\frac{c^2}{Y(x)}\frac{\mathrm{d}^2 Y(x)}{\mathrm{d}x^2}=\frac{1}{T(t)}\frac{\mathrm{d}^2 T}{\mathrm{d}t^2} \tag{4.5}$$

此方程中的 $x$ 和 $t$ 两个变量已被分离，把这种方法称为分离变量法。此时，偏微分方程已转变为常微分方程。欲使式(4.5)两边相等，则两边必须都等于同一个常数，设该常数为 $-\omega^2$，即可得

$$\begin{cases}\dfrac{\mathrm{d}^2 T}{\mathrm{d}t^2}+\omega^2 T=0 & (4.6\text{a})\\[2mm] \dfrac{\mathrm{d}^2 Y}{\mathrm{d}x^2}+\dfrac{\omega^2}{c^2}Y=0 & (4.6\text{b})\end{cases}$$

式(4.6a)和式(4.6b)的解分别为

$$T(t)=A_1\sin(\omega t+\varphi) \tag{4.7a}$$

$$Y(x)=A_2\sin\frac{\omega}{c}x+A_3\cos\frac{\omega}{c}x \tag{4.7b}$$

式(4.7b)称为振型函数，它表明了弦按固有频率 $\omega$ 作简谐振动时的振动形态，即为主振型，现把式(4.7a)、式(4.7b)代入式(4.4)中可得

$$\begin{aligned}y(x,t)&=A_1\left(A_2\sin\frac{\omega}{c}x+A_3\cos\frac{\omega}{c}x\right)\sin(\omega t+\varphi)\\&=\left(A\sin\frac{\omega}{c}x+B\cos\frac{\omega}{c}x\right)\sin(\omega t+\varphi)\end{aligned} \tag{4.8}$$

式中 $A$、$B$、$\varphi$、$\omega$ 为4个待定常数，它们除了需要弦在振动时的初始条件确定外，还需弦的两个端点条件来确定。两个端点条件，一般称为连续系统的边界条件。欲确定固有频率 $\omega$，就必须应用连续系统的边界条件。

对于两端固定的弦的边界条件为

$$y(0,t)=0,\qquad y(l,t)=0$$

代入式(4.8)中得

$$B=0$$

$$\sin\frac{\omega}{c}l=0 \tag{4.9}$$

式(4.9)为弦振动的特征方程,也就是频率方程,由于对应于正弦函数为零的固有频率 $\omega$ 值应有无限多个,即

$$\frac{\omega_n}{c}l=n\pi$$

所以

$$\omega_n=\frac{cn\pi}{l}=\frac{n\pi}{l}\sqrt{\frac{T_0}{\rho A}}\qquad(n=1,2,\cdots) \tag{4.10}$$

为此,对应于无限多阶的固有频率 $\omega_n$,就有无限多阶的主振动,把 $\omega_n$ 代入(4.8)中得

$$y_n(x,t)=A_n\sin\frac{\omega_n}{c}x\sin(\omega_n t+\varphi_n) \tag{4.11}$$

式中 $A_n\sin\frac{\omega_n}{c}x$ 为主振型,即

$$Y_n(x)=A_n\sin\frac{\omega_n}{c}x=A_n\sin\frac{n\pi}{l}x\qquad(n=1,2,\cdots) \tag{4.12}$$

通常称 $Y(x)$ 为特征函数。为此 $Y_n(x)$ 为一特征函数族,主振型也应是一函数族。

通常情况下,弦的自由振动为无限多阶主振动的叠加,有

$$y(x,t)=\sum_{n=1}^{\infty}A_n\sin\frac{\omega_n}{c}x\sin(\omega_n t+\varphi_n) \tag{4.13a}$$

或

$$y(x,t)=\sum_{n=1}^{\infty}\sin\frac{\omega_n}{c}x(C_n\sin\omega_n t+D_n\cos\omega_n t) \tag{4.13b}$$

式中 $A_n$、$\varphi_n$ 或 $C_n$、$D_n$ 两个待定常数可根据初始条件来决定。设初始条件为

$$y(x,0)=f_1(x),\quad \left.\frac{\partial y(x,t)}{\partial t}\right|_{t=0}=f_2(x)$$

代入式(4.13b),有

$$\left.\begin{aligned}f_1(x)&=\sum_{n=1}^{\infty}D_n\sin\frac{\omega_n}{c}x\\ f_2(x)&=\sum_{n=1}^{\infty}C_n\omega_n\sin\frac{\omega_n}{c}x\end{aligned}\right\} \tag{a}$$

把 $f_1(x)$、$f_2(x)$ 按傅里叶级数展开,有

$$\left.\begin{aligned}f_1(x)&=\sum_{n=1}^{\infty}a_n\sin\frac{\omega_n}{c}x\\ f_2(x)&=\sum_{n=1}^{\infty}b_n\sin\frac{\omega_n}{c}x\end{aligned}\right\} \tag{b}$$

式中

$$a_n=\frac{2}{l}\int_0^l f_1(x)\sin\frac{n\pi}{l}x\mathrm{d}x$$

$$b_n=\frac{2}{l}\int_0^l f_2(x)\sin\frac{n\pi}{l}x\mathrm{d}x$$

比照式(a)和式(b),则可得

$$D_n = a_n, \quad C_n\omega_n = b_n$$

弦的自由振动响应为

$$y(x,t) = \sum_{n=1}^{\infty}\left[\frac{2}{l}\left(\int_0^l f_1(x)\sin\frac{n\pi}{l}x\mathrm{d}x\right)\cos\omega_n t + \frac{2}{nc\pi}\left(\int_0^l f_2(x)\sin\frac{n\pi}{l}x\mathrm{d}x\right)\sin\omega_n t\right]\sin\frac{\omega_n}{c}x \tag{4.14}$$

在求解弦的自由振动微分方程的过程中,要注意以下几点:

(1)方程(4.7b)的解必须满足初始条件和边界条件。在数学上,把初始条件和边界条件称为定解条件,故求一个偏微分方程满足定解条件的解的问题称为定解问题。只有初始条件,没有边界条件的定解问题称为初值问题(或柯西问题);反之,没有初始条件,只有边界条件的定界问题称为边值问题,两者皆有之称为混合问题。

(2)特征方程(频率方程)可应用边界条件来获得,且特征方程的解是由无限多的特征值组成的。

(3)特征函数族 $Y_n(x)=A_n\sin\frac{n\pi x}{l}(n=1,2,3,\cdots)$ 中的 $A_n$ 是未知的振幅,故 $Y_n(x)$ 仅描述了振型的形状。

(4)在系统的固有频率 $\omega_n=\frac{n\pi}{l}\sqrt{\frac{T_0}{\rho A}}(n=1,2,3,\cdots)$ 中,当 $n=1$ 时,$\omega_1=\frac{\pi}{l}\sqrt{\frac{T_0}{\rho A}}$,该频率通常称为基频,由它所确定的音波称为弦的基音。较高次的频率 $\omega_n(n=2,3,4,\cdots)$ 确定的音波称为泛音,它是基频的整数倍。弦乐器如小提琴、钢琴、胡琴、吉他等的音调和响度,通常以基音为主。$\omega_n$ 与 $\rho$、$T_0$、$l$ 有关,当 $\rho$ 与 $T_0$ 为常数时,则可以通过调整弦线长度来改变音高。例如演奏小提琴,琴手是按照乐谱激励琴弦,使各琴弦作不同频率的振动,图 4.5(b)表示了小提琴上弦的振动。又可知道:一根琴弦松紧不同,固有频率是不一样的,故将一根琴弦拧得紧一些,就可调高音调,拧得松一些就可调低音调。

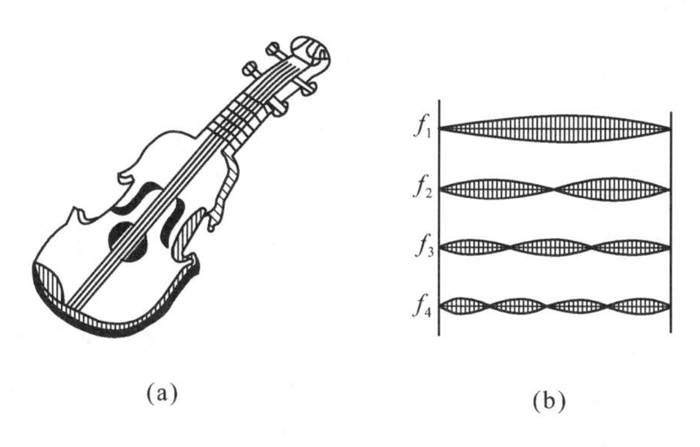


图 4.5

3. 弦的横向强迫振动的微分方程及其解

一根两端固定,长为 $l$ 的弦线上,作用着横向分布力 $q(x,t)$,如图 4.6 所示。设弦内张力的大小皆为 $T_0$,弦线的单位体积质量 $\rho$ 和弦线横截面面积 $A$ 皆为常量。此时,弦在 $q(x,t)$ 分布力作用下,将作强迫振动。应用推导弦的自由振动的微分方程的办法,很容易得到其强迫振

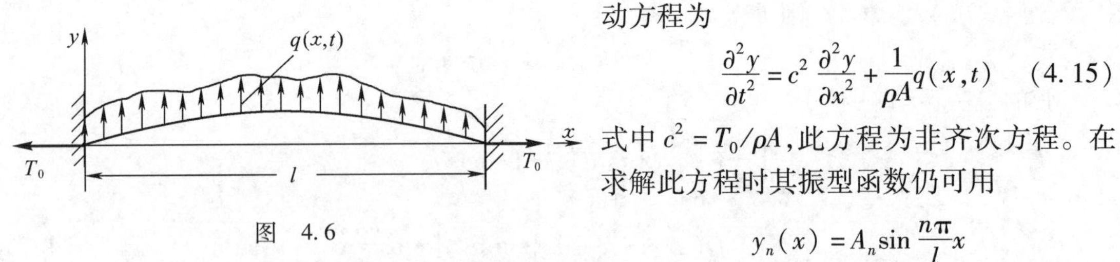


图 4.6

动方程为

$$\frac{\partial^2 y}{\partial t^2}=c^2\frac{\partial^2 y}{\partial x^2}+\frac{1}{\rho A}q(x,t) \tag{4.15}$$

式中 $c^2=T_0/\rho A$,此方程为非齐次方程。在求解此方程时其振型函数仍可用

$$y_n(x)=A_n\sin\frac{n\pi}{l}x$$

所不同的是弦的振动方式 $H_n(t)$ 为未知的时间函数。由于确定振型函数时必须满足边界条件,那么,振型函数与未知的时间函数的乘积

$$y_n(x,t)=Y_n(x)H_n(t)$$

也必须满足边界条件,同时式(4.13)的解也应满足边界条件,现可假设方程(4.15)的解为

$$y(x,t)=\sum_{n=1}^{\infty}A_n\sin\left(\frac{n\pi}{l}x\right)H_n(t) \tag{4.16}$$

把式(4.16)代入式(4.15),得

$$\sum_{n=1}^{\infty}A_n\sin\left(\frac{n\pi}{l}x\right)\frac{\mathrm{d}^2H_n(t)}{\mathrm{d}t^2}+c^2\sum_{n=1}^{\infty}A_n\left(\frac{n\pi}{l}\right)^2\sin\left(\frac{n\pi}{l}x\right)H_n(t)=\frac{1}{\rho A}q(x,t) \tag{4.17}$$

设 $A_n=1$,再把上式的两边乘以 $\sin\frac{m\pi}{l}x$,且由 0 至 $l$ 对 $x$ 进行积分,根据振型函数正交性可得

$$\frac{\mathrm{d}^2H_m(t)}{\mathrm{d}t^2}+p_m^2H_m(t)=Q_m(t) \qquad (m=1,2,3,\cdots)$$

式中

$$Q_m(t)=\frac{1}{\rho A}\int_0^l q(x,t)\sin\frac{m\pi}{l}x\mathrm{d}x \qquad (m=1,2,3,\cdots)$$

此方程与受外部激励的无阻尼单自由度系统运动方程的形式相同,其解可写成如下的一般形式:

$$\begin{aligned}H_m(t)=&H_{m0}\cos\omega_m t+\dot{H}_{m0}\sin\omega_m t+\\&\frac{1}{\omega_m}\int_0^l Q_m(\tau)\sin\omega_m(t-\tau)\mathrm{d}\tau \quad (m=1,2,\cdots)\end{aligned} \tag{4.18}$$

式中 $H_{m0},\dot{H}_{m0}(m=1,2,\cdots)$ 为待定常数,可由初始条件决定。它们分别表示了广义坐标和广义速度的初始值,$Q_m(\tau)$ 称为广义力。

将式(4.18)代入式(4.16)中,可得弦的强迫振动解,即得系统在初始条件下和任意激振的响应。

**【例 4.1】** 在一旋转的圆平台上,沿直径方向安装了一根弦 $AB$,弦内初拉力为 $\boldsymbol{T}_0$,弦长为 $l$,弦的一端 $A$ 离圆平台的圆心距离为 $l_1$,弦在圆平台上作微振动,如图 4.7(a)所示。在这种情况下,弦实为测量平台旋转角速度 $\omega$ 的敏感元件,即由测量弦振动的基频来确定平台的角速度 $\omega$。试建立此弦的振动微分方程。

**【解】** 因平台旋转时,弦内所受的张力大小不为常量,它将沿其长度方向变化,即张力为 $T(x)$。现研究图 4.7(b)所示的静不定问题。应用动静法可以画出弦线上的虚加分布的离心惯性力 $q_x(x)$(以下简称为分布力),则作用在长为 d$x$ 的弦线单元体上的虚加离心惯性力为

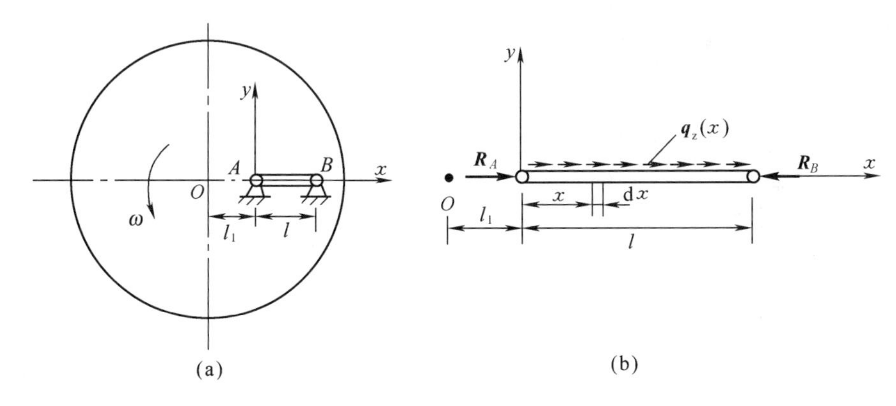


图 4.7

$$q_x(x)\mathrm{d}x = m(x)\cdot(l_1+x)\omega^2\mathrm{d}x \tag{a}$$

所引起的张力为 $T(x)$，欲求出此张力 $T(x)$，还必须求得弦线在某固定点（如 $B$ 点）处的张力。因在分布力 $q_x(x)$ 作用下，弦沿 $AB$ 轴线的总伸长等于零，根据力的独立作用原理，又 $m(x)=m_0=$ 常数时，有

$$\Delta l_{\mathrm{q}} = \Delta l_{R_B}$$

又

$$\Delta l_{\mathrm{q}} = \int_0^l \frac{N_{\mathrm{q}}(x)}{EA}\mathrm{d}x,\quad \Delta l_{R_B} = \frac{R_{\mathrm{B}}l}{EA}$$

则有

$$\frac{R_{\mathrm{B}}l}{EA} = \int_0^l \frac{N_{\mathrm{q}}(x)}{EA}\mathrm{d}x \tag{b}$$

式中 $E$ 为弦材料的杨氏弹性模量，$A$ 为弦横截面面积，$N_{\mathrm{q}}(x)$ 为分布力 $q_x(x)$ 作用所引起的弦的内力，即

$$N_{\mathrm{q}}(x) = \int_x^l q_x(x)\mathrm{d}x = m_0\omega^2\left[l_1(l-x)+\frac{1}{2}(l^2-x^2)\right] \tag{c}$$

把式(c)代入式(b)中，有

$$R_Bl = \int_0^l m_0\omega^2\left[l_1(l-x)+\frac{1}{2}(l^2-x^2)\right]\mathrm{d}x = m_0\omega^2l^2\left(\frac{l_1}{2}+\frac{l}{3}\right)$$

则 $B$ 点的反力

$$R_B = m_0\omega^2l\left(\frac{l_1}{2}+\frac{l}{3}\right)\qquad(\leftarrow)$$

故由分布力 $q_x(x)$ 引起的弦内张力 $T(x)$ 为

$$T(x) = m_0\omega^2\left[l_1(l-x)+\frac{1}{2}(l^2-x^2)\right]-R_B$$

现已知初拉力为 $T_0$，弦内总张力为

$$T(x) = m_0\omega^2\left[l_1(l-x)+\frac{1}{2}(l^2-x^2)\right]-R_B+T_0 \tag{d}$$

注意：此处弦内的总张力没有考虑科氏惯性力的影响。由于微振动时此力与其他作用力相比是二阶微量，所以可以忽略不计。

在微振动时，作用在弦线单元体上的分布的离心惯性力 $q(x)$（图 4.8）在 $y$ 轴上的投影为

$$q_y(x)=m_0(l_1+x)\omega^2\sin\alpha_1=m_0y\,\omega^2$$

根据动静法对弦线单元体可写出动力学方程为

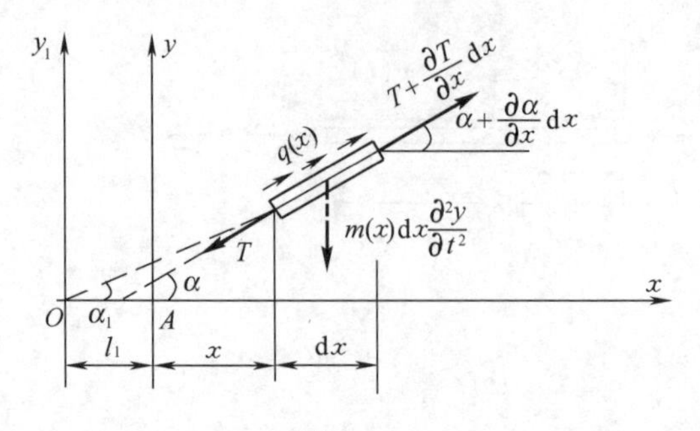


图 4.8

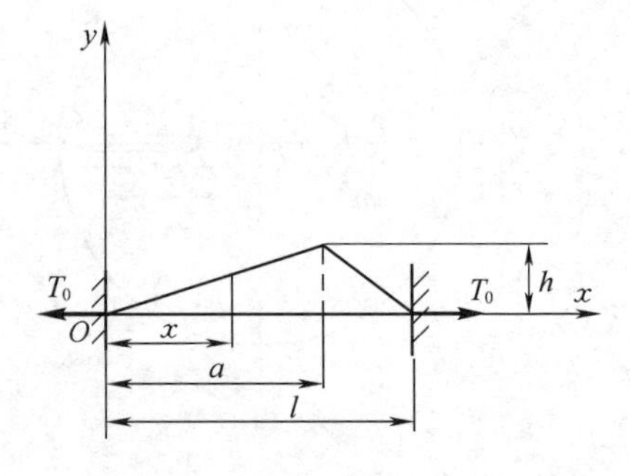


图 4.9

$$\left(T+\frac{\partial T}{\partial x}\mathrm{d}x\right)\sin\left(\alpha+\frac{\partial\alpha}{\partial x}\mathrm{d}x\right)-T\sin\alpha+q_y(x)\,\mathrm{d}x-m(x)\,\mathrm{d}x\,\frac{\partial^2y}{\partial t^2}=0$$

整理后得

$$m_0\,\frac{\partial^2y}{\partial t^2}=\frac{\partial}{\partial x}\left[T(x)\frac{\partial y}{\partial x}\right]+m_0y\omega^2$$

此式为弦的振动微分方程。

**【例4.2】** 一根两端固定的弦,弦长为 $l$,弦横截面面积为 $A$,弦的单位体积质量为 $\rho$,开始时,在距 $O$ 点 $a$ 距离处把弦拉高 $h$,如图4.9所示,然后放手。设弦张力 $\boldsymbol{T}_0$ 的大小不变。试求弦自由振动的响应和弦以第 $n$ 阶主振型振动时的总能量。

**【解】** 根据题意,弦作自由振动,其响应可由式(4.14)来表示:

$$y(x,t)=\sum_{n=1}^{\infty}\left[\frac{2}{l}\left(\int_0^l f_1(x)\sin\frac{n\pi}{l}x\mathrm{d}x\right)\cdot\cos\omega_nt+\frac{2}{nc\pi}\left(\int_0^l f_2(x)\sin\frac{n\pi}{l}x\mathrm{d}x\right)\cdot\sin\omega_nt\right]\sin\frac{\omega_n}{c}x \tag{a}$$

式中 $\omega_n=cn\pi/l$,$f_1(x)$、$f_2(x)$ 为初始条件。现根据题意知

$$f_1(x)=\begin{cases}\dfrac{hx}{a}, & 0\leqslant x\leqslant a\\[2ex] \dfrac{h}{l-a}(l-x), & a\leqslant x\leqslant l\end{cases}$$

$$f_2(x)=0$$

将 $f_1(x)$ 和 $f_2(x)$ 代入式(a)得

$$\begin{aligned}y(x,t)&=\sum_{n=1}^{\infty}\frac{2}{l}\left(\int_0^l f_1(x)\sin\frac{n\pi}{l}x\mathrm{d}x\right)\cos\omega_nt\left(\sin\frac{\omega_n}{c}x\right)\\&=\frac{2hl^2}{\pi^2a(l-a)}\sum_{n=1}^{\infty}\frac{1}{n^2}\sin\frac{n\pi a}{l}\sin\frac{n\pi x}{l}\cos\frac{n\pi c}{l}t\end{aligned}$$

当弦以第 $n$ 阶主振型振动时,它的总能量公式为

$$E_n=\frac{1}{2}\int_0^l\Big[\underbrace{\rho A\left(\frac{\partial y_n}{\partial t}\right)^2}_{\text{动能部分}}+\underbrace{T_0\left(\frac{\partial y_n}{\partial x}\right)^2}_{\text{变形能部分}}\Big]\mathrm{d}x$$

将 $y_n(x,t)$ 代入上式可得

$$E_n = \frac{\sqrt{\frac{T_0}{\rho A}}\left[h^2 l^3 \sin(2n\pi a/l)\right]}{n^2\pi^2 a(l-a)^2}$$

由此可见，$E_n$ 将随 $n$ 值的增大而快速变小，说明了弦以第一阶主振型振动时，即当 $n=1$ 时，它的总能量有最大值，故弦乐器的音调和响度是以基音为主的。

### 4.1.2　杆的纵向振动

在大型建筑（高层建筑、桥梁、海上采油平台、核电站等）工程中，往往大量采用桩基础。为了确定桩的承载力及检验工程桩的施工质量，皆要对桩进行动（静）载试验测定。其中动力试验桩法所涉及的基本理论就有杆的纵向振动理论。对空间结构（桁架中的各杆和机械中的轴类零件）中的构件，其变形皆不可能为单一的沿杆轴线的变形，同时还会产生弯曲变形和扭转变形。在动载荷作用下，空间结构的构件将会发生杆的纵向、弯曲和扭转振动的耦合振动，故连续系统中杆的纵向振动仅是一种基本形式的振动，同理，杆的扭转振动和杆的横向弯曲（即梁的横向弯曲）振动分别也是一种基本形式的振动。本节先介绍杆的纵向振动，杆的扭转振动将在后续内容中介绍。

1. 杆的纵向自由振动微分方程

对于只考虑纵向振动的细长杆，且假设垂直于杆轴线的任一横截面始终保持为平面，且每一横截面内各质点只沿着杆轴线方向作相等位移，即不计入杆的横向变形。下面以连续系统为力学模型来建立振动微分方程。

图 4.10(a)所示的杆其截面抗拉刚度为 $EA(x)$，$E$ 为弹性模量，$A(x)$ 为横截面面积，杆的单位体积质量为 $\rho$。两端自由，在沿轴向的外干扰力移去后，发生沿杆的纵向振动。

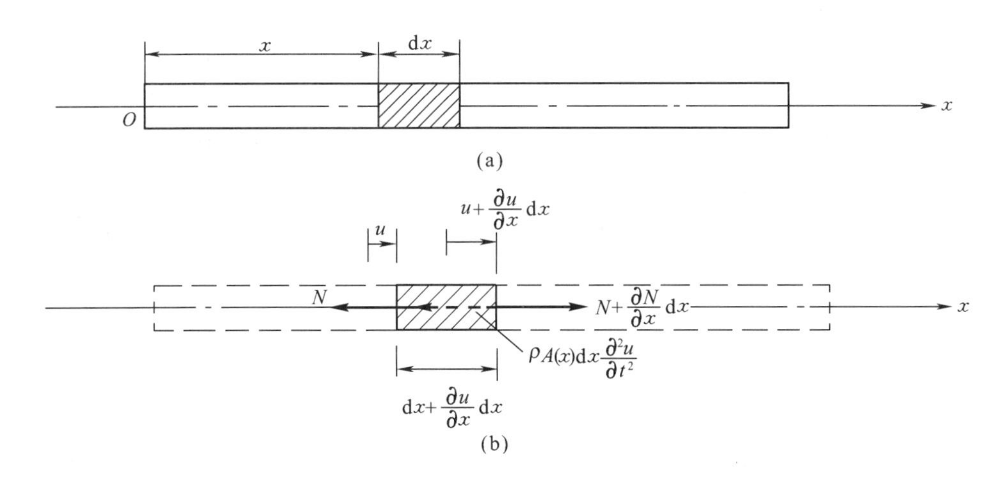


图　4.10

设 $u(x,t)$ 为 $t$ 时刻，距离坐标原点为 $x$ 处的横截面的纵向位移，即它是横截面位置 $x$ 和时间 $t$ 的二元函数。现从杆中取一微段 $dx$ 来进行研究，其受力如图 4.10(b)所示。设 $N$ 为在 $x$ 处横截面上的轴力，且规定其使杆发生拉伸变形时为正，则在 $x+dx$ 处横截面上的轴力应为

$$N+\frac{\partial N}{\partial x}\mathrm{d}x$$

同时,在该处的位移为

$$u+\frac{\partial u}{\partial x}\mathrm{d}x$$

故轴向应变量为

$$\varepsilon=\frac{\Delta(\mathrm{d}x)}{\mathrm{d}x}=\frac{\mathrm{d}x+\frac{\partial u}{\partial x}\mathrm{d}x-\mathrm{d}x}{\mathrm{d}x}=\frac{\partial u}{\partial x}$$

根据胡克定律,有 $\sigma_x=E\varepsilon_x$。又根据杆受轴向力作用时的应力计算公式 $\sigma_x=\frac{N}{A(x)}$,为此有

$$N=EA(x)\varepsilon_x=EA(x)\frac{\partial u}{\partial x} \tag{4.19}$$

根据动静法,应在微段上虚加惯性力 $\rho A(x)\mathrm{d}x\,\frac{\partial^2 u}{\partial t^2}$(略去二阶微量$\frac{\partial u}{\partial x}\mathrm{d}x$),得

$$\left(N+\frac{\partial N}{\partial x}\mathrm{d}x\right)-\rho A(x)\mathrm{d}x\,\frac{\partial^2 u}{\partial t^2}-N=0$$

整理后,有

$$\frac{\partial N}{\partial x}=\rho A(x)\,\frac{\partial^2 u}{\partial t^2}$$

把式(4.19)代入上式得

$$\frac{\partial}{\partial x}\left[EA(x)\,\frac{\partial u}{\partial x}\right]=\rho A(x)\,\frac{\partial^2 u}{\partial t^2} \tag{4.20}$$

当 $A(x)$ 为常量时,即杆为等直杆时,式(4.20)可写为

$$\frac{\partial^2 u}{\partial t^2}=c^2\,\frac{\partial^2 u}{\partial x^2} \tag{4.21}$$

式中 $c^2=E/\rho$,$c$ 为弹性纵波沿杆轴线的传播速度(这个速度为材料内声的速率)。

2. 杆的纵向自由振动微分方程的解

式(4.21)与式(4.3)具有相同的形式,是一维波动方程。求此方程的解同前所述,用类似的分离变量的方法,设其解为 $u(x,t)=U(x)T(t)$,可得

$$\frac{\mathrm{d}^2 T}{\mathrm{d}t^2}+\omega^2 T=0 \tag{4.22a}$$

$$\frac{\mathrm{d}^2 U}{\mathrm{d}x^2}+\frac{\omega^2}{c^2}U=0 \tag{4.22b}$$

解这两方程,可得出其解为

$$\begin{aligned}u(x,t)&=U(x)T(t)\\&=\left(A\sin\frac{\omega}{c}x+B\cos\frac{\omega}{c}x\right)\sin(\omega t+\varphi)\end{aligned} \tag{4.23}$$

式中 $A$、$B$、$\omega$、$\varphi$ 四个待定常数,可由初始条件和边界条件来决定。

例如杆的两端为固定端时,其边界条件为

$$u(0,t)=0,\qquad u(l,t)=0$$

将它们代入式(4.23)可得

$$B=0$$

$$\sin\frac{\omega}{c}l=0$$

从而得出

$$\omega_n=\frac{cn\pi}{l}=\frac{n\pi}{l}\sqrt{\frac{E}{\rho}}\qquad(n=1,2,\cdots)$$

对应的主振型为

$$U_n(x)=A_n\sin\frac{n\pi}{l}x\qquad(n=1,2,\cdots)$$

又如杆的两端为自由端时,其边界条件为

$$EA\left.\frac{\partial u}{\partial x}\right|_{x=0}=0\quad,\qquad EA\left.\frac{\partial u}{\partial x}\right|_{x=l}=0$$

即在自由端处轴向力为零。对式(4.23)求导,得

$$\frac{\partial u}{\partial x}=\frac{\omega}{c}\left(A\cos\frac{\omega}{c}x-B\sin\frac{\omega}{c}x\right)\sin(\omega t+\varphi)$$

再把边界条件代入上式,即有

$$A=0$$

$$\sin\frac{\omega}{c}l=0$$

则有

$$\omega_n=\frac{cn\pi}{l}$$

取 $n=0,1,2,\cdots$,即可得到纵向振动时各种不同类型的频率。它与两端固定的杆不同之处是存在着一个 $n=0$ 时的固有频率 $\omega_n=0$,其含义为杆沿轴线方向作刚体平移。对应的主振型为

$$U_n(x)=B_n\cos\frac{n\pi}{l}x$$

对应于零频率,即 $\omega_0=0$ 时,若取 $B_0=1$,则其主振型为

$$U_n(x)=1$$

由于各种边界条件组合繁多,在此不再一一推导,在表4.1中列出三种边界条件下的杆纵向振动频率方程、固有频率及主振型。在表4.2中仅列出其他情况的边界条件。

**表4.1 三种情况的边界条件**

| 杆 | 边界条件 | 频率方程 | 固有频率 | 主 振 型 |
|---|---|---|---|---|
| $u$ $x$ $l$ | $x=0$,<br>$u(0,t)=0$,<br>$x=l$,<br>$u(l,t)=0$ | $\sin\frac{\omega}{c}l=0$ | $\omega_n=\frac{cn\pi}{l}$<br>$n=1,2,3,\cdots$ | $U_n(x)=A_n\sin\frac{n\pi}{l}x$<br>$n=1$ $n=3$ $n=2$ |

续上表

| 杆 | 边界条件 | 频率方程 | 固有频率 | 主振型 |
|---|---|---|---|---|
| 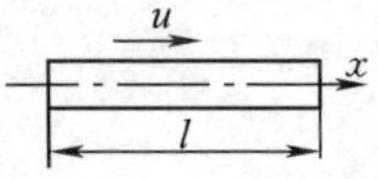  | $x=0$, $\left.\frac{\partial u}{\partial x}\right\|_{x=0}=0$ $x=l$, $\left.\frac{\partial u}{\partial x}\right\|_{x=l}=0$ | $\sin\frac{\omega}{c}l=0$ | $\omega_n=\frac{cn\pi}{l}$ $n=0,1,2,3,\cdots$ $n=0$ 为刚体平移 | 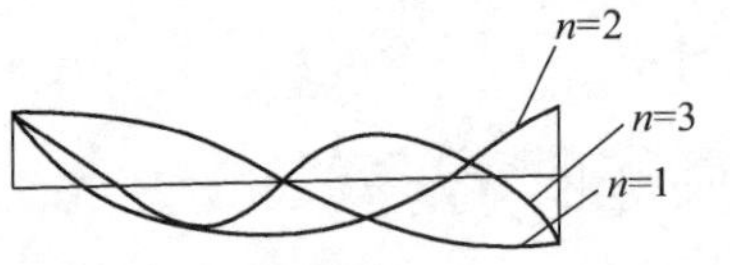  |
| 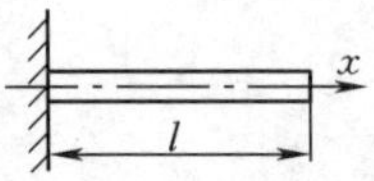  | $x=0$, $u(x,t)=0$, $x=l$, $\left.\frac{\partial}{\partial x}u(x,t)\right\|_{x=l}=0$ | $\cos\frac{\omega}{c}l=0$ | $\omega_n=\frac{cn\pi}{2l}$ $n=1,3,5\cdots$ | 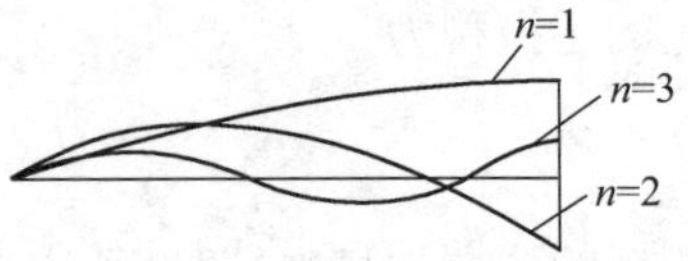  |

**表 4.2 其他情况下的边界条件**

| 杆 | 边界条件 | |
|---|---|---|
| | $x=0$ | $x=l$ |
| 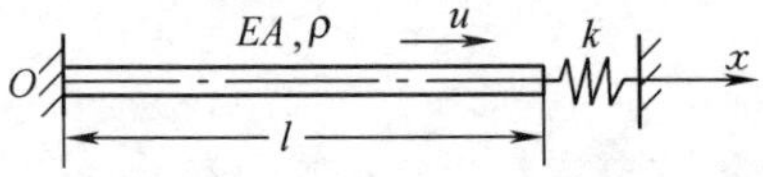  | $u(0,t)=0$ | $-ku=EA\frac{\partial u}{\partial x}$ |
| 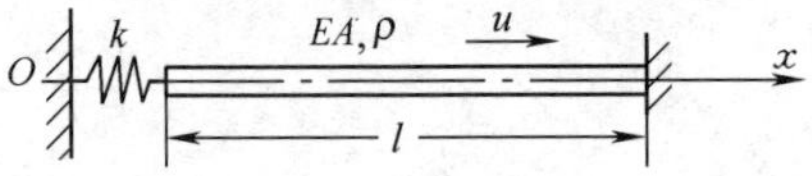  | $ku=EA\frac{\partial u}{\partial x}$ | $u(l,t)=0$ |
| 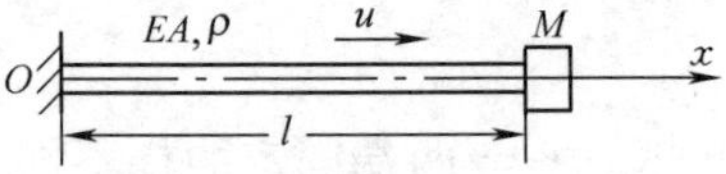  | $u(0,t)=0$ | $-M\frac{\partial^2 u}{\partial t^2}=EA\frac{\partial u}{\partial x}$ |
| 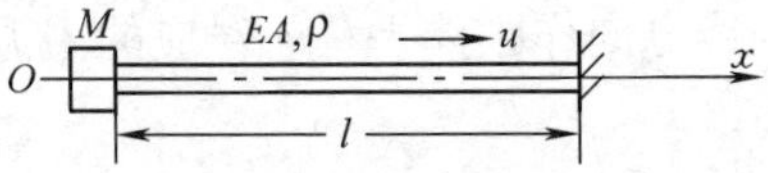  | $M\frac{\partial^2 u}{\partial t^2}=EA\frac{\partial u}{\partial x}$ | $u(l,t)=0$ |
| 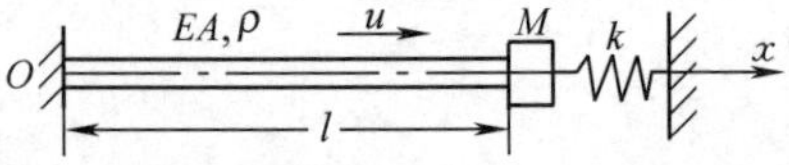  | $u(0,t)=0$ | $-M\frac{\partial^2 u}{\partial t^2}-ku=EA\frac{\partial u}{\partial x}$ |

同弦的自由振动一样处理,杆的纵向振动的通解也是由无限多阶主振型的叠加而得到的,如对两端固定的杆有

$$u(x,t)=\sum_{n=1}^{\infty}A_n\sin\frac{\omega_n}{c}x\sin(\omega_n t+\varphi_n) \tag{4.24}$$

或

$$u(x,t)=\sum_{n=1}^{\infty}\sin\frac{\omega_n}{c}x(C_n\sin\omega_n t+D_n\cos\omega_n t)$$

式中 $A_n$、$\varphi_n$ 或 $C_n$、$D_n$ 两个待定常数,可根据初始条件来决定。

**【例 4.3】** 图 4.11 中所示一等直杆的横截面面积为 $A$,单位体积的质量为 $\rho$,弹性模量为 $E$,长度为 $l$,其左端被固定,而右端固结一质量为 $M$ 的质量块,试计算其固有频率并进行正交性条件的推导。

【解】 (1)计算固有频率

根据式(4.23),有

$$u(x,t)=U(x)T(t)$$
$$=\left(A_0\sin\frac{\omega}{c}x+B_0\cos\frac{\omega}{c}x\right)\sin(\omega t+\varphi)$$

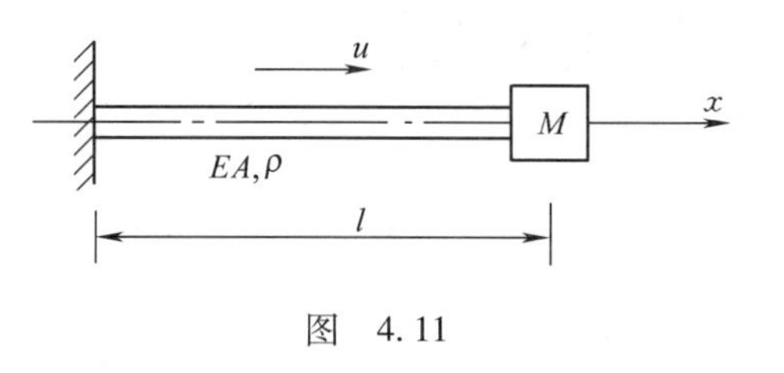


图 4.11

现在右端固结一质量块,则在振动过程中,它对杆端有一惯性力,故边界条件为

$$x=0\ ,\ u=0$$
$$x=l\ ,\ EA\frac{\partial u}{\partial x}\bigg|_{x=l}=-M\frac{\partial^2 u}{\partial t^2}\bigg|_{x=l}$$

代入式(4.23),得

$$B_0=0$$

及

$$EA\frac{\omega}{c}\cos\frac{\omega l}{c}=M\omega^2\sin\frac{\omega l}{c}$$

把 $c^2=E/\rho$ 代入上式,整理后得

$$\frac{\rho Al}{M}=\frac{\omega l}{c}\tan\frac{\omega l}{c} \tag{a}$$

式中 $\rho Al/M$ 为杆的质量和附加质量块的质量之比。式(a)为频率方程,也为超越方程。欲求此方程的根,除应用电算法之外,尚可应用作图法求解。现设 $\rho Al/M=1,\omega l/c=\beta$,则式(a)可写为

$$\tan\beta=1/\beta \tag{b}$$

然后,分别画出 $\tan\beta$ 和 $1/\beta$ 的曲线图形,如图4.12所示。根据此两根曲线的各个交点 $\beta_1,\beta_2\cdots$,可求得各阶固有频率。现求头两阶的固有频率,由图4.12可量得 $\beta_1=0.86,\beta_2=3.43$,则可求得 $\omega_1=\frac{\beta_1 c}{l}=\frac{0.86}{l}\sqrt{\frac{E}{\rho}},\omega_2=\frac{\beta_2 c}{l}=\frac{3.43}{l}\sqrt{\frac{E}{\rho}}$。

【讨论】 ①当杆的质量和附加质量块的质量之比不为1时,令 $\upsilon$ 为质量比,由式(a)有

$$\upsilon=\rho Al/M,\qquad \omega l/c=\beta$$

则式(a)可简化为

$$\upsilon=\beta\tan\beta \tag{c}$$

应用式(c),当给定质量比的一个数值时,应用数值解法就可求出一系列的 $\beta$ 值,再代入 $\omega l/c=\beta$ 中,可求得

$$\omega_n=\beta_n\sqrt{\frac{E}{\rho l^2}}\quad(n=1,2,\cdots) \tag{d}$$

即可求出各阶的固有频率。

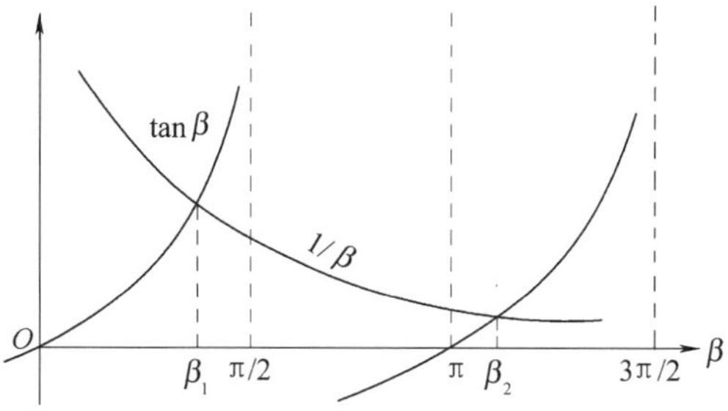

图 4.12

②当杆的质量比 $\upsilon$ 在两种极端情况,即 $\upsilon\approx\infty$ 和 $\upsilon\approx 0$ 时。

a. 当 $\upsilon\approx\infty$ 时,由式(c)知 $\tan\beta=\infty$,即

$$\beta_n=\frac{2n-1}{2}\pi,\qquad n=1,2,\cdots \tag{e}$$

将式(e)代入式(d),得

$$\omega_n = \frac{2n-1}{2}\pi\sqrt{\frac{E}{\rho l^2}}, \qquad n=1,2,\cdots \tag{f}$$

与表4.1中的一端固定一端自由的杆件固有频率相同,说明此时质量块 $M$ 的作用可以略去不计。

b. 当 $\upsilon \approx 0$ 时,由式(c)知, $\tan\beta$ 很小,故有 $\tan\beta \approx \beta$,代入式(c),得

$$\upsilon = \beta^2 \tag{g}$$

将 $\upsilon = \rho Al/M$ 和 $\omega l/c = \beta$ 代入上式,得

$$\omega = \sqrt{\frac{EA}{Ml}} \tag{h}$$

因 $EA/l$ 是杆的纵向刚度,说明式(h)即为略去杆的分布质量后,得到的单自由度系统的固有频率。

值得注意的是,若 $\upsilon = 0.1$ 时,由数值计算可得 $\beta_1 = 0.32$,将此值代入式(d)中,得

$$\omega_1 = 0.32\sqrt{\frac{E}{\rho l^2}} \tag{i}$$

若 $\upsilon = 0.1$,代入式 $\upsilon = \rho Al/M$ 中,则 $M = 10\rho Al$,再代入式(h)中,则

$$\omega_1 = \sqrt{\frac{0.1E}{\rho l^2}} = 0.316\,2\sqrt{\frac{E}{\rho l^2}} \tag{j}$$

式(j)与式(i)比较,相对误差仅为1.18%。

为此,当 $\upsilon$ 值较小时,略去杆的质量,可得到精度较好的结果。

(2)正交性条件的推导

当杆的支承不为固定端、自由端时,杆的两个不同阶主振型 $Y_n$、$Y_m$ 之间的正交性表达式如下:

$$\int_0^l \rho A Y_m Y_n \mathrm{d}x = \begin{cases} 0, & m \neq n, \quad \text{正交条件} \\ 1, & m = n, \quad \text{规格化} \end{cases}$$

现本例中在杆的右端有一质量块,这种情况与上述的情况不相同,为此,必须重新证明在端点处带有一质量块的杆的两个不同阶主振型之间的正交性。

设 $U_n(x)$ 和 $U_m(x)$ 分别为 $n$ 阶和 $m$ 阶固有频率 $\omega_n$ 和 $\omega_m$ 的两个不同的主振型函数,它们必须满足方程

$$\frac{\mathrm{d}^2U(x)}{\mathrm{d}x^2} + \frac{\omega^2}{c^2}U(x) = 0$$

式中 $c^2 = E/\rho$,现重新整理上式后,得

$$EAU''(x) + m\omega^2U(x) = 0 \tag{k}$$

式中 $m = \rho A$,分别把 $U_n(x)$ 和 $U_m(x)$ 代入式(k),即得

$$EAU''_n = -m\omega_n^2U_n \tag{l}$$

$$EAU''_m = -m\omega_m^2 U_m \tag{m}$$

用 $U_m$ 和 $U_n$ 分别乘式(l)和式(m),并对整个式子积分可得

$$EA\int_0^l U''_n U_m \mathrm{d}x = -m\omega_n^2 \int_0^l U_n U_m \mathrm{d}x \tag{n}$$

$$EA\int_0^l U''_m U_n \mathrm{d}x = -m\omega_m^2 \int_0^l U_m U_n \mathrm{d}x \tag{o}$$

现对式(n)和式(m)分别应用分部积分法,可得

$$EA\int_0^l U_m \frac{\mathrm{d}}{\mathrm{d}x}\left(\frac{\mathrm{d}U_n}{\mathrm{d}x}\right)\mathrm{d}x = EA\left[U_m \frac{\mathrm{d}U_n}{\mathrm{d}x}\bigg|_0^l - \int_0^l \frac{\mathrm{d}U_n}{\mathrm{d}x}\frac{\mathrm{d}U_m}{\mathrm{d}x}\mathrm{d}x\right]$$

$$= -m\omega_n^2\int_0^l U_n U_m \mathrm{d}x$$

$$EA\int_0^l U_n \frac{\mathrm{d}}{\mathrm{d}x}\left(\frac{\mathrm{d}U_m}{\mathrm{d}x}\right)\mathrm{d}x = EA\left[U_n \frac{\mathrm{d}U_m}{\mathrm{d}x}\bigg|_0^l - \int_0^l \frac{\mathrm{d}U_m}{\mathrm{d}x}\frac{\mathrm{d}U_n}{\mathrm{d}x}\mathrm{d}x\right]$$

$$= -m\omega_m^2\int_0^l U_m U_n \mathrm{d}x$$

将上两式相减得

$$(\omega_m^2 - \omega_n^2)\cdot m\int_0^l U_n U_m \mathrm{d}x = EA\left[U_m \frac{\mathrm{d}U_n}{\mathrm{d}x}\bigg|_0^l - U_n \frac{\mathrm{d}U_m}{\mathrm{d}x}\bigg|_0^l\right] \tag{p}$$

将边界条件

$$x=0,\quad u(0)=0$$

$$x=l,\quad EA\frac{\partial u}{\partial x}\bigg|_{x=l} = -M\frac{\partial^2 u}{\partial t^2}\bigg|_{x=l}$$

代入式(p)得

$$m(\omega_m^2 - \omega_n^2)\int_0^l U_n U_m \mathrm{d}x = U_m(l)M\omega_n^2 U_n(l) - U_n(l)M\omega_m^2 U_m(l)$$

故有

$$(\omega_m^2 - \omega_n^2)\left[m\int_0^l U_n U_m \mathrm{d}x + MU_n(l)U_m(l)\right] = 0$$

当 $m\neq n$ 时,$\omega_m^2\neq\omega_n^2$,则有

$$m\int_0^l U_n U_m \mathrm{d}x + MU_n(l)U_m(l) = 0$$

这就是在端点处带一质量块的杆的纵向振动的主振型对于质量的正交性条件。该式与在端点处无质量块的杆的纵向振动的主振型对质量的正交性条件相比较,多了一项附加项 $MU_n(l)U_m(l)$。当 $m=n$ 时,$\omega_m^2=\omega_n^2$,则有

$$m\int_0^l U_n U_m \mathrm{d}x + MU_n(l)U_m(l) = \lambda$$

式中 $\lambda$ 是一个任意常数。若取 $\lambda=1$,则振型函数即可按照下面方式规格化

$$m\int_0^l U_n U_m \mathrm{d}x + MU_n(l)U_m(l) = 1 \qquad (n=m) \tag{q}$$

3. 杆的纵向强迫振动微分方程的解

在两端自由的杆上作用着匀布的轴向力 $Q(x,t)$,如图 4.13 所示。设杆的弹性模量为 $E$,横截面面积为 $A$,单位体积质量为 $\rho$。在这种情况下,杆的振动微分方程为

$$\rho A\frac{\partial^2 u(x,t)}{\partial t^2}=EA\frac{\partial^2 u(x,t)}{\partial x^2}+Q(x,t)$$

$$\frac{\partial^2 u}{\partial t^2}-c^2\frac{\partial^2 u}{\partial x^2}=q(x,t) \tag{4.25}$$

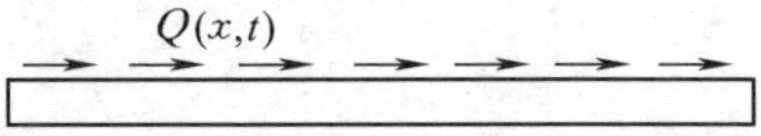

图 4.13

式中 $q(x,t)=Q(x,t)/\rho A$。方程(4.25)为一非齐次方程,求解时可仍用振型函数 $U_n(x)$,若杆的边界条件为两端固定时,其为

$$U_n(x)=A_n\sin\frac{n\pi}{l}x \qquad (n=1,2,\cdots)$$

而不同的是杆的振动方式 $T_n(t)$ 为未知的时间函数。由于确定振型函数时,必须满足边界条件,故振型函数与未知的时间函数的乘积为

$$U_n(x,t)=U_n(x)T_n(t) \tag{4.26a}$$

上式也必须满足边界条件。又因非齐次方程(4.25)的解也应满足边界条件,故可假设方程(4.25)的解为

$$u(x,t)=\sum_{n=1}^{\infty}U_n(x)T_n(t) \tag{4.26b}$$

把式(4.26b)代入式(4.25)中后,再应用正交性条件和规格化后,可得

$$\ddot{T}_n+\omega_n^2 T_n=\int_0^l U_n(x)q(x,t)\,\mathrm{d}x \qquad (n=1,2,3,\cdots)$$

式中 $U_n(x)$ 是正则振型函数,则该方程即为 $n$ 阶正则振型方程。根据杜哈美积分求得

$$T_n=\frac{1}{\omega_n}\int_0^l U_n(x)\int_0^l q(x,\tau)\sin\omega_n(t-\tau)\,\mathrm{d}\tau\mathrm{d}x \tag{4.27}$$

将此时间函数代入方程(4.26b)中,可得出杆的纵向强迫振动的响应为

$$u(x,t)=\sum_{n=1}^{\infty}\frac{U_n(x)}{\omega_n}\int_0^l U_n(x)\int_0^t q(x,\tau)\sin\omega_n(t-\tau)\,\mathrm{d}\tau\mathrm{d}x \tag{4.28}$$

**【例 4.4】** 图 4.14(a)所示为一端自由,另一端固定端的细长杆。已知其固定端支承相对于地面的运动按抛物线函数

$$u_g=u_0(t/t_0)^2$$

作平移。设杆的长度为 $l$,杆的截面抗拉刚度为 $EA$,$E$ 为弹性模量,$A$ 为横截面面积,$\rho$ 为杆的单位体积质量。在初瞬时,杆处于静止。试确定支承运动所引起的杆的纵向振动的响应。

**【解】** 设 $u(x,t)$ 为 $t$ 时刻,离坐标原点为 $x$ 处的横截面的纵向位移。现从杆中离 $x$ 处取一微段 $\mathrm{d}x$,其受力如图 4.14(b)所示。

由材料力学知轴向应变为

$$\varepsilon_x=\frac{(u-u_g)+\dfrac{\partial(u-u_g)}{\partial x}\mathrm{d}x-(u-u_g)}{\mathrm{d}x}$$

$$=\frac{\partial(u-u_g)}{\partial x}$$

$$N=EA\varepsilon_x=EA\frac{\partial(u-u_g)}{\partial x} \quad (a)$$

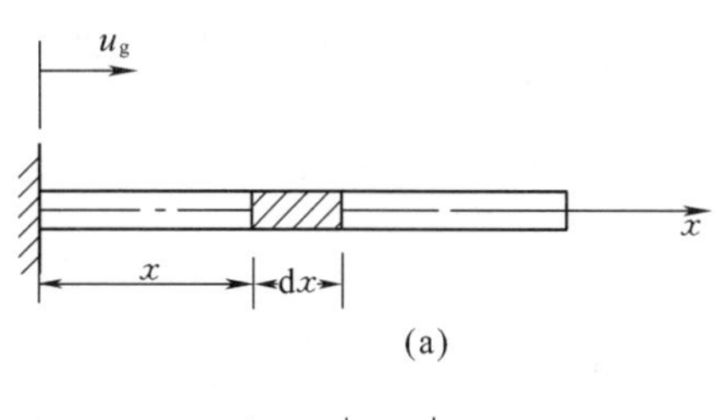

(a)

根据动静法得

$$N+\frac{\partial N}{\partial x}dx-N-\rho A\frac{\partial^2 u}{\partial t^2}dx=0$$

整理后得

$$\frac{\partial N}{\partial x}=\rho A\frac{\partial^2 u}{\partial t^2} \quad (b)$$

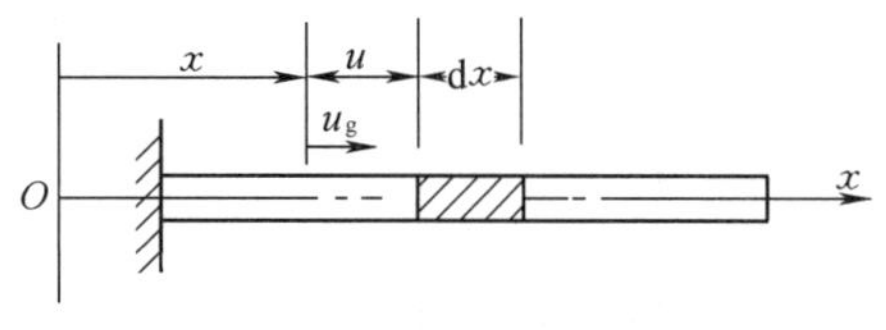

(b)

把式(a) 代入式(b) 中,可得

$$\frac{\partial}{\partial x}\left[EA\frac{\partial(u-u_g)}{\partial x}\right]=\rho A\frac{\partial^2 u}{\partial t^2} \quad (c)$$

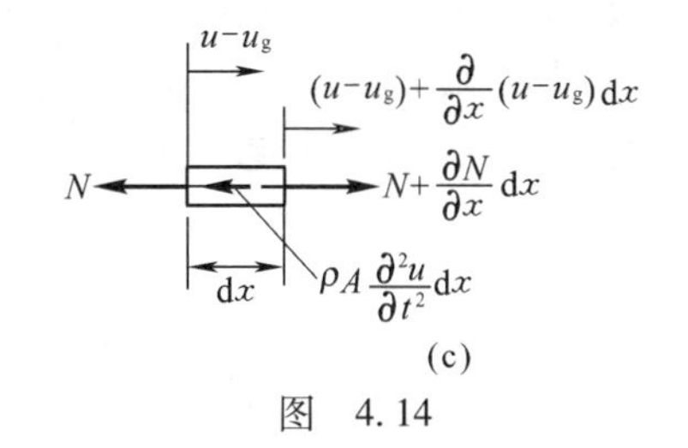

(c)

图 4.14

设 $u^*=u-u_g$

则有 $\ddot{u}=\ddot{u}^*+\ddot{u}_g$

现把此两式代入式(c) 中,得

$$\rho(\ddot{u}+\ddot{u}_g)-E(u^*)''=0$$

令 $c^2=E/\rho$ 并代入上式,且整理得

$$\ddot{u}^*-c^2\frac{\partial^2 u^*}{\partial x^2}=-\ddot{u}_g \quad (d)$$

再令 $q(x,t)=-\ddot{u}_g$,代入上式

$$\ddot{u}^*-c^2\frac{\partial^2 u^*}{\partial x^2}=q(x,t) \quad (e)$$

式(e) 和式(4.25) 相同。现先解齐次方程:

$$\ddot{u}^*-c^2\frac{\partial^2 u^*}{\partial x^2}=0$$

根据边界条件,最后得到固有频率为

$$\omega_n=\frac{cn\pi}{2l} \quad (n=1,3,5,\cdots)$$

$$U_n^*(x)=A_n\sin\frac{\omega_n}{c}x=\sqrt{\frac{2}{l}}\sin\frac{\omega_n}{c}x$$

式中 $U_n^*(x)$ 已是规格化的正则振型函数,根据式(4.28) 有

$$u^*(x,t)=\sum_{n=1,3,5,\cdots}^{\infty}\frac{\sqrt{\frac{2}{l}}}{\omega_n}\sin\frac{\omega_n x}{c}\int_0^l\sqrt{\frac{2}{l}}\sin\frac{\omega_n}{c}x\int_0^l\delta(x,t)\cdot\sin\omega_n(t-\tau)d\tau dx$$

$$=-\frac{8u_0}{\pi t_0^2}\sum_{n=1,3,5,\cdots}^{\infty}\frac{1}{n\omega_n^2}\sin\frac{\omega_n x}{c}(1-\cos\omega_n t)$$

$$= -\frac{32l^2u_0}{\pi^3c^2t_0^2}\sum_{n=1,3,5,\cdots}^{\infty}\frac{1}{n^3}\sin\frac{n\pi x}{2l}\left(1-\cos\frac{n\pi ct}{2l}\right)$$

由支承运动引起的杆纵向振动的响应为

$$u = u^* + u_g$$

故

$$u(x,t) = \frac{u_0}{t_0^2}\left[t^2 - \frac{32l^2}{\pi^3a^2}\sum_{n=1,3,5,\cdots}^{\infty}\frac{1}{n^3}\sin\frac{n\pi x}{2l}\left(1-\cos\frac{n\pi ct}{2l}\right)\right]$$

### 4.1.3 轴的扭转振动

1. 振动微分方程

一等截面圆轴如图4.15(a)所示,已知轴的单位体积质量为$\rho$,剪切弹性模量为$G$,圆截面对中心的极惯性矩为$I_P$,并设轴在扭转振动时截面的翘曲可忽略不计,且始终保持截面平面绕$x$轴作微摆动,以$\varphi(x,t)$表示距原点$x$距离处截面的角位移,现在轴上取一微段d$x$,其受力如图4.15(b)所示。由材料力学知

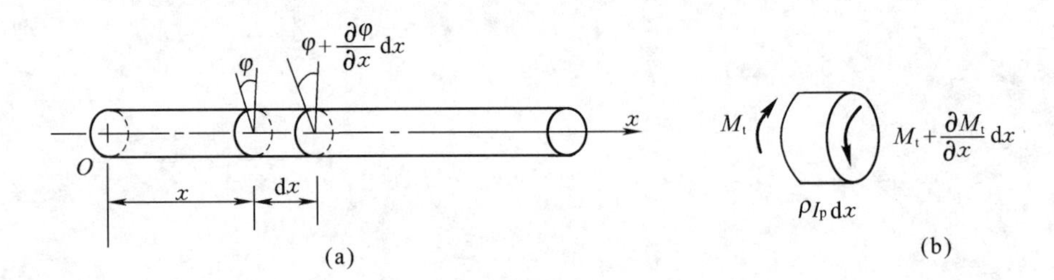


图 4.15

$$M_t = GI_p\frac{\partial\varphi}{\partial x} \tag{4.29}$$

根据动量矩定理,该微段的振动方程为

$$\rho I_P \mathrm{d}x\frac{\partial^2\varphi}{\partial t^2} = M_t + \frac{\partial M_t}{\partial x}\mathrm{d}x - M_t$$

整理后得

$$\rho I_p \mathrm{d}x\frac{\partial^2\varphi}{\partial t^2} = \frac{\partial M_t}{\partial x}\mathrm{d}x$$

把式(4.29)代入上式,得

$$\rho I_p\frac{\partial^2\varphi}{\partial t^2} = \frac{\partial}{\partial x}\left(GI_p\frac{\partial\varphi}{\partial x}\right)$$

上式可化简为

$$\frac{\partial^2\varphi}{\partial t^2} = c^2\frac{\partial^2\varphi}{\partial x^2} \tag{4.30}$$

式中$c = \sqrt{G/P}$,$c$为剪切弹性波沿$x$轴的传播速度。

2. 轴的扭转自由振动微分方程的解

式(4.30)与式(4.21)具有相同的形式,也是一维波动方程,故其解可直接写成

$$\varphi(x,t) = \Phi(x)T(t) = \left(A\sin\frac{\omega}{c}x + B\cos\frac{\omega}{c}x\right)\sin(\omega t+\alpha) \tag{4.31}$$

式中 $A$、$B$、$\omega$、$\varphi$ 四个待定常数，同前所述，可由初始条件和边界条件来确定之。

现把一些常用的边界条件列入表 4.3 中。

**表 4.3 常用的边界条件**

| 轴 | 边界条件 | |
|---|---|---|
| | $x=0$ | $x=l$ |
| 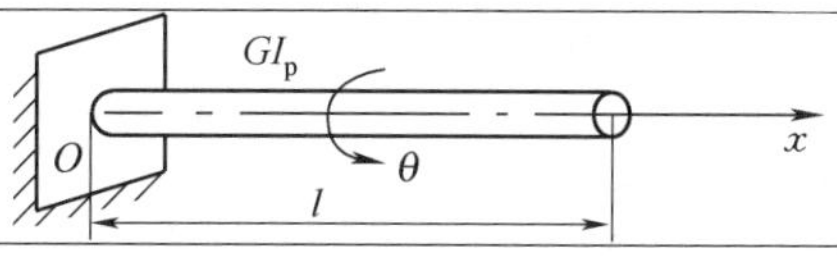 | $\varphi(0,t)=0$ | $\dfrac{\partial\varphi}{\partial x}=0$ |
| 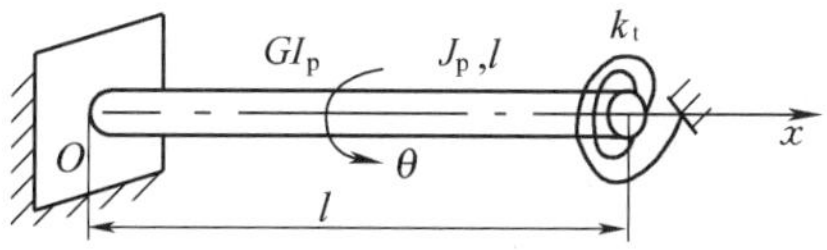 | $\varphi(0,t)=0$ | $k_t\varphi=-GI_p\dfrac{\partial\varphi}{\partial x}$ |
| 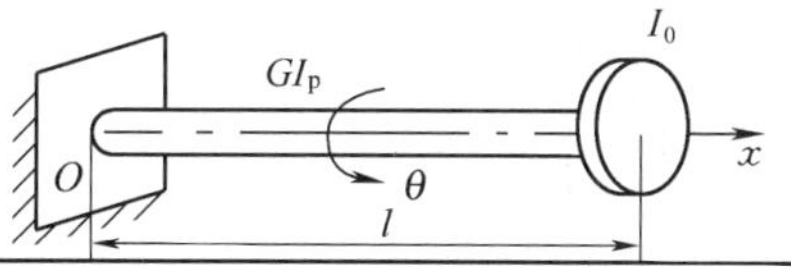 | $\varphi(0,t)=0$ | $I_0\dfrac{\partial^2\varphi}{\partial t^2}=-GI_p\dfrac{\partial\varphi}{\partial x}$ |

注：$I_0$ 为圆盘质量对 $x$ 轴的转动惯量。

同杆的纵向振动一样处理，轴的扭转自由振动的通解由各主振型叠加而成，即

$$\varphi(x,t)=\sum_{n=1}^{\infty}\left(A_n\sin\frac{\omega_n}{c}x+B_n\cos\frac{\omega_n}{c}x\right)\sin(\omega_n t+\alpha_n) \tag{4.32}$$

当给定初始条件 $\varphi(x,0)=f_1(x)$，$\dot{\varphi}(x,0)=f_2(x)$ 后，则由

$$f_1(x)=\sum_{n=1}^{\infty}\left(A_n\sin\frac{\omega_n}{c}x+B_n\cos\frac{\omega_n}{c}x\right)\sin\alpha_n \tag{4.33}$$

$$f_2(x)=\sum_{n=1}^{\infty}\left(A_n\sin\frac{\omega_n}{c}x+B_n\cos\frac{\omega_n}{c}x\right)\omega_n\cos\alpha_n \tag{4.34}$$

来决定式(4.32)中的常数项 $A_n$（或 $B_n$）和 $\alpha_n$。从前两节中所述的一样，在求解这些常数项时还要应用正交性的关系。

由于轴的扭转受迫振动微分方程应与式(4.28)有相同的形式，为此，其解也有相同的形式。

现以表 4.4 给出弦、杆及轴振动方程的参数对应关系。由表中对应关系，即可举一反三。

**表 4.4 弦、杆、轴振动方程参数对照表**

| 参数内容 | 弦的横向振动 | 杆的纵向振动 | 轴的扭转振动 |
|---|---|---|---|
| 弹性 | 张力 $T(x)$ | 抗压刚度 $EA(x)$ | 扭转刚度 $GI_t(x)$ |
| 分布惯性 | 单位体积的质量（体密度）$\rho(x)$ | 单位体积的质量（体密度）$\rho(x)$ | 单位体积的转动惯量 $I_p(x)$ |
| 分布载荷 | 单位长度上的横向载荷 $q(x,t)$ | 单位长度上的纵向载荷 $Q(x,t)$ | 单位长度上的扭矩 $m(x,t)$ |
| $x$ 处 $t$ 时刻的位移 | 横向振动 $y(x,t)$ | 纵向振动 $u(x,t)$ | 转角 $\theta(x,t)$ |
| 特征函数 | $Y(x)$ | $U(x)$ | $\Phi(x)$ |

例如,已知两端固定的均匀弦的固有频率 $\omega_n=\frac{n\pi}{l}\sqrt{\frac{T_0}{\rho A}}$ 及正则振型的表达式 $Y(x)=\sqrt{\frac{2}{\rho Al}}\sin\frac{n\pi}{l}x, n=1,2,\cdots$,根据表4.4的对应关系,即可知两端固定的均匀轴的固有频率及正则振型的表达式:$\omega_n=\frac{n\pi}{l}\sqrt{\frac{GI_p}{J_p}}$ 和 $\Phi(x)=\sqrt{\frac{2}{I_pAl}}\sin\frac{n\pi x}{l}, n=,1,2,3,\cdots$。

# 4.2 梁的横向振动

梁在工程中应用很广泛,如房屋结构中的主梁、次梁,铁路轨道结构中的钢轨、枕木,桥梁等。

由材料力学知,当载荷垂直于细长杆的轴线方向作用时(即在 $x-y$ 平面内),如图4.16所示,细长杆产生的主要变形为弯曲变形。若使梁在垂直其轴线方向发生振动,这种振动称为梁的横向振动或梁的弯曲振动。

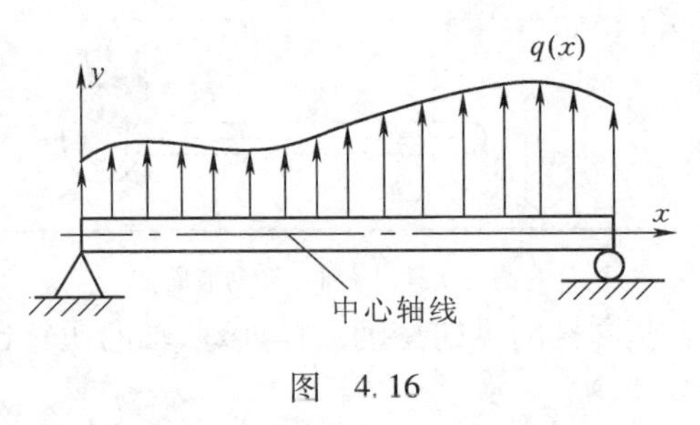


图 4.16

梁在承受横向荷载时,其所产生的变形除主要为弯曲变形外,还存在着剪切变形。当梁的高跨比很大,或在分析高阶振型时,整个梁被节点平面分成若干比较短的小段,此时,剪切变形的影响是不可忽视的,另外还必须考虑梁的转动惯量。

本节重点讨论梁的弯曲振动,然后再讨论轴向力和剪切变形对其影响。

在建立梁的振动力学模型时,根据其变形的情况,将梁的力学模型分为以下3种:

(1)欧拉-伯努利梁(Euler-Bernoulli beam)

该模型只考虑梁的弯曲变形,不计剪切变形及转动惯量的影响。

(2)瑞利梁(Rayleigh beam)

该模型除考虑梁的弯曲变形外,还考虑转动惯量的影响,但不计剪切变形的影响。

(3)铁木辛柯梁(Timoshenko beam)

该模型既考虑梁的弯曲变形和转动惯量,还考虑其剪切变形。

### 4.2.1 梁的横向振动微分方程

1. 欧拉-伯努利梁的振动微分方程

设 $y(x,t)$ 为梁的横向位移,如图4.17(a)所示,它是横截面位置 $x$ 和时间 $t$ 的二元函数。横截面对中心主轴的截面惯性矩为 $I(x)$,梁的单位体积质量为 $\rho$,梁的横截面积为 $A(x)$,梁上作用有分布力 $q(x,t)$。

现取一微段 $dx$,画其受力图,如图4.17(b)所示。图4.17(b)中 $Q$ 为剪力,$M$ 为弯矩。可应用理论力学中的动静法来建立振动微分方程,即在微段上虚加惯性力 $\rho A dx\frac{\partial^2 y}{\partial t^2}$,使微段处于假想平衡状态,则可应用 $\sum F_y=0$,得出微段沿 $y$ 轴方向的运动方程,有

$$-Q+Q+\frac{\partial Q}{\partial x}dx-\rho A dx\frac{\partial^2 y}{\partial t^2}+q(x,t)dx=0$$

整理后得

$$\frac{\partial Q}{\partial x}-\rho A\frac{\partial^2 y}{\partial t^2}+q(x,t)=0 \qquad (4.35)$$

由$\sum m_0(\boldsymbol{F})=0$,$O$点为中心轴线与图4.17(b)中微段的右边横截面的交点,则可得出微段的转动方程

$$M+\frac{\partial M}{\partial x}\mathrm{d}x-M-Q\mathrm{d}x-\rho A\mathrm{d}x\frac{\partial^2 y}{\partial t^2}\cdot\frac{1}{2}\mathrm{d}x+q(x,t)\mathrm{d}x\cdot\frac{1}{2}\mathrm{d}x=0$$

略去式中的二阶微量,可得

$$\frac{\partial M}{\partial x}=Q \qquad (4.36)$$

由材料力学知,弯矩和挠度之间的关系式有

$$M=-EI(x)\frac{\partial^2 y}{\partial x^2} \qquad (a)$$

把式(a)和式(4.35)代入式(4.36),整理后得

$$\frac{\partial^2}{\partial x^2}\left[EI(x)\frac{\partial^2 y}{\partial x^2}\right]+\rho A(x)\frac{\partial^2 y}{\partial t^2}=q(x,t) \qquad (4.37)$$

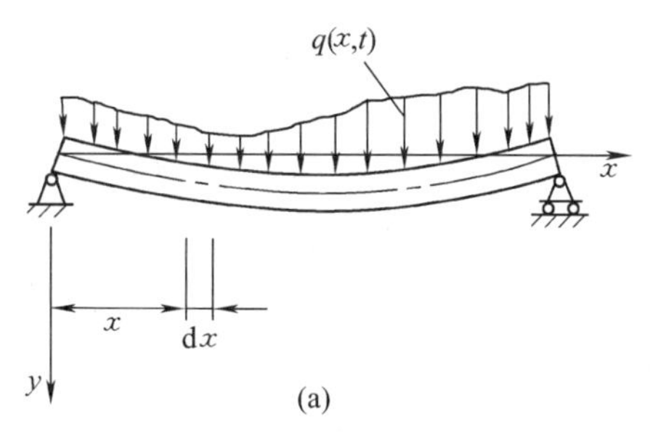


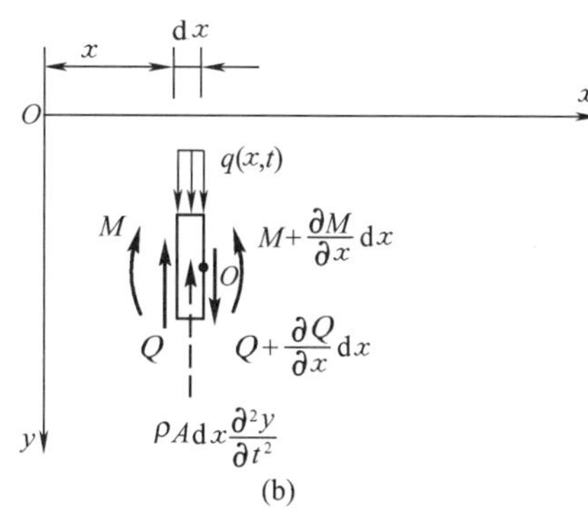


图 4.17

这就是欧拉－伯努利梁的横向振动的偏微分方程。若梁为均质等截面时,$EI(x)$和$A(x)$均为常量,上式可写为

$$EI\frac{\partial^4 y}{\partial x^4}+\rho A\frac{\partial^2 y}{\partial t^2}=q(x,t) \qquad (4.38)$$

2. 铁木辛柯梁的振动微分方程

铁木辛柯梁的力学模型考虑了梁的剪切变形和转动惯量。现仍取微段$\mathrm{d}x$,如图4.18所示。这样梁截面的转角$\psi$是由弯矩和剪力两者同时作用下产生的。$\theta$角是只考虑弯矩作用下产生的梁截面的转角,$\beta$角是只考虑剪力作用下产生的梁轴线的转角,且有

$$\psi=\frac{\partial y}{\partial x}=\theta+\beta \qquad (b)$$

另外,弯矩$M$和剪力$Q$可根据材料力学中梁的基本公式得到:

$$M=-EI\frac{\partial\theta}{\partial x}$$

$$Q=k'\beta AG \qquad (c)$$

把式(b)代入上式,得

$$Q=k'\left(\frac{\partial y}{\partial x}-\theta\right)AG \qquad (d)$$

式中$A$为截面面积,$G$为剪切弹性模量,$k'=1/k$,$k$值是取决于截面几何形状的常数。对于矩形截面$k=1.2$,圆形截面$k=1.11$,而$k'A$为截面的有效剪切面积。应用动静法,根据受力图[图4.18(b)],由$\sum F_y=0$得

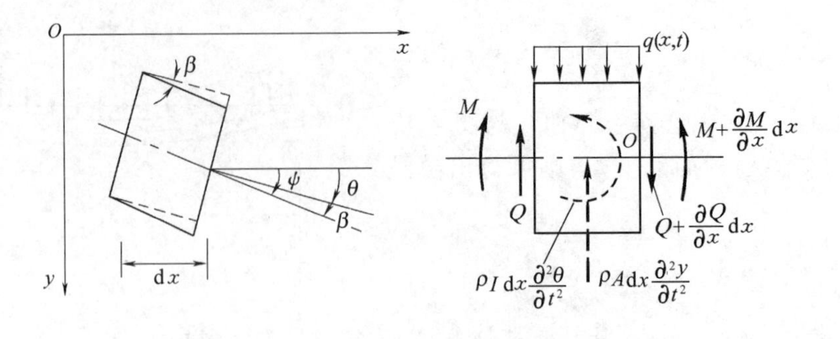


图 4.18

$$\left(Q+\frac{\partial Q}{\partial x}\mathrm{d}x\right)-Q-\rho A\mathrm{d}x\frac{\partial^2 y}{\partial t^2}+q(x,t)\mathrm{d}x=0$$

整理后得

$$\frac{\partial Q}{\partial x}-\rho A\frac{\partial^2 y}{\partial t^2}+q(x,t)=0$$

把式(d)代入上式后,得

$$\frac{\partial}{\partial x}\left[k'\left(\frac{\partial y}{\partial x}-\theta\right)AG\right]-\rho A\frac{\partial^2 y}{\partial t^2}+q(x,t)=0 \tag{e}$$

由$\sum m_0(\boldsymbol{F})=0$,得

$$M+\frac{\partial M}{\partial x}\mathrm{d}x-M+\rho I\mathrm{d}x\frac{\partial^2\theta}{\partial t^2}+q(x,t)\mathrm{d}x\cdot\frac{1}{2}\mathrm{d}x-Q\mathrm{d}x-\rho A\mathrm{d}x\frac{\partial^2 y}{\partial t^2}\cdot\frac{\mathrm{d}x}{2}=0$$

现略去二阶微量,整理上式后可得

$$\frac{\partial M}{\partial x}-Q+\rho I\frac{\partial^2\theta}{\partial t^2}=0$$

式中$I$为横截面对中心主轴的惯性矩,$\rho I\frac{\partial^2\theta}{\partial t^2}\mathrm{d}x$为虚加的单位长度的转动惯性力矩,$\rho I\mathrm{d}x$为微段的转动惯量。把式(c)、式(d)代入上式后,得

$$\frac{\partial}{\partial x}\left(EI\frac{\partial\theta}{\partial x}\right)+k'\left(\frac{\partial y}{\partial x}-\theta\right)AG-\rho I\frac{\partial^2\theta}{\partial t^2}=0 \tag{f}$$

当梁为等截面梁时,将式(e)、式(f)中的$\theta$消去,得

$$\underbrace{EI\frac{\partial^4 y}{\partial x^4}+\rho A\frac{\partial^2 y}{\partial t^2}-q(x,t)}_{\text{弯曲变形引起的}}-\underbrace{\rho I\frac{\partial^4 y}{\partial x^2\partial t^2}}_{\text{转动惯量引起的}}+$$

$$\underbrace{\frac{EI}{k'GA}\frac{\partial^2}{\partial x^2}\left[q(x,t)-\rho A\frac{\partial^2 y}{\partial t^2}\right]}_{\text{剪切变形引起的}}-\underbrace{\frac{\rho I}{k'GA}\frac{\partial^2}{\partial t^2}\left[q(x,t)-\rho A\frac{\partial^2 y}{\partial t^2}\right]}_{\text{剪切变形和转动惯量综合引起的}}=0 \tag{4.39}$$

式(4.39)就是铁木辛柯梁的振动偏微分方程。

3. 在轴向力影响下,梁的横向振动微分方程梁除了承受横向载荷之外,还承受着平行于轴线的轴向力,如图 4.19 所示。因轴向力和横向位移相互影响,故不能直接应用横向振动偏微分方程式(4.38),需重新推导振动微分方程。

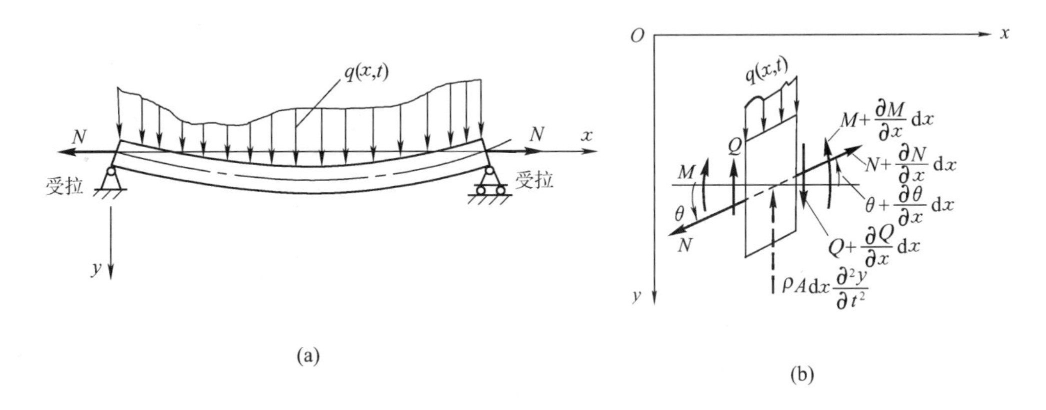


图 4.19

设轴向力是一常量 $N$,现取微段 $dx$,其受力图如图 4.19(b)所示,现应用动静法来建立振动微分方程。

由 $\sum F_y=0$ 得出微段在 $y$ 方向的运动微分方程式为

$$Q+\frac{\partial Q}{\partial x}dx-Q-\rho A dx\frac{\partial^2 y}{\partial t^2}+N\sin\theta-N\sin\left(\theta+\frac{\partial\theta}{\partial x}dx\right)+q(x,t)dx=0$$

因 $\theta$ 很小,有 $\sin\theta\approx\theta$,整理上式后得

$$\frac{\partial Q}{\partial x}-\rho A\frac{\partial^2 y}{\partial t^2}-N\frac{\partial\theta}{\partial x}+q(x,t)=0$$

由材料力学知

$$\theta=\frac{\partial y}{\partial x},\quad Q=\frac{\partial M}{\partial x},\quad M=-EI\frac{\partial^2 y}{\partial x^2}$$

代入上式,整理后可得

$$EI\frac{\partial^4 y}{\partial x^4}+\rho A\frac{\partial^2 y}{\partial t^2}+N\frac{\partial^2 y}{\partial x^2}=q(x,t) \tag{4.40}$$

该式即为梁除了承受横向载荷之外,还承受着平行于轴线的轴向力的振动偏微分方程。

4. 梁的双向横向振动微分方程

以上讨论的梁的横向振动微分方程,其在振动过程中梁的轴线始终在同一平面内,简化到轴线上的外载荷也在该平面内,且梁和各截面的主惯性轴互相平行。若外载荷作用在某一主惯性轴的平面内,则梁在该平面内就会产生横向振动,若外载荷不作用在某一主惯性轴的平面内,可根据力的分解概念,把外载荷沿两个主方向分解,这样,分别讨论两个平面内的振动,然后应用叠加原理进行叠加。而对于梁的自由振动来说,在这两个主方向上的主振动仍将是互相独立的。

现若梁的截面主方向随 $x$ 改变的话,那么,在振动过程中梁的轴线将不再保持在同一平面

内,对于每一组主振动来说,皆包含有两个互相垂直的平面内的分量,即两个方向的横向振动是互相耦合的,一般称这种振动为梁的双向横振动。

现讨论建立梁的双向横振动微分方程的方法。采用哈密尔顿原理,有

$$\delta\int_{t_1}^{t_2}(T-U)\,\mathrm{d}t+\int_{t_1}^{t_2}\delta W\mathrm{d}t=0 \tag{4.41}$$

式中,$T$ 为动能,$U$ 为势能,$\delta W$ 为主动力的虚功。根据这一变分原理可从一切可能发生的运动中确定真实发生的运动。通过式(4.41)可建立振动微分方程,同时还可得到力的边界条件。设 $x$ 轴为变形前的弹性线,取坐标轴如图 4.20 所示,且弹性线上各点的位移沿 $y$ 和 $z$ 两个方向的分量为

$$v=v(x,t)$$
$$w=w(x,t)$$

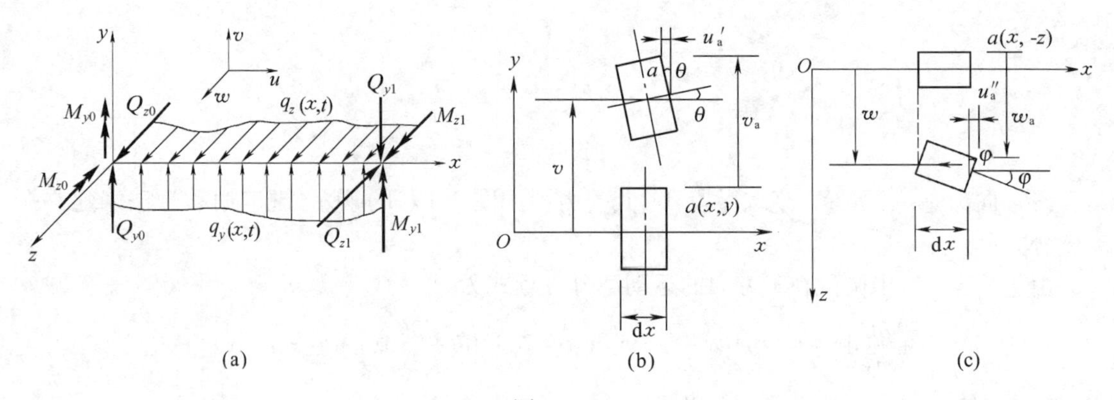


图 4.20

则梁上任一点 $a$ 的 3 个方向的位移分量分别为

$$u_a=u'_a+u''_a$$
$$v_a=v$$
$$w_a=w$$

根据图 4.20(b)、(c)得

$$u'_a=-y\tan\theta$$
$$u''_a=-z\tan\varphi$$

因为是小变量,有 $\tan\theta=\theta$,$\tan\varphi=\varphi$,且 $\theta=\partial v/\partial x$,$\varphi=\partial w/\partial x$,故梁上任一点 $a$ 的 3 个方向的位移分量表达式为

$$u_a=-y\frac{\partial v}{\partial x}-z\frac{\partial w}{\partial x}$$
$$v_a=v$$
$$w_a=w$$

由公式(4.41)知,欲建立振动微分方程,必须先求出系统的动能、势能和主动力的虚功。微元的动能、势能表达式可写为

$$\Delta T=\frac{\rho}{2}\left[\left(\frac{\partial v}{\partial t}\right)^2+\left(\frac{\partial w}{\partial t}\right)^2\right]\Delta V$$

$$\Delta U=\frac{1}{2}\sigma_x\varepsilon_x\cdot\Delta V$$

式中

$$\varepsilon_x=\frac{\partial u_a}{\partial x}=-y\frac{\partial^2 v}{\partial x^2}-z\frac{\partial^2 w}{\partial x^2}$$

$$\sigma_x=E\varepsilon_x$$

则系统的动能、势能表达式如下：

$$T=\frac{1}{2}\iiint\limits_V\rho\left[\left(\frac{\partial v}{\partial t}\right)^2+\left(\frac{\partial w}{\partial t}\right)^2\right]\mathrm{d}V=\frac{1}{2}\int_0^l\rho A\left[\left(\frac{\partial v}{\partial t}\right)^2+\left(\frac{\partial w}{\partial t}\right)^2\right]\mathrm{d}x \tag{4.42a}$$

$$\begin{aligned}U&=\frac{1}{2}\iiint\limits_V\sigma_x\varepsilon_x\mathrm{d}V=\frac{1}{2}\int_0^l\mathrm{d}x\iint\limits_A E\varepsilon_x^2\mathrm{d}A\\&=\frac{1}{2}\int_0^l E\mathrm{d}x\iint\limits_A\left(-y\frac{\partial^2 v}{\partial x^2}-z\frac{\partial^2 w}{\partial x^2}\right)^2\mathrm{d}A\\&=\frac{1}{2}\int_0^l\left[EI_y\left(\frac{\partial^2 v}{\partial x^2}\right)^2+2EI_{yz}\frac{\partial^2 v}{\partial x^2}\cdot\frac{\partial^2 w}{\partial x^2}+EI_z\left(\frac{\partial^2 w}{\partial x^2}\right)^2\right]\mathrm{d}x\end{aligned} \tag{4.42b}$$

式中，$I_z$、$I_y$ 分别为截面对于 $z$ 轴和 $y$ 轴的惯性矩，$I_{yz}$为相应的惯性积。

现设梁上所受的分布载荷为 $q_z(x,t)$、$q_y(x,t)$，其两端所作用的弯矩和剪力为 $Q_{y0}$、$Q_{z0}$、$M_{y0}$、$M_{z0}$、$Q_{y1}$、$Q_{z1}$、$M_{y1}$、$M_{z1}$，如图 4.20(a)所示，则主动力的虚功为

$$\begin{aligned}\delta W=&\int_0^l[q_y(x,t)\delta v+q(x,t)\delta w]\mathrm{d}x\\&+[Q_{y0}\delta v(0)-Q_{y1}\delta v(l)-M_{y0}\delta v'(0)+M_{y1}\delta v'(l)\\&+Q_{z0}\delta w(0)-Q_{z1}\delta w(l)-M_{z0}\delta w'(0)+M_{y1}\delta w'(l)]\end{aligned} \tag{4.42c}$$

将式(4.42a)、式(4.42b)、式(4.42c)代入式(4.41)中，得

$$\begin{aligned}&\delta\int_{t_1}^{t_2}\left\{\frac{1}{2}\int_0^l\rho A(\dot{v}^2+\dot{w}^2)-\frac{1}{2}\int_0^l[EI_z(v'')^2+2EI_yv''w''+EI_y(w'')^2]\right\}\mathrm{d}x\mathrm{d}t\\&+\int_{t_1}^{t_2}\int_0^l[q(x,t)\delta v+q_z(x,t)\delta w]\mathrm{d}x\mathrm{d}t+\int_{t_1}^{t_2}[Q_{y0}\delta v(0)-Q_{y1}\delta v(l)\\&-M_{z0}\delta v'(0)+M_{z1}\delta v'(l)+Q_{z0}\delta w(0)-Q_{z1}\delta w(l)\\&-M_{y0}\delta w'(0)+M_{y1}\delta w'(l)]\mathrm{d}t=0\end{aligned} \tag{4.43}$$

式中，“ $\cdot$ ” 表示$\frac{\partial}{\partial t}$，“ $'$ ” 表示$\frac{\partial}{\partial x}$，且 $\delta v(0)$、$\delta v(l)$、$\delta v'(0)$、$\delta v'(l)$、$\delta w(0)$、$\delta w(l)$、$\delta w'(0)$、$\delta w'(l)$ 为梁的两个端点的虚位移。

式(4.43)中动能的变分为

$$\delta\int_{t_1}^{t_2}\frac{1}{2}\int_0^l\rho A(\dot{v}^2+\dot{w}^2)\mathrm{d}x\mathrm{d}t \tag{a}$$

现计算式(a)中的第一项，有

$$\begin{aligned}&\delta\int_{t_1}^{t_2}\frac{1}{2}\int_0^l\rho A\,\dot{v}^2\mathrm{d}x\mathrm{d}t=\int_{t_1}^{t_2}\int_0^l\rho A\,\dot{v}\delta\,\dot{v}\mathrm{d}x\mathrm{d}t\\&=\int_{t_1}^{t_2}\int_0^l\rho A\frac{\partial}{\partial t}(\dot{v}\delta\,v)\mathrm{d}x\mathrm{d}t-\int_{t_1}^{t_2}\int_0^l\rho A\,\ddot{v}\delta\,v\mathrm{d}x\mathrm{d}t=\int_{t_1}^{t_2}\int_0^l\rho A\,\ddot{v}\delta\,v\mathrm{d}x\mathrm{d}t\end{aligned}$$

式中$\int_{t_1}^{t_2}\frac{\partial}{\partial t}(\dot{v}\delta\,v)\mathrm{d}t=\dot{v}\delta\,v\Big|_{t_1}^{t_2}=0$，因为在 $t_1$、$t_2$ 瞬时的运动已给定。

同理可得出

$$\delta\int_{t_1}^{t_2}\frac{1}{2}\int_0^l \rho A\,\dot{w}^2\mathrm{d}x\mathrm{d}t = -\int_{t_1}^{t_2}\int_0^l \rho A\,\ddot{w}\delta w\mathrm{d}x\mathrm{d}t$$

式(4.43)中势能的变分为

$$\delta\int_{t_1}^{t_2}\frac{1}{2}\int_0^l[EI_z(v'')^2+EI_{yz}v''w''+EI_y(w'')^2]\mathrm{d}x\mathrm{d}t$$

$$=\int_{t_1}^{t_2}\int_0^l[EI_zv''\delta v''+EI_{yz}v''\delta w''+EI_{yz}w''\delta v''+EI_yw''\delta w'']\mathrm{d}x\mathrm{d}t \tag{b}$$

现计算式(b)中的第一项为

$$\int_{t_1}^{t_2}\int_0^l EI_zv''\delta v''\mathrm{d}x\mathrm{d}t=\int_{t_1}^{t_2}EI_zv''\delta v'\Big|_0^l\mathrm{d}t-\int_{t_1}^{t_2}\int_0^l(EI_zv'')'\delta v'\mathrm{d}x\mathrm{d}t$$

$$=\int_{t_1}^{t_2}EI_zv''\delta v'\Big|_0^l\mathrm{d}t-\int_{t_1}^{t_2}(EI_zv'')'\delta v\Big|_0^l\mathrm{d}t+\int_{t_1}^{t_2}\int_0^l(EI_zv'')''\delta v\mathrm{d}x\mathrm{d}t$$

同理,可计算出式(b)的其余三项分别为

$$\int_{t_1}^{t_2}\int_0^l EI_zw''\delta w''\mathrm{d}x\mathrm{d}t=\int_{t_1}^{t_2}EI_yw''\delta w'\Big|_0^l\mathrm{d}t-\int_{t_1}^{t_2}(EI_yw'')'\delta w\Big|_0^l\mathrm{d}t+\int_{t_1}^{t_2}\int_0^l(EI_yw'')''\delta w\mathrm{d}x\mathrm{d}t$$

$$\int_{t_1}^{t_2}\int_0^l EI_{yz}v''\delta v''\mathrm{d}x\mathrm{d}t=\int_{t_1}^{t_2}EI_{yz}v''\delta w'\Big|_0^l\mathrm{d}t-\int_{t_1}^{t_2}(EI_{yz}v'')'\delta w\Big|_0^l\mathrm{d}t+\int_{t_1}^{t_2}\int_0^l(EI_{yz}v'')''\delta w\mathrm{d}x\mathrm{d}t$$

$$\int_{t_1}^{t_2}\int_0^l EI_{yz}w''\delta v''\mathrm{d}x\mathrm{d}t=\int_{t_1}^{t_2}EI_{yz}w''\delta v'\Big|_0^l\mathrm{d}t-\int_{t_1}^{t_2}(EI_{yz}w'')'\delta v\Big|_0^l\mathrm{d}t+\int_{t_1}^{t_2}\int_0^l(EI_{yz}w'')''\delta v\mathrm{d}x\mathrm{d}t$$

将以上所有结果代入式(4.43)中,经整理得

$$\begin{aligned}
&-\int_{t_1}^{t_2}\int_0^l[(EI_zv'')''+(EI_{yz}w'')''+\rho A\,\ddot{v}-q_y(x,t)]\delta v\mathrm{d}x\mathrm{d}t\\
&-\int_{t_1}^{t_2}\int_0^l[(EI_zw'')''+(EI_{yz}v'')''+\rho A\,\ddot{w}-q_y(x,t)]\delta w\mathrm{d}x\mathrm{d}t\\
&+\int_{t_1}^{t_2}\left\{[-(EI_zv'')'-(EI_{yz}w'')']\Big|_{x=0}+Q_{y0}\right\}\delta v(0)\mathrm{d}t\\
&+\int_{t_1}^{t_2}\left\{[(EI_zv'')'+(EI_{yz}w'')']\Big|_{x=l}-Q_{y1}\right\}\delta v(l)\mathrm{d}t\\
&-\int_{t_1}^{t_2}\left\{[(EI_{yz}v'')'-(EI_yw'')']\Big|_{x=0}-Q_{z0}\right\}\delta w(0)\mathrm{d}t\\
&+\int_{t_1}^{t_2}\left\{[(EI_yw'')'-(EI_{yz}v'')']\Big|_{x=l}-Q_{z1}\right\}\delta w(l)\mathrm{d}t\\
&+\int_{t_1}^{t_2}[(EI_zv''+EI_{yz}w'')\Big|_{x=0}-M_{z0}]\delta v'(0)\mathrm{d}t\\
&-\int_{t_1}^{t_2}[(EI_zv''+EI_{yz}w'')\Big|_{x=l}-M_{z1}]\delta v'(l)\mathrm{d}t\\
&+\int_{t_1}^{t_2}[(EI_yw''+EI_{yz}v'')\Big|_{x=0}-M_{y0}]\delta w'(0)\mathrm{d}t\\
&-\int_{t_1}^{t_2}[(E*I_yw''+EI_{yz}v'')\Big|_{x=l}-M_{y1}]\delta w'(l)\mathrm{d}t\\
=&\ 0
\end{aligned}\tag{4.44}$$

注意到在边界上的变分 $\delta v(0)$、$\delta v'(0)$、$\delta w(0)$、$\delta w'(0)$ 等对于位移边界条件应为零,而对于力

的边界条件则是任意的，同时，$\delta v$、$\delta w$ 在域内也是任意的，为此，欲使式(4.44)成立，必须满足以下各式：

$$\left.\begin{aligned}\int_0^l[(EI_z v'')''+(EI_{yz}w'')''+\rho A\ddot{v}-q_y(x,t)]\delta v\mathrm{d}t=0\\ \int_0^l[(EI_y w'')''+(EI_{yz}v'')''+\rho A\ddot{w}-q_y(x,t)]\delta w\mathrm{d}t=0\end{aligned}\right\}\tag{4.45}$$

$$\left.\begin{aligned}&[(EI_z v''+EI_{yz}w'')'|_{x=0}-Q_{y0}]\delta v(0)=0\\&[(EI_{yz}v''+EI_y w'')'|_{x=0}-Q_{z0}]\delta w(0)=0\\&[(EI_z v''+EI_{yz}w'')|_{x=0}-M_{z0}]\delta v'(0)=0\\&[(EI_{yz}v''+EI_y w'')|_{x=0}-M_{y0}]\delta w'(0)=0\\&[(EI_z v''+EI_{yz}w'')'|_{x=l}-Q_{y1}]\delta v(l)=0\\&[(EI_{yz}v''+EI_y w'')'|_{x=l}-Q_{z_1}]\delta w(l)=0\\&[(EI_z v''+EI_{yz}w'')|_{x=l}-M_{z_1}]\delta v'(l)=0\\&[(EI_{yz}v''+EI_y w'')|_{x=l}-M_{y_1}]\delta w'(l)=0\end{aligned}\right\}\tag{4.46}$$

由式(4.45)可得出梁的双向横振动的微分方程

$$\left.\begin{aligned}(EI_z v''+EI_{yz}w'')''+\rho A\ddot{v}=q_y(x,t)\\(EI_y w''+EI_{yz}v'')''+\rho A\ddot{w}=q_z(x,t)\end{aligned}\right\}\tag{4.47}$$

以上两方程是互相耦合的。欲使两式退化为互相不耦合的形式，则只有当 $I_{yz}=0$ 时，有

$$\left.\begin{aligned}(EI_z v'')+\rho A\ddot{v}=q_y(x,t)\\(EI_y \overset{\prime\prime}{w})+\rho A\ddot{w}=q_z(x,t)\end{aligned}\right\}\tag{4.48}$$

此时，梁各截面的主惯性轴互相平行，所选取的两个主惯性平面为 $Oxy$ 及 $Oxz$ 面。

由式(4.46)可得到相应于方程(4.47)的边界条件为

$$\left.\begin{aligned}&(EI_z v''+EI_{yz}w'')'|_{x=0}=Q_{y0}\\&(EI_{yz}v''+EI_y w'')'|_{x=0}=Q_{z0}\\&(EI_z v''+EI_{yz}w'')'|_{x=0}=M_{z0}\\&(EI_{yz}v''+EI_y w'')|_{x=0}=M_{y0}\\&(EI_z v''+EI_{yz}w'')'|_{x=l}=Q_{y1}\\&(EI_{yz}v''+EI_y w'')|_{x=l}=Q_{z1}\\&(EI_z v''+EI_{yz}w'')|_{x=l}=M_{z1}\\&(EI_{yz}v''+EI_y w'')|_{x=l}=M_{y1}\end{aligned}\right\}\tag{4.49}$$

### 4.2.2 梁的横向振动微分方程的解

1. 梁的横向自由振动的微分方程的解

(1)欧拉－伯努利梁的横向自由振动方程为

$$\rho A\frac{\partial^2 y(x,t)}{\partial t^2}+\frac{\partial^2}{\partial x^2}\left[EI\frac{\partial^2 y(x,t)}{\partial x^2}\right]=0$$

对于这种一般情况的方程其精确解是难以得到的。但若梁为均质等截面时,梁的运动微分方程为

$$\rho A\frac{\partial^2 y(x,t)}{\partial t^2}+EI\frac{\partial^4 y(x,t)}{\partial x^4}=0 \tag{4.50}$$

其精确解可应用分离变量法求得。现设

$$y(x,t)=Y(x)T(t) \tag{4.51}$$

将上式代入式(4.50)中

$$\rho A\frac{\partial^2 T(t)}{\partial t^2}\cdot Y(x)+EI\frac{\partial^4 y(x)}{\partial x^4}T(t)=0$$

分离变量,有

$$\frac{1}{Y(x)}\frac{EI}{\rho A}\frac{\mathrm{d}^4 Y}{\mathrm{d}x^4}=-\frac{1}{T(t)}\frac{\mathrm{d}^2 T(t)}{\mathrm{d}t^2} \tag{4.52}$$

欲使等式两边相等,式(4.52)必须为一常量。为此,设此值为$\omega^2$,从而得到下列两个常微分方程:

$$\left.\begin{aligned}&EI\frac{\mathrm{d}^4 Y(x)}{\mathrm{d}x^4}-\rho A\omega^2 Y(x)=0\\&\frac{\mathrm{d}^2 T(t)}{\mathrm{d}t^2}+\omega^2 T(t)=0\end{aligned}\right\} \tag{4.53}$$

将式(4.53)的第一式写为

$$\frac{\mathrm{d}^4 Y(x)}{\mathrm{d}x^4}-k^4 Y(x)=0 \tag{4.54}$$

式中

$$k^4=\frac{\rho A}{EI}\omega^2$$

现求解式(4.54),可设其基本解为$Y(x)=\mathrm{e}^{\lambda x}$,代入式(4.54)中,得

$$\lambda^4-k^4=0$$

此式为四次代数方程,有四个根

$$\lambda_{1,2}=\pm k,\quad \lambda_{3,4}=\pm \mathrm{i}k$$

则式(4.54)的解为

$$Y(x)=C_1\mathrm{e}^{kx}+C_2\mathrm{e}^{-kx}+C_3\mathrm{e}^{\mathrm{i}kx}+C_4\mathrm{e}^{-\mathrm{i}kx}$$

因

$$\mathrm{e}^{\pm kx}=\mathrm{ch}\ kx\pm\mathrm{sh}\ kx$$

$$\mathrm{e}^{\pm \mathrm{i}kx}=\cos kx\pm\mathrm{i}\sin kx$$

把这些代入上式整理成常用的形式

$$Y(x)=A_1\sin kx+A_2\cos kx+A_3\mathrm{sh}\ kx+A_4\mathrm{ch}\ kx \tag{4.55}$$

式(4.55)就是梁振动的振型函数。

由式(4.53)的第二式得到

$$T(t)=A\sin(\omega t+\varphi) \tag{4.56}$$

把式(4.55)、式(4.56)代入式(4.51)中,整理后得到偏微分方程(4.50)的解

$$y(x,t)=(A\sin kx+B\cos kx+C\text{sh }kx+D\text{ch }kx)\sin(\omega t+\varphi) \tag{4.57}$$

式中 $A$、$B$、$C$、$D$、$\omega$ 和 $\varphi$ 为6个待定常数,将由初始条件和边界条件来决定。通常根据边界条件来决定梁的固有频率和相应的主振型。例如两端简支的梁,其边界条件为

$$x=0,\quad y(0,t)=0,\quad y''_x(0,t)=0$$

$$x=l,\quad y(l,t)=0,\quad y''_x(l,t)=0$$

代入式(4.57)及其二阶导数式得

$$B=D=0$$

及

$$A\sin kl+C\text{sh }kl=0 \tag{a}$$

$$-A\sin kl+C\text{sh }kl=0 \tag{b}$$

由式(a)和式(b)解得

$$2C\text{sh }kl=0$$

因 $\text{sh }kl\neq0$,故 $C=0$。将 $C=0$ 代入式(a)得

$$A\sin kl=0$$

因

$$A\neq0$$

故得频率方程为

$$\sin kl=0$$

其解为 $k_nl=n\pi,\quad n=1,2,3,\cdots$

又 $k^4=\dfrac{\rho A}{EI}\omega^2$,则固有频率为

$$\omega_n=\sqrt{\frac{EI}{\rho A}}k_n^2=\frac{n^2\pi^2}{l^2}\sqrt{\frac{EI}{\rho A}},\quad n=1,2,3,\cdots \tag{4.58}$$

相应的主振型为

$$Y_n(x)=A_n\sin k_nx=A_n\sin\frac{n\pi}{l}x,\quad n=1,2,3,\cdots$$

由于各种边界条件组合繁多,在此不再一一推导,在表4.5中列出一些常见的边界条件,和在此条件下的梁横向振动的频率方程、固有频率。在表4.6中,列出其对应的振型函数和主振型。

**表4.5　梁在各种边界条件下的频率方程和固有频率**

| 序号 | 梁 | 边界条件 | 频率方程 | 固有频率($n=1,2,3,\cdots$) |
|---|---|---|---|---|
| 1 | | $Y''(0)=Y'''(0)=0$<br>$Y''(l)=Y'''(l)=0$ | $1-\cos kl\text{ ch }kl=0$ | $(2n+1)\frac{\pi}{2}$ |
| 2 | | $Y(0)=Y'(0)=0$<br>$Y(l)=Y'(l)=0$ | $1-\cos kl\text{ ch }kl=0$ | $(2n+1)\frac{\pi}{2}$ |
| 3 | | $Y(0)=Y''(0)=0$<br>$Y(l)=Y''(l)=0$ | $\sin kl=0$ | $n\pi$ |
| 4 | | $Y(0)=Y'(0)=0$<br>$Y''(l)=Y'''(l)=0$ | $1+\cos kl\text{ ch }kl=0$ | $(2n-1)\frac{\pi}{2}$ |

续上表

| 序号 | 梁 | 边界条件 | 频率方程 | 固有频率($n=1,2,3,\cdots$) |
|---|---|---|---|---|
| 5 | 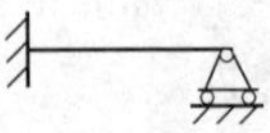 | $Y(0)=Y'(0)=0$<br>$Y(l)=Y''(l)=0$ | $\tan kl-\operatorname{th} kl=0$ | $(4n+1)\frac{\pi}{4}$ |
| 6 | 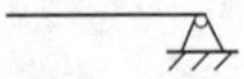 | $Y''(0)=Y'''(0)=0$<br>$Y(l)=Y''(l)=0$ | $\tan kl-\operatorname{th} kl=0$ | $(4n+1)\frac{\pi}{4}$ |

**表 4.6 振型函数与主振型**

| 序号 | 梁 | 振型函数($\omega=\omega_n$) | 主振型($n=1,2,3,\cdots$) |
|---|---|---|---|
| 1 |  | $\operatorname{ch} kx+\cos kx-\frac{(\operatorname{sh} kx+\sin kx)(\operatorname{ch} kl-\cos kl)}{\operatorname{sh} kl-\sin kl}$ | 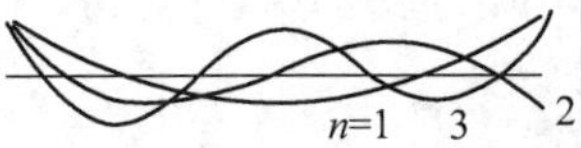 |
| 2 | 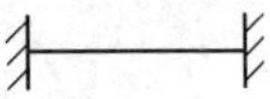 | $\operatorname{ch} kx-\cos kx-\frac{(\operatorname{sh} kx-\sin kx)(\operatorname{ch} kl-\cos kl)}{\operatorname{sh} kl-\sin kl}$ | 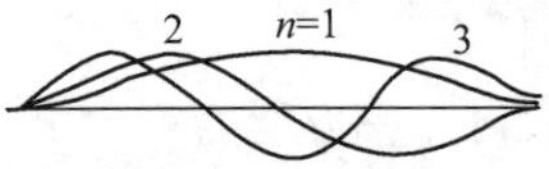 |
| 3 | 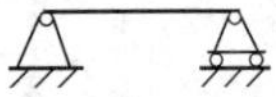 | $\sin kx$ | 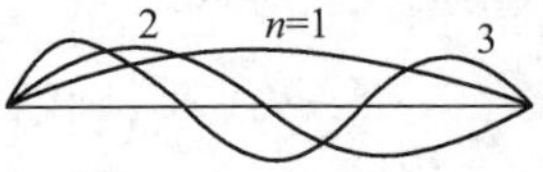 |
| 4 |  | $\operatorname{ch} kx-\cos kx-\frac{(\operatorname{sh} kx-\sin kx)(\operatorname{sh} kl-\sin kl)}{\operatorname{ch} kl-\cos kl}$ | 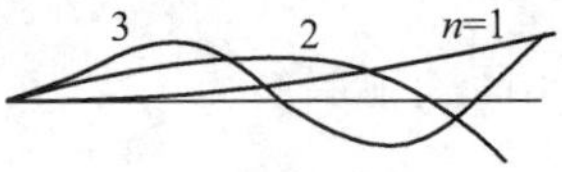 |
| 5 | 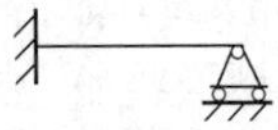 | $\operatorname{ch} kx-\cos kx-(\operatorname{sh} kx-\sin kx)\cot kl$ | 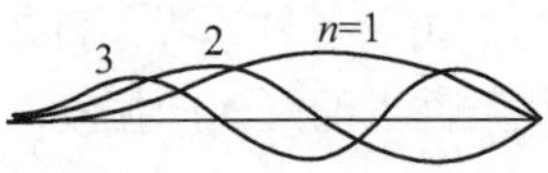 |
| 6 | 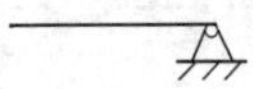 | $\operatorname{ch} kx-\cos kx-(\operatorname{sh} kx+\sin kx)\cot kl$ | 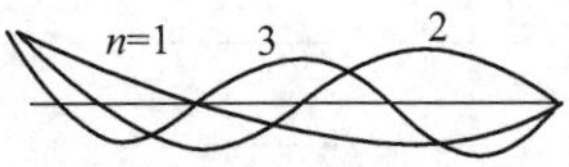 |

(2)铁木辛柯梁的横向自由振动方程,可由式(4.39)导出

$$\frac{\partial^4 y}{\partial x^4}+\frac{\rho A}{EI}\frac{\partial^2 y}{\partial t^2}-\frac{\rho}{E}\left(1+\frac{E}{k'G}\right)\frac{\partial^4 y}{\partial x^2\partial t^2}+\frac{\rho^2}{k'EG}\frac{\partial^4 y}{\partial t^4}=0 \tag{4.59}$$

其仍可应用分离变量法来解。

现以简支梁为研究对象,由前文可知简支梁的振型函数为正弦函数,则可设

$$y_n(x,t)=A_n\sin\frac{n\pi x}{l}\sin(\omega_n t+\varphi_n)$$

代入式(4.59),可得频率方程为

$$\left(\frac{n\pi}{l}\right)^4-\frac{\rho A\omega_n^2}{EI}-\frac{\rho}{E}\left(1+\frac{E}{k'G}\right)\omega_n^2\left(\frac{n\pi}{l}\right)^2+\frac{\rho^2}{k'EG}\omega_n^4=0 \tag{4.60}$$

若仅考虑式(4.59)中前二项,即不考虑转动惯量和剪切变形的影响,可得

$$\omega_n^2=\frac{EI}{\rho A}\left(\frac{n\pi}{l}\right)^4=\frac{EI}{\rho A}\left(\frac{\pi}{\lambda_n}\right)^4$$

式中 $\lambda_n=l/n$ 为振动过程中梁的半波长度。由此得到的计算固有频率与欧拉－伯努利梁的模型计算的固有频率相同。

若考虑式(4.59)中的前三项,即只考虑转动惯量的影响,得频率方程为

$$\left(\frac{n\pi}{l}\right)^4-\frac{\rho A}{EI}\left[1+\frac{I}{A}\left(\frac{n\pi}{l}\right)^2\right]\omega_n^2=0$$

$$\omega_n^2=\frac{EI}{\rho A}\left(\frac{n\pi}{l}\right)^4\frac{1}{1+\frac{I}{A}\left(\frac{n\pi^2}{l}\right)}$$

应用二项式展式,可得出固有频率为

$$\begin{aligned}\omega_n^2&=\frac{EI}{\rho A}\left(\frac{n\pi}{l}\right)^4\left[1-\frac{I}{A}\left(\frac{n\pi^2}{l}\right)\right]\\ \omega_n&=\sqrt{\frac{EI}{pA}}\left(\frac{n\pi}{l}\right)^2\left[1-\frac{1}{2}\frac{I}{A}\left(\frac{n\pi^2}{l}\right)\right]\end{aligned} \tag{4.61}$$

若只考虑剪切变形的影响,则频率方程为

$$\left(\frac{n\pi}{l}\right)^4-\frac{\rho A}{EI}\omega_n^2\left[1+\frac{EI}{k'AG}\left(\frac{n\pi}{l}\right)^2\right]=0$$

可得出固有频率为

$$\begin{aligned}\omega_n^2&=\frac{EI}{\rho A}\left(\frac{n\pi}{l}\right)^4\left[1-\frac{EI}{k'AG}\left(\frac{n\pi}{l}\right)^2\right]\\ \omega_n&=\sqrt{\frac{EI}{\rho A}}\left(\frac{n\pi}{l}\right)^2\left[1-\frac{EI}{2k'AG}\left(\frac{n\pi}{l}\right)^2\right]\end{aligned} \tag{4.62}$$

由式(4.61)、式(4.62)可见,不管是转动惯量的影响,还是剪切变形的影响,都是使梁的固有频率降低,且随着阶数 $n$ 的增大而影响就愈大。实质上,这是因考虑了转动惯量之后,梁的惯性就增加,而考虑了剪切变形之后,梁的刚度就降低,从而两者都引起了梁的固有频率降低。再比较式(4.61)、式(4.62),可见剪切变形的影响要比转动惯量的影响大。

若取频率方程(4.60)的所有项,即考虑了转动惯量和剪切变形两者的影响。又因最后一项与第一项相比是一个微小的量,可略去不计,为此计算出固有频率为

$$\omega_n^2=\frac{EI}{\rho A}\left(\frac{n\pi}{l}\right)^4\left[1-\frac{I}{A}\left(1+\frac{E}{k'G}\right)\left(\frac{n\pi}{l}\right)^2\right] \tag{4.63}$$

2. 主振型的正交性

通常情况下,梁的横向自由振动为无限多阶主振动的叠加,对简支梁有

$$y(x,t)=\sum_{n=1}^{\infty}A_n\sin\frac{n\pi}{l}x\sin(\omega_n t+\varphi_n) \tag{4.64}$$

式中 $A_n$、$\varphi_n$ 为两个待定常数,可根据初始条件来确定。但在求解这些常数时往往要应用正交性的关系。

设 $Y_n(x)$ 和 $Y_m(x)$ 分别为 $n$ 阶和 $m$ 阶固有频率 $\omega_n$ 和 $\omega_m$ 的两个不同的主振动型函数。对

于欧拉－伯努利梁,它们必须满足方程:

$$\frac{d^2}{dx^2}\left[EI\frac{d^2Y(x)}{dx^2}\right]-\rho A\omega^2Y(x)=0 \tag{a}$$

分别把 $Y_n(x)$、$Y_m(x)$ 代入式(a)中,得

$$\frac{d^2}{dx^2}\left[EI\frac{d^2Y_n(x)}{dx^2}\right]=\rho A\omega_n^2Y_n(x) \tag{b}$$

$$\frac{d^2}{dx^2}\left[EI\frac{d^2Y_m(x)}{dx^2}\right]=\rho A\omega_m^2Y_m(x) \tag{c}$$

由 $Y_m(x)$ 和 $Y_n(x)$ 分别乘式(b)和式(c),并对整个式子在全梁长度上进行积分,可得

$$\int_0^l Y_m(x)\frac{d^2}{dx^2}\left[EI\frac{d^2Y_n(x)}{dx^2}\right]dx=\int_0^l \omega_n^2\rho AY_m(x)\cdot Y_n(x)dx \tag{d}$$

$$\int_0^l Y_n(x)\frac{d^2}{dx^2}\left[EI\frac{d^2Y_m(x)}{dx^2}\right]dx=\int_0^l \omega_m^2\rho AY_n(x)\cdot Y_m(x)dx \tag{e}$$

现对式(d)和式(e)分别应用分部积分法,可得

$$\left\{Y_m(x)\frac{d}{dx}\left[EI\frac{d^2Y_n(x)}{dx^2}\right]\right\}\Bigg|_0^l-\left[\frac{dY_m(x)}{dx}EI\frac{d^2Y_n(x)}{dx^2}\right]\Bigg|_0^l+\int_0^l EI\frac{d^2Y_m(x)}{dx^2}\frac{d^2Y_n(x)}{dx^2}dx=\omega_n^2\int_0^l\rho AY_m(x)Y_n(x)dx \tag{f}$$

$$\left\{Y_n(x)\frac{d}{dx}\left[EI\frac{d^2Y_m(x)}{dx^2}\right]\right\}\Bigg|_0^l-\left[\frac{dY_n(x)}{dx}EI\frac{d^2Y_m(x)}{dx^2}\right]\Bigg|_0^l+\int_0^l EI\frac{d^2Y_m(x)}{dx^2}\frac{d^2Y_n(x)}{dx^2}dx=\omega_m^2\int_0^l\rho AY_n(x)Y_m(x)dx \tag{g}$$

将上述两式相减得

$$\begin{aligned}(\omega_m^2-\omega_n^2)\int_0^l\rho AY_n(x)Y_m(x)dx=&\\ \left\{Y_n(x)\frac{d}{dx}\left[EI\frac{d^2Y_m(x)}{dx^2}\right]\right\}\Bigg|_0^l-\left[\frac{dY_n(x)}{dx}EI\frac{d^2Y_m(x)}{dx^2}\right]\Bigg|_0^l-&\\ \left\{Y_m(x)\frac{d}{dx}\left[EI\frac{d^2Y_n(x)}{dx^2}\right]\right\}\Bigg|_0^l-\left[\frac{dY_m(x)}{dx}EI\frac{d^2Y_n(x)}{dx^2}\right]\Bigg|_0^l&\end{aligned} \tag{4.65}$$

由上式可见,其右端实为 $x=0$ 和 $x=l$ 的边界条件。对于简支、固定、自由端三种支承条件任意组合时,上式右边皆等于零,故在 $m\neq n,\omega_n^2\neq\omega_n^2$ 时,即有

$$\int_0^l\rho AY_n(x)Y_m(x)dx=0 \qquad (m\neq n) \tag{4.66a}$$

此式为简单支承条件下梁的主振型对于质量的正交性条件。

将式(4.65)代入到式(f)或式(g)中,即可得

$$\int_0^l EI\frac{d^2Y_n(x)}{dx^2}\frac{d^2Y_m(x)}{dx^2}dx=0 \qquad (m\neq n) \tag{4.66b}$$

此式为简单支承条件下梁的主振型对于刚度的正交性条件。

对于简单支承条件下等截面梁主振型正交条件可表达如下:

$$\int_0^l Y_n(x)Y_m(x)dx=0 \qquad (m\neq n) \tag{4.67a}$$

$$\int_0^l \frac{d^2Y_n(x)}{dx^2}\frac{d^2Y_m(x)}{dx^2}dx = 0 \qquad (m \neq n) \tag{4.67b}$$

当 $m=n$ 时，则

$$\int_0^l \rho A Y_n(x) Y_m(x) dx = M_n$$

式中 $M_n$ 为任意常数，通常称 $M_n$ 为广义质量。一般情况下，它是一个正值。$Y_n(x)$、$Y_m(x)$ 为正则振型函数，现取 $M_n=1$，则上式可写为

$$\int_0^l \rho A Y_n(x) Y_m(x) dx = 1 \tag{4.68}$$

将式(4.68)代入式(d)，可得

$$\int_0^l Y_m(x)\frac{d^2}{dx^2}\left[EI\frac{d^2Y_n(x)}{dx^2}\right]dx = \omega_n^2 \tag{4.69}$$

把式(4.66a)和式(4.68)统一写在一起时，可表达如下：

$$\int_0^l \rho A Y_n(x) Y_m(x) dx = \delta_{mn} \tag{4.70}$$

式中

$$\delta_{mn} = \begin{cases} 1, & 当\ n=m \\ 0, & 当(n\neq m) \end{cases}, (n,m=1,2,3,\cdots)$$

δ[①]为 Dirac 函数。

而式(4.69)可写为

$$\int_0^l Y_m(x)\frac{d^2}{dx^2}\left[EI\frac{d^2Y_n(x)}{dx^2}\right]dx = \omega_n^2\delta_{mn} \tag{4.71a}$$

或

$$\int_0^l EI\frac{d^2Y_n(x)}{dx^2}\frac{d^2Y_m(x)}{dx^2}dx = \omega_n^2\delta_{mn} \tag{4.71b}$$

根据主振型的正交性，在求解初始激励和干扰激励所引起的振动时，可采用振型叠加法，使原有的耦合方程组解耦并获得一组独立的常微分方程组，从而简化为类似一个自由度系统的微分方程式来进行求解。

3. 梁的横向强迫振动的微分方程解

现研究长为 $l$ 的均质等截面的欧拉 - 伯努利梁，受一任意分布力 $q(x,t)$ 作用下而发生强迫振动。其振动方程为

$$EI\frac{\partial^4 y}{\partial x^4} + \rho A\frac{\partial^2 y}{\partial t^2} = q(x,t)$$

此方程的解应包括两部分，一部分是对应于齐次方程的通解，另一部分是对应于非齐次方程的特解。

现设其解为

$$y(x,t) = \sum_{n=1}^{\infty} Y_n(x) H_n(t) \tag{4.72}$$

① δ 函数具有如下性质：当 $x\neq l$ 时，$\delta(x-l)=0$，且 $\int_{-\infty}^{\infty}\delta(x-l)dx = 1$。对于任一连续函数 $f(x)$，有 $\int_{-\infty}^{\infty}\delta(x-l)f(x)dx = f(l)$。

式中 $Y_n(x)$ 是在给定边界条件下的固有频率 $\omega_n$ 相对应的正则振型函数；$H_n(t)$ 为未知的时间函数，即正则坐标(广义坐标)。

将式(4.72)代入式(4.38)，可得

$$EI\sum_{n=1}^{\infty}\frac{\mathrm{d}^4Y_n(x)}{\mathrm{d}x^4}H_n(t)+\rho A\sum_{n=1}^{\infty}Y_n(x)\frac{\mathrm{d}^2H_n(t)}{\mathrm{d}t^2}=q(x,t) \tag{4.73}$$

根据主振型的正交性，有

$$\int_0^l \rho AY_n(x)Y_m(x)\,\mathrm{d}x=\delta_{mn}$$

$$\int_0^l Y_m(x)EI\frac{\mathrm{d}^4Y_n(x)}{\mathrm{d}x^4}\mathrm{d}x=\omega_n^2\delta$$

或

$$\int_0^l EI\frac{\partial^4 y_n(x)}{\partial x^4}\frac{\mathrm{d}^2Y_m(x)}{\mathrm{d}x^2}\mathrm{d}x=\omega_n^2\delta$$

现将式(4.73)两边均乘以 $Y_m(x)\mathrm{d}x$，然后对 $x$ 由 0 至 $l$ 进行积分，再应用式(4.70)和式(4.71a)式后，可得到一组独立的常微分方程组

$$\frac{\mathrm{d}^2H_n(t)}{\mathrm{d}t^2}+\omega_n^2H_n(t)=Q_n \tag{4.74}$$

式中 $Q_n=\int_0^l q(x,t)Y_n(x)\,\mathrm{d}x$ 称为广义力，则式(4.74)的通解为

$$H_n(t)=\left(H_{n0}\cos\omega_n t+\frac{H_{n0}}{\omega_n}\sin\omega_n t\right)+\frac{1}{\omega_n}\int_0^t Q_n(\tau)\sin\omega_n(t-\tau)\,\mathrm{d}\tau$$

为此，欧拉－伯努利梁强迫振动微分方程的解为

$$y(x,t)=\sum_{n=1}^{\infty}Y_n(x)\left[H_{n0}\cos\omega_n t+\frac{\dot{H}_{n0}}{\omega_n}\sin\omega_n t+\frac{1}{\omega}\int_0^l Q_n(\tau)\sin\omega_n(t-\tau)\,\mathrm{d}\tau\right] \tag{4.75}$$

式中 $H_{n0}$、$\dot{H}_{n0}$ 表示广义坐标和广义速度的初始值。

**【例 4.5】** 图 4.21 所示为一长 $l$ 的简支梁，其截面抗弯刚度为 $EI$，梁的单位体积质量为 $\rho$，梁的截面积为 $A$，离梁一端 $a$ 处，作用有一周期性集中载荷 $F=F_0\sin\omega_0 t$。设梁的初位移及初速度均为零，试求此系统的响应。

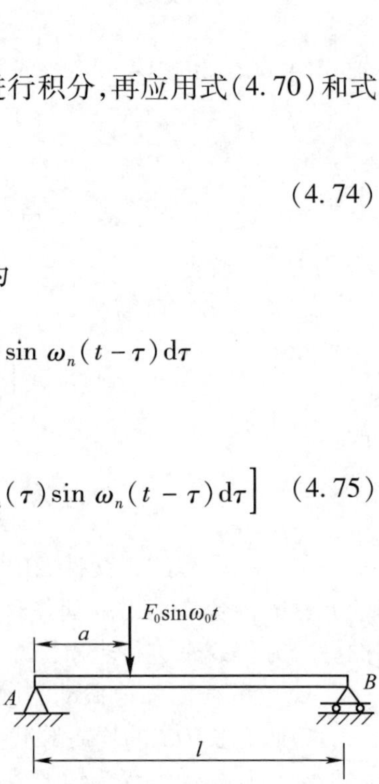

图　4.21

**【解】** 现把作用在 $x=a$ 处的集中载荷写为

$$F(x,t)=F_0\sin\omega_0 t\cdot\delta(x-a)$$

由于梁为简支梁，设其正则振型函数为

$$Y_n(x)=\sqrt{\frac{2}{\rho Al}}\sin\frac{n\pi}{l}x\quad(n=1,2,\cdots)$$

根据式(4.75)，有

$$y(x,t)=\sum_{n=1}^{\infty}Y_n(x)\left[H_{n0}\cos\omega_n t+\frac{\dot{H}_{n0}}{\omega_n}\sin\omega_n t+\frac{1}{\omega_n}\int_0^l Q_n(\tau)\sin\omega_n(t-\tau)\,\mathrm{d}\tau\right]$$

由上式可求其响应。因在 $t=0$ 时，$y_0=0$，$\dot{y}=0$，则

$$y_0(x)=\sum_{n=1}^{\infty}Y_n(x)H_n(0)=\sum_{n=1}^{\infty}Y_n(x)H_{n0}$$

对上式两边均乘以$\rho AY_m(x)\mathrm{d}x$,且对$x$由0至$l$进行积分,再利用振型正交性条件,可得

$$H_{n0}=\int_0^l \rho A y_0 Y_n(x)\mathrm{d}x$$

同理可得

$$\dot{H}_{n0}=\int_0^l \rho A\,\dot{y}_0 Y_n(x)\mathrm{d}x$$

把初始条件代入后可得

$$H_{n0}=0,\quad \dot{H}_{n0}=0$$

又因为广义力为

$$Q_n=\int_0^l q(x,t)Y_n(x)\mathrm{d}x=\sqrt{\frac{2}{\rho Al}}\int_0^l F_0\sin\omega_0 t\cdot\delta(x-a)\cdot\sin\frac{n\pi x}{l}\mathrm{d}x$$

$$=\sqrt{\frac{2}{\rho Al}}F_0\sin\omega_0 t\int_0^l\delta(x-a)\sin\frac{n\pi x}{l}\mathrm{d}x=\sqrt{\frac{2}{\rho Al}}F_0\sin\frac{\pi a}{l}\sin\omega_0 t$$

则

$$\frac{1}{\omega_n}\int_0^t Q_n(\tau)\sin\omega_n(t-\tau)\mathrm{d}\tau=\frac{1}{\omega_n}\sqrt{\frac{2}{\rho Al}}\int_0^t F_0\sin\omega_0\tau\sin\frac{n\pi a}{l}\sin\omega_n(t-\tau)\mathrm{d}\tau$$

$$=F_0\sqrt{\frac{2}{\rho Al}}\cdot\frac{1}{\omega_0^2-\omega_n^2}\left[\sin\omega_0 t-\frac{\omega}{\omega_n}\sin\omega_n t\right]$$

故求得系统响应力

$$y(x,t)=\frac{2F_0}{\rho Al}\sum_{n=1}^{\infty}\frac{1}{\omega_n^2\left[1-\frac{\omega_0^2}{\omega_n^2}\right]}\sin\frac{n\pi a}{l}\sin\frac{n\pi x}{l}\left(\sin\omega_0 t-\frac{\omega_0}{\omega_n^2}\sin\omega_n t\right)$$

### 4.2.3 移动载荷作用下的梁的横向振动

桥梁、桥式吊车的大梁皆要承受移动载荷,在移动载荷作用下桥梁等将产生振动,而因振动所引起的灾害是非常多的,所以对于动载荷问题早在一百多年以前就开始研究了,也已经有很多问题得到了解决。目前在桥梁设计中多沿用动荷系数的方法。虽然从安全方面考虑是完全可以的,但当从经济观点考虑时,它并不能提供什么有效和可靠的依据。这样,既要节省材料又要保证安全,则动荷系数的方法就无能为力了。

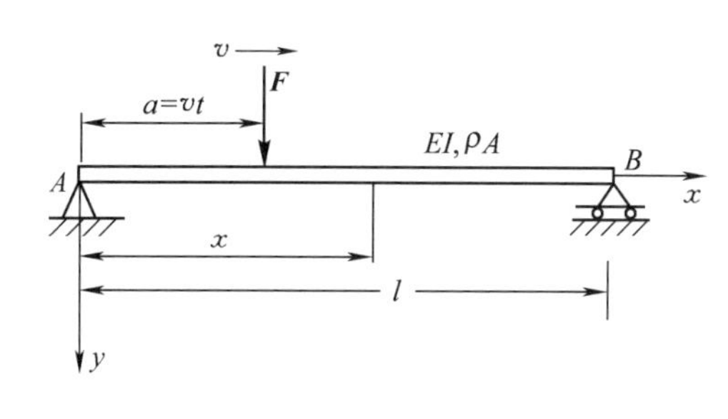

图 4.22

现对受有移动载荷作用下的梁的横向振动进行简要介绍。

1. 恒值集中动荷作用下梁的横向振动

设梁是欧拉-伯努利梁,作用于此简支梁上的恒值集中载荷$\boldsymbol{F}$以等速$v$向右运动,如图4.22所示。在时间$t=0$时,载荷$\boldsymbol{F}$位于左边支承$A$处,在$t$时刻载荷$\boldsymbol{F}$距左支承$A$的距离为$a=vt$。设在距离左支承$x$处的梁的横向位移为$y(x,t)$,则梁的振动微分方程为

$$EI\frac{\partial^4 y}{\partial x^4}+\rho A\frac{\partial^2 y}{\partial t^2}=F\delta(x-vt)\tag{4.76}$$

根据式(4.75)可以求出上式的解为

$$y(x,t) = \sum_{n=1}^{\infty} Y_n(x)\left[H_{n0}\cos\omega_n t + \frac{\dot{H}_{n0}}{\omega_n}\sin\omega_n t + \frac{1}{\omega_n}\int_0^t Q_n(\tau)\sin\omega_n(t-\tau)\mathrm{d}\tau\right]$$

式中 $Y_n(x)$ 为正则振型函数,其表达式为

$$Y_n(x) = \sqrt{\frac{2}{\rho Al}}\sin\frac{n\pi}{l}x$$

广义力 $$Q_n(\tau) = \int_0^t F\delta(x-vt)\sqrt{\frac{2}{\rho Al}}\sin\frac{n\pi}{l}x\mathrm{d}x = F\sqrt{\frac{2}{\rho Al}}\sin\frac{n\pi vt}{l}$$

则

$$\begin{aligned}&\frac{1}{\omega_n}\int_0^t Q_n(\tau)\sin\omega_n(t-\tau)\mathrm{d}\tau\\ &= \frac{1}{\omega_n}\int_0^t F\sqrt{\frac{2}{\rho Al}}\sin\frac{n\pi vt}{l}\sin\omega_n(t-\tau)\mathrm{d}\tau\\ &= \frac{\sqrt{2}F}{\sqrt{\rho Al}\,\omega_n}\frac{1}{\left(\frac{n\pi}{l}v\right)^2-\omega_n^2}\left(\frac{n\pi v}{l}\sin\omega_n t - \omega_n\sin\frac{n\pi v}{l}t\right)\end{aligned}$$

故系统的响应为

$$y(x,t) = \sum_{n=1}^{\infty}\sqrt{\frac{2}{\rho Al}}\sin\frac{n\pi}{l}x\left[H_{n0}\cos\omega_n t + \frac{\dot{H}_{n0}}{\omega_n}\cdot\sin\omega_n t + \sqrt{\frac{2}{\rho Al}}\frac{F}{\omega_n}\frac{1}{\left(\frac{n\pi}{l}v\right)^2-\omega_n^2}\cdot\left(\frac{n\pi v}{l}\sin\omega_n t - \omega_n\sin\frac{n\pi v}{l}t\right)\right] \tag{4.77}$$

2. 移动质量块作用下梁的横向振动

设移动质量块为 $m$,考虑梁是欧拉-伯努利梁,移动质量块以等速 $v$ 向右移动,在时间 $t=0$时,移动质量块位于左边支承 $A$ 处。在 $t$ 时刻移动质量块距左支承 $A$ 的距离为 $a=vt$,联结在移动质量块上的坐标为 $\xi$,如图 4.23(a)所示。则有

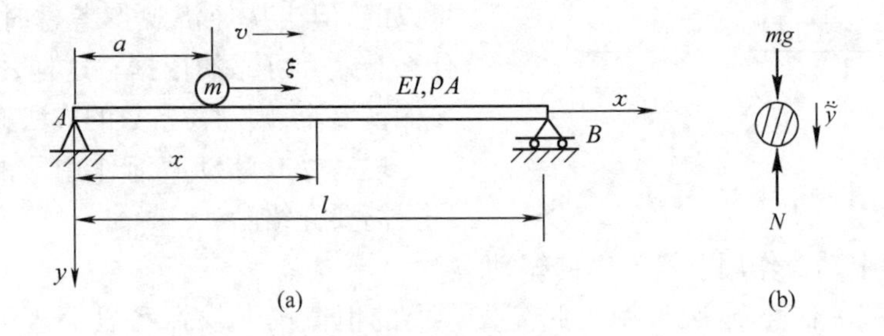


图 4.23

$$\xi = x - v\,t \tag{a}$$

取移动质量块为研究对象,其受力图如图 4.23(b)。应用牛顿定律有

$$m\ddot{\tilde{y}}(\xi,t)=mg-N \tag{b}$$

对梁而言,横向位移为 $y(x,t)$,则梁的横向振动方程为

$$EI\frac{\partial^4 y(x,t)}{\partial x^4}+\rho A\frac{\partial^2 y(x,t)}{\partial t^2}=N\delta(x-vt) \tag{c}$$

把式(b)代入式(c)中,有

$$EI\frac{\partial^4 y(x,t)}{\partial x^4}+\rho A\frac{\partial^2 y(x,t)}{\partial t^2}=\left(mg-m\frac{\mathrm{d}^2\tilde{y}(\xi,t)}{\mathrm{d}t^2}\right)\delta(x-vt) \tag{d}$$

因

$$\tilde{y}(\xi,t)=y(x,t)$$

$$\tilde{y}'(\xi,t)=y'(x,t)$$

$$\tilde{y}''(\xi,t)=y''(x,t)$$

$$\frac{\mathrm{d}\tilde{y}}{\mathrm{d}t}=\frac{\partial y}{\partial x}\frac{\mathrm{d}x}{\mathrm{d}t}+\frac{\partial y}{\partial t}=vy'(x,t)+\dot{y}(x,t)$$

$$\frac{\mathrm{d}^2\tilde{y}}{\mathrm{d}t^2}=\frac{\partial}{\partial x}\left(\frac{\partial y}{\partial x}\frac{\mathrm{d}x}{\mathrm{d}t}+\frac{\partial y}{\partial t}\right)\frac{\mathrm{d}x}{\mathrm{d}t}+\frac{\partial}{\partial t}\left(\frac{\partial y}{\partial x}\frac{\mathrm{d}x}{\mathrm{d}t}+\frac{\partial y}{\partial t}\right)=v^2y''+2\dot{v}y'+\ddot{y}$$

又设 $P=mg$,则把以上关系式代入式(d)中,可写为

$$EI\frac{\partial^4 y}{\partial x^4}+\rho A\frac{\partial^2 y}{\partial t^2}=[P-m(v^2y''+2\dot{v}y'+\ddot{y})]\delta(x-vt) \tag{4.78}$$

即当 $x=vt$ 时

$$EI\frac{\partial^4 y}{\partial x^4}+\rho A\frac{\partial^2 y}{\partial t^2}=P-m(v^2y''+2\dot{v}y'+\ddot{y}) \tag{4.79a}$$

当 $x\neq vt$ 时

$$EI\frac{\partial^4 y}{\partial x^4}+\rho A\frac{\partial^2 y}{\partial t^2}=0 \tag{4.79b}$$

求解式(4.79a)是很复杂的,此时令

$$y(x,t)=\sum_{n=1}^{\infty}\sin\frac{n\pi}{l}xH_n(t)$$

代入式(4.79a)中,可写为

$$\sum_{n=1}^{\infty}\left\{\left(\rho A\sin\frac{n\pi x}{l}+m\sin\frac{n\pi vt}{l}\right)\ddot{H}_n(t)+2mv\frac{n\pi}{l}\cos\frac{n\pi x}{l}\dot{H}_n(t)\right.$$
$$\left.+\left[EI\left(\frac{n\pi}{l}\right)^4\sin\frac{n\pi}{l}x-mv^2\left(\frac{n\pi}{l}\right)^2\sin\frac{n\pi vt}{l}\right]H_n(t)\right\}=P \tag{4.80}$$

式(4.80)不是常系数微分方程,虽可用逐步渐近法,但仍是非常复杂。

3. 车轮在轨道上滚动时无限长梁的横向振动

考虑图4.24所示的模型中,车轮为刚性,半径为 $R$,质量为 $m$,同时受一个大的轴重 $G$ 和驱动力矩 $M_A$ 作用着。$M_A$ 随 $\Omega$ 的变化规律认为如图4.25所示,且车轮中心以平均速度 $v$ 在一根弹性的无限长轨道上滚动。轨道的基础被认为是黏弹性基础。同时把轨道假设为欧拉-伯努利梁,它的弯曲刚度为 $EI$,单位长度的质量为 $\mu$,轨道高度 $h\ll R$,单位长度的基础刚度为 $k$,单位长度的基础阻尼为 $b$。

建立如图4.24所示的坐标系,考虑车轮有微小的偏移 $s(t)$、$y(t)$、$\varphi(t)$,梁在垂直方向有

微小的偏移 $w(x,t)$,轮心到 $K$ 点的半径为 $R$,铅垂线偏转了一个微小的角度 $\alpha(t)$,车轮的平均角速度是 $\omega = v/R$,接触点 $K$ 的横坐标为 $x_K = vt + s_K$,由图 4.24 可见

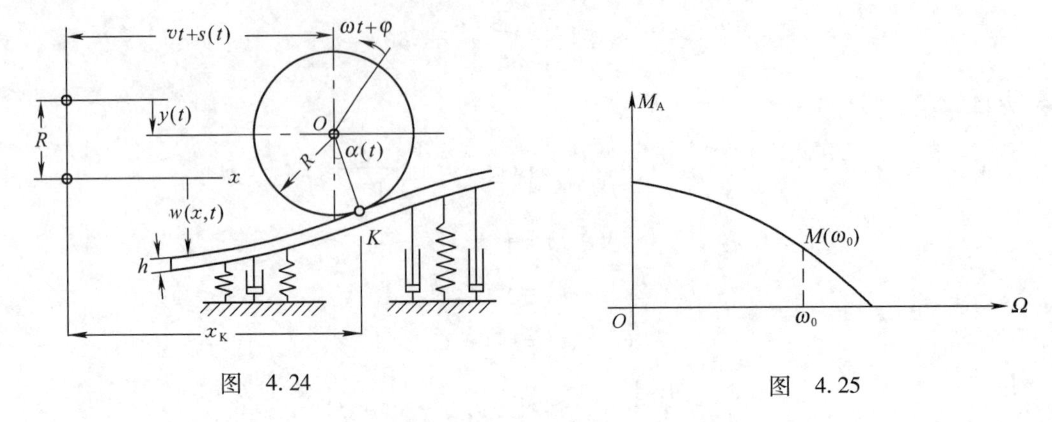


图 4.24 图 4.25

$$s_K(t) = s(t) + R\alpha(t) \tag{a}$$

$$\alpha(t) = -w'(x_K, t) \tag{b}$$

式中"′"表示$\frac{\partial}{\partial x}$。假设车论为纯滚动,即在接触点 $K$ 处不存在相对运动,又假设梁在接触点处水平方向运动非常小而忽略不计,在接触点 $K$ 处有以下的运动关系式:

$$\frac{\partial(v\ t + s)}{\partial t} - R\frac{\partial(\omega t + \varphi)}{\partial t}\cos\alpha = 0 \tag{c}$$

$$\dot{y} + R\frac{\partial(\omega t + \varphi)}{\partial t}\sin\alpha = \dot{w}(x_K, t) \tag{d}$$

式中,"˙"表示∂/∂t。

因有 $\cos\alpha \approx 1, \sin\alpha \approx \alpha, \dot{w}(x_K, t) \approx \dot{w}(vt, t)$,而$\dot{\varphi}\cdot\alpha$ 为非线性项,又可忽略不计,故上两式可化为

$$\dot{s} - R\dot{\varphi} = 0 \tag{e}$$

$$\dot{y} + R\omega\alpha = \dot{w}(vt, t) \tag{f}$$

根据图 4.26 所示车轮的受力图,应用动静法可写出车轮的运动微分方程为

$$m\ddot{s} - H = 0 \tag{4.81}$$

$$G - m\ddot{y} - V = 0 \tag{4.82}$$

$$J_0\ddot{\varphi} + GR\alpha + Rm\ddot{s} - m\ddot{y}R\alpha - M_A = 0 \tag{g}$$

而 $m\ddot{y}R\alpha$ 非线性项可忽略不计,$J_0$ 为车轮的转动惯量,则式(g)可写为

$$J_0\ddot{\varphi} + GR\alpha + Rm\ddot{s} = M_A \tag{4.83}$$

对梁而言,其振动微分方程为

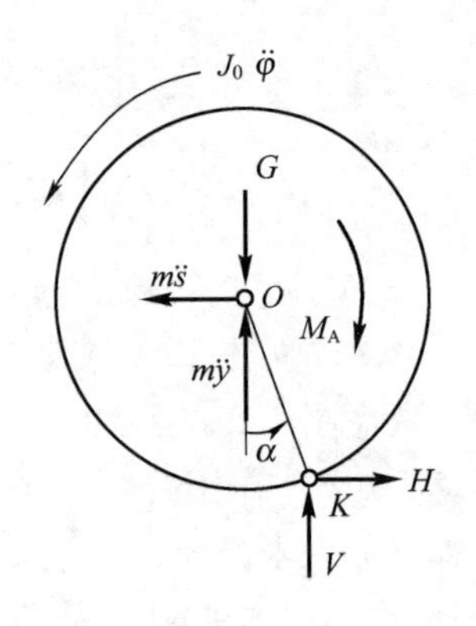


图 4.26

$$EI\frac{\partial^4 w}{\partial x^4}+\mu\frac{\partial^2 \dot{w}}{\partial t^2}\frac{\partial w}{\partial t}+kw=v\cdot\delta(x-x_{\rm K}) \tag{4.84}$$

则本系统的运动微分方程共有4个:式(4.81)、式(4.82)、式(4.83)、式(4.84)。

对上述方程组将从两个方面来考虑,一方面考虑车轮为静止时,即车轮中心的平均速度 $v=0$的情况,另一方面考虑车轮中心的速度 $v\neq 0$ 的情况,在此情况下,把坐标进行变换,取一运动坐标系,其坐标原点在轮心,设

$$\bar{\xi}=x-vt$$

将方程(4.84)的齐次方程改写为

$$EI\frac{\partial^4 w(\bar{\xi},t)}{\partial\bar{\xi}^4}+\mu(w''v^2-2v\dot{w}'+\dot{w})+b(\dot{w}-vw')+kw=0 \tag{4.85}$$

其边界条件为

$$\bar{\xi}\to\pm\infty\text{时},\ w(\bar{\xi},t)=0,\ w''(\bar{\xi},t)=0$$

其中间连续条件(在接触点处)为

$$\left.\begin{aligned}
&w(\bar{\xi}_{\rm K}^{+},t)-w(\bar{\xi}_{\rm K}^{-},t)=0\\
&w'(\bar{\xi}_{\rm K}^{+},t)-w'(\bar{\xi}_{\rm K}^{-},t)=0\\
&w''(\bar{\xi}_{\rm K}^{+},t)-w''(\bar{\xi}_{\rm K}^{-},t)=0\\
&w'''(\bar{\xi}_{\rm K}^{+},t)-w'''(\bar{\xi}_{\rm K}^{-},t)=\frac{G-m\ddot{w}}{EI}
\end{aligned}\right\} \tag{4.86}$$

式中(4.83)经过坐标变换后,可写为

$$J_0\ddot{\varphi}-GRw'(\bar{\xi}_{\rm K}^{+},t)+mR^2\ddot{\varphi}=M_{\rm A}(w_0)+M'_{\rm A}(w_0)\dot{\varphi} \tag{4.87}$$

另还须进一步对上述方程进行无量纲运算。由于求解过程繁杂,在此不再展开。

## 4.3 薄板的振动

在工程结构中,除梁、柱基本构件外,还经常会遇到一种板的基本构件。在本节中将简单介绍薄板的振动问题。

薄板是指其厚度要比长、宽这两方面的尺寸小得多的板,薄板在上下表面之间存在着一对称平面,此平面称为中面,且假定:

(1)板的材料由各向同性弹性材料组成;

(2)振动时薄板的挠度要比它的厚度要小;

(3)自由面上的应力为零;

(4)原来与中面正交的横截面在变形后始终保持正交,即薄板在变形前中面的法线在变形后仍为中面的法线。

### 4.3.1 矩形薄板的横向振动

1. 振动微分方程

为了建立应力、应变和位移之间的关系,现取一空间直角坐标系 $Oxyz$,且坐标原点及 $Oxy$ 坐标面皆放在板变形前的中面位置上,如图 4.27 所示。设板上任意一点的位置,将由变形前的坐标 $x$、$y$、$z$ 来确定。

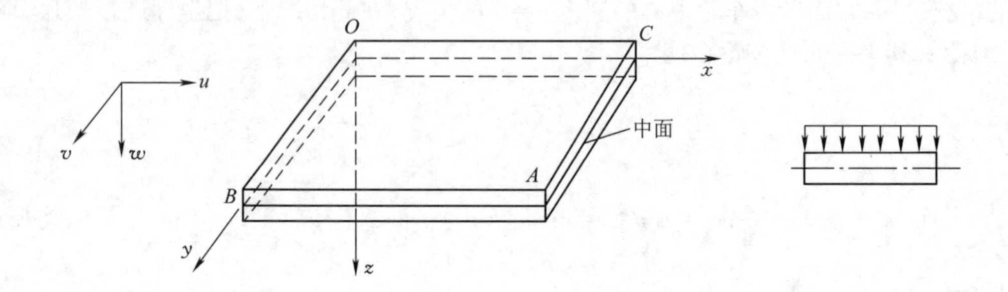


图 4.27

根据假定(2),板的横向变形和面内变形 $u$、$v$ 是互相独立的。为此,其弯曲变形可由中面上各点的横向位移 $w(x,y,t)$ 所决定。

根据假定(3),$\sigma_z$ 可认为处处为零。

根据假定(4),剪切应变分量 $\gamma_{xz}=\gamma_{yz}=0$。

不难看出,板上任意一点 $a(x,y,z)$ 沿 $x$、$y$、$z$ 三个方向的位移分量 $u$、$v$、$w$ 分别为

$$\left.\begin{aligned} u_a &= -z\frac{\partial w}{\partial x} \\ v_a &= -z\frac{\partial w}{\partial y} \\ w_a &= w+\cdots(\text{高阶小量}) \end{aligned}\right\} \tag{4.88}$$

根据弹性力学中应变与位移的几何关系可以求出各点的三个主要应变分量为

$$\left.\begin{aligned} \varepsilon_x &= \frac{\partial u_a}{\partial x} = -z\frac{\partial^2 w}{\partial x^2} \\ \varepsilon_y &= \frac{\partial v_a}{\partial y} = -z\frac{\partial^2 w}{\partial y^2} \\ \gamma_{xy} &= \frac{\partial u_a}{\partial y}+\frac{\partial v_a}{\partial x} = -2z\frac{\partial^2 w}{\partial x\partial y} \end{aligned}\right\} \tag{4.89}$$

再根据胡克定律,从而获得相对应的三个主要应力分量为

$$\left.\begin{aligned} \sigma_x &= \frac{E}{1-\mu^2}(\varepsilon_x+\mu\varepsilon_y) = -\frac{Ez}{1-\mu^2}\left(\frac{\partial^2 w}{\partial x^2}+\mu\frac{\partial^2 w}{\partial y^2}\right) \\ \sigma_y &= \frac{E}{1-\mu^2}(\varepsilon_y+\mu\varepsilon_x) = -\frac{Ez}{1-\mu^2}\left(\frac{\partial^2 w}{\partial y^2}+\mu\frac{\partial^2 w}{\partial x^2}\right) \\ \tau_{xy} &= G\gamma_{xy} = -\frac{Ez}{1+\mu}\ \frac{\partial^2 w}{\partial x\partial y} \end{aligned}\right\} \tag{4.90}$$

薄板微元的受力图如图 4.28 所示。

图 4.28 中 $M_x$、$M_{xy}$ 和 $Q_x$,$M_y$、$M_{yx}$ 和 $Q_y$ 分别为 $OB$ 面、$OC$ 面上所受到的单位长度的弯矩、扭

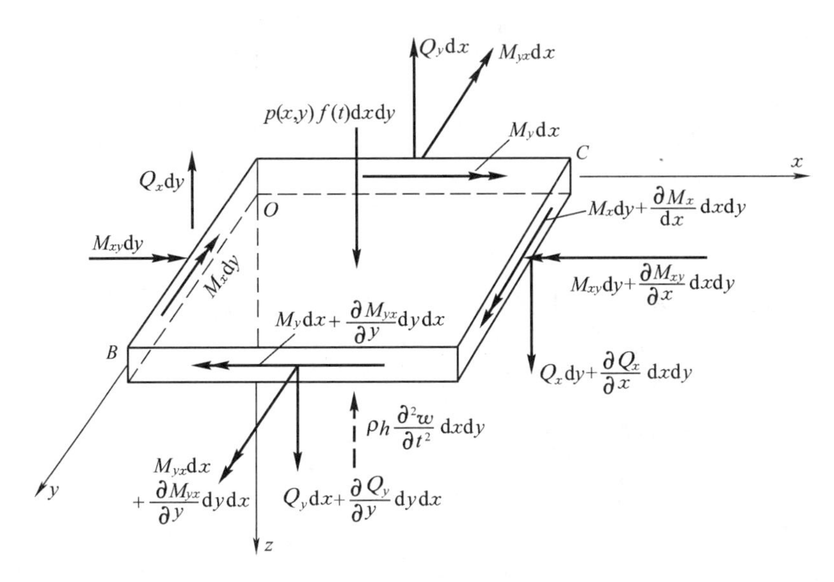


图　4.28

矩和横向剪力。弯矩和扭矩都用沿其轴的双剪头表示。$M_x$、$M_y$ 是由正应力 $\sigma_x$、$\sigma_y$ 引起的合力矩。扭矩是由剪应力 $\tau_{xy}$引起的合力矩。$p(x,y,t)=P(x,y)f(t)$为具有变量分离形式的外载荷集度，沿 $z$ 轴正方向。应用动静法计算时，沿 $z$ 轴负方向有一虚加惯性力 $\rho h\dfrac{\partial^2 w}{\partial t^2}\mathrm{d}x\mathrm{d}y$，则有

$$\sum F_z=0$$

$$\left(Q_x+\frac{\partial Q_x}{\partial x}\mathrm{d}x\right)\mathrm{d}y-Q_y\mathrm{d}y-Q_y\mathrm{d}x+\left(\frac{\partial Q_y}{\partial y}\mathrm{d}y+Q_y\right)\mathrm{d}x+$$
$$P(x,y)f(t)\mathrm{d}y\mathrm{d}x-\rho h\frac{\partial^2 w}{\partial t^2}\mathrm{d}y\mathrm{d}x=0$$

整理后，可得

$$\frac{\partial Q_x}{\partial x}+\frac{\partial Q_y}{\partial y}+P(x,y)f(t)=\rho h\frac{\partial^2 w}{\partial t^2}\tag{4.91}$$

$$\sum M_x=0$$

$$M_y\mathrm{d}x-\left(M_y+\frac{\partial M_y}{\partial y}\mathrm{d}y\right)\mathrm{d}x-Q_x\mathrm{d}y\cdot\frac{1}{2}\mathrm{d}y+\frac{1}{2}\mathrm{d}y\left(Q_x+\frac{\partial Q_x}{\partial x}\mathrm{d}x\right)\mathrm{d}y+$$
$$M_{xy}\mathrm{d}y-\left(M_{xy}+\frac{\partial M_{xy}}{\partial y}\mathrm{d}x\right)\mathrm{d}y+\left(Q_y+\frac{\partial Q_y}{\partial y}\mathrm{d}y\right)\mathrm{d}x+\frac{1}{2}P(x,y)f(t)(\mathrm{d}x)^2\mathrm{d}y=0$$

整理后得

$$\frac{\partial M_{xy}}{\partial x}+\frac{\partial M_y}{\partial y}=Q_y\tag{4.92}$$

$$\sum M_y=0$$

$$\left(M_x+\frac{\partial M_x}{\partial x}\mathrm{d}x\right)\mathrm{d}y-M_x\mathrm{d}y+\left(M_{yx}+\frac{\partial M_{yx}}{\partial y}\mathrm{d}x\right)\mathrm{d}y-M_{yx}\mathrm{d}y-$$

$$\left(Q_y+\frac{\partial Q_x}{\partial y}\mathrm{d}y\right)\mathrm{d}x\cdot\frac{1}{2}\mathrm{d}x-Q_y\mathrm{d}x\cdot\frac{1}{2}\mathrm{d}x-$$

$$\left(Q_x+\frac{\partial Q_x}{\partial x}\mathrm{d}x\right)\mathrm{d}y\cdot\frac{1}{2}\mathrm{d}x-\frac{1}{2}P(x,y)f(t)\mathrm{d}x(\mathrm{d}y)^2=0$$

整理后,得

$$\frac{\partial M_x}{\partial x}+\frac{\partial M_{yx}}{\partial y}=Q_x \tag{4.93}$$

将式(4.92)、式(4.93)代入式(4.91)得

$$\frac{\partial^2 M_x}{\partial x^2}+2\frac{M_{yx}}{\partial x\partial y}+\frac{\partial^2 M_y}{\partial y^2}+P(x,y)f(t)=\rho h\frac{\partial^2 w}{\partial t^2} \tag{4.94}$$

因

$$\left.\begin{aligned}M_x&=\int_{-\frac{h}{2}}^{\frac{h}{2}}\sigma_x z\mathrm{d}z\\ M_y&=\int_{-\frac{h}{2}}^{\frac{h}{2}}\sigma_y z\mathrm{d}z\\ M_{xy}&=M_{yx}=\int_{-\frac{h}{2}}^{\frac{h}{2}}\tau_{xy}z\mathrm{d}z\end{aligned}\right\} \tag{4.95}$$

将式(4.90)代入式(4.95),积分后得

$$\left.\begin{aligned}M_x&=-D\left(\frac{\partial^2 w}{\partial x^2}+\mu\frac{\partial^2 w}{\partial y^2}\right)\\ M_y&=-D\left(\frac{\partial^2 w}{\partial y^2}+\mu\frac{\partial^2 w}{\partial x^2}\right)\\ M_{xy}&=-D(1-\mu)\frac{\partial^2 w}{\partial x\partial y}\end{aligned}\right\} \tag{4.96}$$

再将式(4.96)代入式(4.94),即可得到薄板微元的运动微分方程为

$$D\left[\frac{\partial^4 w}{\partial x^4}+2\frac{\partial^4 w}{\partial x^2\partial y^2}+\frac{\partial^4 w}{\partial y^4}\right]+\rho h\frac{\partial^2 w}{\partial t^2}=P(x,y)f(t) \tag{4.97}$$

这是一个四阶的线性非齐次的偏微分方程。

2. 矩形板横向振动微分方程的解

矩形板的横向自由振动的微分方程为

$$D\left[\frac{\partial^4 w}{\partial x^4}+2\frac{\partial^4 w}{\partial x^2\partial y^2}+\frac{\partial^4 w}{\partial y^4}\right]+\rho h\frac{\partial^2 w}{\partial t^2}=0 \tag{4.98}$$

此方程同样可应用分离变量法来求解,设解为

$$w(x,y,t)=W(x,y)\cos\omega t \tag{4.99}$$

将式(4.99)代入式(4.98)可得

$$\frac{\partial^4 W}{\partial x^4}+2\frac{\partial^4 W}{\partial x^2\partial y^2}+\frac{\partial^4 W}{\partial y^4}-k^4W=0 \tag{4.100}$$

式中

$$k^4=\frac{\rho h}{D}\omega^2 \tag{4.101}$$

再根据板的边界条件来求解固有频率。注意到对于一般边界条件来说,精确解是难以找到的。

为了寻求一个封闭解，现考察在什么条件下，式(4.100)可用分离变量法来求解。令

$$W(x,y)=X(x)Y(y)$$

将上式代入式(4.100)中，可得

$$Y(y)\frac{\partial^4 X(x)}{\partial x^4}+2\frac{\partial^2 X(x)}{\partial x^2}\frac{\partial^2 Y(y)}{\partial y^2}+X(x)\frac{\partial^4 Y(y)}{\partial y^4}-k^4X(x)Y(y)=0 \tag{4.102}$$

上式可改写为

$$\left(\frac{\partial^4 X(x)}{\partial x^4}-k^4X\right)Y+2\frac{\partial^2 X\partial^2 Y}{\partial x^2\partial y^2}+X\frac{\partial^4 Y}{\partial x^4}=0 \tag{4.103a}$$

或

$$\left(\frac{\partial^4 Y}{\partial y^4}-k^4Y\right)X+2\frac{\partial^2 X\partial^2 Y}{\partial x^2\partial y^2}+Y\frac{\partial^4 X}{\partial x^4}=0 \tag{4.103b}$$

现讨论式(4.103a)，首先要满足边界条件，设

$$\frac{\partial^4 X}{\partial x^4}=-\alpha^4X \tag{4.104a}$$

$$\frac{\partial^2 X}{\partial x^2}=\beta^2X \tag{4.104b}$$

根据上两式，有

$$\frac{\partial^4 X}{\partial x^4}=\beta^2X''=\beta^4X$$

则 $-\alpha^4=\beta^4$，故有

$$\left.\begin{aligned}\frac{\partial^4 X}{\partial x^4}&=\beta^4X\\ \frac{\partial^2 X}{\partial x^2}&=-\beta^2X\end{aligned}\right\} \tag{4.105}$$

将上两式代入式(4.103a)中，可写为

$$(\beta^4-k^4)XY-2\cdot\beta^2X\frac{\partial^2 Y}{\partial x^2}+X\frac{\partial^4 Y}{\partial y^4}=0$$

即有

$$\frac{\partial^4 Y}{\partial y^4}-2\beta^2\frac{\partial^2 Y}{\partial y^2}+(\beta^4-k^4)Y=0 \tag{4.106}$$

于是变量得到了分离，要满足式(4.105)的三角函数为

$$X(x)=\begin{cases}\sin\beta x\\ \cos\beta x\end{cases} \tag{4.107}$$

类似地也可得出另一个平行的能使变量分离的条件为

$$Y(y)=\begin{cases}\sin\alpha y\\ \cos\alpha y\end{cases} \tag{4.108}$$

现设 $x$ 方向板的长度为 $a$，$y$ 方向板的长度为 $b$，且当 $x=0$ 和 $x=a$ 边为简支，则满足此边界的条件 $\beta=\frac{m\pi}{a}$，故式(4.107)可写为

$$X(x)=\sin\frac{m\pi x}{a},\quad 0<x<a,\quad m=1,2,\cdots \tag{4.109}$$

令
$$W_m(x,y)=Y_m(y)\sin\frac{m\pi x}{a}$$
代入式(4.100)有
$$\left(\frac{m\pi}{a}\right)^4\sin\frac{m\pi x}{a}Y_m-2\left(\frac{m\pi}{a}\right)^2\sin\frac{m\pi x}{a}Y''_m+\sin\frac{m\pi x}{a}Y''''_m-k^4\sin\frac{m\pi x}{a}Y_m=0$$
即为
$$Y''''_m-2\left(\frac{m\pi}{a}\right)^2Y''_m-\left[k^4-\left(\frac{m\pi}{a}\right)^2\right]Y_m=0$$
上式的解为
$$Y_m(y)=C_{1m}\mathrm{ch}(\lambda_{1m}y)+C_{2m}\mathrm{sh}(\lambda_{1m}y)+C_{3m}\cos(\lambda_{2m}y)+C_{4m}\sin(\lambda_{2m}y)\tag{4.110}$$
式中
$$\lambda_{1m}^2=k^2+\left(\frac{m\pi}{a}\right)^2,\quad \lambda_{2m}^2=k^2-\left(\frac{m\pi}{a}\right)^2$$
再由 $y=0$ 及 $y=b$ 的边界条件,由式(4.110)可求得关于 $C_{im}(i=1,2,3,4)$ 的齐次方程组,再令其系数行列式为零,可得到固有频率方程式,从而求出固有频率。

**【例 4.6】** 求解四边简支矩形薄板的自由振动。

**【解】** 本题边界条件为
$$W_{x=0}=W_{x=a}=0,\qquad \left(\frac{\partial^2 W}{\partial x^2}\right)_{x=0}=\left(\frac{\partial^2 W}{\partial x^2}\right)_{x=a}=0$$
$$W_{y=0}=W_{y=b}=0,\qquad \left(\frac{\partial^2 W}{\partial x^2}\right)_{y=0}=\left(\frac{\partial^2 W}{\partial y^2}\right)_{y=b}=0$$
设
$$W(x,y)=\sum_{m=1}^{\infty}\sum_{n=1}^{\infty}A_{mn}\sin\frac{m\pi x}{a}\sin\frac{n\pi x}{b}$$
则满足边界条件。将上式代入方程(4.100),得
$$\sum_{m=1}^{\infty}\sum_{n=1}^{\infty}A_{mn}\left\{\left[\left(\frac{m\pi}{a}\right)^2+\left(\frac{n\pi}{b}\right)^2\right]^2-k^4\right\}\sin\frac{m\pi x}{a}\sin\frac{n\pi x}{b}=0\tag{a}$$
将上式两边乘以 $\sin\frac{i\pi x}{a}\sin\frac{j\pi y}{b}\mathrm{d}x\mathrm{d}y$,并对整个面积进行积分,并考虑$\left[\left(\frac{m\pi}{a}\right)^2+\left(\frac{n\pi}{b}\right)^2\right]^2=k^4$,则得固有频率为
$$\omega_{mn}=\sqrt{\frac{D}{\rho h}}k^2=\sqrt{\frac{D}{\rho h}}\left[\left(\frac{m\pi}{a}\right)^2+\left(\frac{n\pi}{b}\right)^2\right]$$
因此可得,四边简支矩形薄板在自由振动时的挠度函数为
$$w(x,y,t)=\sum_{m=1}^{\infty}\sum_{n=1}^{\infty}A_{mn}\sin\frac{m\pi x}{a}\sin\frac{n\pi y}{b}\cos\omega_{mn}t$$

**【例 4.7】** 求解 $x=0,x=a$ 及 $y=0$ 三边为简支,而 $y=b$ 边为固定的矩形薄板的自由振动。

**【解】** 取 $W_m(x,y)=Y_m(y)\sin\frac{m\pi x}{a}$,代入式(4.100)中得
$$\frac{\mathrm{d}^4Y_m(y)}{\mathrm{d}y^4}-2\left(\frac{m\pi}{a}\right)^2\frac{\mathrm{d}^2Y_m(y)}{\mathrm{d}x^2}-\left[k^4-\left(\frac{m\pi}{a}\right)^4\right]Y_m(y)=0$$
则上式应有 4 个根,为

$$\lambda_1 = \sqrt{\left(\frac{m\pi}{a}\right)^2 - k^2}, \qquad \lambda_3 = -\sqrt{\left(\frac{m\pi}{a}\right)^2 - k^2}$$
$$\lambda_2 = \sqrt{\left(\frac{m\pi}{a}\right)^2 + k^2}, \qquad \lambda_4 = -\sqrt{\left(\frac{m\pi}{a}\right)^2 + k^2} \tag{a}$$

现分两种情况讨论：

(1)若$\left(\frac{m\pi}{a}\right)^2 < k^2$ 时，则 $\lambda_1$ 及 $\lambda_3$ 可写为

$$\lambda_2 = \mathrm{i}\lambda_1^* = \mathrm{i}\sqrt{k^2 - \left(\frac{m\pi}{a}\right)^2}$$
$$\lambda_4 = -\mathrm{i}\lambda_3^* = -\mathrm{i}\sqrt{k^2 - \left(\frac{m\pi}{a}\right)^2} \tag{b}$$

解 $Y_m(y)$ 为

$$Y_m(y) = C_{1m}\mathrm{ch}\ \lambda_2 y + C_{2m}\mathrm{sh}\ \lambda_2 y + C_{3m}\cos\ \lambda_1^* y + C_{4m}\sin\ \lambda_1^* y \tag{c}$$

对式(c)分别取一次和二次导数，得

$$Y'_m(y) = C_{1m}\lambda_2\mathrm{sh}\ \lambda_2 y + C_{2m}\lambda_2\mathrm{ch}\ \lambda_2 y - C_{3m}\lambda_1^*\sin\ \lambda_1^* y + C_{4m}\lambda_1^*\cos\ \lambda_1^* y \tag{d}$$

$$Y''_m(y) = C_{1m}\lambda_2^2\mathrm{ch}\ \lambda_2 y + C_{2m}\lambda_2^2\mathrm{sh}\ \lambda_2 y - C_{3m}(\lambda_1^*)^2\cos\ \lambda_1^* y - C_{4m}(\lambda_1^*)^2\sin\ \lambda_1^* y \tag{e}$$

将边界条件 $y=0$ 时，$Y_m(0)=0$，$Y''_m(0)=0$ 代入式(c)和式(e)得

$$C_{1m} = C_{3m} = 0$$

$$Y_m(y) = C_{4m}\sin\ \lambda_1^* y + C_{2m}\mathrm{sh}\ \lambda_2 y$$

再将边界条件 $y=b$ 时，$Y_m(b)=0$，$Y'_m\big|_{y=b}=0$ 代入式(c)和式(d)中得

$$C_{4m}\sin\ \lambda_1^* b + C_{2m}\mathrm{sh}\ \lambda_2 b = 0$$
$$C_{4m}\lambda_1^*\cos\ \lambda_1^* b + C_{2m}\lambda_2\mathrm{ch}\ \lambda_2 b = 0 \tag{f}$$

欲使上述方程组有非零解，则其系数行列式必须为零，故有

$$\begin{vmatrix} \sin\ \lambda_1^* b & \mathrm{sh}\ \lambda_2 b \\ \lambda_1^*\cos\ \lambda_1^* b & \lambda_2\mathrm{ch}\ \lambda_2 b \end{vmatrix} = 0 \tag{g}$$

或

$$\lambda_2\sin\ \lambda_1^* b\ \mathrm{ch}\ \lambda_2 b - \lambda_1^*\cos\ \lambda_1^* b\ \mathrm{sh}\ \lambda_2 b = 0$$

$$\frac{1}{\lambda_1^*}\tan\ \lambda_1^* b = \frac{1}{\lambda_2}\mathrm{th}\ \lambda_2 b \tag{h}$$

由式(g)或式(h)与频率方程，用试凑法或图解法可求出固有频率值。

(2)若$\left(\frac{m\pi}{a}\right)^2 > k^2$，则 $\lambda_1$、$\lambda_2$、$\lambda_3$ 及 $\lambda_4$ 均为实根，则解应为

$$Y_m(y) = C_{1m}\mathrm{ch}\ \lambda_2 y + C_{2m}\mathrm{sh}\ \lambda_2 y + C_{3m}\mathrm{ch}\ \lambda_1 y + C_{4m}\mathrm{sh}\ \lambda_1 y \tag{i}$$

对式(i)分别取一次和二次导数，得

$$Y'_m(y) = C_{1m}\lambda_2\mathrm{sh}\ \lambda_2 y + C_{2m}\lambda_2\mathrm{ch}\ \lambda_2 y + C_{3m}\lambda_1\mathrm{sh}\ \lambda_1 y + C_{4m}\lambda_1\mathrm{ch}\ \lambda_1 y \tag{j}$$

$$Y''_m(y) = C_{1m}\lambda_2^2\mathrm{ch}\ \lambda_2 y + C_{2m}\lambda_2^2\mathrm{sh}\ \lambda_2 y + C_{3m}\lambda_1^2\mathrm{ch}\ \lambda_1 y + C_{4m}\lambda_1^2\mathrm{sh}\ \lambda_1 y \tag{k}$$

将边界条件 $y=0$ 时，$Y_m(0)=0$，$Y''_m(0)=0$ 代入式(i)和式(k)得

$$C_{1m} = C_{3m} = 0$$

$$Y_m(y) = C_{2m}\text{sh }\lambda_2 y + C_{4m}\text{sh }\lambda_1 y \tag{l}$$

再将边界条件 $y=b$ 时,$Y_m(b)=0, Y'_m(0)=0$ 代入式(i)和式(j)得

$$C_{2m}\text{sh }\lambda_2 b + C_{4m}\text{sh }\lambda_1 b = 0$$

$$C_{2m}\lambda_2\text{ch }\lambda_2 b + C_{4m}\lambda_1\text{ch }\lambda_1 b = 0 \tag{m}$$

欲使方程组有非零解,其系数行列式必须为零,故有

$$\begin{vmatrix} \text{sh }\lambda_1 b & \text{sh }\lambda_2 b \\ \lambda_1\text{ch }\lambda_1 b & \lambda_2\text{ch }\lambda_2 b \end{vmatrix} = 0 \tag{n}$$

或

$$\lambda_2\text{sh }\lambda_1 b\text{ch }\lambda_2 b = \lambda_1\text{sh }\lambda_2 b\text{ch }\lambda_1 b \tag{o}$$

则得

$$\frac{1}{\lambda_1}\text{th }\lambda_1 b = \frac{1}{\lambda_2}\text{th }\lambda_2 b \tag{p}$$

$$\lambda_1\text{th }\lambda_2 b = \lambda_2\text{th}\lambda_1 b$$

式(n)或式(p)为频率方程,用试凑法或图解法可求出其固有频率值。

以上所述皆为考虑简单边界条件下,均匀矩形薄板的横向振动问题。若要确定在一般边界件下的固有频率,或解决非均匀板的振动问题,还要借助李兹法及有限元法等。

3. 矩形薄板的横向受迫振动的解

矩形薄板的横向受迫振动的微分方程为

$$D\left(\frac{\partial^4 w}{\partial x^4} + 2\frac{\partial^4 w}{\partial x^2 \partial y^2} + \frac{\partial^4 w}{\partial y^4}\right) + m\frac{\partial^2 w}{\partial t^2} = f(x,y,t) \tag{4.111}$$

式中 $m=\rho h$ 为单位面积上的质量,$f(x,y,t)$ 即为式(4.97)中 $P(x,y)f(t)$ 的一般形式,现将上式写成算子方程的形式:

$$L[w(\bar{q},t)] + m\frac{\partial^2 w(\bar{\boldsymbol{q}},t)}{\partial t^2} = f(\bar{\boldsymbol{q}},t) \tag{4.112}$$

式(4.112)中是用一矢量 $\bar{\boldsymbol{q}}$ 来表示 $w(x,y,t)$ 和 $f(x,y,t)$ 中的两个自变量 $x$、$y$。再将一般边界条件写成以下表达式:

$$B[w(\bar{\boldsymbol{q}},t)] = 0 \tag{4.113}$$

则矩形薄板的振型函数为

$$L[W(\bar{\boldsymbol{q}})] = \omega^2 mW(g) \tag{4.114}$$

其相应的边界条件为

$$B[W(\bar{\boldsymbol{q}})] = 0$$

对于等厚板及简单边界条件,振型函数与梁的情况相似,也有正交条件和规格化:

$$\int_D mW_{\text{m}}(\bar{\boldsymbol{q}})W_{\text{n}}(\bar{\boldsymbol{q}})\text{d}D(\bar{\boldsymbol{q}}) = \begin{cases}0, & m \neq n \\ 1, & m = n\end{cases} \tag{4.115}$$

式中 $\text{d}D(\bar{\boldsymbol{q}})$ 为板的微面元,$D(\bar{\boldsymbol{q}})$ 为板的定义域。

设式(4.111)解为

$$w(\bar{\boldsymbol{q}},t)=\sum_{i=1}^{\infty}W(q)q_i(t) \tag{4.116}$$

将此解代入式(4.111)后，再在两边乘以 $W_j(\bar{\boldsymbol{q}})$，并在域 $D(\bar{\boldsymbol{q}})$ 上积分，再利用正交条件和规格化及式(4.114)，得

$$\ddot{q}_i(t)+\omega_i^2 q_i(t)=N_i(t),\quad i=1,2,\cdots \tag{4.117}$$

式中

$$N_i(t)=\int_D W_i(\bar{\boldsymbol{q}})f(\bar{\boldsymbol{q}},t)\,\mathrm{d}D(\bar{\boldsymbol{q}}) \tag{4.118}$$

于是，按照单自由度系统的强迫振动的计算公式，可得

$$q_i(t)=\frac{1}{\omega_i}\int_0^t N_i(\tau)\sin\omega_i(t-\tau)\,\mathrm{d}\tau+q_i(0)\cos\omega_i t+\frac{\dot{q}(0)}{\omega_i}\sin\omega_i t \tag{4.119}$$

式中

$$\left.\begin{aligned}q_i(0)&=\int_D mW_i(\bar{\boldsymbol{q}})w(\bar{\boldsymbol{q}},0)\,\mathrm{d}D(\bar{\boldsymbol{q}})\\ \dot{q}_i(0)&=\int_D mW_i(\bar{\boldsymbol{q}})w(\bar{\boldsymbol{q}},0)\,\mathrm{d}D(\bar{\boldsymbol{q}})\end{aligned}\right. \tag{4.120}$$

再将式(4.119)代入式(4.116)中，即得

$$\begin{aligned}w(\bar{\boldsymbol{q}},t)=\sum_{i=1}^{\infty}W_i(\bar{\boldsymbol{q}})\Big\{&\frac{1}{\omega_i}\int_0^t\Big[\int_D W_i(\bar{\boldsymbol{q}})f(\bar{\boldsymbol{q}},t)\,\mathrm{d}D(\bar{\boldsymbol{q}})\Big]\sin\omega_i(t-\tau)\,\mathrm{d}\tau+\\&\cos\omega_i t\int_D mW_i(\bar{\boldsymbol{q}})w(\bar{\boldsymbol{q}},0)\,\mathrm{d}D(\bar{\boldsymbol{q}})+\frac{\sin\omega_i t}{\omega_i}\int_D mW_i(\bar{\boldsymbol{q}})w(\bar{\boldsymbol{q}},0)\,\mathrm{d}D(\bar{\boldsymbol{q}})\end{aligned} \tag{4.121}$$

### 4.3.2　圆板的振动

对于圆板来说，确定其空间位置的坐标，一般采用极坐标 $(\theta,r)$，如图 4.29 所示。而直角坐标与极坐标之间的关系为

$$x=r\cos\theta,\qquad y=r\sin\theta$$

或

$$r^2=x^2+y^2,\qquad \theta=\arctan\frac{y}{x}$$

为此

$$2r\frac{\partial r}{\partial x}=2x,\quad 即\quad \frac{\partial r}{\partial x}=\frac{x}{r}=\cos\theta$$

同理有

$$\frac{\partial r}{\partial y}=\sin\theta,\qquad \sec^2\theta\frac{\partial\theta}{\partial x}=-\frac{y}{x^2} \tag{4.122}$$

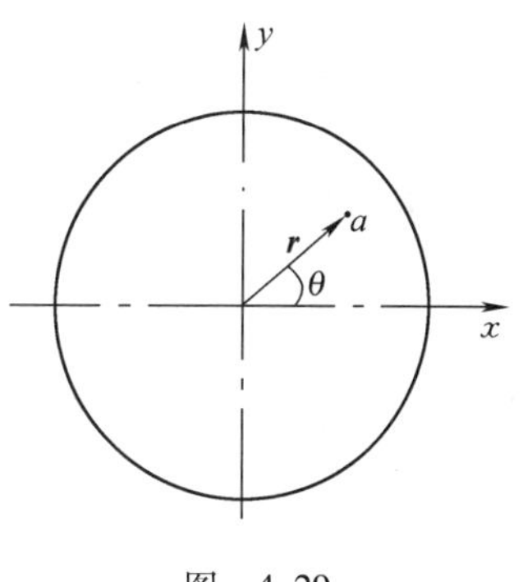

图　4.29

所以

$$\frac{\partial\theta}{\partial x}=-\frac{y}{r^2}=-\frac{1}{r}\sin\theta$$

同理有

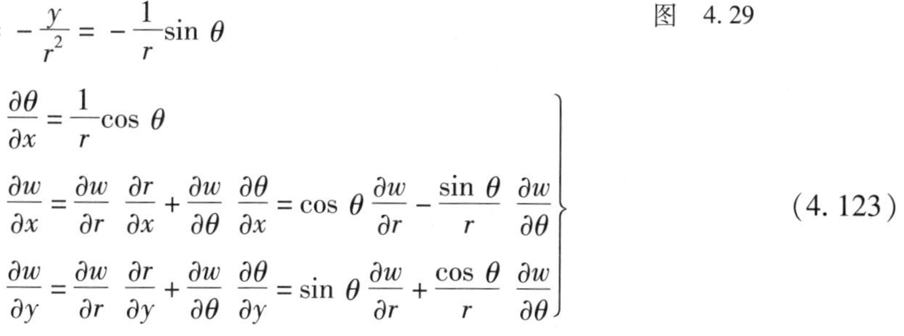

$$\left.\begin{aligned}&\frac{\partial\theta}{\partial x}=\frac{1}{r}\cos\theta\\&\frac{\partial w}{\partial x}=\frac{\partial w}{\partial r}\frac{\partial r}{\partial x}+\frac{\partial w}{\partial\theta}\frac{\partial\theta}{\partial x}=\cos\theta\frac{\partial w}{\partial r}-\frac{\sin\theta}{r}\frac{\partial w}{\partial\theta}\\&\frac{\partial w}{\partial y}=\frac{\partial w}{\partial r}\frac{\partial r}{\partial y}+\frac{\partial w}{\partial\theta}\frac{\partial\theta}{\partial y}=\sin\theta\frac{\partial w}{\partial r}+\frac{\cos\theta}{r}\frac{\partial w}{\partial\theta}\end{aligned}\right\} \tag{4.123}$$

现引入算子 $\nabla=\frac{\partial^2}{\partial x^2}+\frac{\partial^2}{\partial y^2}$,使式(4.100)改写为

$$\nabla\nabla w-k^4w=0 \tag{4.124}$$

或

$$(\nabla+k^2)(\nabla-k^2)w=0$$

则有

$$\left.\begin{array}{l}(\nabla+k^2)w_1=0\\(\nabla-k^2)w_2=0\end{array}\right\} \tag{4.125}$$

这两个方程的解皆为式(4.124)的解。

现对式(4.125)进行坐标变换,使其以横坐标形式表示

$$\frac{\partial^2 w}{\partial r^2}+\frac{1}{r}\frac{\partial w}{\partial r}+\frac{1}{r^2}\frac{\partial^2 w}{\partial\theta^2}\pm k^2w=0 \tag{4.126}$$

设方程的解为

$$w(r,\theta)=R(r)\Theta(\theta)$$

代入式(4.126)中,得

$$\Theta(\theta)R''(r)+\Theta(\theta)\frac{1}{r}R'(r)+\frac{R(r)}{r^2}\Theta''(\theta)\pm k^2R(r)\Theta(\theta)=0$$

或

$$\left[R''(r)+\frac{1}{r}R'(r)\pm k^2R(r)\right]\Theta(\theta)=-\frac{R(r)}{r_2}\Theta''\theta$$

也可表达为

$$\frac{R''(r)+\frac{1}{r}R'(r)\pm k^2R(r)}{-\frac{R(r)}{r^2}}=\frac{\Theta''(\theta)}{\Theta(\theta)}=\lambda \tag{4.127}$$

则由式(4.127)可得

$$\Theta''(\theta)-\lambda\Theta(\theta)=0 \tag{4.128}$$

式(4.128)的解为

$$\Theta(\theta)=e^{\sqrt{\lambda}\theta} \tag{4.129}$$

因函数 $\Theta(\theta)$ 只能为有限函数,故 $\lambda$ 必为负数,设 $\lambda=-n^2$,则式(4.129)有

$$\Theta_n(\theta)=e^{in\theta} \tag{4.130}$$

又因 $\Theta_n(\theta)$ 为 $2\pi$ 的周期函数,故 $n$ 必为整数,将 $\lambda=-n^2$ 代入式(4.127),可得

$$\frac{d^2R_n}{dr^2}+\frac{1}{r}\frac{dR_n}{dr}+\left(\pm k^2-\frac{n^2}{r^2}\right)R_n=0 \tag{4.131}$$

式(4.131)为贝塞耳方程。当 $k^2$ 前取负号时叫做虚宗量贝塞耳方程。当 $k^2$ 前取正号时,式(4.131)的解为

$$R_n(r)=A_nJ_n(kr)+B_nN_n(kr) \tag{4.132}$$

式中 $J_n$ 和 $N_n$ 分别称为 $n$ 阶第一类贝塞耳函数和第二类贝塞耳函数(诺伊曼函数)。

当 $k^2$ 前取负号时,式(4.131)的解为

$$R_n(r)=C_nI_n(kr)+D_nK_n(kr) \tag{4.133}$$

式中 $I_n$ 和 $K_n$ 分别称为 $n$ 阶第一类修正贝塞耳函数和第二类修正贝塞耳函数,则方程(4.131)的解为

$$R_n(r)=A_nJ_n(kr)+B_nN_n(kr)+C_nI_n(kr)+D_nK_n(kr)$$

因为当 $r\to0$ 时,$N_n(kr)$ 及 $K_n(kr)\to\infty$,而实心圆板在中心处的 $w(r,\theta)$ 值是有限的,所以令

$B_n = D_n = 0$,再考虑式(4.130),可得

$$w(r,\theta) = [A_n J_n(kr) + C_n I_n(kr)]\mathrm{e}^{\mathrm{i}n\theta} \tag{4.134}$$

最后,方程(4.126)的解为

$$w(r,\theta) = \sum_{n=0}^{\infty} w_n(r,\theta) = \sum_{n=0}^{\infty} [A_n J_n(kr) + C_n I_n(kr)]\mathrm{e}^{\mathrm{i}n\theta} \tag{4.135}$$

再根据边界条件可以求得频率方程,再由频率方程可求解出固有频率。

设实心圆板的周边为固定,即当 $r = a$ 时,$w_n(a,\theta) = \left.\dfrac{\partial w}{\partial r}\right|_{r=a} = 0$,由式(4.134)得

$$\left.\begin{aligned} &A_n J_n(ka) + C_n I_n(ka) = 0 \\ &A_n\left(\frac{\mathrm{d}J_n(kr)}{\mathrm{d}r}\right)_{r=a} + C_n\left(\frac{\mathrm{d}I_n(kr)}{\mathrm{d}r}\right)_{r=a} = 0 \end{aligned}\right\} \tag{4.136}$$

故有

$$\begin{vmatrix} J_n(ka) & I_n(ka) \\ \left(\dfrac{\mathrm{d}J_n(kr)}{\mathrm{d}r}\right)_{r=a} & \left(\dfrac{\mathrm{d}I_n(kr)}{\mathrm{d}r}\right)_{r=a} \end{vmatrix} = 0 \tag{4.137}$$

由上式求得 $k$,从而就可求出 $\omega$。而 $\omega$ 与 $k$ 的关系式为

$$\omega = k^2\sqrt{\frac{D}{\rho h}} = \frac{\beta^2}{\alpha^2}\sqrt{\frac{D}{\rho h}} \tag{4.138}$$

式中 $\beta$ 是依赖于边界条件及振动阶次的常数,称为频率系数。当泊松比为 0.3 时,$\beta$ 值可由表 4.7 中查出。

**表 4.7　$\beta$ 值**

| 周边固定的圆板($n$ 个节直径,$s$ 个节圆) | | | | | 周边自由的圆板($n$ 个节直径,$s$ 个节圆) | | | | |
|---|---|---|---|---|---|---|---|---|---|
| $s$ \ $n$ | 0 | 1 | 2 | 3 | $s$ \ $n$ | 0 | 1 | 2 | 3 |
| 0 | 10.21 | 21.26 | 34.88 | 51.04 | 0 | | | 5.253 | 12.23 |
| 1 | 39.78 | 60.82 | 84.58 | 111.00 | 1 | 9.084 | 21.43 | 35.25 | 52.91 |
| 2 | 89.10 | 120.07 | 153.81 | 190.30 | 2 | 38.55 | 59.81 | 83.91 | 111.30 |
| 3 | 158.13 | 199.07 | 242.73 | 289.17 | 3 | 87.80 | 110.03 | 154.01 | 192.10 |

## 4.4　连续系统固有特性的近似解法

前几节皆未涉及变截面杆和梁的问题,这是由于变截面杆和梁除了个别简单情况外往往不易找到精确解。但在工程实际问题中,却经常会遇到大量的质量和刚度不均匀分布的连续系统要解决。为此,在工程上采用近似计算方法来解决这些问题显得非常重要。

本节将主要介绍瑞雷法、李兹法、传递矩阵法和伽辽金法。

### 4.4.1　瑞雷法

瑞雷法主要用来估算系统的基频。它的根据是机械能守恒定律,即

$$T_{max} = U_{max}$$

为此,对于任一个连续系统,只要能近似地给出一个第一阶振型函数,且要求它满足系统的端点条件。再计算系统的动能和势能即可估算出系统的基频。

现以欧拉-伯努利梁的横向振动为例。该梁以某一阶固有频率作主振动。设梁的振型函数为 $Y(x)$,在此称为试算函数,它必须满足梁的端点条件,则梁在振动过程中,任一瞬时的位移为

$$y(x,t) = Y(x)\sin(\omega t + \varphi)$$

其速度为

$$\dot{y}(x,t) = \omega Y(x)\cos(\omega t + \varphi)$$

故梁的动能为

$$T = \frac{1}{2}\int_0^l \rho A \dot{y}^2 \mathrm{d}x$$

梁的势能为

$$U = \frac{1}{2}\int_0^l EI\left(\frac{\partial^2 y}{\partial x^2}\right)^2 \mathrm{d}x$$

在静平衡位置时,系统具有最大动能

$$T_{max} = \frac{\omega^2}{2}\int_0^l \rho A Y^2 \mathrm{d}x$$

在偏离静平衡位置的距离最远处,系统具有最大弹性势能

$$U_{max} = \frac{1}{2}\int_0^l EI\left(\frac{\mathrm{d}^2 Y}{\mathrm{d}x^2}\right)^2 \mathrm{d}x$$

由机械能守恒定律有

$$T_{max} = U_{max}$$

可得

$$\omega^2 = \frac{\int_0^l EI\left(\frac{\mathrm{d}^2 Y}{\mathrm{d}x^2}\right)^2 \mathrm{d}x}{\int_0^l \rho A Y^2 \mathrm{d}x} \tag{4.139}$$

式(4.139)表明了当所设的试算函数 $Y(x)$ 恰是某一阶实际振型函数时,则计算出的固有频率 $\omega$ 即为该阶固有频率的精确解。但要知各阶实际的振型函数往往是不可能的,而只能近似地给出第一阶振型函数。为此瑞雷法只适用于估算基频。为了使假设的试算函数 $Y(x)$ 更为接近第一阶实际的振型函数,最好除满足端点位移条件之外,还要满足在端点处的力的条件,才能使估算出的固有频率有比较好的近似值。

**【例4.8】** 图4.30所示为一端固定,一端有刚度为 $k$ 的弹性支承的等直梁,求该梁的基频。

**【解】** 设试算函数为

$$Y(x) = a(x^4 - 4lx^3 + 6l^2x^2)$$

它只能满足几何端点条件,而不能满足端点力的条件。

$$Y''(x) = 12a(l-x)^2$$

系统的最大势能为

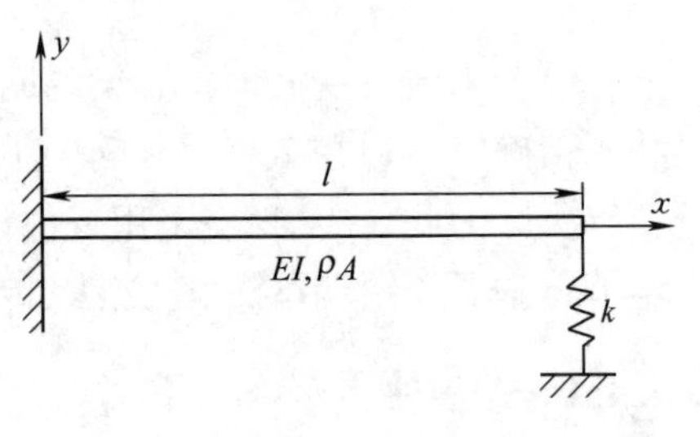


图 4.30

$$U_{\max} = \frac{1}{2}\int_0^l EI\left(\frac{\mathrm{d}^2 Y}{\mathrm{d}x^2}\right)^2 \mathrm{d}x + \frac{1}{2}k(3al^4)^2 = \frac{1}{2}EI\left(\frac{144}{5}l^5\right)\left(1 + \frac{kl^3}{3EI}\right)a^2$$

系统的最大动能为

$$T_{\max} = \frac{\omega^2}{2}\int_0^l \rho A Y^2 \mathrm{d}x = \frac{1}{2}\omega^2 \rho A a^2 \int_0^l (x^4 - 4lx^3 + 6l^2x^2)^2 \mathrm{d}x = \frac{1}{2}\omega^2 \rho A\left(\frac{104}{45}l^9\right)a$$

由

$$T_{\max} = U_{\max}$$

故

$$\omega^2 = \frac{\frac{1}{2}EI\left(\frac{144}{5}l^5\right)\left(1 + \frac{kl^3}{3EI}\right)a^2}{\frac{1}{2}\rho A\left(\frac{104}{45}l^9\right)a^2} = \frac{162}{13l^4}\frac{EI}{\rho A}\left(1 + \frac{kl^3}{3EI}\right)$$

$$\omega \approx \frac{3.53}{l^2}\sqrt{\frac{EI}{\rho A}}\sqrt{1 + \frac{kl^3}{3EI}}$$

由上可见,该系统的固有频率要比悬臂梁的固有频率高。式中$\frac{kl^3}{3EI}$实为弹性支承刚度和梁刚度的比值,为此固有频率的提高与此比值有关。

**【例 4.9】** 设一根在 $x = 0$ 处固定,$x = l$ 处自由的锥形轴如图 4.31 所示,在外界干扰去掉后,轴发生了扭转振动,其单位长度的转动惯量为

$$J_{\mathrm{p}}(x) = \frac{6}{5}I\left[1 - \frac{1}{2}\left(\frac{x}{l}\right)^2\right]$$

在 $x$ 处的扭转刚度为

$$GJ_{\mathrm{p}}(x) = \frac{6}{5}GI\left[1 - \frac{1}{2}\left(\frac{x}{l}\right)^2\right]$$

设 $\theta(x,t)$ 为轴的角位移,试用瑞雷法估算其固有频率。

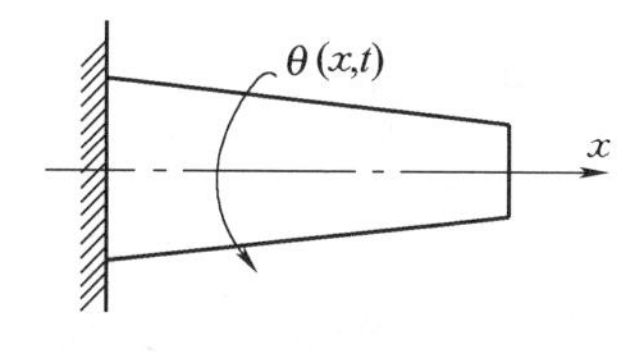


图 4.31

**【解】** 设 $\theta(x,t) = \varphi(x)\sin(\omega t + \varphi)$,试算函数为 $\varphi(x) = \sin(\pi x/2l)$,该轴的最大动能可写为

$$T_{\max} = \frac{\omega^2}{2}\int_0^l J_{\mathrm{p}}(x)\varphi^2(x)\mathrm{d}x$$

$$= \frac{\omega^2}{2}\int_0^l \frac{6}{5}I\left[1 - \frac{1}{2}\left(\frac{x}{l}\right)^2\right]\sin^2\left(\frac{\pi x}{2l}\right)\mathrm{d}x$$

该轴的最大势能可写为

$$U_{\max} = \frac{1}{2}\int_0^l GJ_{\mathrm{p}}(x)\left[\frac{\mathrm{d}\varphi(\dot{x})}{\mathrm{d}x}\right]^2 \mathrm{d}x$$

由

$$T_{\max} = U_{\max}$$

得

$$\omega^2 = 3.150\,4\,\frac{GJ_{\mathrm{p}}}{Il^2}$$

### 4.4.2 李兹法

瑞雷法只是求解系统基频的一种有效方法,但缺点是不能估算出高阶固有频率及主振型。而李兹法在瑞雷法的基础上作了改进,从而达到了既能求出更精确的基频,又能求得高阶固有频率及主振型的近似值。

李兹法的主要思路是把连续系统离散化为有限个自由度系统,再根据机械能守恒定律进行计算,在此我们将运用拉格朗日方程来建立振动微分方程。

现以欧拉—伯努利梁为例。取 $n$ 个广义坐标 $q_i(t)$,设 $n$ 个振型函数 $y_i(x)$,且它们皆满足端点的位移条件,梁的横向振动的位移近似表达式为

$$y(x,t)=\sum_{i=1}^{n}Y_i(x)q_i(t)$$

则

$$\dot{y}(x,t)=\sum_{i=1}^{n}Y_i(x)\,\dot{q}_i(t)$$

梁的动能可写为

$$T=\frac{1}{2}\int_0^l\rho A\Big[\sum_{i=1}^{n}Y_i(x)\,\dot{q}_i(t)\Big]\Big[\sum_{j=1}^{n}Y_j(x)\,\dot{q}_j(t)\Big]\,\mathrm{d}x=\frac{1}{2}\sum_{i=1}^{n}\sum_{j=1}^{n}m_{ij}\,\dot{q}_i\,\dot{q}_j$$

式中

$$m_{ij}=\int_0^l\rho AY_iY_j\mathrm{d}x$$

梁的弹性势能可写为

$$U=\frac{1}{2}\int_0^l EI\Big[\sum_{i=1}^{n}\frac{\mathrm{d}^2Y_i(x)}{\mathrm{d}x^2}q_i(t)\Big]\Big[\sum_{j=1}^{n}\frac{\mathrm{d}^2Y_j(x)}{\mathrm{d}x^2}q_j(t)\Big]\,\mathrm{d}x=\frac{1}{2}\sum_{i=1}^{n}\sum_{j=1}^{n}k_{ij}q_iq_j$$

式中

$$k_{ij}=\int_0^l EI\frac{\mathrm{d}^2Y_i}{\mathrm{d}x^2}\frac{\mathrm{d}^2Y_j}{\mathrm{d}x^2}\mathrm{d}x$$

再根据拉格朗日方程

$$\frac{\mathrm{d}}{\mathrm{d}t}\frac{\partial T}{\partial\,\dot{q}_i}-\frac{\partial T}{\partial q_i}+\frac{\partial U}{\partial q_i}=0$$

则得一个二阶常微分方程组

$$\sum_{j=1}^{n}(m_{ij}\,\ddot{q}_j+k_{ij}q_j)=0\quad(i=1,2,\cdots)\tag{4.140}$$

从而将无限自由度系统变换为有限个自由度系统。

当系统作同频率同相位的简谐振动时,则广义坐标 $q_i$ 为简谐函数,设

$$q_i(t)=A_i\sin(\omega t+\varphi)$$

把上式代入式(4.140)中,可得振型方程

$$\sum_{j=1}^{n}(k_{ij}-m_{ij}\omega^2)A_j=0\qquad(i=1,2,\cdots)\tag{4.141}$$

由式(4.141)可计算出系统的固有频率及主振型

注意:欲要求解系统的二阶固有频率,振型函数可选取 $n=2$,是能获得结果的,但计算结果中会出现一阶固有频率值精确度较高,而二阶固有频率值误差较大的现象。为了减少误差,在用李兹法计算各阶固有频率时,所选取的振型函数的项数 $n$,应比需求的固有频率的阶数多一倍以上。如需要求二阶固有频率时,则振型函数的项数应取 $n\geqslant 4$。这样,才能使计算结果获得较好的精确度。

**【例4.10】** 图4.32所示变截面梁具有单位厚度,截面变化为 $A(x)=2b\dfrac{x}{l}=A_0\dfrac{x}{l}$,$A_0$ 为根部截面积,试用瑞雷法及李兹法求解其基频,并比较两者的结果。

**【解】** 1. 瑞雷法

由已知条件$A(x) = 2b\frac{x}{l} = A_0\frac{x}{l}$可求出$I(x) = \frac{1}{12}\left(\frac{2bx}{l}\right)^3 = I_0\frac{x^3}{l^3}$，式中$I_0$为根部截面积对中心主轴的惯性矩。

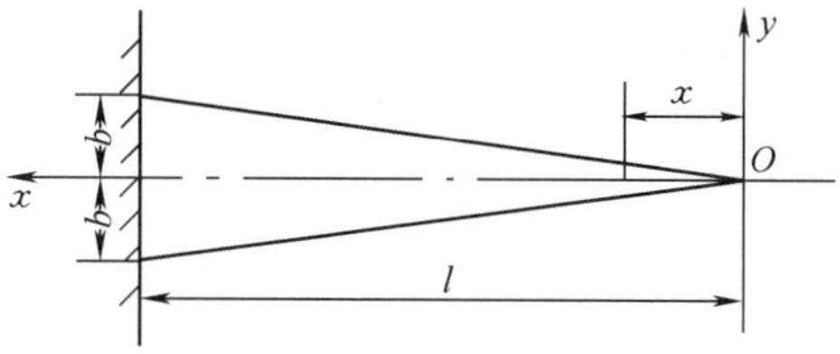

设试算的振型函数为

$$Y(x) = a_1\left(1 - \frac{x}{l}\right)^2$$

则

$$Y''(x) = \frac{2a_1}{l^2}$$

图 4.32

它满足端点的力的边界条件和位移的边界条件，即

$$x = 0,\quad M = EI\frac{\mathrm{d}^2Y}{\mathrm{d}x^2} = 0,\quad Q = \frac{\mathrm{d}}{\mathrm{d}x}\left[EI\frac{\mathrm{d}^2Y}{\mathrm{d}x^2}\right] = 0$$

$$x = l,\quad Y = 0,\quad \frac{\mathrm{d}Y}{\mathrm{d}x} = 0$$

把以上振型函数及其二阶导数代入式(4.139)中，得

$$\omega^2 = \frac{E\int_0^l\left(I_0\frac{x^3}{l^3}\right)\left(\frac{2a_1}{l^2}\right)^2\mathrm{d}x}{\rho\int_0^l\left(A_0\frac{x}{l}\right)\left[a_1\left(1 - \frac{x}{l}\right)^2\right]^2\mathrm{d}x} = \frac{30}{l^4}\frac{EI_0}{\rho A_0}$$

$$\omega = \frac{5.48}{l^2}\sqrt{\frac{EI_0}{\rho A}}$$

2. 李兹法

设试算的振型函数

$$Y_i(x) = \left(1 - \frac{x}{l}\right)^2\left(\frac{x}{l}\right)^{i-1}\qquad (i = 1,2,\cdots,n)$$

因求系统的基频，故选取$i = 2$，则

$$Y_1 = \left(1 - \frac{x}{l}\right)^2,\quad Y''_1 = \frac{2}{l^2}$$

$$Y_2 = \left(1 - \frac{x}{l}\right)^2\frac{x}{l},\quad Y''_2 = \frac{2}{l^2}\left(\frac{3x}{l} - 2\right)$$

由式(4.141)知需要求出$m_{ij}$和$k_{ij}$，现计算如下：

$$m_{11} = \int_0^l \rho AY_1^2\mathrm{d}x = \int_0^l \rho\left(A_0\frac{x}{l}\right)\left(1 - \frac{x}{l}\right)^4\mathrm{d}x = \frac{\rho A_0 l}{30}$$

$$m_{12} = m_{21} = \int_0^l \rho AY_1Y_2\mathrm{d}x = \int_0^l \rho\left(A_0\frac{x}{l}\right)\left(1 - \frac{x}{l}\right)^4\frac{x}{l}\mathrm{d}x = \frac{\rho A_0 l}{105}$$

$$m_{22} = \int_0^l \rho AY_2^2\mathrm{d}x = \int_0^l \rho\left(A_0\frac{x}{l}\right)\left(1 - \frac{x}{l}\right)^4\left(\frac{x}{l}\right)^2\mathrm{d}x = \frac{\rho A_0 l}{280}$$

$$k_{11} = \int_0^l EI(Y''_1)^2\mathrm{d}x = \int_0^l E\left(I_0\frac{x^3}{l^3}\right)\left(\frac{2}{l^2}\right)^2\mathrm{d}x = \frac{EI_0}{l^3}$$

$$k_{12} = k_{21} = \int_0^l EIY''_1Y''_2\mathrm{d}x = \int_0^l E\left(I_0\frac{x^3}{l^3}\right)\left(\frac{2}{l^2}\right)^2\left(\frac{3x}{l} - 2\right)\mathrm{d}x$$

$$k_{12} = \frac{2EI_0}{5l^3}$$

$$k_{22} = \int_0^l EI(Y''_2)^2\mathrm{d}x = \int_0^l E\left(I_0\frac{x^3}{l^3}\right)\left(\frac{2}{l^2}\right)^2\left(\frac{3x}{l}-2\right)^2\mathrm{d}x = \frac{2EI_0}{5l^3}$$

将 $m_{ij}$ 和 $k_{ij}$ 代入式(4.141)中,得

$$\left.\begin{aligned}\left(\frac{EI_0}{l^3}-\omega^2\frac{\rho A_0 l}{30}\right)A_1+\left(\frac{2EI_0}{5l^3}-\omega^2\frac{\rho A_0 l}{105}\right)A_2=0\\ \left(\frac{2EI_0}{5l^3}-\omega^2\frac{\rho A_0 l}{105}\right)A_1+\left(\frac{2EI_0}{5l^3}-\omega^2\frac{\rho A_0 l}{280}\right)A_2=0\end{aligned}\right\}\tag{a}$$

则得频率方程

$$\left(\frac{EI_0}{l^3}-\omega^2\frac{\rho A_0 l}{30}\right)\left(\frac{2EI_0}{5l^3}-\omega^2\frac{\rho A_0 l}{280}\right)-\left(\frac{2EI_0}{5l^3}-\omega^2\frac{\rho A_0 l}{105}\right)^2=0$$

从而解出基频

$$\omega_1=\frac{5.319}{l^2}\sqrt{\frac{EI_0}{\rho A}}$$

用两种方法解出的频率与精确解 $\omega=\dfrac{5.315}{l^2}\sqrt{\dfrac{EI_0}{\rho A_0}}$ 比较,用瑞雷法计算出的基频与精确解比较误差为3%,用李兹法计算出的基频与精确解比较误差仅为0.08%。

现将 $\omega_1$ 代入式(a)中的任一式可求得

$$\frac{A_2}{A_1}=-\frac{k_{11}-\omega_1^2 m_{11}}{k_{12}-\omega_1^2 m_{12}}=-0.44$$

从而得到对应的主振型的近似值,于是第一阶主振型的近似值为

$$y_1(x)=\left(1-\frac{x}{l}\right)^2-0.44\left(1-\frac{x}{l}\right)^2\frac{x}{l}$$

### 4.4.3 传递矩阵法

在离散系统中已对传递矩阵法进行了一般性介绍,它适合于计算链状结构的固有频率及主振型,这种方法只需对一些阶次很低传递矩阵进行连续的矩阵乘法运算,具有计算量少的特点。另外,也可将该法推广用来求系统的响应。从而使其成为工程上应用较广泛的计算方法。现简要地介绍传递矩阵在连续系统振动中的应用,并以等直轴扭转振动和横向振动为例说明。

1. 轴的扭转振动

现有一轴系,以圆频率 $\omega$ 作扭转振动,不计阻尼。取图4.33所示第 $i$ 轴段建立传递矩阵。由式(4.31)可知:

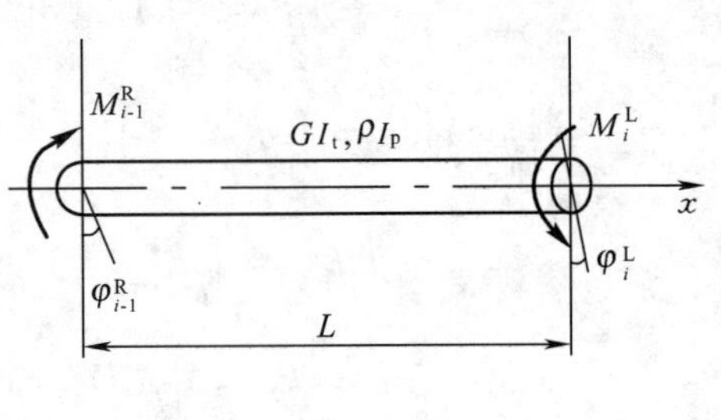


图 4.33

$$\varphi = \left(A\sin\frac{\omega}{c}x + B\cos\frac{\omega}{c}x\right)\sin\omega t \tag{4.142}$$

由扭矩公式 $M_{\mathrm{t}} = GI_{\mathrm{t}}\frac{\partial\varphi}{\partial x}$,得

$$M_{\mathrm{t}} = GI_{\mathrm{t}}\frac{\omega}{c}\left(A\cos\frac{\omega}{c}x - B\sin\frac{\omega}{c}x\right)\sin\omega t \tag{4.143}$$

式中 $GI_{\mathrm{t}}$ 是 $i$ 轴段的抗扭刚度,$c = \sqrt{\frac{GI_{\mathrm{t}}}{\rho J_{\mathrm{p}}}}$。$A$ 与 $B$ 为待定常数,由 $i-1$ 点右边的状态矢量来决定。当 $x = 0$ 时,式(4.142)和式(4.143)可写为

$$\varphi_{i-1}^{\mathrm{R}} = B\sin\omega t$$

$$M_{\mathrm{t}i-1}^{\mathrm{R}} = GI_{\mathrm{t}}\frac{\omega}{c}A\sin\omega t$$

故有

$$A = \frac{M_{i-1}^{\mathrm{R}}\cdot c}{GI_{\mathrm{t}}\omega\sin\omega t},\qquad B = \frac{\varphi_{i-1}^{\mathrm{R}}}{\sin\omega t}$$

将 $A$ 和 $B$ 代入式(4.142)和式(4.143),即可得到 $i$ 轴段在 $x$ 处的传递关系

$$\varphi = \varphi_{i-1}^{\mathrm{R}}\cos\frac{\omega}{c}x + M_{\mathrm{t}i-1}^{\mathrm{R}}\frac{c}{GI_{\mathrm{t}}}\sin\frac{\omega}{c}x$$

$$M_{\mathrm{t}} = -\varphi_{i-1}^{\mathrm{R}}GI_{\mathrm{t}}\frac{\omega}{c}\sin\frac{\omega}{c}x + M_{\mathrm{t}i-1}^{\mathrm{R}}\cos\frac{\omega}{c}x \tag{4.144}$$

再将 $x = l$ 代入两式,即得该处的扭转角 $\theta_i^{\mathrm{L}}$ 和扭振矩 $M_{\mathrm{t}i}^{\mathrm{L}}$,可写成以下矩阵形式

$$\begin{bmatrix}\varphi\\ M_{\mathrm{t}}\end{bmatrix}_i^{\mathrm{L}} = \begin{bmatrix}\cos\frac{\omega}{c}l & \frac{c}{GI_{\mathrm{t}}\omega}\sin\frac{\omega}{c}l\\ -GI_{\mathrm{t}}\frac{\omega}{c}\sin\frac{\omega}{c}l & \cos\frac{\omega}{c}l\end{bmatrix}\begin{bmatrix}\varphi\\ M_{\mathrm{t}}\end{bmatrix}_{i-1}^{\mathrm{R}}$$

故 $i$ 轴段的传递矩阵为

$$\begin{bmatrix}\cos\frac{\omega}{c}l & \frac{c}{GI_{\mathrm{t}}\omega}\sin\frac{\omega}{c}l\\ -GI_{\mathrm{t}}\frac{\omega}{c}\sin\frac{\omega}{c}l & \cos\frac{\omega}{c}l\end{bmatrix}$$

也是轴扭转振动的场传递矩阵。

2. 梁的横向振动

若梁以圆频率 $\omega$ 作横向振动,不计阻尼。取 $i$ 段等直梁如图 4.34 所示,建立其传递矩阵。偏微分方程(4.50)解的另一种表达式为

$$y = [AS(kx) + BT(kx)] + CU(kx) + DV(kx)]\sin\omega t \tag{4.145}$$

式中
$$S(kx) = \frac{1}{2}(\mathrm{ch}\,kx + \cos kx)$$

$$T(kx)=\frac{1}{2}(\operatorname{sh}kx+\sin kx)$$

$$U(kx)=\frac{1}{2}(\operatorname{ch}kx-\cos kx)$$

$$V(kx)=\frac{1}{2}(\operatorname{sh}kx-\sin kx)$$

$$k^4=\frac{\rho A}{EI}\omega^2$$

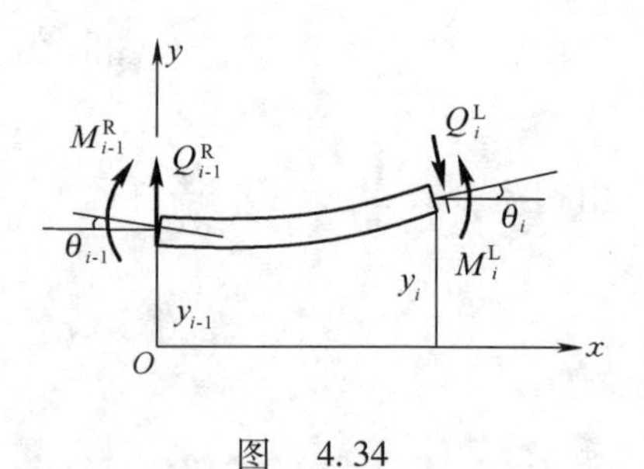


图　4.34

由式(4.145)可写出梁的转角 $\theta$、弯矩 $M$ 和剪力 $Q$ 如下：

$$\left.\begin{aligned}\theta&=[AkV(kx)+BkS(kx)+CkT(kx)+DkU(kx)]\sin\omega t\\M&=[Ak^2EIU(kx)+Bk^2EIV(kx)+Ck^2EIS(kx)+Dk^2EIT(kx)]\sin\omega t\\Q&=[Ak^3EIT(kx)+Bk^2EIU(kx)+Ck^3EIV(kx)+Dk^2EIS(kx)]\sin\omega t\end{aligned}\right\}\tag{4.146}$$

式中 $EI$ 为梁第 $i$ 段的抗弯刚度，$A$、$B$、$C$、$D$ 为待定常数，由 $i-1$ 点右边的状态矢量决定。当 $x=0$ 时，由式(4.145)和式(4.146)可写出

$$y_{i-1}^{R}=A\sin\omega t$$

$$\theta_{i-1}^{R}=Bk\sin\omega t$$

$$M_{i-1}^{R}=Ck^2EI\sin\omega t$$

$$Q_{i-1}^{R}=Dk^3EI\sin\omega t$$

由以上四式得到 $A=y_{i-1}^{R}/\sin\omega t$，$B=\theta_{i-1}^{R}/(k\sin\omega t)$，$C=M_{i-1}^{R}/(k^2EI\sin\omega t)$ 和 $D=Q_{i-1}^{R}/(k^3EI\sin\omega t)$，再代入式(4.145)和式(4.146)中，可得到 $i$ 段在 $x$ 处的传递关系：

$$y=y_{i-1}^{R}S(kx)+\theta_{i-1}^{R}\frac{1}{R}T(kx)+M_{i-1}^{R}\frac{1}{EIk^2}U(kx)+Q_{i-1}^{R}\frac{1}{EIk^3}V(kx)$$

$$\theta=y_{i-1}^{R}kV(kx)+\theta_{i-1}^{R}S(kx)+M_{i-1}^{R}\frac{1}{EIk}T(kx)+Q_{i-1}^{R}\frac{1}{EIk^2}U(kx)$$

$$M=y_{i-1}^{R}k^2EIU(kx)+\theta_{i-1}^{R}kEIV(kx)+M_{i-1}^{R}S(kx)+Q_{i-1}^{R}\frac{1}{k}T(kx)$$

$$Q=y_{i-1}^{R}k^3EIT(kx)+\theta_{i-1}^{R}k^2EIU(kx)+M_{i-1}^{R}kV(kx)+Q_{i-1}^{R}S(kx)$$

将 $x=l$ 代入以上4式，即得到位移 $y_i^{L}$、转角 $\theta_i^{L}$、弯矩 $M_i^{L}$ 和剪力 $Q_i^{L}$，以矩阵形式表达如下：

$$\begin{bmatrix}y\\\theta\\M\\Q\end{bmatrix}_i^{L}=\begin{bmatrix}S(kl)&\frac{1}{k}T(kl)&\frac{1}{EIk^2}U(kl)&\frac{1}{EIk^3}V(kl)\\kV(kl)&S(kl)&\frac{1}{EIk}T(kl)&\frac{1}{EIk^2}U(kl)\\k^2EIU(kl)&kEIV(kl)&S(kl)&\frac{1}{k}T(kl)\\k^3EIT(kl)&k^2EIU(kl)&kV(kl)&S(kl)\end{bmatrix}\cdot\begin{bmatrix}y\\\theta\\M\\Q\end{bmatrix}_{i-1}^{R}$$

故式中右边矩阵即为直梁的场传递矩阵，即

$$\begin{bmatrix} S(kl) & \frac{1}{k}T(kl) & \frac{1}{EIk^2}U(kl) & \frac{1}{EIk^3}V(kl) \\ kV(kl) & S(kl) & \frac{1}{EIk}T(kl) & \frac{1}{EIk^2}U(kl) \\ k^2EIU(kl) & kEIV(kl) & S(kl) & \frac{1}{k}T(kl) \\ k^3EIT(kl) & k^2EIU(kl) & kV(kl) & S(kl) \end{bmatrix} \tag{4.147}$$

从而可见式(4.144)和式(4.147)实质上是代替了无重杆的传递矩阵的公式,由此可计算出含有分布质量系统的固有频率与主振型。

#### 4.4.4 伽辽金法

伽辽金法建立在能量变分方法的基础上,不直接利用变分式(4.41),即

$$\delta\int_{t_1}^{t_2}(T-U)\mathrm{d}t+\int_{t1}^{t2}\delta W\mathrm{d}t=0$$

而是利用经过变分之后的公式。如对梁的横向振动而言,有

$$\int_0^l[(EIv''+\rho A\ddot{v}-F]\delta v\mathrm{d}x=0 \tag{4.148}$$

再将梁的自由振动解

$$v=Y(x)\mathrm{e}^{\mathrm{i}\omega t} \tag{4.149}$$

代入式(4.148)中,可得

$$\int_0^l[(EI_zY'')''-\rho A\omega^2Y]\delta Y\mathrm{d}x=0 \tag{4.150}$$

选一函数族 $Y_j(x)$,$j=1,2,\cdots,n$,既要满足梁的几何条件又要满足力的边界条件。

现可设近似解

$$Y(x)=\sum_{j=1}^{n}A_jY_j(x) \tag{4.151}$$

式中 $A_j$ 为待定系数,相当于独立的广义坐标,对式(4.151)变分,可得

$$\delta Y=\sum_{j=1}^{n}Y_i\delta A_i \tag{4.152}$$

将式(4.151)、式(4.152)代入式(4.150),有

$$\int_0^l[(EI_z\sum_{i=1}^{n}A_iY''_i)''-\rho A\omega^2\sum_{i=1}^{n}A_iY_i]\sum_{i=1}^{n}Y_i\delta A_j\mathrm{d}x=0$$

整理后,得

$$\sum_{j=1}^{n}\sum_{i=1}^{n}(d_{ij}-\omega^2m_{ij})A_i\delta A_j=0 \tag{4.153}$$

式中

$$d_{ij}=\int_0^l(EI_zY''_i)''Y_j\mathrm{d}x \tag{4.154}$$

$$m_{ij}=\int_0^l\rho AY_iY_j\mathrm{d}x \tag{4.155}$$

因变分 $\delta A_i$ 是任意的,故有

$$\sum_{i=1}^{n}(d_{ij}-\omega^2m_{ij})A_i=0\quad(j=1,2,\cdots,n) \tag{4.156}$$

式(4.154)为$A_i$的线性代数方程组。从而可见,伽辽金法同样是把无限多个自由度系统离散化为有限多个自由度系统。

【例4.11】 试用伽辽金法计算例4.10变截面悬臂梁的固有频率。

【解】 已知
$$A(x)=A_0\frac{x}{l},\quad I(x)=I_0\frac{x^3}{l_3}$$

选择函数族
$$Y_1=\left(1-\frac{x}{l}\right)^2$$
$$Y_2=\frac{x}{l}\left(1-\frac{x}{l}\right)^2$$
$$Y_3=\frac{x^2}{l^2}\left(1-\frac{x}{l}\right)^2$$

它们皆满足以下几何和力的边界条件
$$x=0,\quad \begin{aligned}&(EIY'')\Big|_{x=0}=0\\&(EIY'')'\Big|_{x=0}=0\end{aligned}$$
$$x=l,\quad Y=0,\quad \frac{\mathrm{d}Y}{\mathrm{d}x}=0$$

现令
$$Y=A_1Y_1+A_2Y_2$$

可算得
$$Y''_1=\frac{2}{l^2},\quad (EIY''_1)''=12EI_0\frac{x}{l^5}$$
$$Y''_2=\frac{2}{l^2}\left(\frac{3x}{l}-2\right),\quad (EIY''_2)''=24EI_0\left(3\frac{x}{l}-1\right)\frac{x}{l^5}$$

根据式(4.154)得
$$d_{11}=\int_0^l(EIY''_1)''Y_1\mathrm{d}x=\frac{EI_0}{l^3}$$
$$d_{12}=\int_0^l(EIY''_1)''Y_2\mathrm{d}x=\frac{2EI_0}{5l^3}$$
$$d_{22}=\int_0^l(EIY''_2)''Y_2\mathrm{d}x=\frac{2EI_0}{5l^3}$$

根据式(4.155)得
$$m_{11}=\int_0^l\rho AY_1^2\mathrm{d}x=\frac{\rho A_0l}{30}$$
$$m_{12}=m_{21}=\int_0^l\rho AY_1Y_2\mathrm{d}x=\frac{\rho A_0l}{105}$$
$$m_{22}=\int_0^l\rho AY_2^2\mathrm{d}x=\frac{\rho A_0l}{280}$$

将以上算式代入式(4.156),得
$$\left(\frac{EI_0}{l^3}-\omega^2\frac{\rho A_0l}{30}\right)A_1+\left(\frac{2EI_0}{5l^3}-\omega^2\frac{\rho A_0l}{105}\right)A_2=0$$
$$\left(\frac{2EI_0}{5l^3}-\omega^2\frac{\rho A_0l}{105}\right)A_1+\left(\frac{2EI_0}{5l^3}-\omega^2\frac{\rho A_0l}{280}\right)A_2=0$$

此方程组和例4.10的方程组一样，这是由于选择了相同函数的缘故，为此用伽辽金法求出的固有频率与用李兹法计算的结果相同。

## 习　题

4.1　一根两端固定，长为 $l$ 的弦，在弦线上作用着均匀分布的横向力 $f(x,t)$，方向铅垂向上。$\rho(x)$ 为弦线的单位体积的质量，$A(x)$ 为弦线横截面面积，试证明弦的振动微分方程为

$$\frac{\partial}{\partial x}\left[T(x)\frac{\partial y(x,t)}{\partial x}\right]+f(x,t)=\rho(x)A(x)\frac{\partial^2 y(x)}{\partial t^2}$$

4.2　试证明连续系统同样存在着两个不同阶主振型 $Y_n$、$Y_m$ 之间的正交性。在 $\rho A$ 不为常数的一般情况下，它可表达为

$$\int_0^l \rho A Y_m Y_n \mathrm{d}x=\begin{cases}0, & m\neq n \quad (\text{正交条件})\\ 1, & m=n \quad (\text{规格化})\end{cases}$$

4.3　主振型 $Y_n(x)=A_n\sin\dfrac{n\pi}{l}x$ 中，$A_n$ 为未定振幅，现应用规格化方法，来求证 $A_n=\sqrt{2/\rho Al}$（对于规格化后的主振型 $Y_n(x)=\sqrt{\dfrac{2}{\rho Al}}\sin\dfrac{n\pi}{l}x$，称为正则振型函数）。

4.4　一长为 $l$ 的弦，单位长度的质量为 $\rho$，弦中张力为 $T$，左端固定，右端联结于另一弹簧质量系统的质量 $M$ 上，$M$ 只能作上下微振动，其静平衡位置即在 $y=0$ 处，如题4.4图所示，求此弦横向振动的频率方程。在振动过程中，弦内张力 $T$ 视为不变。

4.5　一张紧的弦，长为 $l$，单位长度质量为 $\rho A$，两端固定，今在中点给以初始横向位移 $\delta$，如题4.5图所示，然后突然释放，求其响应。

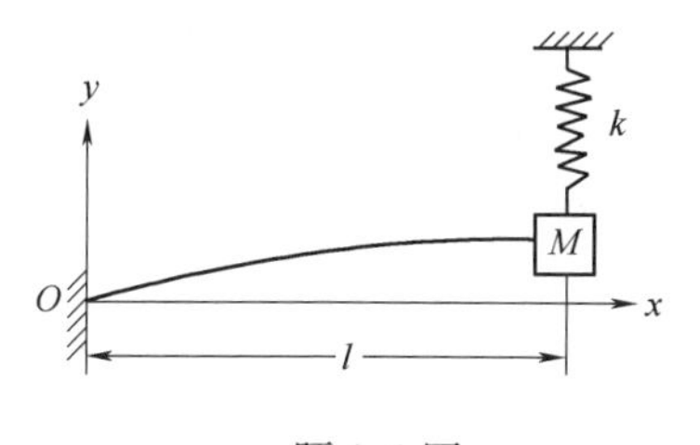


题4.4图

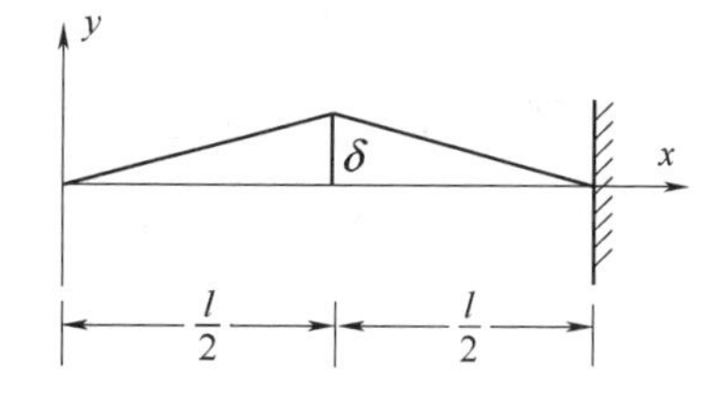


题4.5图

4.6　如题4.6图所示的等直杆，长为 $l$，横截面面积为 $A$，单位体积的质量为 $\rho$，弹性模量为 $E$，其左端固定，右端联结一刚度为 $k$ 的弹簧，试推导在这种边界条件下的杆的纵向振动的主振型对于刚度的正交性条件为

$$EA\int_0^l U'_n(x)U'_m(x)\mathrm{d}x+kU_n(l)U_m(l)=0$$

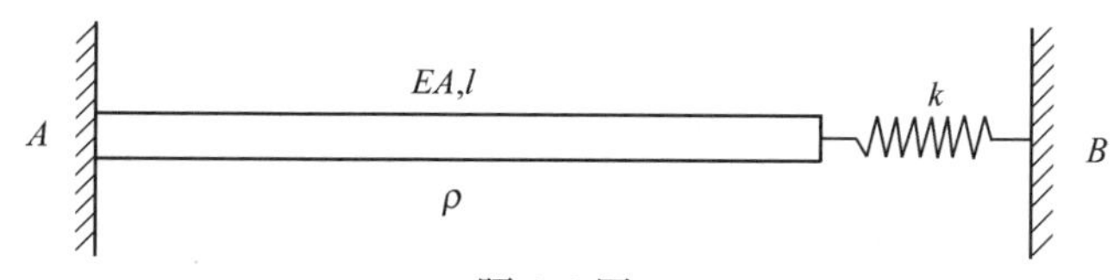


题4.6图

4.7　一端固定一端自由的等直杆，受轴向均布的干扰力 $\dfrac{F}{l}\sin\omega t$ 的作用。试求此杆的稳态强

迫振动的解。设杆的截面抗拉刚度为 $EA$,$A$ 为横截面面积,$E$ 为弹性模量,$\rho$ 为杆的单位体积质量,杆的长度为 $l$。

4.8 一根两端固定的等直杆,在其中点作用一轴向常力 $F$。当力 $F$ 突然取消后,求系统的响应,其他条件同题 4.7。

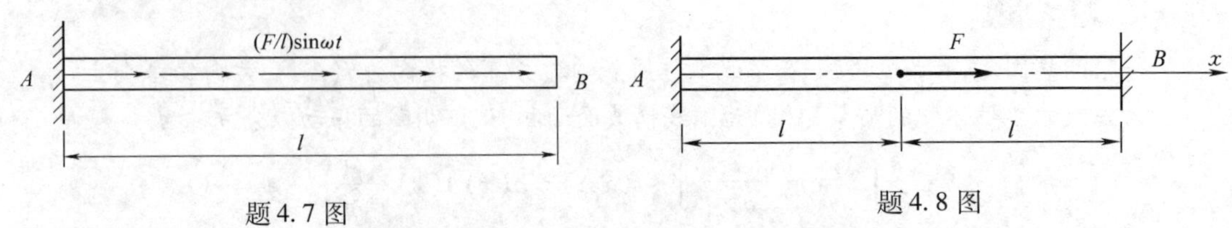


题 4.7 图　　题 4.8 图

4.9 一等直杆,长为 $l$,单位体积质量为 $\rho$,用一刚度为 $k$ 的弹簧悬挂如题4.9图所示。求系统纵向振动的频率方程。

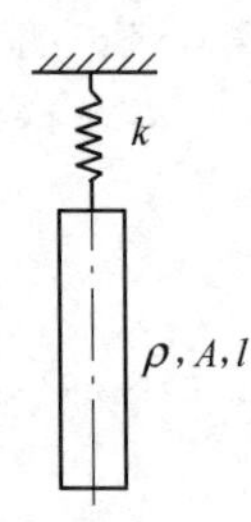


题 4.9 图

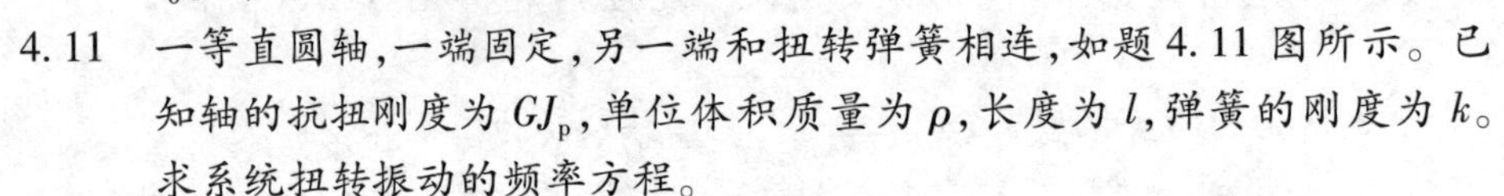

4.10 一等直圆杆两端附有两个相同的圆盘,如题 4.10 图所示。已知杆的长度为 $l$,杆对自身轴线的转动惯量为 $I_s$,圆盘对杆的轴线的转动惯量为 $I_0$。求系统扭转振动的频率方程。

4.11 一等直圆轴,一端固定,另一端和扭转弹簧相连,如题 4.11 图所示。已知轴的抗扭刚度为 $GJ_p$,单位体积质量为 $\rho$,长度为 $l$,弹簧的刚度为 $k$。求系统扭转振动的频率方程。

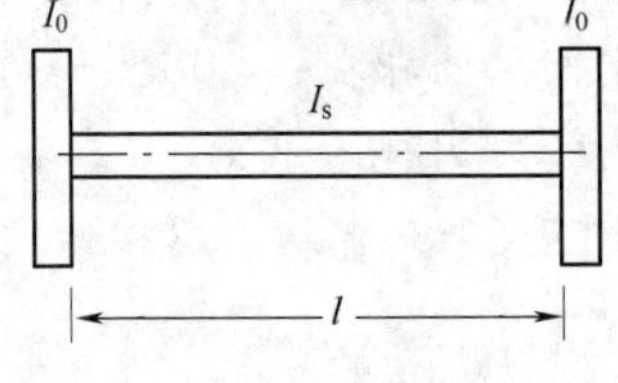


题 4.10 图

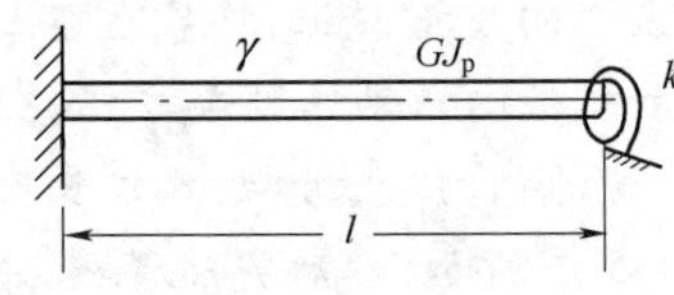


题 4.11 图

4.12 试证明端部放置一集中质量块的悬臂梁(题图 4.12),在 $x=l$ 处的边界条件可表示为

$$\left.\frac{\partial^2 y(x,t)}{\partial x^2}\right|_{x=l}=0$$

$$\left.\frac{\partial^3 y(x,t)}{\partial x^3}\right|_{x=l}=\frac{m}{EI}\left.\frac{\partial^2 y(x,t)}{\partial t^2}\right|_{x=l}$$

4.13 试证明悬臂梁(题图 4.13)端部放置一刚度系数为 $k_\theta$ 的扭转弹簧和一刚度系数为 $k$ 的螺旋弹簧,在 $x=l$ 处的边界条件为

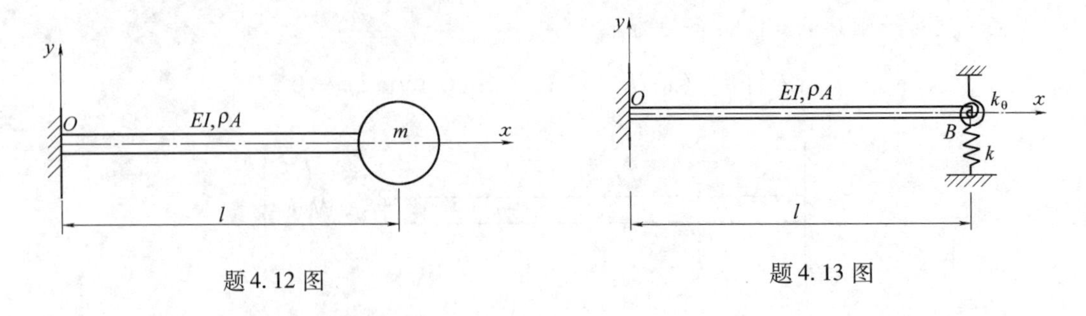


题 4.12 图　　题 4.13 图

$$EI\frac{\partial^2 y(x,t)}{\partial x^2}\bigg|_{x=l} = -k_\theta EI\frac{\partial y(x,t)}{\partial x}\bigg|_{x=l}$$

$$EI\frac{\partial^3 y(x,t)}{\partial^3 x}\bigg|_{x=l} = ky(l,t)$$

4.14 一悬臂梁左端固定、右端附有重物，如题 4.14 图所示，已知重物重量为 $W$，梁的长度为 $l$，抗弯刚度为 $EI$，单位长度质量为 $\rho A$。试求系统横向振动的频率方程。

4.15 在上题中如右端改为一弹性支承，如题 4.15 图所示，已知弹簧的刚度为 $k$。试求系统横向振动的频率方程。

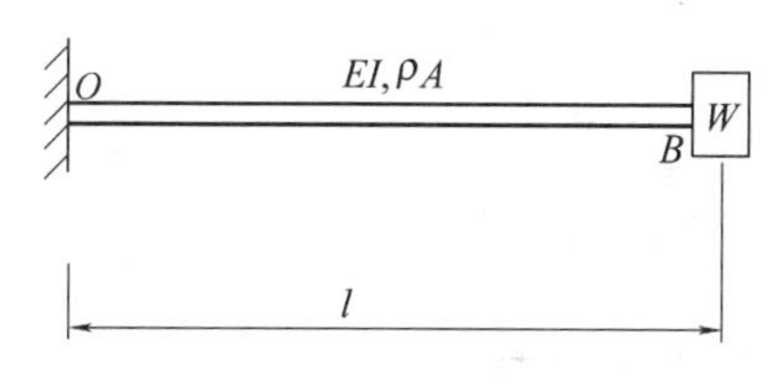

题 4.14 图

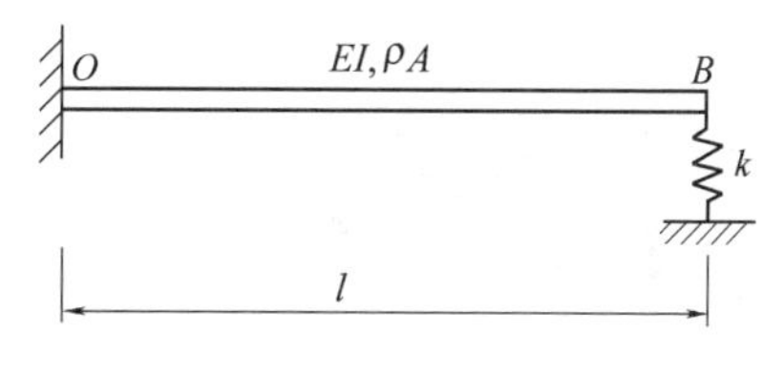

题 4.15 图

4.16 一简支梁在其中点受到力 $F$ 作用产生静变形，如图所示。已知梁的长度为 $l$，弯曲刚度为 $EI$，单位长度的质量为 $\rho A$，求当力 $F$ 突然取消后梁的响应。

4.17 一简支梁在 $t=0$ 时梁上所有的点除去两端点以外都得到横向速度 $v$，求梁的响应。

4.18 简支梁在左半部作用有分布的横向干扰力 $q\sin\omega t$，如题 4.18 图所示。求梁的稳态响应及中点的振幅。

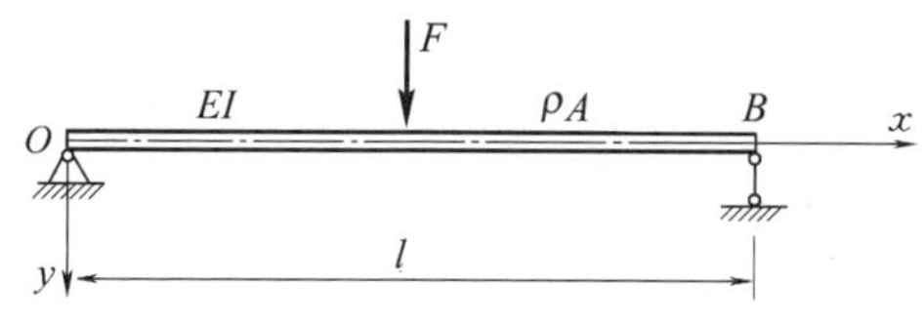

题 4.16 图

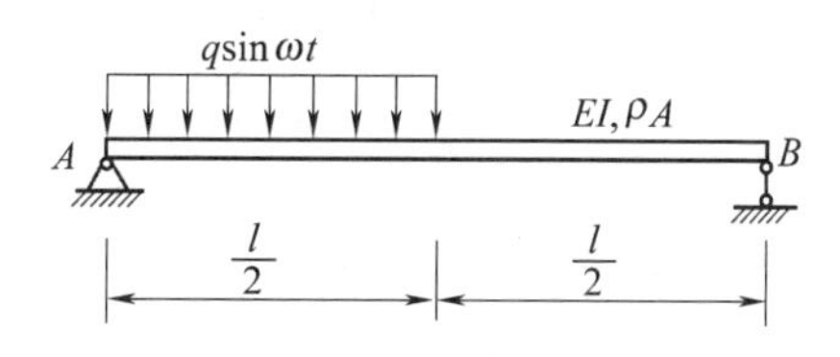

题 4.18 图

4.19 如题 4.19 图所示为一狭长矩形板，厚为 $h$，沿两长边 $b$ 简支，两短边 $a$ 均自由。试求此板作横向弯曲振动时的固有频率。设 $b \gg a$，板振动时可视为沿长边各点的位移是相同的。

4.20 如题 4.20 图所示矩形薄板，长度为 $a$ 的两边固定，长度为 $b$ 的两边简支。试求该板的振动频率方程，并求 $a=b$ 时的基频。

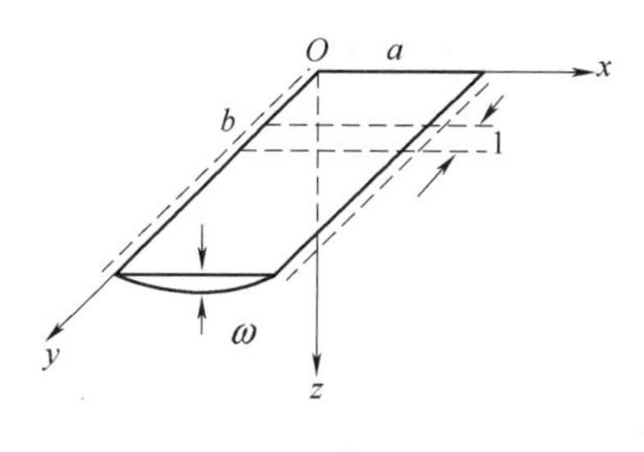

题 4.19 图

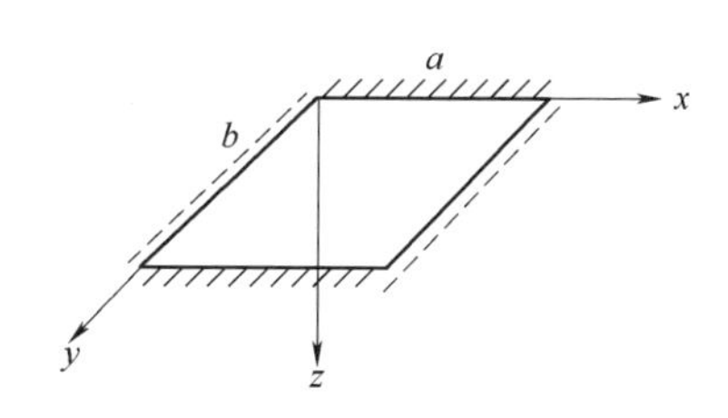

题 4.20 图

4.21 题 4.21 图所示为两端弹性支承的梁，已知 $E$、$I$、$\rho$、$A$ 均为常数。(1)设试算振型函数为

$Y=b+\sin\frac{\pi}{l}x$,试用瑞雷法求第一阶固有频率;(2)$b$ 取何值时,瑞雷商最接近于实际的基频。

4.22 如题4.22图所示为一等截面悬臂梁。(1)试以试算振型函数 $Y(x)=\frac{a_1}{l^2}x^2+\frac{a_2}{l^3}(2lx^2-x^3)$,用李兹(Ritz)法计算头两阶固有频率,并与精确值作比较;(2)试分别以 $Y(x)=\frac{x^2}{l^2}$ 及 $Y(x)=\frac{1}{l^3}(2lx^2-x^3)$ 作为试算函数,用瑞雷法计算第一阶固有频率,并与(1)中的结果比较。

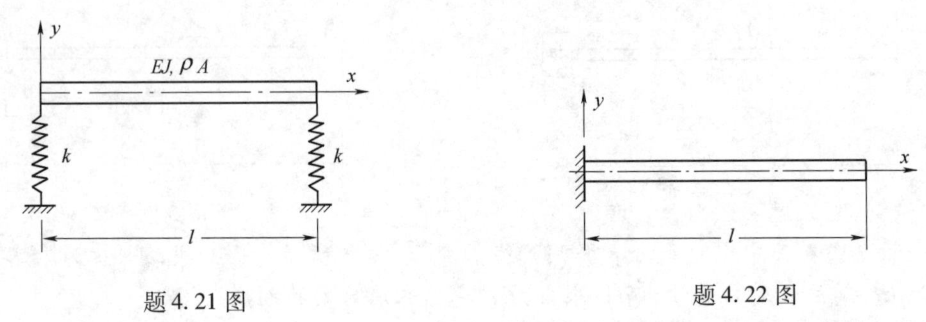


题4.21图　　　　题4.22图

4.23 用传递矩阵法求题4.21图所示弹性支承梁的频率方程,并讨论(1)$k=0$;(2)$k=\infty$ 时的情况。

4.24 试导出题4.24图所示连续梁横向振动的频率方程。(1)$l_1\neq l_2$;(2)$l_1=l_2=l$。

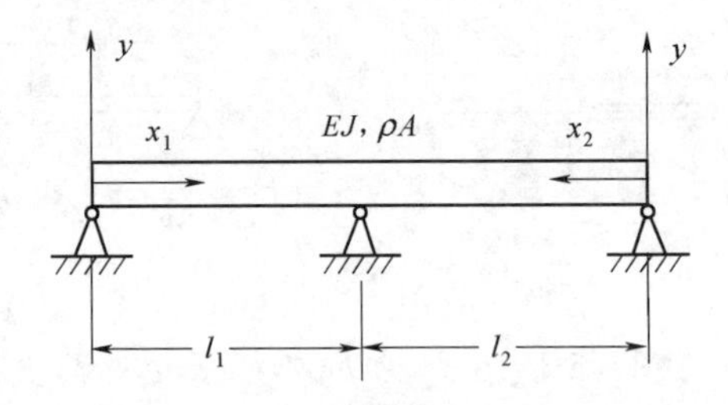


题4.24图

4.25 题4.25图所示为一连续梁的高墩桥梁。(1)若需要求解桥墩D的基频,如何建立模型和求解;(2)若要求桥墩D的前3阶固有频率及振型,如何建立模型和进行求解。

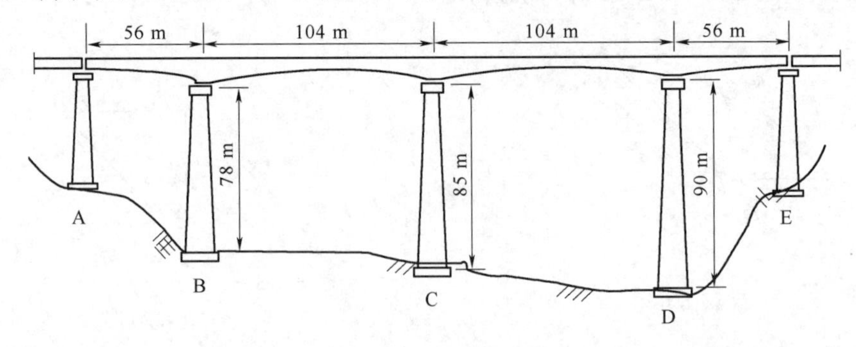


题4.25图

# 5 非线性振动基本理论

## 5.1 概 述

实际系统多数是非线性的,线性化仅是为使问题获得一种近似的解法。由于数学中线性微分方程理论已发展得比较完善,为此,振动系统线性化可便于求解,且在大量工程和力学问题中得到了比较满意的结果。

随着工业与科学技术迅猛发展,非线性振动问题在工程技术各个领域中越来越受到重视,人们对非线性振动问题进行了很多研究,特别是近半个世纪对混沌现象的揭示和开展的相关研究工作被认为是当今科学领域的重大发现和重要成就之一。由于近三十多年来计算机技术的快速发展,使得非线性振动问题的解法又向前推进了一大步。

本章只对非线性振动基本理论给予简单的介绍,更深入的问题读者可查阅其他的专著。

### 5.1.1 非线性振动的特点

非线性振动具有以下特点:

(1)一切振动系统皆是非线性的,线性模型仅是一种近似。以单摆振动为例,如图5.1所示,其数学模型为

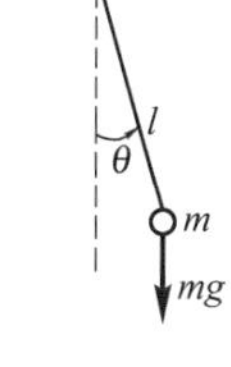

图 5.1

$$ml^2\ddot{\theta} = -mgl\sin\theta$$

$$\ddot{\theta} + \frac{g}{l}\sin\theta = 0$$

级数展开后有

$$\ddot{\theta} + \frac{g}{l}\left(\theta - \frac{\theta^3}{3!} + \frac{\theta^5}{5!}\cdots\right) = 0$$

显然,式中的恢复力具有非线性。当振幅非常微小时,有 $\sin\theta \approx \theta$,此时系统的振动才可看作为简谐振动。

(2)叠加原理在非线性振动中不再成立,即在非线性系统上作用一周期干扰力时,不可以将它展开成 Fourier 级数,再将每一谐波单独作用时的解叠加起来。

(3)非线性系统的平衡状态或周期性振动的定常解可以有多个(包括稳定的或不稳定的)。

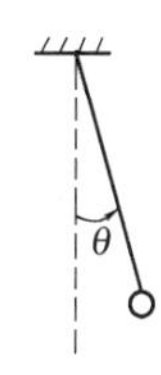

图 5.2

如图5.2所示,一个杆的端部悬挂一重物,若 $\theta$ 角不受限制,则可有两个平衡位置:$\theta = 0$ 是稳定的平衡位置,$\theta = \pi$ 是不稳定的平衡位置。

又如在图5.3中,当物块在 $O'$ 位置时,设弹簧为原长,则 $O$ 与另一对称位置 $O'$ 为稳定平衡位置,在 $A$ 正上方的 $B$ 位置为不稳定平衡位置。

由此可见,非线性振动研究的范围在 $O'$ 到 $O$ 之间,线性振动研究的范围在 $O'$ 的附近或 $O$ 的附近,即前者有多个平衡位置问题,后者只有一个平衡位置。

(4)自激振动,这是非线性振动中的一种重要现象。有阻尼存在且无干扰力时,非线性系统也可有稳定的严格的周期性振动,即非线性系统的振动中,能量可以在某一阶段中积累起来,而在另一很短时间内又突然释放出来,用其内部的能量来维持振动不衰减。

(5)由谐波干扰力引起的定常振动,除存在与干扰力相同频率的成分外,还有成倍数频率的成分出现。

(6)在无阻尼情况下,非线性振动发生共振时,受迫振动可以产生有限振幅的稳定振动。

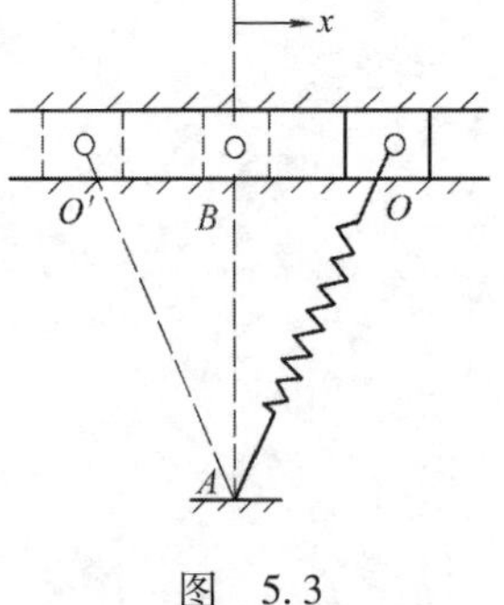

图 5.3

(7)非线性系统振动中,频率一般与振幅有关,即等时性不成立。

根据以上的特性,在对实际工程问题建立力学模型时,一般首先要考虑是按线性还是按非线性来处理,若处理不当,将会造成分析的错误,甚至造成灾难。随着现代科学技术的发展,使结构更加轻型化,很多问题需用非线性振动理论来分析。

### 5.1.2 非线性振动系统中的非线性元体

在实际的振动系统中,根据问题的性质及精度的要求,弹性力、阻尼力及惯性力皆有可能不按线性化处理,这种振动系统即是非线性振动系统,其微分方程可写为

$$m\ddot{x}+F(\dot{x})+f(x)=F(t) \tag{5.1}$$

式中 $x$ 为位移,$F(\dot{x})$ 为阻尼,$f(x)$ 为弹性力,$F(t)$ 为干扰力。

1. 弹性力为非线性的实例

(1)图5.4(a)、(b)分别为受压圆锥弹簧和空气弹簧以及它们的弹性力特征曲线,其弹性系数可表示为 $c=\mathrm{d}f/\mathrm{d}x$,当 $c$ 为非常数时,$f(x)$ 即为非线性弹性力。这两种弹簧的弹性系数 $c$ 皆随 $|x|$ 增加而增加,称这种弹簧具有硬特性。

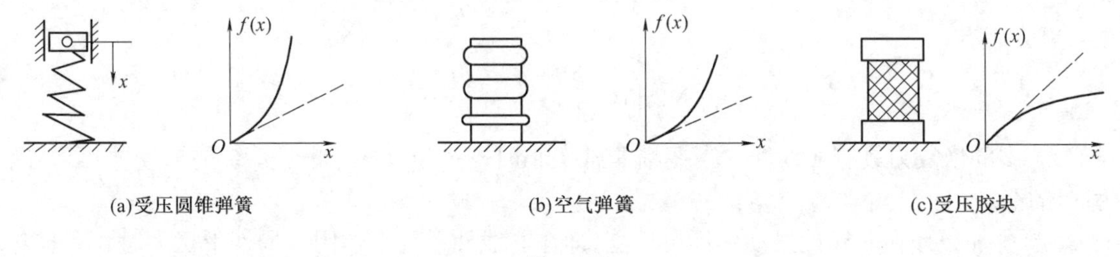

(a)受压圆锥弹簧 (b)空气弹簧 (c)受压胶块

图 5.4

图5.4(c)为受压胶块的弹性力特征曲线,其弹性系数 $c$ 随 $|x|$ 的增加而减小,称这种弹簧具有软特性。

(2)根据图5.5系统的弹性力特征曲线可知:弹性力也可能在某一区间内为硬特性,而在另一区间内为软特性。

(3)图5.6中各种弹簧均为线性弹簧,从图中可看出物体运动到不同区段时,相应的刚度是不同的,这种系统称为分段线性系统。由分段线性的弹簧力的特性,可将它看作是非线性弹性力的近似表示形式,而该振动系统实际上是非线性的。

2. 阻尼为非线性的实例

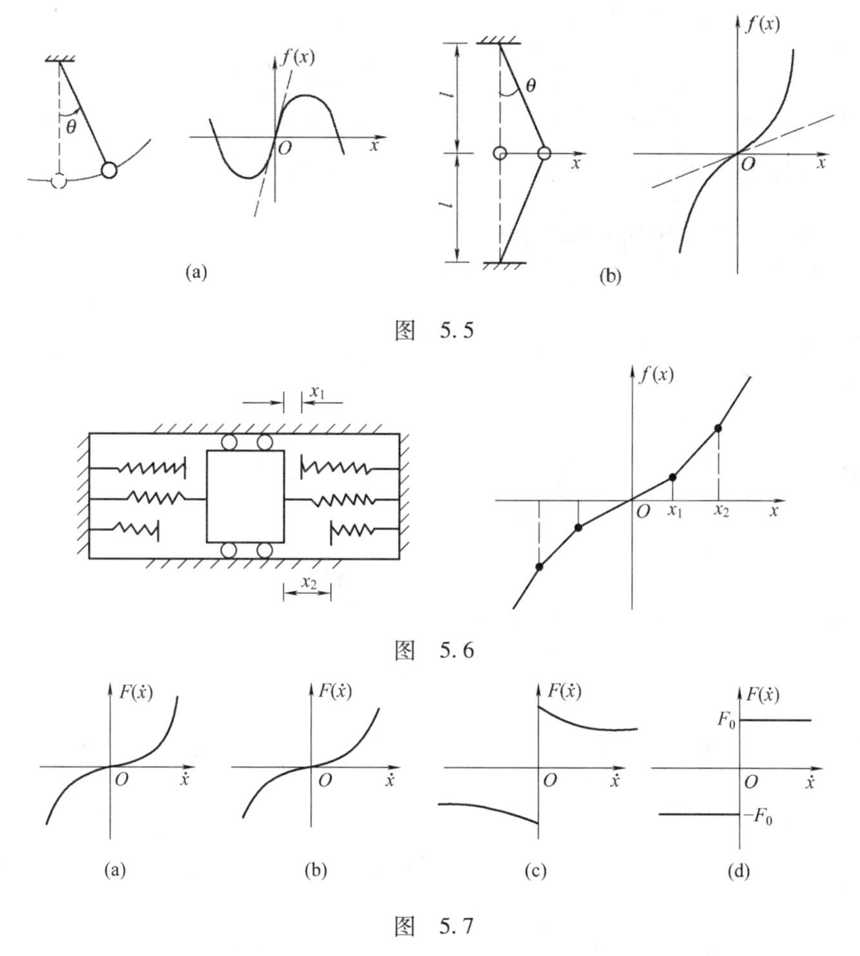


图 5.5

图 5.6

图 5.7

(1)当物体在空气或液体介质中以较大的速度运动时,振动方程式(5.1)中的阻尼 $F(\dot{x})$ 将与速度平方成正比[图 5.7(a)],可表示为 $F(\dot{x})=\mu\dot{x}|\dot{x}|$ 或 $\mu x^2\mathrm{sgn}(x)$。

(2)当物体沿某一有摩擦的固体表面运动时,需区别湿摩擦和干摩擦两种情况。图 5.7(b)为湿摩擦时阻尼力的特性曲线,由图可见,阻尼在通过 $\dot{x}$ 的零值而改变符号时是连续的,在 $\dot{x}$ 的零值处阻尼可视为是线性的。

图 5.7(c)为干摩擦时阻尼力的特性曲线,它与湿摩擦时阻尼力的特性曲线不同,在 $\dot{x}$ 的零值处有"跳跃"现象,即使在 $|\dot{x}|$ 很小的区域中,阻尼也是非线性的。若按照库仑假设,摩擦力大小与速度无关[图 5.7(d)],则系统仍然是分段线性的,也就是非线性的。

(3)当阻尼在某一阶段内作负功,而在另一阶段内作正功时,系统将具有自激振动的性质,此时必须考虑阻尼的非线性特性。

3. 惯性力的非线性

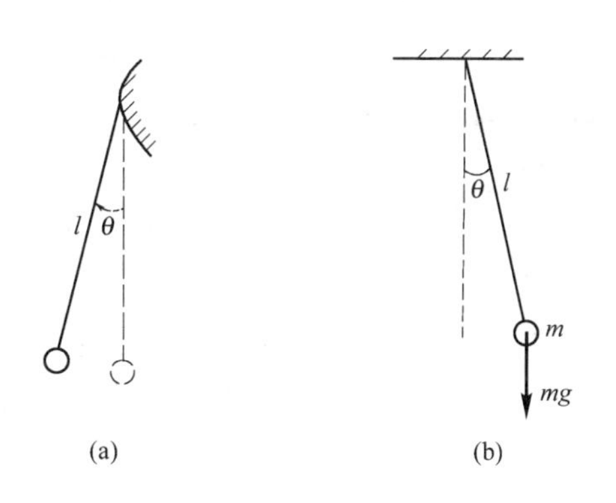


图 5.8

(1)图 5.8(a)所示单摆,其摆长 $l$ 为 $\theta$ 的函数。这

种情况下振动系统的参数在一定程度上与系统的状态有关。

(2)图5.8(b)中,一重物由弹性杆悬挂,杆长 $l$ 将与摆动角 $\theta$ 及角速度 $\dot{\theta}$ 有关。

(3)由于实际中的物体并不是绝对刚性的,在旋转时会发生变形,旋转体对转轴的转动惯量一般也不是常量,而与角速度 $\dot{\theta}$ 有关。

### 5.1.3 非线性振动系统的分类与研究方法

1. 系统分类

(1)按自由度数目分类,有单自由度系统、多自由度系统(指有限自由度系统)和连续介质系统。

(2)按振动微分方程中是否显含时间 $t$ 分类,有自治系统和非自治系统。

(3)按振动微分方程的左边是否为线性还是非线性分类,有

$$\ddot{x}+x^3=\varepsilon(1-x)\dot{x} \qquad \text{强非线性}$$

$$\ddot{x}+\omega_0^2x=\varepsilon f(x,\dot{x}) \qquad \text{弱非线性}$$

应该注意:自治系统还可以分为保守系统和非保守系统。非保守系统中还可分为自振系统和耗散系统。

2. 研究方法

研究非线性振动问题时,除进行实验外,理论研究一般采用近似方法求解,只有极少数可求得精确解。

理论研究方法可分为定性方法和定量方法。

(1)定性方法主要采用几何方法。是用相平面上的相点运动轨迹来表示系统的运动,可以应用微分方程定性理论(即几何理论)来求解。

(2)定量方法有解析方法和数值解法。现有的解析方法较多,主要有摄动法(也称为小参数法)、KBM法(即渐进法)、谐波平衡法和较便于处理阻尼系统的多重尺度法、频闪法等;数值解法有迭代法、有限元法和电子计算机解法等。本章只涉及解析方法。

## 5.2 相平面法

### 5.2.1 相平面、相轨线(相迹)

相平面法是一种定性方法(几何方法),它无需求解微分方程,就能得到微分方程解的一些重要特征。当微分方程中有强非线性项时,定量的近似方法就不能适用,这时,相平面法仍可应用。相平面法的优点在于从相平面上可以一目了然地看出系统的平衡状态、运动的周期性或无限增长以及稳定性等重要性质。

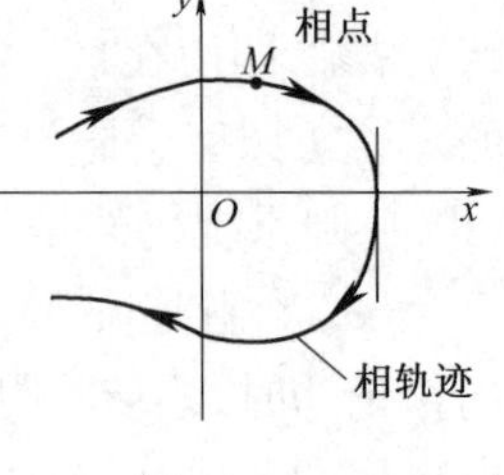

图 5.9

振动系统的状态可用位移和速度来描述,现以 $x$(位移)、$y$(速度)为直角坐标,则系统的每一状态就对应于坐标平面上的一个点 $M$(图5.9),此 $x-y$ 坐标面称相平面。$M$ 点称为相点。相点的运动轨迹称为相轨线或相迹,相点沿相轨线运动的速度称为相速度。

应注意：相轨线不是振子的运动轨迹，相速度也不是振子的实际速度。

现设有一单自由度自治系统

$$\ddot{x}+f(x,\dot{x})=0 \tag{5.2}$$

令

$$\frac{\mathrm{d}x}{\mathrm{d}t}=y \tag{5.3}$$

则式(5.2)可写为

$$\frac{\mathrm{d}y}{\mathrm{d}x}=-f(x,y)$$

由此可得

$$\frac{\mathrm{d}y}{\mathrm{d}x}=-\frac{f(x,y)}{y} \tag{5.4}$$

式(5.3)是相速度的投影方程，从式(5.3)中也可知相速度的大小和方向。

相速度的大小可表示为

$$v=\sqrt{\dot{x}^2+\dot{y}^2}=\sqrt{y^2+[f(x,y)]^2} \tag{5.5}$$

相速度的方向是对应相点上沿相轨迹的切线方向，其指向可用式(5.3)来判定，如图5.9所示。

### 5.2.2 常点与奇点

1. 定义

单自由度自治系统的振动方程一般形式可表示为

$$\left.\begin{aligned}\dot{x}&=P(x,y)\\ \dot{y}&=Q(x,y)\end{aligned}\right\} \tag{5.6}$$

其中 $P(x,y)$ 和 $Q(x,y)$ 在整个 $Oxy$ 平面上是解析函数。

若 $x-y$ 平面上一点 $(x_0,y_0)$ 满足

$$[P(x_0,y_0)]^2+[Q(x_0,y_0)]^2\neq 0 \tag{5.7}$$

则称 $(x_0,y_0)$ 为方程式(5.6)的常点。若此点使

$$[P(x_0,y_0)]^2+[Q(x_0,y_0)]^2=0 \tag{5.8}$$

则称 $(x_0,y_0)$ 为方程式(5.6)的奇点。

2. 积分曲线、相轨线

(1)积分曲线

从数学观点出发，式(5.6)的解只有在常点处才符合微分方程解的存在、唯一性的条件。现将式(5.6)中的两式相除，得

$$\frac{\mathrm{d}y}{\mathrm{d}x}=\frac{Q(x,y)}{P(x,y)} \tag{5.9}$$

上述方程在奇点处没有确定的切线方向(因为方程的右边不连续)。

(2)相轨线

从单自由度自治系统的振动方程的观点出发，式(5.6)的解不仅含有常点，还含有奇点。

根据式(5.3)可知，若奇点处 $y$(即速度 $\dot{x}$)、$\dot{y}$(即加速度 $\ddot{x}$)同时为零，则奇点对应于系统的平衡状态。对式(5.6)而言，奇点则定义为系统的平衡点。从力学意义来理解时，奇点对应于系统的静止状态，常点则对应于系统的运动状态，即在奇点处，式(5.9)的积分曲线可以有

不同的切线或者退化为孤立点。

(3)积分曲线与相轨线的区别

积分曲线上每一点的斜率$\frac{\mathrm{d}y}{\mathrm{d}x}$按公式(5.9)确定,只含有常点。

相轨线的运动规律由式(5.6)确定,其常点处的相迹和积分曲线重合,奇点可按式(5.8)确定。

**【例 5.1】** 求系统$\dot{x}=xy,\dot{y}=-x^2$的相平面图。

**【解】** 由式(5.9)得

$$\frac{\mathrm{d}y}{\mathrm{d}x}=\frac{-x^2}{xy}=\frac{-x}{y}$$

对上式积分得

$$x^2+y^2=C$$

获得的积分曲线为一族同心圆(图 5.10),也是常点的相轨迹。

由式(5.8)可求出奇点。由

$$P(x,y)=0\quad xy=0$$

$$Q(x,y)=0\quad x^2=0$$

得到奇点为

$$y\neq0,\quad x=0$$

$$x=0,\quad y=0$$

即在$y$轴上的各点也是相轨迹。

考虑到$\dot{x}$,$\dot{y}$在各象限的正负,相轨迹上的箭头上如图 5.10 所示。

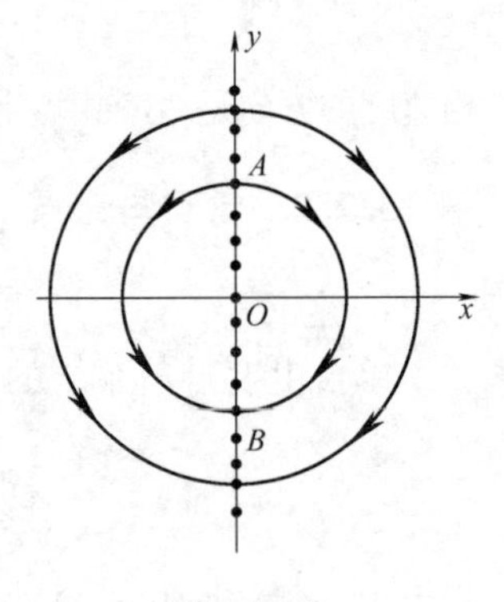

图 5.10

根据图 5-10 可知:①每一积分曲线都通过奇点;②每一个通过奇点的积分曲线都是由三条相轨线组成的,例如通过奇点$A$时,其一$A$为平衡点,另两条相轨线在$t\to-\infty$时渐进地趋向$A$点;同样通过奇点$B$的积分曲线也是由三条相轨线组成的,其中两条轨线在$t\to+\infty$时渐进地趋向平衡点$B$(注意:奇点也相当于一"条"相轨线)。

由此可见,积分曲线只有一条,但通过奇点的相轨线不是一条而是三条。

### 5.2.3 奇点的基本类型

1. 轨线在平衡点附近的分布情况

对于非线性系统$\dot{x}=P(x,y)$,$\dot{y}=Q(x,y)$,设在奇点$x=0,y=0$的某一区域内可解,即$P(0,0)=0,Q(0,0)=0$。

将函数$P$和$Q$按泰勒级数展开,可得

$$\dot{x}=ax+by+P_2(x,y)$$

$$\dot{y}=cx+dy+Q_2(x,y)$$

式中

$$a=\frac{\partial P}{\partial x}\bigg|_{(0,0)},\quad b=\frac{\partial P}{\partial y}\bigg|_{(0,0)},\quad c=\frac{\partial Q}{\partial x}\bigg|_{(0,0)},\quad d=\frac{\partial Q}{\partial y}\bigg|_{(0,0)}$$

根据常微分方程定性理论,令

$$p=a+d,\ q=ad-bc,\ \Delta=p^2-4q$$

当$p\neq0,q\neq0,\Delta\neq0$时,式(5.6)与其线性化系统

$$\left.\begin{aligned}\dot{x} &= ax + by\\ \dot{y} &= cx + dy\end{aligned}\right\} \tag{5.10}$$

在原点附近的积分曲线具有相同的几何拓扑结构。

现研究式(5.10)的非平凡解，设

$$x = r\mathrm{e}^{\lambda t},\quad y = s\mathrm{e}^{\lambda t} \tag{5.11}$$

式中 $r,s,\lambda$ 为待定常数，均可为复数，现将式(5.11)代入式(5.10)，可得

$$\left.\begin{aligned}(a-\lambda)r + bs &= 0\\ cr + (d-\lambda)s &= 0\end{aligned}\right\} \tag{5.12}$$

式(5.12)有非平凡解(即 $r,s,\lambda$ 皆不为零)，可存在以下特征：

$$\begin{vmatrix}\lambda - a & -b\\ -c & \lambda - d\end{vmatrix} = 0 \tag{5.13}$$

展开后，有

$$\lambda^2 - (a+d)\lambda + (ad - bc) = 0 \tag{5.14}$$

若设 $p = a + d, q = ad - bc$，则上式可改写为

$$\lambda^2 - p\lambda + q = 0$$

其根为

$$\lambda_{1,2} = (p \mp \sqrt{p^2 - 4q})/2$$

$\lambda$ 称为特征根，其可能是实根也可能是复根。

实根存在以下三种情况：

(1) $\lambda_1 > 0, \lambda_2 > 0$ 或 $\lambda_1 < 0, \lambda_2 < 0$ (同号)；

(2) $\lambda_1 < 0, \lambda_2 > 0$ (异号)；

(3) $\lambda_1 = \lambda_2$。

复根存在以下两种情况：

(1)若 $p > 0$ 或 $p < 0$，设 $\Delta = p^2 - 4q < 0, q > 0$，则有共轭复根；

(2)若 $p = 0, \Delta = p^2 - 4q < 0, q > 0$，则有纯虚根。

以 $p,q$ 为直角坐标，在 $p-q$ 平面上(图5.11)，直线 $q = 0$，半直线 $p = 0, q > 0$ 与抛物线 $\Delta = 0$ 将平面划分为5个区域Ⅰ～Ⅴ，可描述以上五种根的分布情况。

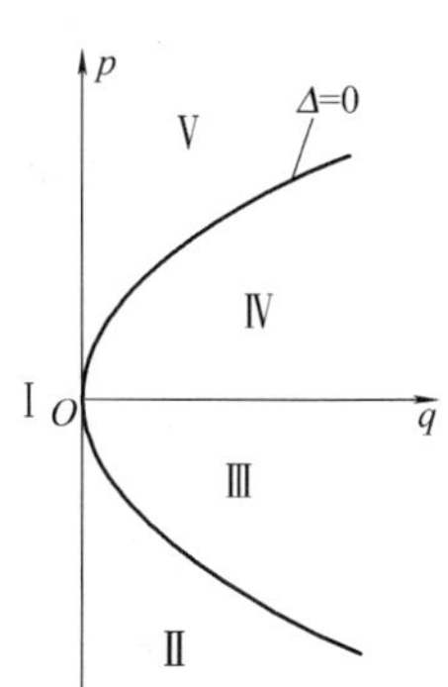


图　5.11

对于系统(5.10)的通解，由区域Ⅰ～Ⅴ的情况，$\Delta \neq 0$，故 $\lambda_1 \neq \lambda_2$，矩阵 $\boldsymbol{A}$ 的Jordan标准形式为

$$\boldsymbol{A} = \begin{pmatrix}\lambda_1 & 0\\ 0 & \lambda_2\end{pmatrix} \tag{5.15}$$

可得出其通解为

$$\begin{aligned}x &= C_1 r_1 \mathrm{e}^{\lambda_1 t} + C_2 r_2 \mathrm{e}^{\lambda_2 t}\\ y &= C_1 s_1 \mathrm{e}^{\lambda_1 t} + C_2 s_2 \mathrm{e}^{\lambda_2 t}\end{aligned} \tag{5.16}$$

式中 $C_1, C_2$ 为任意常数，$r_1, s_1$ 为 $\lambda = \lambda_1$ 时由式(5.12)所确定的 $r,s$ 的固定值，$r_2, s_2$ 为 $\lambda = \lambda_2$ 时

由式(5.12)所得的 $r,s$ 的固定值。

由此可得

$$\frac{\mathrm{d}y}{\mathrm{d}x}=\frac{\lambda_1 C_1 s_1 \mathrm{e}^{\lambda_1 t}+\lambda_2 C_2 s_2 \mathrm{e}^{\lambda_2 t}}{\lambda_1 C_1 r_1 \mathrm{e}^{\lambda_1 t}+\lambda_2 C_2 r_2 \mathrm{e}^{\lambda_2 t}} \tag{5.17}$$

现分别对区域Ⅰ~Ⅴ内的奇点、相轨线及稳定性进行探讨。

(1)区域Ⅰ($q<0$)

当 $q<0$ 时,有 $\Delta=p^2-4q>0$,$\lambda_1,\lambda_2$ 均为实数,且 $\lambda_1>0,\lambda_2<0$,由式(5.16)知,当 $C_1=0$ 时有解

$$y=\frac{s_2}{r_2}x$$

当 $C_2=0$ 时有解

$$y=\frac{s_1}{r_1}x$$

从以上两式可见,通过奇点的积分曲线是两条直线 $L_1,L_2$,如图5.12所示。其相点的运动,当 $t\to+\infty$ 时,由 $C_1=0$ 的解可知,相点的运动趋于奇点 $O$;当 $t\to-\infty$ 时,由 $C_2=0$ 的解可知,相点的运动趋于奇点 $O$。由式(5.17)可知:在一般情况下,$C_1,C_2$ 均不为0,当 $t\to+\infty$ 时 $\frac{\mathrm{d}y}{\mathrm{d}x}\to\frac{s_1}{r_1}$,而当 $t\to-\infty$ 时,$\frac{\mathrm{d}y}{\mathrm{d}x}\to\frac{s_2}{r_2}$,相平面图如图5.12所示为双曲线。$L_1,L_2$ 直线为其他解的渐近线,称为分界线。系统的奇点称鞍点,鞍点显然是不稳定的。

(2)区域Ⅱ($q>0,\ p<0,\ \Delta>0$)

在此区域中 $\lambda_1,\lambda_2$ 均为实数,且 $\lambda_2<\lambda_1<0$,现将式(5.17)写为

$$\frac{\mathrm{d}y}{\mathrm{d}x}=\frac{\lambda_1 C_1 s_1+\lambda_2 C_2 s_2 \mathrm{e}^{-(\lambda_1-\lambda_2)t}}{\lambda_1 C_1 r_1+\lambda_2 C_2 r_2 \mathrm{e}^{-(\lambda_1-\lambda_2)t}} \tag{5.18}$$

当 $C_1=0$ 时解沿直线 $L_2$,为

$$y=\frac{s_2}{r_2}x$$

当 $t\to+\infty$ 时,相点的运动趋于奇点 $O$,当 $C_2=0$ 时解沿直线 $L_1$,为

$$y=\frac{s_1}{r_1}x$$

此情况与(1)不同,见图5.13。

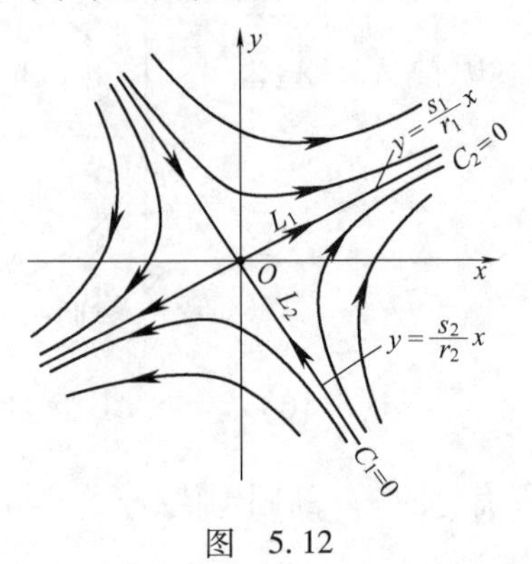

图 5.12

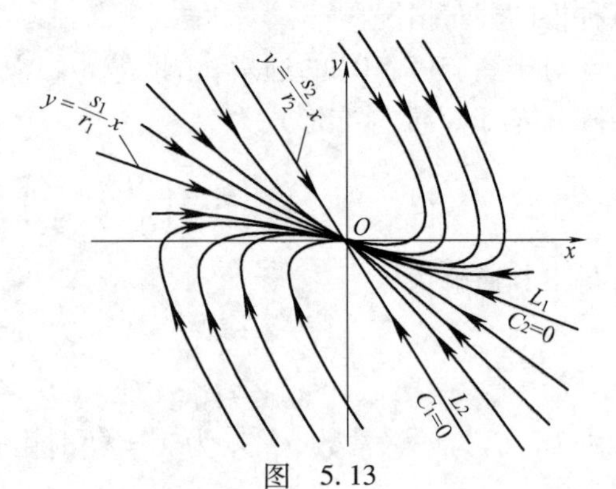

图 5.13

当 $C_1$,$C_2$ 均不为0,则当 $t\to+\infty$ 时,$\frac{dy}{dx}\to\frac{s_1}{r_1}$,而当 $t\to-\infty$ 时,$\frac{dy}{dx}\to\frac{s_2}{r_2}$。由此可见,所有的解除直线 $L_2$ 外,均与直线 $L_1$ 在奇点相切(当 $t\to+\infty$),而其另一端则与直线 $L_2$ 平行,即二者斜率相等(当 $t\to-\infty$)。

此时系统的奇点称为结点,从图5.13可见,结点显然是稳定的。

(3)区域Ⅲ($q>0$, $p<0$, $\Delta<0$)

在此区域中 $\lambda_1$, $\lambda_2$ 为共轭复根,并有负实部。

$$\lambda_1=\xi+i\eta,\quad \lambda_2=\xi-i\eta \tag{5.19}$$

式中

$$\xi=\frac{p}{2}<0,\quad \eta=\frac{\sqrt{-\Delta}}{2} \tag{5.20}$$

此时式(5.16)可改写为

$$\left.\begin{aligned} x&=Ce^{\xi t}\cos(\eta t+D)\\ y&=CBe^{\xi t}\cos(\eta t+D+\theta)\end{aligned}\right\} \tag{5.21}$$

式中 $C$,$D$ 为任意常数,$B$,$\theta$ 有固定值。

引入标准形式的矩阵 $\boldsymbol{A}$

$$\boldsymbol{A}=\begin{pmatrix}\xi & \eta\\ -\eta & \xi\end{pmatrix}$$

通过线性变换,把方程(5.10)变为

$$\left.\begin{aligned} \dot{u}&=\xi u+\eta v\\ \dot{v}&=\eta u+\xi v\end{aligned}\right\} \tag{5.22}$$

作极坐标变换

$$u=r\cos\varphi,\quad v=r\sin\varphi$$

可得

$$\dot{r}=\xi r,\quad \dot{\varphi}=-\eta \tag{5.23}$$

积分得

$$r=C_1e^{\xi t},\quad \varphi=-\eta t+C_2 \tag{5.24}$$

当 $t\to+\infty$ 时,$r\to0$。$u-v$ 平面上的相图如图5.14(a)所示,为一族围绕奇点 $O$ 的螺线,当 $t\to+\infty$ 时,相图趋向于奇点 $O$。转回 $x-y$ 平面,则其相平面图如图5.14(b)所示。

此时系统的奇点称为焦点,从图5.14中可见,焦点显然是稳定的。

(4)区域Ⅳ($q>0$, $p>0$, $\Delta<0$)

同区域Ⅲ一样,$\lambda_1$,$\lambda_2$ 也为共轭复数,但有正实部,即 $\xi>0$。由式(5.24)可知,系统在 $u-v$ 平面上的相平面如图5.15所示,为一族围绕奇点 $O$ 的螺线,当 $t\to-\infty$ 时,$r\to0$,系统的奇点 $O$ 为不稳定焦点。

(5)区域Ⅴ($q>0$, $p>0$, $\Delta>0$)

同区域Ⅱ一样,此时 $\lambda_1$,$\lambda_2$ 均为实数,但 $\lambda_1>\lambda_2>0$。由式(5.16)知:当 $t\to-\infty$ 时,$x\to0$,$y\to0$,相轨线趋于奇点,当 $C_1=0$ 时,有解 $y=\frac{s_2}{r_2}x$;当 $C_2=0$。有解 $y=\frac{s_1}{r_1}x$。再由式(5.18)知:

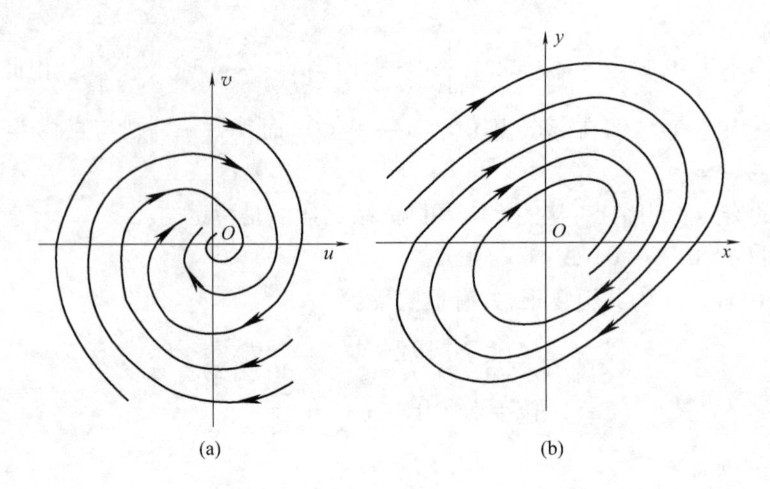


(a) (b)

图 5.14

$C_1, C_2$ 均不为 0,则当 $t \to -\infty$ 时,$\frac{\mathrm{d}y}{\mathrm{d}x} \to \frac{s_2}{r_2}$,当 $t \to +\infty$ 时,$\frac{\mathrm{d}y}{\mathrm{d}x} \to \frac{s_1}{r_1}$。系统的相平面如图 5.16 所示,奇点 $O$ 为不稳定结点。

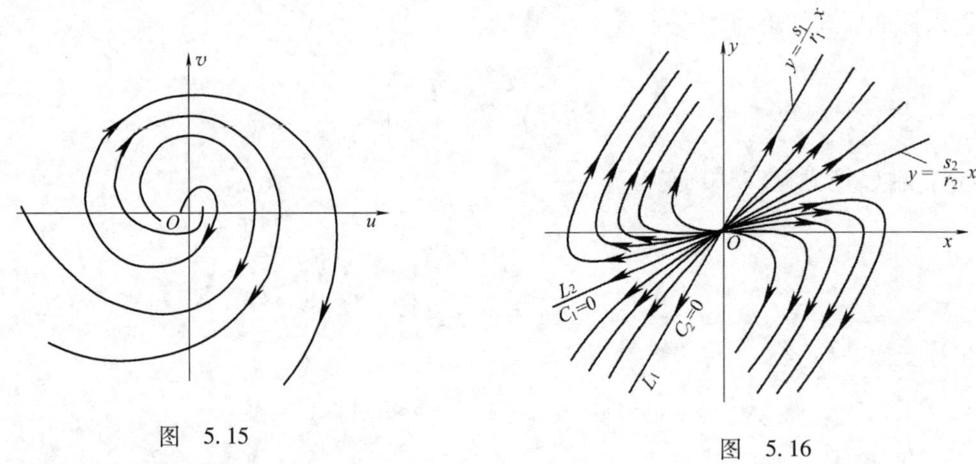


图 5.15

图 5.16

根据以上分析可见:

(1)当 $\lambda_1, \lambda_2$ 为负或都有负实部时,所有的相轨线都趋于奇点 $O$,这种奇点称为汇,且是稳定的,又是渐进稳定的;

(2)当 $\lambda_1, \lambda_2$ 都为正或都有正实部时,所有的相轨线都远离奇点 $O$,即当 $t \to -\infty$ 时,相点的运动趋于奇点 $O$,这种奇点称为源,且是不稳定的。

2. 区域边界线上的奇点

图 5.10 中五个区域之间有五条边界线,边界线上奇点的分析,可采用同样的方法进行。在此只给出如下结论:

(1)区域Ⅲ、Ⅳ间的边界线($q>0,\ p=0$)

根据式(5.24)知,此时,相轨线为一族同心圆,圆心在原点,如图 5.17(a)所示。根据式(5.21)知,在相平面 $x-y$ 上的相轨线为中心在原点的一族椭圆,如图 5.17(b)所示,相当于 $\theta=\frac{\pi}{2}(B>0)$ 的情况。

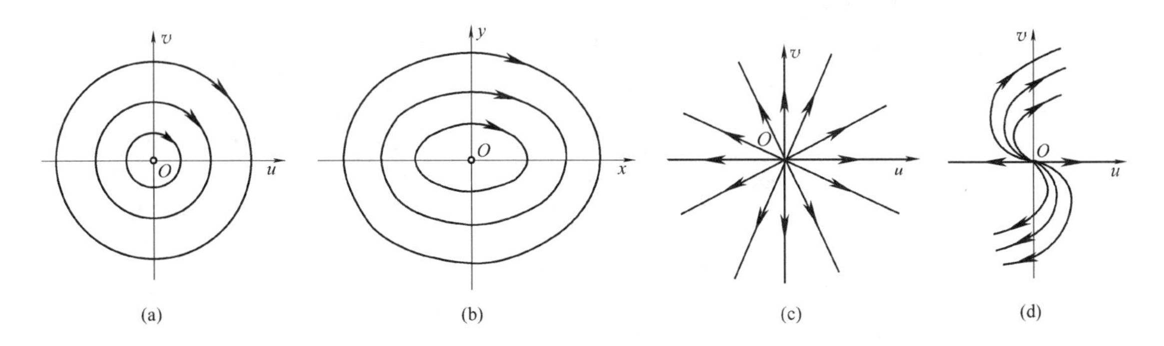


图 5.17

系统的奇点称为中心，中心显然是稳定的，但不是渐进稳定的。

(2)区域Ⅱ、Ⅲ间的边界线($q>0$, $p<0$, $\Delta=0$)

此时，特征方程有等根 $\lambda_1=\lambda_2=\lambda=0$，矩阵 $\boldsymbol{A}$ 的 Jordan 标准形式有两种情况。

① Jordan 标准形式为对角矩阵

在这种情况下，在相平面 $u-v$ 上的相轨线为一族半直线[图 5.17(c)]，其奇点 $O$ 称为星形结点，或临界结点，结点是稳定的，又是渐进稳定的。

② Jordan 标准形式为非对角矩阵，即化为$\begin{pmatrix}\lambda & 1\\0 & \lambda\end{pmatrix}$。

在此种情况下，相平面 $x-y$ 上的相轨线相当于图 5.13 中 $L_1$ 与 $L_2$ 两直线重合。这种奇点称为一轴结点，结点是稳定的且是渐进稳定的。与此相对照，图 5.13 中的结点也称为二轴结点。

(3)区域Ⅳ、Ⅴ间的边界线($q>0$, $p>0$, $\Delta=0$)

由以上分析可知，若 Jordan 标准形式为对角矩阵，则相平面 $u-v$ 上的相轨线如图 5.17(c)所示；若 Jordan 标准形式不为对角矩阵，则相平面 $u-v$ 上的相轨线如图 5.17(d)所示。在这种情况下，相平面 $x-y$ 上的相轨线相当于图 5.16 中 $L_1$ 和 $L_2$ 两直线重合。

奇点 $O$ 在上述两种情况下，分别为不稳定星形结点与不稳定一轴结点。

(4)区域Ⅰ、Ⅱ间的边界线($q=0$, $p<0$)和区域Ⅰ、Ⅴ间的边界线($q=0$, $p>0$)

系统(5.10)的奇点不是孤立的，沿直线 $ax+by=0$ (或 $cx+dy=0$)上的点都是奇点。

纵观以上分析结果，可获得 $p-q$ 平面内系统(5.10)的奇点分类如图 5.18 所示。奇点的基本类型为鞍点、结点、焦点和中心共四种。

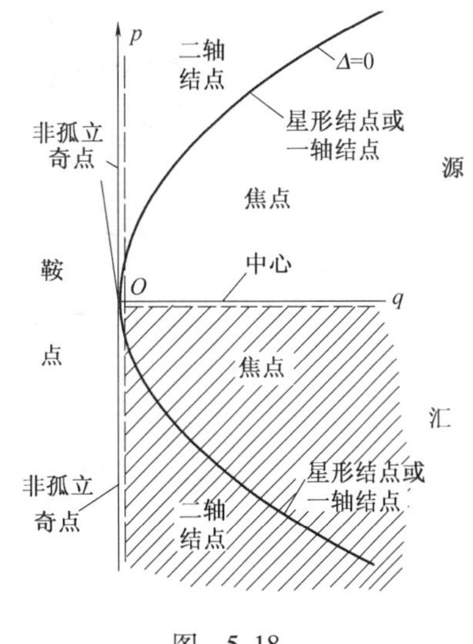


图 5.18

**【例 5.2】** 求系统$\ddot{x}+2\varepsilon\dot{x}-x+x^3=0$(式中 $\varepsilon>0$)的奇点及其类型，并画出奇点附近的相图。

**【解】** 根据式(5.6),有

$$\begin{cases}\dot{x}=y\\ \dot{y}=-2\varepsilon y+x-x^3\end{cases}$$

由式(5.8)式知

$$\dot{x}=y=0$$

$$\dot{y}=-2\varepsilon y+x-x^3=0$$

可求出奇点

$$\begin{cases}y=0\\ x-x^3=0\end{cases}\quad 即\ x(x^2-1)=0$$

故可得三个奇点为(0,0)、(−1,0)、(1,0)。

现判别奇点的类型。

① 讨论奇点(0,0)附近的情况。

由式(5.10)

$$\dot{x}=ax+by$$

$$\dot{y}=cx+dy$$

知系统的线性化方程是

$$\dot{x}=y$$

$$\dot{y}=-2\varepsilon y+x$$

可得 $a=0,\quad b=1,\quad c=1,\quad 1d=-2\varepsilon$

根据 $p=a+d=-2\varepsilon<0,q=ad-bc=-1<0$,由图5.17可知奇点(0,0)为不稳定的鞍点。

② 讨论奇点(−1,0)附近的情况。

现令 $x=\xi-1,y=\eta$,得

$$\dot{\xi}=\eta$$

$$\dot{\eta}=-2\varepsilon\eta+(\xi-1)+(\xi^3-3\xi^2+3\xi-1)(-1)$$

则线性化方程为

$$\dot{\xi}=\eta$$

$$\dot{\eta}=-2\xi-2\varepsilon\eta$$

可得 $a=0,\quad b=1,\quad c=-2,\quad d=-2\varepsilon$

根据

$$p=a+d=-2\varepsilon<0,\quad q=ad-bc=2>0$$

$$\Delta=p^2-4q=4\mu^2-8=4(\mu^2-2)$$

则得到:

(a)当 $\varepsilon>\sqrt{2}$ 时,$\Delta>0$,则由图5.17知奇点(−1,0)为稳定的,且为二轴结点。

(b)当 $\varepsilon=\sqrt{2}$ 时,$\Delta=0$,根据判断Jordan的标准形式为$\begin{pmatrix}\lambda & 1\\ 0 & \lambda\end{pmatrix}$,故奇点为稳定的一轴结点。

(c) 当 $\varepsilon<\sqrt{2}$ 时，$\Delta<0$，奇点$(-1,0)$为稳定的焦点。

③ 讨论奇点$(1,0)$附近的情况。

令 $x=\xi+1, y=\eta$ 得

$$\dot{\xi}=\eta$$
$$\dot{\eta}=-2\varepsilon\eta+\xi+1-(\xi+1)^3$$

则线性化方程为

$$\dot{\xi}=\eta$$
$$\dot{\eta}=-2\xi-2\eta\xi$$

可得 $$a=0,\quad b=1,\quad c=-2,\quad d=-2\varepsilon$$

其结论与上述②结论相同。

当 $\varepsilon>\sqrt{2}$ 时，奇点$(1,0)$为稳定的二轴结点。

当 $\varepsilon=\sqrt{2}$ 时，奇点$(1,0)$为稳定的一轴结点。

当 $\varepsilon<\sqrt{2}$ 时，奇点$(1,0)$为稳定的焦点。

综合以上分析，可画出奇点的相图如图 5.19 所示。

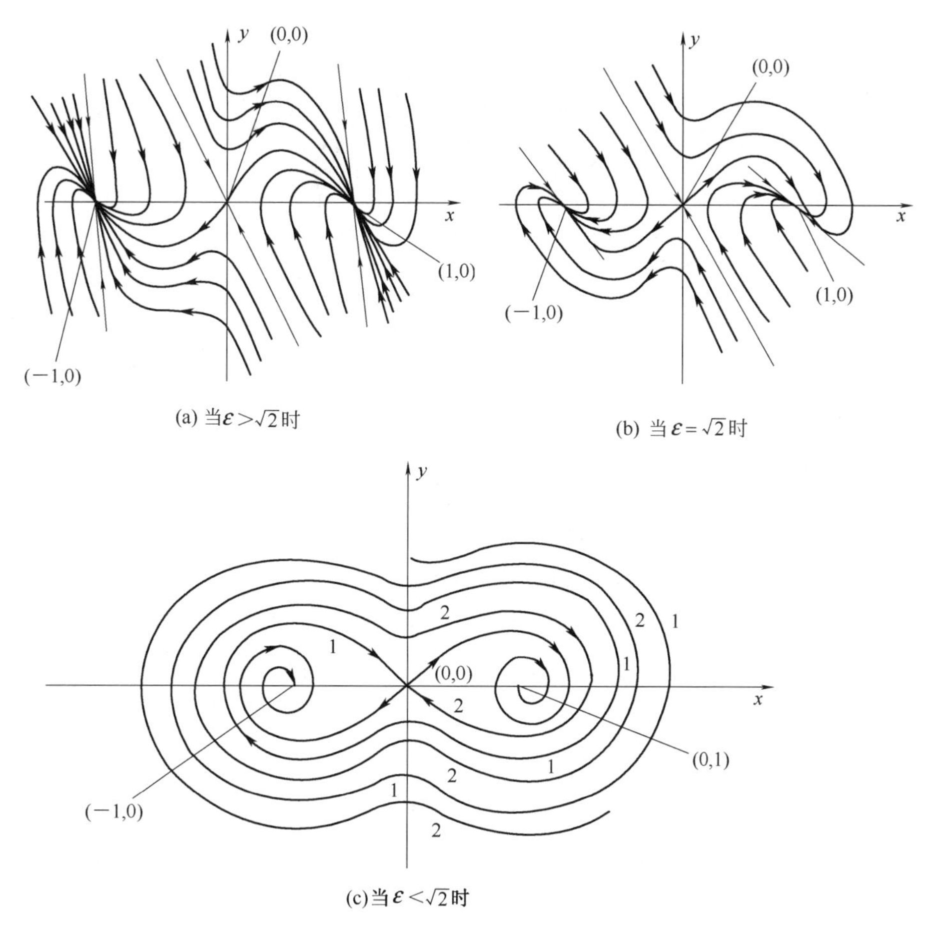


图 5.19

### 5.2.4 极限环

从图 5.19 的相平面图可见,积分曲线一般以一些稳定型的结点或者焦点为终点。当奇点为中心时,相平面图上的积分曲线为围绕中心的环状积分曲线,如例 5.1 中的图 5.10,这种情况只存在于无阻尼的保守系统中。但也有一些有阻尼的非保守系统,也可在相平面图上找到一些特殊的封闭轨线。如 Van der Pol 方程$\ddot{x}+\varepsilon(x^3-1)\dot{x}+x=0(\varepsilon>0)$时,它的相轨线如图 5.20 所示。当 $\varepsilon=0.1$ 时如图 5.20(a)所示,可找到一个半径为 2 的圆轨线 $C$,在其附近的积

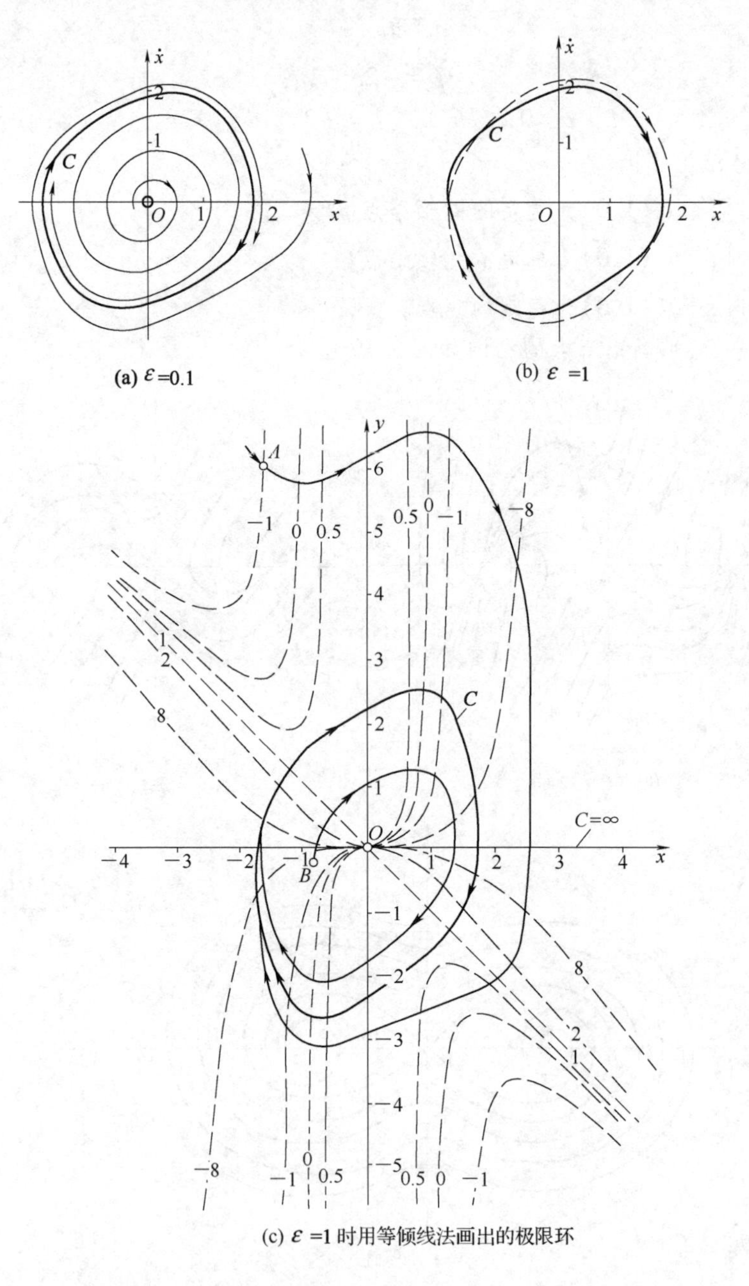


(a) $\varepsilon=0.1$

(b) $\varepsilon=1$

(c) $\varepsilon=1$ 时用等倾线法画出的极限环

图 5.20

分曲线都从内外两侧绕入该轨线,这种相轨线称为稳定的极限环。在图 5.20(b)中可看到,当 $\varepsilon=1$ 时,极限环 $C$ 的曲线形状发生了很大的变化。图 5.20(c)所示的相平面图为 $\varepsilon=1$ 时,用等倾线法画出的极限环。

极限环是一个数字概念,若相平面上有唯一的稳定极限环,且在极限环外无其他的奇点,则不论初始条件如何,系统的运动均趋向于此极限环,所表示的是周期运动。

## 5.3 定量方法

本节将研究非线性振动的定量方法,把解近似地表示为幂级数形式,所得到的数值结果,其近似程度与幂级数所取的项数有关。定量方法的缺点是不能得到通解。

本节将采用摄动法(小参数法)、KBM 法(三级数法)、多重尺度法等来求解非线性振动微分方程的解。

### 5.3.1 用摄动法求解

摄动法的思想是由 S. D. Poisson(1830 年左右)在研究天体运动时提出的。他将其他天体的引力按大小排列写为

$$\ddot{x}_i = x_{i0} - \varepsilon x_{i1} + \varepsilon^2 x_{i2} + \cdots \quad (i=1,2,\cdots,n) \tag{a}$$

式中 $0<\varepsilon\leqslant 1$,$x_{i0}$、$x_{i1}$、$x_{i2}$、…为 $x_i$的函数,式中的微小项 $\varepsilon$ 称为“摄动”。将微分方程的解写为幂级数形式

$$x_i(t) = x_{i0}(t) + \varepsilon x_{i1}(t) + \varepsilon^2 x_{i2}(t) + \cdots$$

将上式代入原微分方程组($a$),令两边 $\varepsilon$ 的同次项系数相等,可得到一系列的微分方程,依次可解出 $x_{i0}(t)$、$x_{i1}(t)$…。这是原始的摄动法,也称为直接展开法。但应用此法时不可避免地会出现久期项。为了消除久期项而发展了各种各样的近似解。最基本的摄动法是由 A. Lindstedt 于 1883 年提出基本概念,H. Poincare 于 1892 年作了进一步的阐明(证明了所得级数是解的渐近级数),通常简称此方法为 L-P 法(频率展开法)。

1. 用 L-P 法求解单自由度非线性系统的自由振动

L-P 法的基本思想是:同时对非线性方程的解和频率作幂函数展开。

设非线性自治系统为

$$\ddot{x} + \omega_0^2 x = \varepsilon f(x, \dot{x}) \tag{5.25}$$

式中 $f(x,\dot{x})$ 为解析函数,$\varepsilon$ 为小参数,现令 $\varepsilon=0$,得

$$\ddot{x} + \omega_0^2 x = 0 \tag{5.26}$$

此式显然有简谐解 $x_0(t)$(包含积分常数),此系统称为派生系统,其解称为派生解。

对于非线性系统(5.25),其频率 $\omega$ 将不再是 $\omega_0$,而与 $\varepsilon$ 及振幅 $A$ 有关,即 $\omega=\omega(\varepsilon,A)$,周期为 $T=2\pi/\omega$。作如下变换:

$$\tau = \omega t \tag{5.27}$$

则对于 $\tau$ 而言,对应周期解的周期将为 $2\pi$,式(5.25)变成为

$$\omega^2 x'' + \omega_0^2 x = \varepsilon f(x, \omega x') \tag{5.28}$$

式中的“ ′”表示对 $\tau$ 求导。

现将 $x$ 及 $\omega$ 展开成 $\varepsilon$ 的幂级数,即令

$$x_i = x_0(\tau) + \varepsilon x_1(\tau) + \varepsilon^2 x_2(\tau) + \cdots \tag{5.29}$$

$$\omega = \omega_0 + \varepsilon\omega_1(\tau) + \varepsilon^2\omega_2(\tau) + \cdots \tag{5.30}$$

将式(5.29)和式(5.30)代入式(5.28),并将函数 $f(x,\omega x')$ 在 $x = x_0, \omega x' = \omega_0 x_0'$ 附近展开成 Taylor 级数,比较方程等号两边 $\varepsilon$ 的同次幂系数,可得到下面的方程组:

$$\left.\begin{aligned}
&x_0'' + x_0 = 0\\
&x_1'' + x_1 = -2\frac{\omega_1}{\omega_0}x_0'' + \frac{1}{\omega_0^2}f(x_0, x_0')\\
&x_2'' + x_2 = -2\frac{\omega_1}{\omega_0}x_1'' - \frac{1}{\omega_0^2}[(\omega_1^2 + 2\omega_0\omega_2)x_0'' - x_1 f_x'(x_0, \omega_0 x_0') - (\omega_1 x_0' + \omega_0 x_1')f_{\dot{x}}'(x_0, \omega_0\dot{x}_0')]\\
&\quad\vdots
\end{aligned}\right\} \tag{5.31}$$

式中

$$f_x'(x_0, \omega_0 x_0') = \frac{\partial}{\partial x}f(x, \dot{x})\bigg|_{\substack{x = x_0\\ \dot{x} = \omega_0 x_0'}}$$

$$f_{\dot{x}}'(x_0, \omega_0 x_0') = \frac{\partial}{\partial \dot{x}}f(x, \dot{x})\bigg|_{\substack{x = x_0\\ \dot{x} = \omega_0 x_0'}}$$

由式(5.10),依次解出各微分方程的解,并考虑初始条件,可得出 $x_0$、$x_1$、$x_2\cdots$。为了消去久期项,使得 $x_1$、$x_2\cdots$为 $\tau$ 的周期函数,可求出 $\omega_1$、$\omega_2\cdots$,它们都是振幅 $A$ 的函数。

设初始条件

$$x_i'(0) = 0 \qquad (i = 0, 1, 2\cdots)$$

$$x(0) = A_0 + \varepsilon A_1 + \varepsilon^2 A_2 + \cdots$$

即在式(5.10)中

$$x_0'' + x_0 = 0$$

可得

$$x_0 = A\cos\tau$$

则

$$x_1'' + x_1 = \frac{2\omega_1}{\omega_0}A\cos\tau + \frac{1}{\omega_0}f(A\cos\tau, -A\omega\sin\tau)$$

对 $f(A\cos\tau, -A\omega\sin\tau)$ 按傅里叶级数展开,则上式可改写为

$$x_1'' + x_1 = \frac{2\omega_1 A}{\omega_0}\cos\tau + \frac{f_0}{2} + f_1(A)\cos\tau + g_1(A)\sin\tau + \sum_{n=2}^{\infty}[f_n(A)\cos n\tau + g_n(A)\sin n\tau]$$

此式右端出现了 $\cos\tau$ 和 $\sin\tau$,在解此方程时会出现 $tf(\quad)$项(即久期项),现可令 $\cos\tau$、$\sin\tau$ 前面的系数为零来消除久期项,即

$$f_1(A) + \frac{2\omega_1}{\omega_0} = 0$$

$$g_1(A) = 0$$

由这两个方程可求出 $\omega_1$、$A$ 两个未知数。

**【例 5.3】** 用 L-P 法求单摆运动方程 $\ddot{x} + \omega_0^2\sin x = 0$,在 $\sin x$ 的幂级数表示式中取前两项时的解。

**【解】** 取 $\sin x \approx x - \frac{x^3}{6}$,原方程可改写为

$$\ddot{x}+\omega_0^2 x+\varepsilon x^3=0 \tag{1}$$

式中 $\varepsilon=-\omega_0^2/6$ 为小参数。

改写(1)式为：
$$\ddot{x}+\omega_0^2 x=-\varepsilon x^3$$

与方程组(5.31)相比较，知

$$f(x,\dot{x})=-x^3$$

故方程组(5.31)可写为

$$\left.\begin{aligned}&x_0''+x_0=0\\&x_1''+x_1=-2\frac{\omega_1}{\omega_0}x_0''-\frac{1}{\omega_0^2}x_0^3\\&x_2''+x_2=-2\frac{\omega_1}{\omega_0}x_1''-\frac{1}{\omega_0^2}\left[(\omega_1^2+2\omega_0\omega_2)x_0''+x_1\cdot 3x_0^2\right]\\&\vdots\end{aligned}\right\} \tag{2}$$

解方程组(2)的第一式，又考虑初始条件 $x_0(0)=A_0, x_0'(0)=0$，得

$$x_0=A_0\cos\tau \tag{3}$$

将上式带入式(2)的第二式，得

$$\begin{aligned}x_1''+x_1&=2\frac{\omega_1}{\omega_0}A_0\cos\tau-\frac{A_0^3}{\omega_0^2}\cdot\cos^3\tau\\&=2\frac{\omega_1}{\omega_0}A_0\cos\tau-\frac{A_0^3}{\omega_0^2}\cdot\frac{3\cos\tau+\cos 3\tau}{4}\end{aligned} \tag{4}$$

欲消去久期项，上式中 $\cos\tau$ 的系数应为零，即

$$\frac{2\omega_1}{\omega_0}A_0-\frac{3}{4}\frac{A_0^3}{\omega_0^2}=0$$

故
$$\omega_1=\frac{3A_0^2}{8\omega_0} \tag{5}$$

由式(4)可解得

$$x_1=\frac{A_0^3}{32\omega_0^2}\cos 3\tau+M_1\cos\tau+N_1\sin\tau$$

考虑初始条件 $x_1(0)=A_1, x_1'(0)=0$，有

$$M_1=A_1-\frac{A_0^3}{32\omega_0^2},\quad N_1=0$$

故
$$x_1=\frac{A_0^3}{32\omega_0^2}\cos 3\tau+\left(A_1-\frac{A_0^3}{32\omega_0^2}\right)\cos\tau \tag{6}$$

现将式(3)、式(5)和式(6)代入式(2)的第三式得

$$\begin{aligned}x_2''+x_2=&-\frac{3A_0^2}{4\omega_0^2}\left[-\frac{9A_0^3}{32\omega_0^2}\cos 3\tau-\left(A_1-\frac{A_0^3}{32\omega_0^2}\right)\cos\tau\right]-\\&\frac{1}{\omega_0^2}\left[\left(\frac{9A_0^4}{64\omega_0^2}+2\omega_0\omega_2\right)(-A_0\cos\tau)+3A_0^2\cos^2\tau\left(\frac{A_0}{32\omega_0^2}\cos\tau+\left(A_1-\frac{A_0^3}{32\omega_0^2}\right)\cos\tau\right)\right]\end{aligned}$$

令上式右边 $\cos\tau$ 的系数为零，得

$$\frac{3A_0^2}{4\omega_0^2}\left(A_1-\frac{A_0^3}{32\omega_0^2}\right)+\frac{A_0}{\omega_0^2}\left(\frac{9A_0^4}{64\omega_0^2}+2\omega_0\omega_2\right)-\frac{3A_0^2}{4\omega_0^2}\left(\frac{A_0^3}{32\omega_0^2}+3A_1\frac{A_0^3}{32\omega_0^2}\right)=0$$

由此得

$$\omega_2=-\frac{21A_0^4}{256\omega_0^3}+\frac{3A_0A_1}{4\omega_0}$$

$x_2$ 的微分方程为

$$x_2''+x_2=\left(\frac{3A_0^5}{16\omega_0^4}-\frac{3A_0^2A_1}{4\omega_0^2}\right)\cos 3\tau-\frac{3A_0^5}{128\omega_0^4}\cos 5\tau$$

由此解得

$$x_2=\frac{A_0^2}{128\omega_0^4}(-3A_0^3+12A_1\omega_0^2)\cos 3\tau+\frac{A_0^5}{1\ 024\omega_0^4}\cos 5\tau+M_2\cos\tau+N_2\sin\tau$$

考虑到初始条件 $x_2(0)=A_2, x_2'(0)=0$,有

$$M_2=A_2+\frac{23A_0^5}{1\ 024\omega_0^4}-\frac{3A_0^2A_1}{32\omega_0^2},\quad N_2=0$$

最后得

$$x_2=-\frac{3A_0^2}{128\omega_0^4}(A_0^3-4A_1\omega_0^2)\cos 3\tau+\frac{A_0^5}{1\ 024\omega_0^4}\cos 5\tau+\left(A_2+\frac{23A_0^5}{1\ 024\omega_0^4}-\frac{3A_0^2A_1}{32\omega_0^2}\right)\cos\tau \tag{7}$$

故单摆运动的周期解为

$$x=x_0+\varepsilon x_1+\varepsilon^2x_2+\cdots$$

式中 $x_0$、$x_1$、$x_2$ 分别由式(3)、式(6)、式(7)表示

$$\varepsilon=-\omega_0^2/6,\quad \tau=\omega t$$

$$\omega=\omega_0+\varepsilon\cdot\frac{3A_0^2}{8\omega_0}-\varepsilon^2\left(\frac{21A_0^4}{256\omega_0^3}-\frac{3A_0A_1}{4\omega_0}\right)+\cdots$$

还可进一步考虑 $A_1$、$A_2\cdots$ 皆可取任意值[$f(x_0,\omega_0x_0')$ 为 $\tau$ 的偶函数时,各微分方程右边不含 $\sin\tau$],因此可令 $M_1=M_2=\cdots=0$,即可求出

$$A_1=\frac{A_0^3}{32\omega_0^2},\quad A_2=\frac{3A_0^2A_1}{32\omega_0^2}-\frac{23A_0^5}{1\ 024\omega_0^4}=-\frac{5A_0^5}{256\omega_0^4}$$

从而得到

$$x_0=A_0\cos\tau,\quad x_1=\frac{A_0^3}{32\omega_0^2}\cos 3\tau$$

$$x_2=-\frac{21A_0^5}{1\ 024\omega_0^4}\cos 3\tau+\frac{A_0^5}{1\ 024\omega_0^4}\cos 5\tau$$

可使周期解得以简化为

$$x=A_0\cos\tau+\varepsilon\frac{A_0^3}{32\omega_0^2}\cos 3\tau+\varepsilon^2\left(\frac{A_0^5}{1\ 024\omega_0^4}\cos 5\tau-\frac{21A_0^5}{1\ 024\omega_0^4}\cos 3\tau\right)+\cdots$$

$$\omega_1=\omega_0+\varepsilon\frac{3A_0^2}{8\omega_0}-\varepsilon^2\frac{15A_0^4}{256\omega_0^3}+\cdots$$

2. 用摄动法求解单自由度非线性系统的受迫振动

本节将研究非线性系统上作用有 $F\cos\Omega t$ 的情况。由微分方程理论知,当初始条件 $x(0)$

和$\dot{x}(0)$给定后,方程

$$\ddot{x}+\omega_0^2x=\varepsilon f(x,\dot{x})+F\cos\Omega t \tag{5.32}$$

的解$x(t)$就唯一地确定了。除了周期解外,尚存在其他形式的解,求此系统的一般形式的近似解是比较复杂的。

注意到方程(5.32)中的$\varepsilon$为小参数,$f$为$x$和$\dot{x}$的非线性函数。为了使振动周期成为$2\pi$,现作如下变换:

$$\Omega t=\tau+\varphi \tag{5.33}$$

式中$\varphi$为未知的相位。引入它的目的,是为了能使初始条件设为$x'(0)=0$,式中的"′"表示对$\tau$求导。

做变换(5.33)后,方程(5.32)变成为

$$\Omega^2x''+\omega_0^2x=u(x,\Omega x')+F\cos(\tau+\varphi) \tag{5.34}$$

将$x(\tau)$及$\varphi$均展开为$\varepsilon$的幂级数,即令

$$x(\tau)=x_0(\tau)+\varepsilon x_1(\tau)+\varepsilon^2x_2(\tau)+\cdots \tag{5.35}$$

$$\varphi=\varphi_0+\varepsilon\varphi_1+\varepsilon^2\varphi_2+\cdots \tag{5.36}$$

式中$x_i(\tau)$均为周期$2\pi$的函数,且有初始条件

$$x_i'(0)=0\quad(i=0,1,2,\cdots) \tag{5.37}$$

将式(5.35)和式(5.36)代入方程(5.34),并对$f(x,\Omega x')$及$\cos(\tau+\varphi)$做Taylor级数展开,然后比较等号两边$\varepsilon$的同次幂项,得

$$\left.\begin{aligned}&\Omega^2x''+\omega_0^2x_0=F\cos(\tau+\varphi_0)\\&\Omega^2x_1''+\omega_0^2x_1=f(x_0,\Omega x_0')-F\varphi_1\sin(\tau+\varphi_0)\\&\Omega^2x_2''+\omega_0^2x_2=x_1f'_x(x_0,\Omega x_0')+\Omega x_1'f'_{\dot{x}}(x_0,\Omega x_0')\\&\qquad-F\varphi_2\sin(\tau+\varphi_0)-\frac{F\varphi_1^2}{2}\cos(\tau+\varphi_0)\\&\vdots\end{aligned}\right\} \tag{5.38}$$

式中

$$f'_x(x_0,\Omega x_0')=\frac{\partial}{\partial x}f(x,\dot{x})\bigg|_{\substack{x=x_0\\ \dot{x}=\Omega\dot{x}_0}}$$

$$f'_{\dot{x}}(x_0,\Omega x_0')=\frac{\partial}{\partial\dot{x}}f(x,\dot{x})\bigg|_{\substack{x=x_0\\ \dot{x}=\Omega x_0'}}$$

**【例5.4】** 求下列方程的解

$$\ddot{x}+\omega_0^2x+\varepsilon bx^3=F_1\cos\Omega_1t+F_2\cos\Omega_2t \tag{1}$$

式中$\varepsilon$为小参数,$\Omega_1\neq\Omega_2$。

**【解】** 设

$$x=x_0(t)+\varepsilon x_1(t)+\varepsilon^2x_2(t)+\cdots \tag{2}$$

代入方程(1),比较两端$\varepsilon$的同次幂项,得

$$\left.\begin{aligned}&\ddot{x}+\omega_0^2x_0=F_1\cos\Omega_1t+F_2\cos\Omega_2t\\&\ddot{x}_1+\omega_0^2x_1=-bx_0^3\\&\ddot{x}_2+\omega_0^2x_2=-3bx_0^2x_1\\&\vdots\end{aligned}\right\} \tag{3}$$

设只研究受迫振动而不考虑齐次方程的解,由式(3)第一式,得

$$x_0 = A_1\cos\Omega_1 t + A_2\cos\Omega_2 t \tag{4}$$

式中

$$A_1 = \frac{F_1}{\omega_0 - \Omega_1^2},\quad A_2 = \frac{F_2}{\omega_0^2 - \Omega_2^2} \tag{5}$$

若 $\Omega_1/\Omega_2$ 为有理数,则式(4)为周期解;若 $\Omega_1/\Omega_2$ 为无理数,则式(4)为概周期解。

现将式(4)代入式(3)第二式,得

$$\begin{aligned}\ddot{x}_1 + \omega_0^2 x_1 &= -b(A_1\cos\Omega_1 t + A_2\cos\Omega_2 t)^3\\ &= H_1\cos\Omega_1 t + H_2\cos\Omega_2 t + H_3[\cos(2\Omega_1+\Omega_2)t + \cos(2\Omega_1-\Omega_2)t] +\\ &\quad H_4[\cos(\Omega_1+2\Omega_2)t + \cos(\Omega_1-2\Omega_2)t] + H_5\cos 3\Omega_1 t + H_6\cos 3\Omega_2 t\end{aligned} \tag{6}$$

式中

$$\left.\begin{aligned}&H_1 = -\frac{3}{4}bA_1(A_1^2+2A_2^2),\quad H_2 = -\frac{3}{4}bA_2(2A_1^2+A_2^2)\\ &H_3 = -\frac{3}{4}bA_1^2A_2,\quad H_4 = -\frac{3}{4}bA_1A_2^2\\ &H_5 = -\frac{1}{4}bA_1^3,\quad H_6 = -\frac{1}{4}bA_2^3\end{aligned}\right\} \tag{7}$$

由式(6)可见,$x_1(t)$是很复杂的,它不仅包含有主谐波 $\Omega_1$、$\Omega_2$,还包含有组合谐波 $2\Omega_1\pm\Omega_2$、$\Omega_1\pm2\Omega_2$ 及超谐波 $3\Omega_1$、$3\Omega_2$。

### 5.3.2 平均法、KBM 法(渐进法、三级数法)

Van der Pol 于 1926 年在解决电子管振荡器的自振问题时,提出了慢变振幅与相位法,此方法虽取得了许多成果,但其只是建立在纯直观设想的基础上。Krylov 与 Bogoliubov 为此进行了系统的研究,在 1937 年提出了一种渐进法。根据解的基波振幅与相位对时间 $t$ 的导数皆与小参数 $\varepsilon$ 同阶的不显含 $t$ 的函数,提出了可用一个周期内的平均值作为该函数的近似值,因此这一方法也称为平均法,但它仅能求出解的一次近似。为此,他们在 1947 年又提出了一种能求出任意次近似的渐进法。1958 年 Bogoliubov 与 Mitropolsky 又对该方法进行了严格证明,并加以推广,因此也称为 Krylov – Bogoliubov – Mitropolsky 方法,或简称为 KBM 法。

1. 平均法

设非线性自治系统

$$\ddot{x} + \omega_0^2 x = \varepsilon f(x,\dot{x}) \tag{5.39}$$

式中 $\varepsilon$ 为小参数。若 $\varepsilon=0$,则方程成为线性系统,其解为

$$x = a\cos(\omega_0 t + \varphi) \tag{5.40}$$

式中 $a$、$\varphi$ 为积分常数,上式对时间 $t$ 的导数为

$$\dot{x} = -a\omega_0\sin(\omega_0 t + \varphi) \tag{5.41}$$

若 $\varepsilon\neq0$,其绝对值又充分小时,方程(5.39)的解及其对 $t$ 的一阶导数仍可写为式(5.40)和式(5.41),与前不同的是,$a$ 及 $\varphi$ 均为非常数,而是 $t$ 的函数,即

$$x = a(t)\cos[\omega_0 t + \varphi(t)] \tag{5.42}$$

$$\dot{x} = -a(t)\omega_0\sin[\omega_0 t + \varphi(t)] \tag{5.43}$$

在这种情况下，由式(5.42)可知，欲要使式(5.43)成立，应有

$$\dot{a}\cos(\omega_0 t+\varphi)-a\dot{\varphi}\sin(\omega_0 t+\varphi)=0 \tag{5.44}$$

再对式(5.43)求微分，得

$$\ddot{x}=-\dot{a}\omega_0\sin(\omega_0 t+\varphi)-a^2\omega_0^2\cos(\omega_0 t+\varphi)-a\omega_0\dot{\varphi}\cos(\omega_0 t+\varphi) \tag{5.45}$$

将式(5.42)、式(5.43)及式(5.45)代入式(5.39)，得

$$\dot{a}\omega_0\sin(\omega_0 t+\varphi)+a\omega_0\dot{\varphi}\cos(\omega_0 t+\varphi)=\varepsilon f[a\cos(\omega_0 t+\varphi)-a\omega_0\sin(\omega_0 t+\varphi)] \tag{5.46}$$

根据式(5.44)和式(5.46)解得

$$\left.\begin{aligned}\dot{a}&=-\frac{\varepsilon}{\omega_0}f(a\cos\psi,\ -a\omega_0\sin\psi)\sin\psi\\ \dot{\varphi}&=-\frac{\varepsilon}{a\omega_0}f(a\cos\psi,\ -a\omega_0\sin\psi)\cos\psi\end{aligned}\right\} \tag{5.47}$$

一般情况下，无法对上式精确求解，只能求出其简单的近似解。

式(5.47)右端为 $\varphi$ 的周期函数，周期为 $2\pi$，考虑到 $\varepsilon$ 为小参数，则 $\dot{a}$、$\dot{\varphi}$ 与 $\varepsilon$ 同阶。为此，可设想在周期 $T=2\pi$ 时间内，$a$ 与$\varphi$的变化很小，可取在周期 $2\pi$ 内 $\dot{a}$ 与$\dot{\varphi}$ 的平均值来代替式(5.47)右端，得

$$\left.\begin{aligned}\dot{a}&=-\frac{\varepsilon}{2\pi\omega_0}\int_0^{2\pi}f(a\cos\psi,\ -a\omega_0\sin\psi)\sin\psi\mathrm{d}\psi\\ \dot{\varphi}&=-\frac{\varepsilon}{2\pi a\omega_0}\int_0^{2\pi}f(a\cos\psi,\ -a\omega_0\sin\psi)\cos\psi\mathrm{d}\psi\end{aligned}\right\} \tag{5.48}$$

上述求解方法称为平均法(慢变振幅与相位法)，也称 KB 法。

**【例 5.5】** 用平均法(KB 法)求 Van der Pol 方程。

**【解】** Van der Pol 方程为

$$\ddot{x}+\varepsilon(x^2-1)\dot{x}+x=0 \tag{1}$$

上式可改写为

$$\ddot{x}+x=\varepsilon(1-x^2)\dot{x}$$

将上式与式(5.39)比较，知

$$\omega_0=1,\quad f(x,\dot{x})=(1-x^2)\dot{x}$$

考虑式(5.48)，得

$$\begin{aligned}\dot{a}&=-\frac{\varepsilon}{2\pi}\int_0^{2\pi}(1-a^2\cos^2\psi)(-a\sin\psi)\sin\psi\mathrm{d}\psi\\ &=-\frac{\varepsilon}{2\pi}\left(-a\pi+\frac{a^3}{4}\pi\right)=\frac{\varepsilon}{8}a(4-a^2)\end{aligned}$$

$$\dot{\varphi}=-\frac{\varepsilon}{2\pi a}\int_0^{2\pi}(1-a^2\cos^2\psi)(-a\sin\psi)\cos\psi\mathrm{d}\psi=0$$

由此解得

$$\varphi=\varphi_0=\text{常数}$$

$$\int_{a_0}^{a}=\frac{\mathrm{d}a}{a(a^2-4)}=-\frac{\varepsilon}{8}\int_0^t\mathrm{d}t$$

可得
$$\ln \frac{a^2-4}{a^2}\bigg|_{a_0}^{a} = -\varepsilon t$$

故
$$a(t)=\frac{2}{\sqrt{1-\left(1-\dfrac{4}{a_0^2}\right)\mathrm{e}^{-\varepsilon t}}}$$

由式(5.42),得方程(1)的解为
$$x=\frac{2}{\sqrt{1-\left(1-\dfrac{4}{a_0^2}\right)\mathrm{e}^{-\varepsilon t}}}\cos(t+\varphi_0) \tag{2}$$

式中 $a_0=a(0)$, $\varphi_0=\varphi(0)$。

设 $a_0\neq 0$,则当 $t\to\infty$ 时,$a\to 2$。这是不含 $\varepsilon$ 的周期解,$x=2\cos t$。

KB 法不仅能求出系统的定常周期运动,还能求出系统的瞬态过程。本方法得出的解只取到 $\varepsilon$ 的零阶,$\varphi$ 也取到 $\varepsilon$ 的零阶,而 $\dot{\varphi}$ 则取到 $\varepsilon$ 的一阶。

2. KBM 法(三级数法)

KBM 法是能求出任意次近似的渐近法。

设方程(5.39)的解为
$$x=a\cos\psi+\varepsilon u_1(a,\psi)+\varepsilon^2 u_2(a,\psi)+\cdots \tag{5.49}$$

式中 $u_1(a,\psi)$、$u_2(a,\psi)$…为 $\psi$ 的周期函数,周期为 $2\pi$,而 $a$、$\psi$ 为时间 $t$ 的函数,可由下列方程确定:
$$\left.\begin{aligned}\dot{a}&=\varepsilon A_1(a)+\varepsilon^2 A_2(a)+\cdots\\ \dot{\psi}&=\omega_0+\varepsilon B_1(a)+\varepsilon^2 B_2(a)+\cdots\end{aligned}\right\} \tag{5.50}$$

式中 $A_1$、$A_2$…及 $B_1$、$B_2$…皆为 $a$ 的函数,从式(5.49)和式(5.50)可看出其中含有三个级数。为此,求解 $x(t)$ 变成如何选取 $u_1$、$u_2$…,$A_1$、$A_2$…及 $B_1$、$B_2$…使得由式(5.50)确定的 $a$、$\psi$ 代入式(5.49)后,可得出方程(5.39)的解。

在理论上求 $A_1$、$A_2$…及 $B_1$、$B_2$…并不困难,但它们的多项式随着精度的提高,计算的复杂程度迅速增加,故实际上只限于取级数的前几项:
$$x=a\cos\psi+\varepsilon u_1(a,\psi)+\cdots+\varepsilon^m u_m(a,\psi)$$
$$\dot{a}=\varepsilon A_1(a)+\varepsilon^2 A_2(a)+\cdots+\varepsilon^m A_m(a)$$
$$\dot{\psi}=\omega_0+\varepsilon B_1(a)+\varepsilon^2 B_2(a)+\cdots+\varepsilon^m B_m(a)$$

一般取 $m=1$ 或 2。

因篇幅有限,公式不再具体推导,而直接给出。对于系统
$$\ddot{x}+\omega_0^2 x=\varepsilon f(x,\dot{x})$$

用 KBM 法第一次近似解的公式为
$$\left.\begin{aligned}x&=a\cos\psi\\ \dot{a}&=\varepsilon A_1(a)\\ \dot{\psi}&=\omega_0+\varepsilon B_1(a)\end{aligned}\right\} \tag{5.51}$$

式中

$$A_1(a) = \frac{1}{2\pi\omega_0}\int_0^{2\pi} f(a\cos\psi, -a\omega\sin\psi)\cdot\sin\psi\mathrm{d}\psi$$

$$B_1(a) = \frac{1}{2\pi\omega_0 a}\int_0^{2\pi} f(a\cos\psi, -a\omega\sin\psi)\cdot\cos\psi\mathrm{d}\psi$$

用 KBM 法第二次近似解的公式为

$$\left.\begin{aligned} x &= a\cos\psi + \varepsilon u_1(a,\psi) \\ \dot{a} &= \varepsilon A_1(a) + \varepsilon^2 A_2(a) \\ \dot{\psi} &= \omega_0 + \varepsilon B_1(a) + \varepsilon^2 B_2(a) \end{aligned}\right\} \tag{5.52}$$

式中

$$A_1(a) = \frac{1}{2\pi\omega_0}\int_0^{2\pi} f(a\cos\psi, -a\omega\sin\psi)\cdot\sin\psi\mathrm{d}\psi$$

$$B_1(a) = \frac{1}{2\pi\omega_0 a}\int_0^{2\pi} f(a\cos\psi, -a\omega\sin\psi)\cdot\cos\psi\mathrm{d}\psi \tag{5.53}$$

$$u_1(a,\psi) = \frac{g_0(a)}{\omega_0^2} + \sum_{n=2}^{\infty}\frac{1}{\omega_0^2}\times\frac{g_n(a)\cos n\psi + h_n(a)\sin n\psi}{(1-n^2)} \tag{5.54}$$

式中

$$g_0(a) = \frac{1}{2\pi}\int_0^{2\pi} f(a\cos\psi, -a\omega_0\sin\psi)\mathrm{d}\psi$$

$$g_n(a) = \frac{1}{\pi}\int_0^{2\pi} f(a\cos\psi, -a\omega_0\sin\psi)\cdot\cos n\psi\mathrm{d}\psi$$

$$h_n(a) = \frac{1}{\pi}\int_0^{2\pi} f(a\cos\psi, -a\omega_0\sin\psi)\cdot\sin n\psi\mathrm{d}\psi$$

$$\begin{aligned} A_2(a) = {} & -\frac{1}{2\omega_0}\left(2A_1B_1 + A_1\frac{\mathrm{d}B_1}{\mathrm{d}a}\right) - \frac{1}{2\pi\omega_0}\int_0^{2\pi}\Big[u_1(a,\psi)f_x'(a\cos\psi, -a\omega_0\sin\psi) + \\ & \left(A_1\cos\psi - aB_1\sin\psi + \omega_0\frac{\partial u_1}{\partial\psi}\right)\cdot f_{\dot{x}}'(a\cos\psi, -a\omega_0\sin\psi)\Big]\cdot\sin\psi\mathrm{d}\psi \end{aligned}$$

$$\begin{aligned} B_2(a) = {} & -\frac{1}{2\omega_0}\left(B_1^2 - \frac{A_1}{a}\cdot\frac{\mathrm{d}A_1}{\mathrm{d}a}\right) - \frac{1}{2\pi\omega_0 a}\int_0^{2\pi}\Big[u_1(a,\psi)f_x'(a\cos\psi, -a\omega_0\sin\psi) + \\ & \left(A_1\cos\psi - aB_1\sin\psi + \omega_0\frac{\partial u_1}{\partial\psi}\right)\cdot f_{\dot{x}}'(a\cos\psi, -a\omega_0\sin\psi)\Big]\cdot\cos\psi\mathrm{d}\psi \end{aligned} \tag{5.55}$$

**【例 5.6】** 用 KBM 法求 Van der Pol 方程,算到二次近似。

**【解】** Van der Pol 方程为

$$\ddot{x} + \varepsilon(x^2 - 1)\dot{x} + x = 0 \tag{1}$$

将式(1)改写为

$$\ddot{x} + x = \varepsilon(1 - x^2)\dot{x}$$

将上式与式(5.39)比较,知 $\omega_0 = 1,\quad f(x,\dot{x}) = (1 - x^2)\dot{x}$

将上式代入式(5.53)得

$$\begin{aligned} A_1 &= -\frac{1}{2\pi\omega_0}\int_0^{2\pi} f(a\cos\psi, -a\omega\sin\psi)\cdot\sin\psi\mathrm{d}\psi \\ &= -\frac{1}{2\pi}\int_0^{2\pi}(1 - a^2\cos^2\psi)(-a\sin^2\psi)\mathrm{d}\psi \end{aligned}$$

$$= \frac{a}{8}(4 - a^2)$$

$$B_1 = \frac{1}{2\pi\omega_0 a}\int_0^{2\pi} f(a\cos\psi, -a\omega\sin\psi)\cdot\cos\psi \mathrm{d}\psi$$

$$= -\frac{1}{2\pi a}\int_0^{2\pi}(1 - a^2\cos^2\psi)(-a\sin\psi)\cdot\cos\psi \mathrm{d}\psi$$

$$= 0$$

因 $F_0(a,\psi) = (1 - a^2\cos^2\psi)(-a\sin\psi) = -a\sin\psi + \frac{a^3}{4}(\sin\psi + \sin 3\psi)$

由式(5.54)得

$$u_1(a,\psi) = \frac{a^3}{4}\cdot\frac{1}{1 - 3^2}\sin 3\psi = -\frac{a^3}{32}\sin 3\psi$$

代入式(5.55)中

$$A_2 = 0 - \frac{1}{2\pi}\int_0^{2\pi}\Big[-\frac{a^3}{32}\sin 3\psi(-2a\cos\psi)(-a\sin\psi) + \left(\frac{a}{8}(4 - a^2)\cos\psi - \frac{3a^2}{32}\cos 3\psi\right)(1 - a^2\cos^2\psi)\Big]\sin\psi \mathrm{d}\psi$$

$$= \frac{a^5}{32\pi}\int_0^{2\pi}\sin 3\psi\,\frac{\cos\psi - \cos 3\psi}{4}\mathrm{d}\psi - \frac{3a^5}{64\pi}\int_0^{2\pi}\cos 3\psi\,\frac{\sin\psi + \sin 3\psi}{4}\mathrm{d}\psi$$

$$= 0$$

$$B_2 = -\frac{1}{\pi}\Big[-\frac{1}{8}(4 - a^2)\Big(\frac{1}{\pi} - \frac{3a^2}{8}\Big)\Big] - \frac{1}{2\pi a}\int_0^{2\pi}\Big[-\frac{a^3}{3\pi}\sin 3\psi(-2a\cos\psi)(-a\sin n\psi) + \left(\frac{a}{8}(4 - a^2)\cos\psi - \frac{3a^2}{3\pi}\cos 3\psi\right)(1 - a^2\cos^2\psi)\Big]\cos\psi \mathrm{d}\psi$$

$$= \frac{1}{128}(4 - a^2)(4 - 3a^2) + \frac{a^4}{32\pi}\int_0^{2\pi}\sin 3\psi\cdot\frac{\sin\psi + \sin 3\psi}{4}\mathrm{d}\psi - \frac{1}{16}(4 - a^2)\cdot\pi + \frac{a^2}{16\pi}(4 - a^2)\cdot\frac{3}{4}\pi - \frac{3a^4}{64\pi}\int_0^{2\pi}\cos 3\psi\cdot\frac{3\cos\psi + \cos 3\psi}{4}\mathrm{d}\psi$$

$$= -\frac{1}{256}(32 - 32a^2 + 7a^4)$$

为此,解的二次近似式为

$$x = a\cos\psi - \varepsilon\frac{a^3}{3\pi}\sin 3\psi \tag{2}$$

式中

$$\left.\begin{aligned}\dot{a} &= \frac{\varepsilon}{8}a(4 - a^2)\\ \dot{\psi} &= 1 - \frac{\varepsilon^2}{256}(32 - 32a^2 + 7a^4)\end{aligned}\right\} \tag{3}$$

与例5.5的结果相同,由式(2)第一式可得

$$a(t) = \frac{2}{\sqrt{1 - \left(1 - \frac{4}{a_0^2}\right)\mathrm{e}^{-\varepsilon t}}}$$

式中 $a_0 = a(0)$,当 $t\to\infty$ 时,若 $a_0 \neq 0$,则 $a\to 2$,此时,$\psi = 1 - \frac{\varepsilon^2}{16}$,为此得到

$$x = \pi\cos\left[\left(1-\frac{\varepsilon^2}{16}\right)t+\psi_0\right]-\frac{3}{4}\sin\left[3\left(1-\frac{\varepsilon^2}{16}\right)t+3\psi_0\right]$$

值得注意的是，$a=0$ 或 $\omega=1, a=2$，该系统存在的解为平常解及定常解（极限环），$x=2\cos t$。

3. 谐波平衡法

非线性系统的定常解在一定情况下仍可近似为简谐的，故可以得出一种简易的求解系统周期的方法，这种方法称为谐波平衡法。但对无周期解时此方法就不适用，如对于衰减振动。

设系统的方程为

$$\ddot{x}+\omega_0^2x=f(x,\dot{x}) \tag{5.56}$$

对于自治系统，总可以令 $\dot{x}(0)=0$，可设方程的近似解为

$$x=a\cos\omega t \tag{5.57}$$

设初位相为零。

现将函数 $f$ 展开成傅里叶级数，如

$$\begin{aligned} f(x,\dot{x}) &\approx f(a\cos\omega t,\ -a\omega\sin\omega t) \\ &= a_1(a)\cos\omega t+\beta_1(a)\sin\omega t+\text{高次谐波} \end{aligned} \tag{5.58}$$

式中无常数项，则式(5.55)变为

$$(\omega_0^2-\omega^2)a\cos\omega t=a_1(a)\cos\omega t+\beta_1(a)\sin\omega t+\text{高次谐波} \tag{5.59}$$

上式只有在满足以下条件时成立：

$$\begin{aligned} (\omega_0^2-\omega^2)a &= a_1(0) \\ \beta_1(a) &= 0 \end{aligned} \tag{5.60}$$

由此可定出 $a$ 和 $\omega$。

如果要得到更精确一些的解，可将式(5.56)改为

$$x=a\cos\omega t+\sum_{n=2}^{m}(a_n\cos n\omega t+b_n\sin n\omega t) \tag{5.61}$$

用上述方法，可求出 $a$、$\omega$、$a_2$、$b_2$…、$a_m$、$b_m$。

应该注意：方程(5.55)不一定是拟线性系统，它可以是强非线性系统。

**【例5.7】** 用谐波平衡法求Van der Pol方程。

**【解】** Van der Pol方程为

$$\ddot{x}+\varepsilon(x^2-1)\dot{x}+x=0$$

设近似解 $x=a\cos\omega t$，代入上式得

$$\begin{aligned} (1-\omega^2)a\cos\omega t &= \varepsilon(1-a^2\cos^2\omega t)(-a\omega\sin\omega t) \\ &= \varepsilon a\omega\left(\frac{a^2}{4}-1\right)\sin\omega t+\varepsilon\frac{a^3\omega}{4}\sin 3\omega t \end{aligned}$$

比较上式两边一次谐波的系数

$$(1-\omega^2)a=0$$

$$\varepsilon a\omega\left(\frac{a^2}{4}-1\right)=0$$

故 $a=0$ 或 $\omega=1, a=2$ 即系统有平凡解 $a=0$ 及定常解(极限环)$x=2\cos\omega t$。

4. 多重尺度法

多重尺度法是对自变量采用多种不同变化尺度去进行渐近展开求解,即是用多阶小量表示自变量 $t$ 的方法。

在 L-P 法中 $\tau=\omega t$,现引入 $m+1$ 个不同尺度的时间变量

$$T_m = \varepsilon^m t \quad (m = 0,1,2,3\cdots) \tag{5.62}$$

则解 $x$ 为 $m+1$ 个独立的自变量的函数

$$x(t;\varepsilon) = x(T_0,T_1,T_2,\cdots,T_m;\varepsilon) = \sum_{m=0}^{m-1}\varepsilon^m x_m(T_0,T_1,T_2,\cdots,T_m) + O(\varepsilon^{m+1}) \tag{5.63}$$

式中 $m$ 的大小取决于所求解到哪一阶近似解。若式(5.62)算到 $O(\varepsilon^2)$,则独立的时间变量为 $T_0$ 和 $T_1$。这种引入,使得对于时间 $t$ 的倒数变为对 $T_m$ 的偏导数的展开式,有

$$\frac{\mathrm{d}}{\mathrm{d}t} = \frac{\partial}{\partial T_0}\cdot\frac{\mathrm{d}T_0}{\mathrm{d}t} + \frac{\partial}{\partial T_1}\cdot\frac{\mathrm{d}T_1}{\mathrm{d}t} + \frac{\partial}{\partial T_2}\cdot\frac{\mathrm{d}T_2}{\mathrm{d}t} + \cdots = \frac{\partial}{\partial T_0} + \varepsilon\frac{\partial}{\partial T_1} + \varepsilon^2\frac{\partial}{\partial T_2} + \cdots \tag{5.64}$$

$$\frac{\mathrm{d}^2}{\mathrm{d}t^2} = \frac{\partial^2}{\partial T_0^2} + 2\varepsilon\frac{\partial^2}{\partial T_0\partial T_1} + \varepsilon^2\left(\frac{\partial^2}{\partial T_1^2} + 2\frac{\partial^2}{\partial T_0\partial T_2}\right) + \cdots \tag{5.65}$$

将式(5.62)、式(5.63)和式(5.64)代入自由振动方程,且把所有各项都移到方程的左端,再令 $\varepsilon^0,\varepsilon^1,\varepsilon^2,\cdots,\varepsilon^m$ 的系数等于零,即可得 $x_0,x_1,x_2,\cdots,x_m$ 的方程组。各方程的解中将含有不同尺度的时间变量 $T_0,T_1,T_2,\cdots,T_m$ 的任意函数。这些函数,可利用消除久期项的附加条件来确定,从而求得方程的解。

应注意:此时的微分方程组已由常微分方程组变换成偏微分方程组。

### 5.3.3 非线性振动系统解的一些物理性质

(1)当恢复力为非线性时,如杜芬方程中的恢复力含有 $x^3$ 时,其固有频率是振幅的函数。

图 5.21 表明,在弹簧刚度为硬特性的非线性振动系统中,固有频率随振幅的增加而增大;在弹簧刚度为软特性的非线性振动中,固有频率随振幅的增大而减小。

(2)非线性系统中受干扰力时,其共振曲线与线性系统振动时的共振曲线不同。

图 5.22 中的(a)和(b)分别表示了在简谐干扰力作用下硬弹簧和软弹簧的非线性振动系统的幅频曲线及相频曲线。

① 从图 5.22 可以看出,硬弹簧的非线性系统的共振曲线特征是:共振曲线 $A$ 的头部向右倾斜;软弹簧的非线性系统的共振曲线特征是:共振曲线 $A$ 的头部向左倾。

② 由图 5.22(a)可见,振幅随着频率增大而增加,至最高值时将会出现降幅跳跃,接着振幅将逐渐减小;反之,频率逐渐减小,振幅将渐渐增大,增大到某一点之后,又会出现增幅跳跃,此后振幅逐渐减小。返回的跳跃一般称为滞后现象。

(3)非线性振动系统在多个简谐振动力作用下出现的组合共振,可见 5.3.1 中的例 5.5。

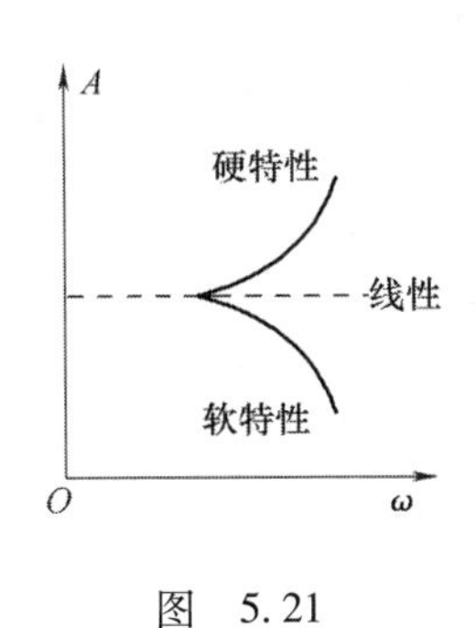


图　5.21

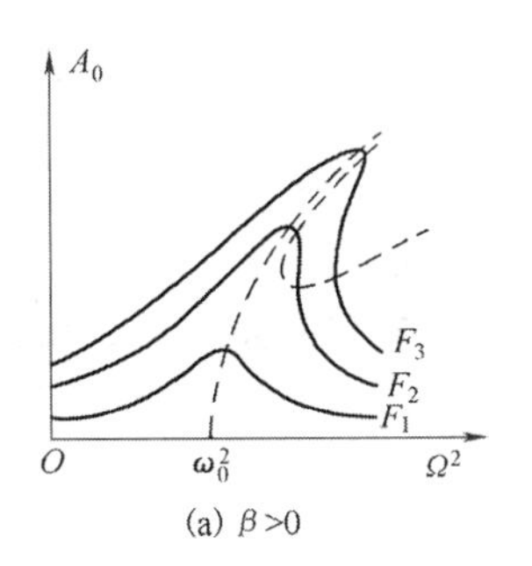


(a) $\beta>0$

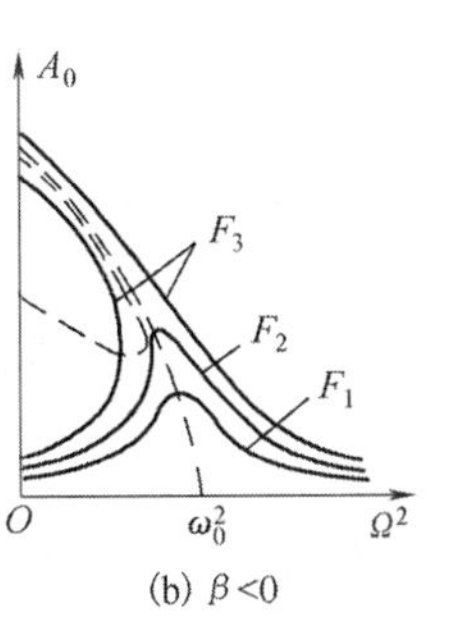


(b) $\beta<0$

图　5.22

## 习　题

5.1　单自由度系统的运动方程为

$$\ddot{x}+3x\dot{x}+x^3=0$$

试分别求以下两种初始情况下系统的响应：(1) $x(0)=1,\dot{x}(0)=0$；(2) $x(0)=-1,\dot{x}(0)=0$。

5.2　单摆的近似非线性方程为

$$\ddot{\theta}+\frac{g}{l}\theta\left(1-\frac{1}{6}\theta^2\right)=0$$

若已知初始条件为 $\theta(0)=\theta_0,\dot{\theta}(0)=0$。试用摄动法求其振动频率和周期的一次近似表达式。

5.3　用谐波平衡法确定非线性系统

$$m\ddot{x}+c\dot{x}+k\left(x+\frac{\varepsilon}{1-x}\right)=F_0\cos\omega t$$

的幅频特性。

5.4　如题5.4图所示，质量为 $m$ 的质量块被刚度系数为 $k_1$、$k_2$ 的弹簧约束。设系统的初始条件为 $x_0=0,\dot{x}_0>0$。试求系统自由振动的频率及一个周期内的位移和速度的时间历程。

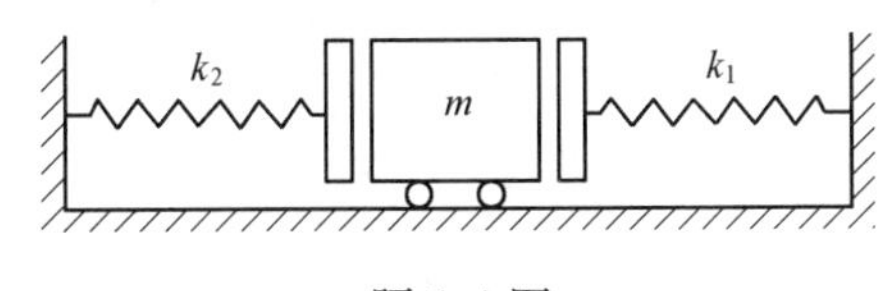


题5.4图

# 6 随机振动基本理论

在大多数振动问题中,我们关心的往往是预测某个系统由已知激励引起的响应。若激励信号是确定性的,即激励信号可以由时间和位置的函数完整描述,则只需已知系统的初始状态,系统的后续特性可以完整预测。但在自然界和工程中,还存在一类振源,如地震、喷气噪声、路面不平度以及地面振动等,它们的共同特征是激励和响应事先不能用时间的确定函数描述。这类振源称为随机振源,或称为随机激励。由随机激励引起的机械或结构的振动,称为随机振动。可利用概率或统计的方法研究随机振动的规律性。

随机振动作为一门学科,目前已在运载工具(车辆、飞行器、船舰等)产品设计、高耸建筑、离岸结构的可靠性设计和强度分析方面得到广泛应用。

在随机振动理论中,激励和响应以随机过程或随机场为其数学模型。本章主要介绍:随机过程的统计特性;线性系统对随机激励的响应;非线性系统的随机响应;工程中几种典型的随机振动问题。

## 6.1 随机过程的统计特性

### 6.1.1 随机过程和随机场的有关概念

随机过程是大量现象的数学抽象,在同样条件下重复同样的试验。例如,在同样道路同样车速条件下进行 $n$ 次车辆道路试验,记录车辆驾驶员座位处振动加速度的时间历程$\ddot{x}_k(t)$($k=1,2,\cdots,n$)。虽然试验人员能控制的因素都保持不变,但由于试验车辆行驶过的路面不平度具有随机性,使得每次测试得到的加速度时间历程都是彼此不同的。每次记录结果都可以看成是一个样本函数。随机过程就是所有样本函数的集合,记作$\ddot{X}(t)$。在任一采样时刻 $t_1$,随机过程的各个样本值都不同,构成一个随机变量$\ddot{X}(t_1)$。

一个随机场 $X(u,t)$ 就是空间坐标与时间的随机多元函数,在空间一个固定点上,它就是一个随机过程。根据空间坐标 $u$ 包含分量的多少,$X(u,t)$ 分别被称为一维、二维和三维随机场。大多数工程上的随机振源都可以模型化为随机场。如当只对道路路面沿纵向作一维测量时,地面的不平度就是二维的随机场;船舶在海上航行时,海面高度可以模型化为一个随时间随机变化的二维随机场;飞机在空中飞行时,大气湍流是飞机的主要随机激振源,它是具有纵向、垂向与侧向三个分量的三维矢量随机场。

随机过程 $X(t)$ 在 $t_1$ 瞬时的集合平均值(或均值或数学期望)可表示为

$$\mu_x(t_1) = E[X(t_1)] = \lim_{n\to\infty}\frac{1}{n}\sum_{k=1}^{n}x_k(t_1) \tag{6.1}$$

式中,$n$ 是样本数目。$X(t)$ 在 $t_1$ 和 $t_1+\tau$ 时刻构成两个随机变量 $X(t_1)$ 和 $X(t_1+\tau)$,对两个随机变量的乘积取集合平均,得

$$R_x(t_1,t_1+\tau)=E[X(t_1)X(t_1+\tau)]=\lim_{n\to\infty}\frac{1}{n}\sum_{k=1}^{n}x_k(t_1)x_k(t_1+\tau) \tag{6.2}$$

式中 $\tau$ 是时间差;$t_1$ 是采样时刻;$R_x(t_1,t_1+\tau)$是随机过程 $X(t)$在 $t_1$ 和 $t_1+\tau$ 两个时刻的自相关函数,它是 $\tau$ 和 $t_1$ 两个参数的函数,所对应的随机过程是非平稳的。

如果随机过程 $X(t)$的均值、自相关函数只与时间差 $\tau$ 有关,而与采样时刻 $t_1$ 无关,则称该随机过程为平稳过程,可以表示为

$$\mu_x(t)=\mu_x(\text{常数}) \tag{6.3}$$

$$R_x(t_1,t_1+\tau)=R_x(\tau) \tag{6.4}$$

也就是说,平稳随机过程的概率与统计特性和时间原点的选取无关。

为了使随机过程与随机场理论能够在工程上得到应用,必须通过大量的测试,并利用得到的数据来估计实际随机过程或随机场的集合平均。当集合为无穷时,实际中所能得到的有限个样本函数一般不足以完成上述统计量的可靠估计。如果平稳随机过程的均值和自相关函数可以用任何一个充分长的样本函数的时间平均值来计算,即过程的集合平均等于其中一个样本函数的时间平均(称各态历经性),用公式表示为

$$\mu_x=\lim_{T\to\infty}\frac{1}{T}\int_{-T/2}^{T/2}x_k(t)\,\mathrm{d}(t) \tag{6.5}$$

$$R_x(\tau)=\lim_{T\to\infty}\frac{1}{T}\int_{-T/2}^{T/2}x_k(t)x_k(t+\tau)\,\mathrm{d}(t) \tag{6.6}$$

则此平稳过程为遍历过程。随机过程的遍历性对于工程计算非常重要。只要根据实测的少量样本函数,就可以估计此随机过程的均值、相关函数及谱密度等统计特性。然而,在实际中要验证各态历经性是十分困难的,只能根据过程的物理性质,先假定其具有各态历经性,待有了足够的实验数据后,再去验证假设的正确性。

### 6.1.2 随机过程和随机场的统计参数

1. 相关函数

自相关函数是描述同一随机变量在不同时刻之间相关程度的统计量,表示为

$$R_x(\tau)=E[X(t)X(t+\tau)] \tag{6.7}$$

自相关函数具有以下性质:

(1)$R_x(\tau)$是偶函数,即存在

$$R_x(\tau)=R_x(-\tau) \tag{6.8}$$

(2)周期函数 $x(t)$的自相关函数 $R_x(\tau)$也是周期函数,并且两者的周期相同。

(3)时差 $\tau$ 为零时随机过程的自相关程度最大,即

$$R_x(\tau)\leqslant R_x(0) \tag{6.9}$$

(4)时差 $\tau$ 愈大,两时刻的随机变量之间的相关性愈差,$R_x(\tau)$也就越小。当随机过程不含有周期分量时,存在如下关系:

$$\lim_{\tau\to\infty}R_x(\tau)=\mu_x^2 \tag{6.10}$$

式中 $\mu_x$ 是随机变量 $x$ 的均值。

(5)非负性。即

$$R_x(\tau)\geqslant 0$$

2. 均方值

$\tau=0$ 时的自相关函数 $R_x(0)$ 称为随机过程的均方值,表示为

$$\psi^2_x = R_x(0) = E[X^2(t)] \tag{6.11}$$

若随机变量 $x(t)$ 表示位移、速度或电流,则均方值相应地与系统的势能、动能或功率成比例。因此可以说均方值是平均能量或功率的一种测度。例如,车辆驾驶员座位处加速度均方值是衡量车辆平顺性能的一个重要指标。均方根值常以 rms 表示。

3. 方差

随机变量 $x(t)$ 的均值 $\mu_x$ 可看作为随机变量的静态成分,而 $x(t)-\mu_x$ 则为变量围绕其均值波动的动态成分,此动态部分的均方值即为方差,表示为

$$\sigma^2_x = E[(X(t)-\mu_x)^2] = \psi^2_x - \mu^2_x \tag{6.12}$$

式中 $\sigma_x$ 称为标准差。当均值 $\mu_x=0$ 时,方差 $\sigma^2_x$ 等于均方值 $\psi^2_x$。

随机变量 $x(t)$ 的自相关函数 $R_x(\tau)$、均方值 $\psi^2_x$ 和方差 $\sigma^2_x$ 等之间的关系如图 6.1 所示。

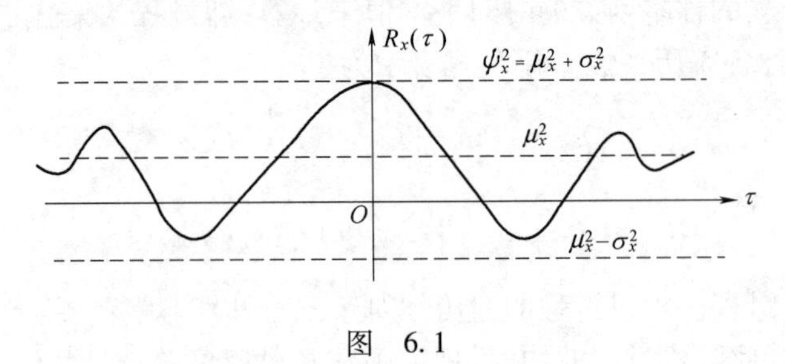


图 6.1

4. 互相关函数

设有两个平稳随机过程 $x(t)$ 和 $y(t)$,它们之间相隔时差 $\tau$ 的相关性由互相关函数描述,表示为

$$R_{xy}(\tau) = E[X(t)Y(t+\tau)] \tag{6.13}$$

和

$$R_{xy}(\tau) = E[Y(t)X(t+\tau)] \tag{6.14}$$

互相关函数具有以下性质:

(1) $R_{xy}(\tau)$ 为非奇、非偶函数,但有 $R_{xy}(\tau)=R_{yx}(-\tau)$。

(2) $|R_{xy}(\tau)|\leqslant\sqrt{R_x(0)R_y(0)}$。

(3) $R_{x\dot{x}}(0)=E[x(t)\dot{x}(t)]=0$。

5. 功率谱密度函数

相关函数反映的是随机过程在时差域内关于幅值的统计信息,而功率谱密度函数反映的是该随机过程在频域内各频率点上关于幅值的统计信息。自功率谱密度函数(简称功率谱或自谱)可由自相关函数作傅里叶变换得到,即

$$S_x(\omega) = \int_{-\infty}^{\infty} R_x(\tau)\mathrm{e}^{-\mathrm{i}\omega\tau}\mathrm{d}\tau \tag{6.15}$$

对自功率谱密度函数作逆的傅里叶变换,得到自相关函数

$$R_x(\tau) = \frac{1}{2\pi}\int_{-\infty}^{\infty} S_x(\omega)\mathrm{e}^{-\mathrm{i}\omega\tau}\mathrm{d}\omega \tag{6.16}$$

式(6.15)存在的条件为 $R_x(\tau)$ 绝对可积,即满足下列条件(由于自相关函数的衰减性,下式条件自然满足):

$$\int_{-\infty}^{\infty} \left| R_x(\tau) \right| d\tau < \infty \tag{6.17}$$

但要注意的是，随机过程 $x(t)$ 本身并不满足绝对可积条件，因此不能直接对它进行傅里叶变换。

令式(6.16)中 $\tau=0$，得到均方值的另一种形式为

$$\psi_x^2 = R_x(0) = \frac{1}{2\pi}\int_{-\infty}^{\infty} S_x(\omega)\,d\omega \tag{6.18}$$

可见 $S_x(\omega)$ 表示随机过程 $x(t)$ 的均方值在频域内的分布密度，也称均方谱密度。在电工学中，如果 $x(t)$ 是作用在一个单位电阻上的电压信号，那么 $x^2(t)$ 则是瞬时功率信号，而平均功率为

$$\overline{W} = \lim_{T\to\infty}\frac{1}{T}\int_{-T/2}^{T/2} x^2(t)\,dt = R_x(0) \tag{6.19}$$

式(6.18)和式(6.19)反映出 $S_x(\omega)d\omega$ 对于平均功率 $\overline{W}$ 的贡献。因此 $S_x(\omega)$ 被称为功率谱。又由于频率域内落在 $\omega \sim \omega + d\omega$ 的窄带上的平均功率正比于 $S_x(\omega)d\omega$，因此 $S_x(\omega)$ 又被称为功率谱密度。

由前面分析可知，$S_x(\omega)$ 表示功率在各角频率上的分布密度。根据物理意义可知

$$S_x(\omega) \geqslant 0 \tag{6.20}$$

由于 $R_x(\tau)$ 为偶函数，式(6.15)可写成如下形式：

$$S_x(\omega) = \int_{-\infty}^{\infty} R_x(\tau)(\cos\omega t - i\sin\omega t)\,d\tau = 2\int_{-\infty}^{\infty} R_x(\tau)\cos\omega\tau\,d\tau \tag{6.21}$$

故 $S_x(\omega)$ 也是偶函数。此时，式(6.16)可写成

$$R_x(\tau) = \frac{1}{\pi}\int_{-\infty}^{\infty} S_x(\omega)\cos\omega t\,d\omega \tag{6.22}$$

谱密度函数 $S_x(\omega)$ 的定义域为 $-\infty < \omega < \infty$，故称为双边谱密度。工程上常用的是单边谱密度 $G_x(\omega)$，它与双边功率谱密度存在如下关系：$G_x(\omega) = 2S_x(\omega)$，$0 \leqslant \omega < \infty$。工程上还常以 $f = \omega/2\pi$ 表示频率，此时存在如下关系：

$$G_x(f) = 2S_x(f) = 4\pi S_x(\omega) \quad (0 \leqslant f < \infty) \tag{6.23}$$

$$S_x(f) = \int_{-\infty}^{\infty} R_x(\tau)e^{-i2\pi f\tau}\,d\tau \tag{6.24}$$

$$R_x(\tau) = \int_{-\infty}^{\infty} S_x(f)e^{i2\pi f\tau}\,df \tag{6.25}$$

由于

$$R_{\dot{x}}(\tau) = -\frac{d^2}{d\tau^2}R_x(\tau) = \int_{-\infty}^{\infty} \omega^2 S_x(\omega)e^{i\omega\tau}\,d\omega \tag{6.26}$$

故

$$S_{\dot{x}}(\omega) = \omega^2 S_x(\omega) \tag{6.27}$$

同理

$$S_{\ddot{x}}(\omega) = \omega^4 S_x(\omega) \tag{6.28}$$

对互相关函数作傅里叶变换，可以得到互功率谱密度函数，简称互谱。

$$S_{xy}(\omega) = \int_{-\infty}^{\infty} R_{xy}(\tau)e^{-i\omega\tau}\,d\tau \tag{6.29}$$

而

$$R_{xy}(\tau) = \frac{1}{2\pi}\int_{-\infty}^{\infty} R_{xy}(\omega)e^{i\omega\tau}\,d\omega \tag{6.30}$$

互功率谱密度函数没有自谱那样的明显物理意义，但在工程上可利用互谱的相位信息进

行参数识别和结构、机械的故障诊断。互谱的相位为

$$\varphi = \arctan\frac{Im[S_{xy}(\omega)]}{Re[S_{xy}(\omega)]} \tag{6.31}$$

互谱具有以下性质:

(1)$S_{xy}(\omega)$是复函数,其虚部不等于零。

(2)$S_{xy}(\omega)=S_{yx}(-\omega)=S^*_{yx}(\omega)$。

(3)$|S_{xy}(\omega)|^2\leqslant S_x(\omega)S_y(\omega)$。

若任意两个平稳随机过程$x(t)$和$y(t)$的自功率谱密度都不为零,且不含$\delta$函数,则可以定义一个相干函数

$$\gamma^2_{xy}=\frac{|S_{xy}(\omega)|^2}{S_x(\omega)S_y(\omega)} \tag{6.32}$$

上式反映的是随机过程$x(t)$和$y(t)$之间在频域中的相关性,且存在$0\leqslant\gamma^2_{xy}\leqslant 1$。

### 6.1.3 几种典型的随机过程

根据功率谱密度分布的不同频率范围,可将随机过程区分为窄带过程、宽带过程和白噪声。

1. 窄带随机过程

窄带随机过程在时差域内的振幅是逐渐衰减的,且其自谱表示的信号能量集中在一个很窄的频率范围内,如图6.2(a)所示。

2. 宽带随机过程

如图6.2(b)所示,其样本函数包含更多的频率成分,显示其随机性、不确定性。

3. 理想白噪声

如图6.2(c)所示,白噪声样本函数随时间变化剧烈,包含最大的频率成分。白噪声是均值为零、谱密度为非零常数$S_0$的平稳随机过程。它的相关函数为

$$R_x(\tau)=2\pi S_0\delta(\tau) \tag{6.33}$$

白噪声在任意两个时刻之间都不相关,其方差或均方值

$$\psi^2_x=R_x(0)=2\pi S_0(0)=\infty \tag{6.34}$$

白噪声的功率也为无穷大。

满足上述条件的白噪声称为理想白噪声。但在工程上是不存在的,常见的是限带白噪声,可用公式表示为

$$S(\omega)=\begin{cases}S_0, & |\omega|\leqslant\omega_c\\ 0, & |\omega|>\omega_c\end{cases} \tag{6.35}$$

式中$\omega_c$称为截止频率。相应的相关函数为

$$R(\tau)=2S_0\frac{\sin\omega_c\tau}{\tau} \tag{6.36}$$

### 6.1.4 随机过程的概率描述

随机过程的概率描述是以振动量的幅值为横坐标来描述振动的特征,其主要特征参数有累积概率分布函数、概率密度函数、联合概率分布函数和联合概率密度函数。

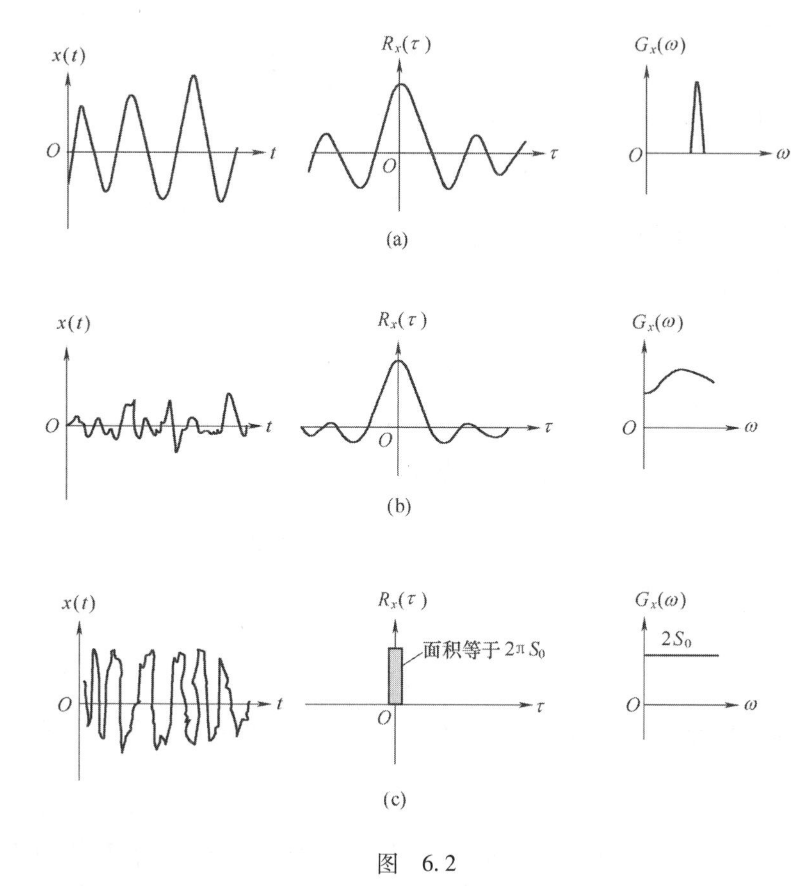


图 6.2

1. 累积概率分布函数

随机变量不大于某个特定值的概率为

$$P_{\mathrm{r}}[X(t) \leqslant x] \tag{6.37}$$

当 $x$ 值变化时,可得到累积概率分布函数(简称概率分布函数)为

$$P(x) = P_{\mathrm{r}}[X(t) \leqslant x] \tag{6.38}$$

$P(x)$是单调升函数,具有以下性质:

(1)$P(-\infty)=0$,$P(\infty)=1$。

(2) $0 \leqslant P(x) \leqslant 1$。

对于各态历经的随机过程,$P(x)$可任选一个样本函数,按式(6.39)计算

$$P(x) = \lim_{T \to \infty} \frac{\sum_{i}^{n} \Delta t_i}{T} \tag{6.39}$$

式中,$T$ 为波形的采样时间,$\Delta t_i(i=1,2,\cdots)$是 $x(t)$的幅值小于 $x$ 的各段时间。

2. 概率密度函数

随机变量 $x(t)$在给定幅值上的分布密度称为概率密度函数,记作 $p(x)$。它可由分布函数 $P(x)$求导得到:

$$p(x) = \lim_{T \to \infty} \frac{P(x+\Delta x) - P(x)}{\Delta x} = \frac{\mathrm{d}P(x)}{\mathrm{d}x} \tag{6.40}$$

$x(t)$的值在 $x_1$ 和 $x_2$ 之间的概率可用概率密度函数表示为

$$P_r(x_1 < x < x_2) = \int_{x_1}^{x_2} p(x)\mathrm{d}x \tag{6.41}$$

故概率分布函数也可表示为

$$P(x) = \int_{-\infty}^{x} p(x)\mathrm{d}x \tag{6.42}$$

概率密度函数具有下列性质:

(1)$p(x) \geqslant 0$。

(2)$\lim\limits_{x \to \pm\infty} p(x) = 0$。

(3)在幅域上,曲线所覆盖的面积等于1,即

$$\int_{-\infty}^{x} p(x)\mathrm{d}x = 1 \tag{6.43}$$

概率密度函数与均值、方差和均方值的关系如下:

$$\mu_x = E[x] = \int_{-\infty}^{\infty} xp(x)\mathrm{d}x \tag{6.44}$$

$$\psi_x^2 = \int_{-\infty}^{\infty} x^2 p(x)\mathrm{d}x \tag{6.45}$$

$$\sigma_x^2 = \int_{-\infty}^{\infty} (x - \mu_x)^2 p(x)\mathrm{d}x = \psi_x^2 - \mu_x^2 \tag{6.46}$$

许多实际问题的概率密度函数均可认为是正态分布(或称高斯分布)的,即

$$p(x) = \frac{1}{\sqrt{2\pi}\sigma_x} \mathrm{e}^{-\frac{(x-\mu_x)^2}{2\sigma_x^2}} \tag{6.47}$$

在图6.3中,$p(x)$尽管要在$(-\infty,\infty)$区间上积分才能等于1,但在均值的邻域内的积分等于0.997,已接近于1。因此,工程上经常把符合正态分布的随机变量的取值范围定为$\mu_x \pm 3\sigma_x$。

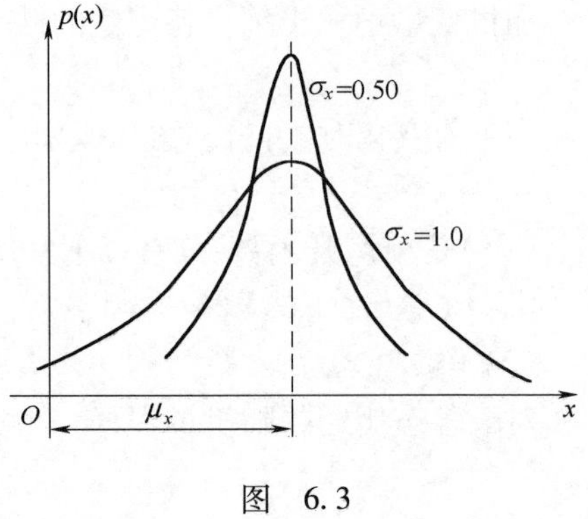

图 6.3

许多自然现象如海浪、路面不平度等都可以用正态过程近似的描述。正态过程最重要的特点是经过线性运算后仍为正态过程。

3. 联合概率分布函数和联合概率密度函数

随机变量$x(t)$和$y(t)$同时落在区域$(-\infty, x)$和$(-\infty, y)$内的概率,可用公式表示为

$$P(x,y) = P_r[X(t) \leqslant x, Y(t) \leqslant y] \tag{6.48}$$

称为二维联合概率分布函数,它具有若干与一维联合概率分布函数类似的性质。

二维联合概率分布函数的二阶偏导数称为联合概率密度函数,用公式表示为

$$p(x,y) = \frac{\partial^2 P}{\partial x \partial y} \tag{6.49}$$

联合概率密度函数具有以下性质:

(1)$p(x,y) \geqslant 0$。

(2)$\int_{-\infty}^{\infty}\int_{-\infty}^{\infty} p(x,y)\mathrm{d}x\mathrm{d}y = 1$ 。

(3) $p(x)=\int_{-\infty}^{\infty}p(x,y)\mathrm{d}y$, $p(y)=\int_{-\infty}^{\infty}p(x,y)\mathrm{d}x$。

若 $p(x,y)=p(x)p(y)$,则称 $x(t)$ 和 $y(t)$ 统计独立。

对$[(x-\mu_x)(y-\mu_y)]$取数学期望,其期望值称为 $x$ 和 $y$ 之间的协方差,用公式表示为

$$\begin{aligned}C_{xy}&=E[(x-\mu_x)(y-\mu_y)]\\&=\int_{-\infty}^{\infty}\int_{-\infty}^{\infty}(x-\mu_x)(y-\mu_y)p(x,y)\mathrm{d}x\mathrm{d}y=E(xy)-\mu_x\mu_y\end{aligned}\tag{6.50}$$

$x$ 和 $y$ 之间的相关程度可由相关系数表示,用公式表示为

$$\rho_{xy}=\frac{C_{xy}}{\sigma_x\sigma_y}\tag{6.51}$$

如果 $x$ 和 $y$ 之间不相关,则 $\rho_{xy}=0$。

两个随机变量 $x$ 和 $y$ 之间的联合正态概率密度函数为

$$p(x,y)=\frac{1}{2\pi\sigma_x\sigma_y\sqrt{1-\rho_{xy}^2}}\mathrm{e}^{-\frac{1}{2\sqrt{1-\rho_{xy}^2}}\left[\left(\frac{x-\mu_x}{\sigma_x}\right)^2-2\rho_{xy}\left(\frac{x-\mu_x}{\sigma_x}\right)\left(\frac{x-\mu_y}{\sigma_y}\right)+\left(\frac{x-\mu_y}{\sigma_y}\right)^2\right]}\tag{6.52}$$

若相关函数 $\rho_{xy}=0$,则

$$p(x,y)=\frac{1}{\sqrt{2\pi}\sigma_x}\mathrm{e}^{-\frac{1}{2}\left(\frac{x-\mu_x}{\sigma_x}\right)^2}\cdot\frac{1}{\sqrt{2\pi}\sigma_y}\mathrm{e}^{-\frac{1}{2}\left(\frac{y-\mu_y}{\sigma_y}\right)^2}=p(x)p(y)\tag{6.53}$$

## 6.2　线性系统对随机激励的响应

### 6.2.1　单自由度线性系统随机振动问题

设单自由度的弹簧—质量—阻尼系统受到随机力 $f(t)$ 作用,其属于平稳随机过程。该系统的振动方程为

$$m\ddot{x}+c\dot{x}+kx=f(t)\tag{6.54}$$

系统的响应可由杜哈美积分公式求出

$$x(t)=\int_0^t f(\tau)h(t-\tau)\mathrm{d}\tau=\int_0^t f(t-\tau)h(\tau)\mathrm{d}\tau\tag{6.55}$$

其中 $h(t)$ 是脉冲响应函数,可表示为

$$h(t)=\frac{1}{m\omega\sqrt{1-\zeta^2}}\mathrm{e}^{-\zeta\omega t}\sin\omega\sqrt{1-\zeta^2t}\tag{6.56}$$

在不影响求解的情况下,把式(6.55)的积分上下限扩展为$(-\infty,\infty)$,则式(6.55)变为

$$x(t)=\int_{-\infty}^{\infty}f(\tau)h(t-\tau)\mathrm{d}\tau=\int_{-\infty}^{\infty}f(t-\tau)h(\tau)\mathrm{d}\tau\tag{6.57}$$

若激励 $f(t)$ 为平稳随机过程,则响应也是平稳随机过程。很显然,如果激励 $f(t)$ 为正态过程,则响应也是正态过程。

1. 响应的均值

对式(6.57)取数学期望,得到

$$\mu_x=E[x(t)]=E\left[\int_{-\infty}^{\infty}f(t-\tau)h(\tau)\mathrm{d}\tau\right]=\int_{-\infty}^{\infty}E[f(t-\tau)]h(\tau)\mathrm{d}\tau\tag{6.58}$$

由于激励 $f(t)$ 为平稳随机过程,故存在

$$E[f(t-\tau)] = E[f(t)] = \mu f \tag{6.59}$$

把上式代入式(6.58),得

$$\mu_x = \mu f\int_{-\infty}^{\infty} h(\tau)\mathrm{d}\tau \tag{6.60}$$

由于频响函数与脉冲函数之间存在如下关系:

$$H(\omega) = \int_{-\infty}^{\infty} h(\tau)\mathrm{e}^{-\mathrm{i}\omega\tau}\mathrm{d}\tau \tag{6.61}$$

对上式设 $\omega=0$,得

$$H(0) = \int_{-\infty}^{\infty} h(\tau)\mathrm{d}\tau \tag{6.62}$$

把上式再代入式(6.60),得到响应的均值与激励的均值之间的关系为

$$\mu_x = \mu f H(0) \tag{6.63}$$

很显然,当激励的均值为零时,响应的均值也为零。

2. 响应的相关函数

$$\begin{aligned} R_x(\tau) &= E[x(t)x(t+\tau)] \\ &= E\left[\int_{-\infty}^{\infty} f(t-\lambda_1)h(\lambda_1)\mathrm{d}\lambda_1\int_{-\infty}^{\infty} f(t+\tau-\lambda_2)h(\lambda_2)\mathrm{d}\lambda_2\right] \\ &= \int_{-\infty}^{\infty}\int_{-\infty}^{\infty} h(\lambda_1)h(\lambda_2)E[f(t-\lambda_1)f(t+\tau-\lambda_2)]\mathrm{d}\lambda_1\mathrm{d}\lambda_2 \\ &= \int_{-\infty}^{\infty} h(\lambda_1)\int_{-\infty}^{\infty} R_f(\tau+\lambda_1-\lambda_2)h(\lambda_2)\mathrm{d}\lambda_1\mathrm{d}\lambda_2 \end{aligned} \tag{6.64}$$

3. 激励与响应的互相关函数

$$\begin{aligned} R_{fx}(\tau) &= E[f(t)x(t+\tau)] = E\left[f(t)\int_{-\infty}^{\infty} f(t+\tau-\lambda)h(\lambda)\mathrm{d}\lambda\right] \\ &= \int_{-\infty}^{\infty} E[f(t)f(t+\tau-\lambda)]h(\lambda)\mathrm{d}\lambda = \int_{-\infty}^{\infty} R_f(\tau-\lambda)h(\lambda)\mathrm{d}\lambda \end{aligned} \tag{6.65}$$

即激励与响应的互相关函数等于激励的自相关与系统脉冲响应函数的卷积积分。

当激励为理想白噪声时,根据式(6.33),有 $R_f(\tau)=2\pi S_0\delta(\tau)$,代入式(6.65)得到激励与响应的互相关函数为

$$R_{fx}(\tau) = 2\pi S_0 h(\tau) \tag{6.66}$$

4. 响应的自功率谱密度函数

$$\begin{aligned} S_x(\omega) &= \int_{-\infty}^{\infty} R_x(\tau)\mathrm{e}^{-\mathrm{i}\omega\tau}\mathrm{d}\tau \\ &= \int_{-\infty}^{\infty}\left[\int_{-\infty}^{\infty}\int_{-\infty}^{\infty} h(\lambda_1)h(\lambda_2)R_f(\tau+\lambda_1-\lambda_2)\mathrm{d}\lambda_1\mathrm{d}\lambda_2\right]\mathrm{e}^{-\mathrm{i}\omega\tau}\mathrm{d}\tau \\ &= \int_{-\infty}^{\infty} h(\lambda_1)\mathrm{e}^{-\mathrm{i}\omega\lambda_1}\mathrm{d}\lambda_1\cdot\left[\int_{-\infty}^{\infty} R_f(\tau+\lambda_1-\lambda_2)\mathrm{e}^{-\mathrm{i}\omega(\tau+\lambda_1-\lambda_2)}\mathrm{d}\tau\right]\int_{-\infty}^{\infty} h(\lambda_2)\mathrm{e}^{-\mathrm{i}\omega\lambda_2}\mathrm{d}\lambda_2 \\ &= H(-\omega)S_f(\omega)H(\omega) = |H(\omega)|^2 S_f(\omega) \end{aligned} \tag{6.67}$$

5. 响应的均方值

$$\psi_x^2 = R_x(0) = \frac{1}{2\pi}\int_{-\infty}^{\infty} S_x(\omega)\mathrm{d}\omega = \frac{1}{2\pi}\int_{-\infty}^{\infty} |H(\omega)|^2 S_f(\omega)\mathrm{d}\omega \tag{6.68}$$

当激励为理想白噪声时,$S_f(\omega)=S_0$,代入式(6.68)得

$$\psi_x^2 = R_x(0) = \frac{S_0}{2\pi}\int_{-\infty}^{\infty} |H(\omega)|^2 d\omega \tag{6.69}$$

其中积分 $\int_{-\infty}^{\infty} |H(\omega)|^2 d\omega$ 可查积分公式得到。

6. 激励与响应的互谱

对式(6.65)进行傅里叶变换,可得到

$$\begin{aligned} S_{fx}(\omega) &= \int_{-\infty}^{\infty} R_{fx}(\tau) e^{-i\omega\tau} d\tau = \int_{-\infty}^{\infty}\int_{-\infty}^{\infty} R_f(\tau-\lambda) h(\lambda) d\lambda e^{-i\omega\tau} d\tau \\ &= \int_{-\infty}^{\infty} R_f(\tau-\lambda) e^{-i\omega(\tau-\lambda)} d(\tau-\lambda) \int_{-\infty}^{\infty} h(\lambda) e^{-i\omega\lambda} d\lambda \\ &= S_f(\omega) H(\omega) \end{aligned} \tag{6.70}$$

7. 激励与响应的谱相干函数(或凝聚函数)

$$\gamma_{fx}(\omega) = \frac{|S_{fx}(\omega)|^2}{S_f(\omega) S_x(\omega)} \tag{6.71}$$

对于线性系统,上式变为

$$\gamma_{fx}(\omega) = \frac{|H(\omega) S_f(\omega)|^2}{S_f(\omega) S_x(\omega)} = \frac{|H(\omega) S_f(\omega)|^2}{S_f(\omega)\ |H(\omega)|^2 S_f(\omega)} = 1$$

如果相干系数(或凝聚系数)不等于1,则说明该系统要么是非线性,要么测试过程存在噪声。

**【例 6.1】** 考虑一阶微分方程

$$\dot{x}(t) + a\,\dot{x}(t) = f(t)$$

其中 $f(t)$ 是数学期望为零,相关函数 $R_f(\tau) = 2\pi\phi_0\delta(\tau)$ 为白噪声过程,求响应的功率谱和方差。

**【解】** 系统的频响函数为

$$H(\omega) = \frac{1}{i\omega + a}$$

又

$$S_f(\omega) = \int_{-\infty}^{\infty} 2\pi\phi_0\delta(\tau) e^{-i\omega\tau} d\tau = 2\pi\phi_0$$

则响应的功率谱为

$$S_x(\omega) = |H(\omega)|^2 S_f(\omega) = \frac{2\pi\phi_0}{\omega^2 + a^2}$$

响应的方差为

$$\sigma_x^2 = R_x(0) = \frac{1}{2\pi}\int_{-\infty}^{\infty} S_x(\omega) d\omega = \phi_0\int_{-\infty}^{\infty} \frac{1}{\omega^2 + a^2} d\omega = \frac{\pi\phi_0}{a}$$

### 6.2.2　多自由度线性系统随机振动问题

对于多自由度线性系统随机振动问题,用矩阵表示的输入与输出之间的关系和单输入与单输出之间的关系相似。

1. 脉冲响应矩阵和幅频响应矩阵

设系统的自由度为 $n$,系统受到 $m$ 个平稳随机激励($m \leqslant n$)。系统的脉冲响应矩阵和幅频响应矩阵可表示为 $h(t)=[h_{ij}(t)]_{n\times m}$，$H(\omega)=[H_{ij}(\omega)]_{n\times m}$。工程上常用实验方法测量得到 $h(t)$ 和 $H(\omega)$。

2. 响应的相关矩阵

设激励力列阵和响应列阵分别为 $f(t)=[f_j(t)]_{m\times l}$ 和 $x(t)=[x_i(t)]_{n\times l}$，响应的相关函数为

$$R_{x_kx_l}(\tau)=E[x_k(t)x_l(t+\tau)] \quad (k,l=1,2,\cdots,n) \tag{6.72}$$

以 $R_{x_kx_l}(\tau)$ 为元素构成 $n\times n$ 阶响应的相关矩阵，即

$$\begin{aligned}R_{xx}(\tau)&=E[x(t)x^{\mathrm T}(t+\tau)]\\&=E\left[\int_{-\infty}^{\infty}f(t-\lambda_1)h(\lambda_1)\mathrm d\lambda_1\int_{-\infty}^{\infty}f^{\mathrm T}(t+\tau-\lambda_2)h^{\mathrm T}(\lambda_2)\mathrm d\lambda_2\right]\\&=\int_{-\infty}^{\infty}\int_{-\infty}^{\infty}h(\lambda_1)h^{\mathrm T}(\lambda_2)E\left[f(t-\lambda_1)f^{\mathrm T}(t+\tau-\lambda_2)\right]\mathrm d\lambda_1\mathrm d\lambda_2\\&=\int_{-\infty}^{\infty}h(\lambda_1)\int_{-\infty}^{\infty}R_{ff}(\tau+\lambda_1-\lambda_2)h^{\mathrm T}(\lambda_2)\mathrm d\lambda_1\mathrm d\lambda_2\end{aligned} \tag{6.73}$$

3. 响应的功率谱密度函数

对响应的相关矩阵作傅里叶变换，可得到功率谱密度矩阵为

$$\begin{aligned}S_{xx}(\omega)&=\int_{-\infty}^{\infty}R_{xx}(\tau)\mathrm e^{-\mathrm i\omega\tau}\mathrm d\tau\\&=\int_{-\infty}^{\infty}\left[\int_{-\infty}^{\infty}\int_{-\infty}^{\infty}h(\lambda_1)R_{ff}(\tau+\lambda_1-\lambda_2)h^{\mathrm T}(\lambda_2)\mathrm d\lambda_1\mathrm d\lambda_2\right]\mathrm e^{-\mathrm i\omega\tau}\mathrm d\tau\\&=\int_{-\infty}^{\infty}h(\lambda_1)\mathrm e^{-\mathrm i\omega\lambda_1}\mathrm d\lambda_1\cdot\left[\int_{-\infty}^{\infty}R_{ff}(\tau+\lambda_1-\lambda_2)\mathrm e^{-\mathrm i\omega(\tau+\lambda_1-\lambda_2)}\mathrm d\tau\right]\int_{-\infty}^{\infty}h(\lambda_2)\mathrm e^{-\mathrm i\omega\lambda_2}\mathrm d\lambda_2\\&=H(-\omega)S_{ff}(\omega)H^{\mathrm T}(\omega)\end{aligned} \tag{6.74}$$

4. 激励与响应的互相关矩阵

$$\begin{aligned}R_{fx}(\tau)&=E[x(t)x^{\mathrm T}(t+\tau)]=E\left[f(t)\int_{-\infty}^{\infty}f^{\mathrm T}(t+\tau-\lambda)h^{\mathrm T}(\lambda)\mathrm d\lambda\right]\\&=\int_{-\infty}^{\infty}E[f(t)f^{\mathrm T}(t+\tau-\lambda)h^{\mathrm T}(\lambda)\mathrm d\lambda]=\int_{-\infty}^{\infty}R_{ff}(\tau-\lambda)h^{\mathrm T}(\lambda)\mathrm d\lambda\end{aligned} \tag{6.75}$$

5. 激励与响应的互谱密度矩阵

$$\begin{aligned}S_{fx}(\omega)&=\int_{-\infty}^{\infty}R_{fx}(\tau)\mathrm e^{-\mathrm i\omega\tau}\mathrm d\tau=\int_{-\infty}^{\infty}\int_{-\infty}^{\infty}R_{ff}(\tau-\lambda)h^{\mathrm T}(\lambda)\mathrm e^{-\mathrm i\omega\tau}\mathrm d\lambda\mathrm d\tau\\&=\int_{-\infty}^{\infty}R_{ff}(\tau-\lambda)\mathrm e^{-\mathrm i\omega(\tau-\lambda)}\mathrm d(\tau-\lambda)\int_{-\infty}^{\infty}h^{\mathrm T}(\lambda)\mathrm e^{-\mathrm i\omega\lambda}\mathrm d\lambda\\&=S_{ff}(\omega)H^{\mathrm T}(\omega)\end{aligned} \tag{6.76}$$

**【例6.2】** 如图6.4所示为一个动力吸振器的简化模型，其主系统由质量块 $m_1$ 与弹簧 $k_1$ 组成，次系统由质量块 $m_2$、弹簧 $k_2$ 及阻尼器 $c$ 组成。已知作用在主质量上的干扰力 $f_1(t)$ 是均值为零的白噪声。试求主质量块 $m_1$ 振动位移响应的均方值。

**【解】** 选取质量块 $m_1$ 和 $m_2$ 的静平衡位置作为坐标原点，建立如图6.4所示的坐标系。由牛顿运动定律，得到系统的运动微分方程为

$$\begin{cases} m_1 \ddot{x}_1 + c\dot{x}_1 - c\dot{x}_2 + (k_1 + k_2)x_1 - k_2 x_2 = f_1(t) \\ m_2 \ddot{x}_2 - c\dot{x}_1 + c\dot{x}_2 - k_2 x_1 + k_2 x_2 = 0 \end{cases} \tag{a}$$

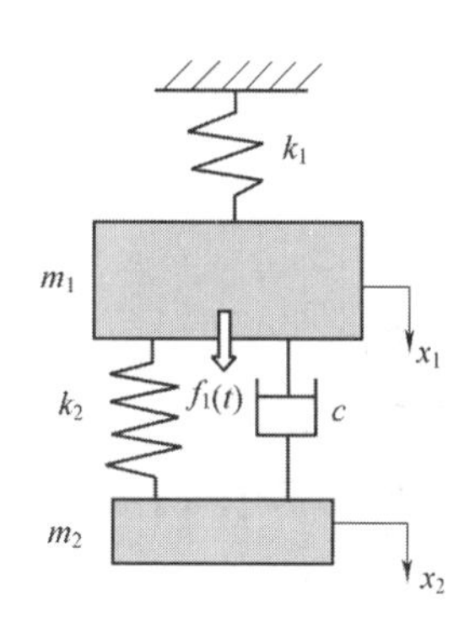


图 6.4

为了求得响应的均方值，需先求出系统的频响函数。令

$$f_1(t) = \mathrm{e}^{\mathrm{i}\omega t}, \quad f_2(t) = 0 \tag{b}$$

对应的，$x_1(t) = H_{11}(\omega)\mathrm{e}^{\mathrm{i}\omega t}$， $x_2(t) = H_{21}(\omega)\mathrm{e}^{\mathrm{i}\omega t}$ (c)

把式(b)和式(c)代入式(a)，得到关于 $H_{11}$ 和 $H_{12}$ 的二元一次线性方程组

$$\begin{cases} (-m_1\omega^2 + k_1 + k_2 + \mathrm{i}c\omega)H_{11} - (k_2 + \mathrm{i}c\omega)H_{21} = 1 \\ -(k_2 + \mathrm{i}c\omega)H_{11} + (-m_2\omega^2 + \mathrm{i}c\omega + k_2)H_{21} = 0 \end{cases} \tag{d}$$

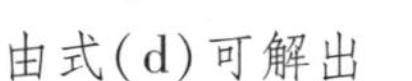
由式(d)可解出

$$H_{11} = \frac{-m_2\omega^2 + k_2 + \mathrm{i}c\omega}{\Delta} \tag{e}$$

式中 $\Delta = m_1 m_2 \omega^4 - \mathrm{i}c\omega^3(m_1 + m_2) - \omega^2(m_1 k_2 + m_2 k_1 + m_2 k_2) + \mathrm{i}ck_1\omega + k_1 k_2$。振动位移响应 $x_1(t)$ 的功率谱密度函数为

$$S_{x_1}(\omega) = |H_{11}(\omega)|^2 S_f(\omega) = S_0 |H_{11}(\omega)|^2 \tag{f}$$

振动位移响应 $x_1(t)$ 的均方值为

$$\begin{aligned} \psi_{x_1}^2 &= R_{x_1}(0) = \frac{1}{2\pi}\int_{-\infty}^{\infty} S_{x_1}(\omega)\mathrm{d}\omega = \frac{S_0}{2\pi}\int_{-\infty}^{\infty} |H(\omega)|^2 \mathrm{d}\omega \\ &= \frac{S_0}{4\mu\zeta\rho\omega_1^3 m_1^2}\left[(1 + \mu^2)\rho^4 + 4(1 + \mu)\zeta^2\rho^2 - 2(1 + \mu)\rho^2 + 1\right] \end{aligned} \tag{6.77}$$

式中

$$\omega_1 = \sqrt{\frac{k_1}{m_1}}, \quad \omega_2 = \sqrt{\frac{k_2}{m_2}}, \quad \rho = \frac{\omega_1}{\omega_2}, \quad \zeta = \frac{c}{2\sqrt{m_2 k_2}}, \quad \mu = \frac{m_2}{m_1}$$

### 6.2.3 连续体的线性系统随机振动

离散系统和连续系统具有相似的动态性质，这两种系统的随机振动可以采用类似的方程进行处理。现采用模态分析方法求解连续体线性系统的随机振动响应问题。

梁的横向随机振动偏微分方程为

$$EI\frac{\partial^4 y(x,t)}{\partial x^4} + \rho l\frac{\partial^2 y(x,t)}{\partial x^2} + c\frac{\partial y(x,t)}{\partial x} = f(x,t) \tag{6.78}$$

式中分布力 $f(x,t)$ 为平稳随机过程。

假设梁的振型函数 $\varphi_i(i = 1,2,\cdots)$ 关于阻尼也存在正交性

$$\int_0^l c\varphi_i(x)\varphi_j(x)\mathrm{d}x = 2\zeta_i\omega_i\delta_{ij}, \quad \begin{cases} i = j\text{时}，\delta_{ij} = 1 \\ i \neq j\text{时}，\delta_{ij} = 0 \end{cases} \tag{6.79}$$

利用模态变换

$$y(x,t) = \sum_{i=1}^{\infty}\varphi_i(x)q_i(t) \tag{6.80}$$

将方程(6.78)解耦,有

$$\ddot{q}_i(t)+2\zeta_i\omega_i\dot{q}_i(t)+\omega_i^2q_i(t)=Q_i(t)\quad(i=1,2,\cdots)\tag{6.81}$$

其中广义力

$$Q_i(t)=\int_0^l\varphi_i(x)f(x,t)\mathrm{d}x\tag{6.82}$$

利用杜哈美积分公式求出方程(6.81)的解,并计算平稳随机响应过程 $q_i(t)$ 和 $q_j(t)$ 之间的互相关函数为

$$\begin{aligned}R_{q_iq_j}(\tau)&=E\Big[\int_{-\infty}^{\infty}Q_i(t-\lambda_i)h_i(\lambda_i)\mathrm{d}\lambda_i\int_{-\infty}^{\infty}Q_j(t+\tau-\lambda_j)h_j(\lambda_j)\mathrm{d}\lambda_j\Big]\\&=\int_{-\infty}^{\infty}h_i(\lambda_i)\int_{-\infty}^{\infty}R_{Q_iQ_j}(t+\lambda_i-\lambda_j)h_j(\lambda_j)\mathrm{d}\lambda_i\mathrm{d}\lambda_j\\&=\frac{1}{2\pi}\int_{-\infty}^{\infty}\int_{-\infty}^{\infty}h_i(\lambda_i)h_j(\lambda_j)\int_{-\infty}^{\infty}S_{Q_iQ_j}(\omega)\mathrm{e}^{\mathrm{i}\omega(\tau+\lambda_i-\lambda_j)}\mathrm{d}\omega\mathrm{d}\lambda_i\mathrm{d}\lambda_j\\&=\frac{1}{2\pi}\int_{-\infty}^{\infty}H_i^*(\omega)H_j(\omega)H_j(\omega)S_{Q_iQ_j}(\omega)\mathrm{e}^{\mathrm{i}\omega\tau}\mathrm{d}\omega\end{aligned}\tag{6.83}$$

$q_i(t)$ 和 $q_j(t)$ 之间的互功率谱密度函数为

$$S_{q_iq_j}(\omega)=H_i^*(\omega)H_j(\omega)H_j(\omega)S_{Q_iQ_j}(\omega)\tag{6.84}$$

利用式(6.80)和式(6.83),计算梁上任意两个位置 $x_1$ 和 $x_2$ 处的平稳响应过程 $y(x_1,t)$ 和 $y(x_2,t)$ 之间的互相关函数为

$$\begin{aligned}R_y(x_1,x_2,\tau)&=E[y(x_1,t)y(x_2,t+\tau)]=\sum_{i=1}^{\infty}\sum_{j=1}^{\infty}\phi_i(x_1)\phi_j(x_2)R_{q_iq_j}(\tau)\\&=\frac{1}{2\pi}\sum_{i=1}^{\infty}\sum_{j=1}^{\infty}\phi_i(x_1)\phi_j(x_2)\int_{-\infty}^{\infty}H_i^*(\omega)S_{Q_iQ_j}(\omega)\mathrm{e}^{\mathrm{i}\omega\tau}\mathrm{d}\omega\end{aligned}\tag{6.85}$$

令上式中的 $x_1=x_2$,可以得到响应的自相关函数。令 $\tau=0$,可得到响应的均方值。

对式(6.85)进行傅里叶变换,可得到任意两个位置 $x_1$ 和 $x_2$ 处的平稳响应过程 $y(x_1,t)$ 和 $y(x_2,t)$ 之间的互功率谱密度函数为

$$S_y(x_1,x_2,\omega)=\sum_{i=1}^{\infty}\sum_{j=1}^{\infty}\phi_i(x_1)\phi_j(x_2)H_i^*(\omega)H_j(\omega)S_{Q_iQ_j}(\omega)\tag{6.86}$$

由式(6.82),得 $Q_i$ 和 $Q_j$ 之间的互相关函数为

$$\begin{aligned}R_{Q_iQ_j}(\tau)&=\int_0^l\int_0^l\phi_i(x_1)\phi_j(x_2)R_f(x_1,x_2,\tau)\mathrm{d}x_1\mathrm{d}x_2\\&=\frac{1}{2\pi}\int_0^l\int_0^l\phi_i(x_1)\phi_j(x_2)\int_{-\infty}^{\infty}S_f(x_1,x_2,\omega)\mathrm{e}^{\mathrm{i}\omega\tau}\mathrm{d}\omega\mathrm{d}x_1\mathrm{d}x_2\end{aligned}\tag{6.87}$$

对式(6.87)进行傅里叶变换,得 $Q_i$ 和 $Q_j$ 之间的互功率谱密度函数为

$$S_{Q_iQ_j}(\omega)=\int_0^l\int_0^l\phi_i(x_1)\phi_j(x_2)S_f(x_1,x_2,\omega)\mathrm{d}x_1\mathrm{d}x_2\tag{6.88}$$

其中 $S_f(x_1,x_2,\omega)$ 为梁上载荷 $f(x_1,t)$ 和 $f(x_2,t)$ 之间的互功率谱密度函数。

## 6.3 非线性系统随机振动

非线性随机振动具有以下特点:①叠加原理不再成立,以叠加原理为基础的杜哈美积分不

适用;②由杜哈美积分导出的激励与响应之间的互相关函数不再存在;③ $S_{yy}(\omega) \neq |H(\omega)|^2 S_{ff}(\omega)$;④由于正态过程的线性叠加才能得到正态过程,因此对于非线性系统,正态激励得到的响应将不是正态的。

因此,以相关理论和傅里叶变换为核心的随机振动理论已不再适用。非线性随机振动的求解比确定性非线性振动更为困难,只能采用特殊问题特殊处理的方法。在实际使用中多采用近似计算方法,如等效线性化方法、摄动法(小参数法)、FPK 法(马尔可夫法)、随机数字模拟法和直接数值积分解法等。下面简单介绍工程中常用的等效线性化方法。

等效线性化方法也称统计线性化方法,是工程上应用最广泛的近似解析方法。其基本思想是用线性系统代替原非线性系统,使两种动力学方程的差别在某种统计意义上最小。

设单自由度非线性系统随机激励下的振动方程为

$$m\ddot{x} + c\dot{x} + kx + g(x,\dot{x}) = f(t) \tag{6.89}$$

式中 $g(x,\dot{x})$ 为非线性项,如非线性的恢复力或阻尼力。

建立与非线性系统(6.89)等效的线性化方程为

$$m\ddot{x} + c_e\dot{x} + k_e x = f(t) \tag{6.90}$$

式中 $c_e$ 和 $k_e$ 分别为等效黏阻系数和等效刚度系数。为了求出 $c_e$ 和 $k_e$,需要计算式(6.89)和式(6.90)的差,即

$$e(x,\dot{x}) = (c - c_e)\dot{x} + (k - k_e)x + g(x,\dot{x}) \tag{6.91}$$

$e(x,\dot{x})$ 作为 $x$ 和 $\dot{x}$ 的函数,也是一个随机过程。选择 $c_e$ 和 $k_e$,使 $e(x,\dot{x})$ 的均方值最小,即

$$\frac{\partial E[e^2]}{\partial c_e} = 0, \quad \frac{\partial E[e^2]}{\partial k_e} = 0 \tag{6.92}$$

将式(6.91)代入式(6.92),得

$$\begin{aligned} &(c - c_e)E[\dot{x}^2] + (k - k_e)E[x\dot{x}] + E[\dot{x}g(x,\dot{x})] = 0 \\ &(c - c_e)E[x\dot{x}] + (k - k_e)E[x^2] + E[xg(x,\dot{x})] = 0 \end{aligned} \tag{6.93}$$

从中解出

$$\left.\begin{aligned} c_e &= c + \frac{E[x^2]E[\dot{x}g(x,\dot{x})] - E[x\dot{x}]E[xg(x,\dot{x})]}{E[\dot{x}^2]E[x^2] - (E[x,\dot{x}])^2} \\ k_e &= k + \frac{E[\dot{x}^2]E[xg(x,\dot{x})] - E[x\dot{x}]E[\dot{x}g(x,\dot{x})]}{E[\dot{x}^2]E[x^2] - (E[x,\dot{x}])^2} \end{aligned}\right\} \tag{6.94}$$

当随机响应 $x$ 和 $\dot{x}$ 为非平稳随机过程时,式(6.94)的计算是非常烦琐的。若激励为平稳随机过程,且响应也已达到平稳状态,则由平稳随机过程互相关函数性质可得到如下关系:

$$E[x\dot{x}] = 0 \tag{6.95}$$

则式(6.94)可进一步简化为

$$c_e = c + \frac{E[\dot{x}g(x,\dot{x})]}{E(\dot{x}^2)}, \quad k_e = k + \frac{E[xg(x,\dot{x})]}{E(x^2)} \tag{6.96}$$

式(6.96)中的统计量$E(x^2)$和$E(\dot{x}^2)$可由方程(6.94)求出随机响应$x$和$\dot{x}$后计算得出,但该方程也已包含待求系数$c_e$和$k_e$。故需要经过多次迭代,并在迭代过程中得到合适的等效黏阻系数和等效刚度系数,从而完成求解工作。

对于弱非线性系统,若随机激励为正态分布,则可近似假设响应过程$x(t)$仍为正态。此时$x$和$\dot{x}$的联合概率密度函数可以根据式(6.52)得

$$p(x,\dot{x}) = p(x)p(\dot{x}) = \frac{1}{2\pi\sigma_x\sigma_y}e^{-\frac{1}{2}\left(\frac{x^2}{\sigma_x^2}+\frac{\dot{x}^2}{\sigma_{\dot{x}}^2}\right)} \tag{6.97}$$

而随机变量$x$和$\dot{x}$的实连续函数$\dot{x}g(x,\dot{x})$和$xg(x,\dot{x})$的数学期望或均值可表示为

$$E[\dot{x}g(x,\dot{x})] = \int_{-\infty}^{\infty}\int_{-\infty}^{\infty}\dot{x}g(x,\dot{x})p(x,\dot{x})\mathrm{d}x\mathrm{d}\dot{x} \tag{6.98}$$

$$E[xg(x,\dot{x})] = \int_{-\infty}^{\infty}\int_{-\infty}^{\infty}xg(x,\dot{x})p(x,\dot{x})\mathrm{d}x\mathrm{d}\dot{x} \tag{6.99}$$

以上计算工作完成后,就可以利用式(6.96)计算$c_e$和$k_e$。最后计算随机变量$x$和$\dot{x}$的均方值,它们的计算如下:

$$\psi_x^2 = E[x^2] = \frac{1}{2\pi}\int_{-\infty}^{\infty}\frac{S_f(\omega)}{(k_e - m\omega^2)^2 + c_e^2\omega}\mathrm{d}\omega \tag{6.100}$$

$$\psi_{\dot{x}}^2 = E[\dot{x}^2] = \frac{1}{2\pi}\int_{-\infty}^{\infty}\frac{S_f(\omega)}{(k_e - m\omega^2)^2 + c_e^2\omega}\mathrm{d}\omega \tag{6.101}$$

## 6.4 工程中的随机振动问题

### 6.4.1 车辆的随机振动问题

道路的不平度给行驶中的车辆车轮一定的位移和速度扰动,这种随机激励引起的车辆悬挂系统和整车的振动,由此可能带来乘客的不舒适及车辆结构的疲劳破坏等问题。目前已研究建立1/4车、1/2车和整车等多种力学模型来研究车辆的随机振动问题。

图6.5是汽车的1/4车辆的线性振动力学模型,主要用于研究车辆的垂直振动,其振动方程为

$$\begin{cases} m_1\ddot{x}_1 + c(\dot{x}_1 - \dot{x}_2) + k_1(x_1 - x_2) = 0 \\ m_2\ddot{x}_2 + c(\dot{x}_2 - \dot{x}_1) + k_1(x_2 - x_1) + k_2(x_2 - q) = 0 \end{cases} \tag{6.102}$$

上式可简化为

$$\begin{cases} m_1\ddot{x}_1 + c\dot{x}_1 - c\dot{x}_2 + k_1x_1 - k_1x_2 = 0 \\ m_2\ddot{x}_2 + c\dot{x}_2 - c\dot{x}_1 - k_1x_1 + (k_1 + k_2)x_2 = k_2q \end{cases} \tag{6.103}$$

式中$q$是路面不平度位移,是时间$t$的函数;$\dot{q}$是路面不平度速度,它们都是随机过程。

实际测量表明,路面沿纵向路程$s$的不平度$h(s)$是一维局部均匀的、具有零均值的、遍历的高斯随机场,可用波数谱密度描述。随机场与随机过程名称的不同是由于将时间变量$t$改为空间坐标$s$,时间频率$\omega = 2\pi/T$也改为波数$k = 2\pi/\lambda$,即以波长$\lambda$代替周期$T$。相应的,平

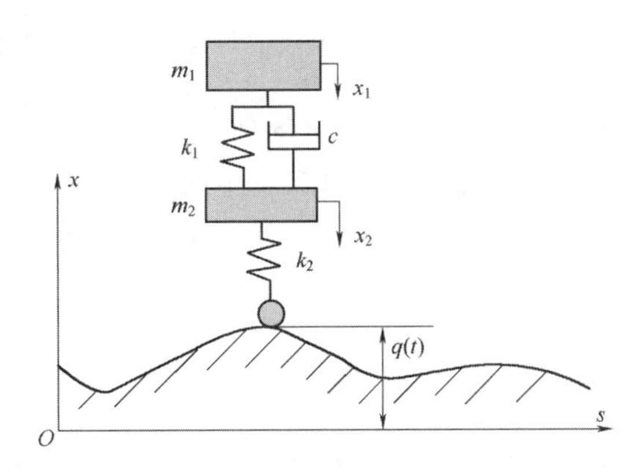


图 6.5

稳随机过程改称为均匀随机场。设 $\xi$ 为路程差，则路面不平度相对空间 $s$ 的自相关函数和功率谱密度定义为

$$R_h(\zeta) = E[h(s)h(s+\zeta)] \tag{6.104}$$

$$S_h(\zeta) = \int_{-\infty}^{\infty} R_h(\zeta) \mathrm{e}^{-\mathrm{i}k\zeta} \mathrm{d}\zeta \tag{6.105}$$

当车辆以匀速 $v$ 行驶时，空间 $s$ 与时间 $t$ 之间有如下转换关系：

$$s = vt, \quad \zeta = v\tau, \quad \lambda = vT, \quad k = \omega/v \tag{6.106}$$

将随机场 $h(s)$ 转换为随机过程 $q(t)=h(vt)$ 时，其自相关函数完全相同，即

$$R_q(\tau) = R_h(\zeta) \tag{6.107}$$

随机场与随机过程的功率谱关系如下：

$$S_q(\omega) = \int_{-\infty}^{\infty} R_q(\tau) \mathrm{e}^{-\mathrm{i}\omega\tau} \mathrm{d}\tau = \frac{1}{v}\int_{-\infty}^{\infty} R_h(\tau) \mathrm{e}^{-\mathrm{i}k\zeta} \mathrm{d}\zeta = \frac{1}{v} S_h(k) \tag{6.108}$$

式中 $S_h(k)$ 是路面波数功率谱密度函数。到目前为止，已提出多种不同形式的功率谱密度函数，常用的计算路面波数功率谱密度函数经验公式为

$$S_h(k) = \alpha k^{-n} \tag{6.109}$$

式中 $n=1.5\sim2$，系数 $\alpha$ 根据不同等级路面不平度来取值。如果把式(6.106)中的 $k$ 代入上式，则可得到路面不平度的自功率谱密度函数为

$$S_q(\omega) = \alpha v^{n-1} \omega^{-n} \tag{6.110}$$

如果要同时考虑车辆的垂直振动和俯仰振动，则要建立车辆的半车振动力学模型，这是一种两自由度系统的随机振动问题，应分别考虑车辆前后轮承受地面的激励。因方程中的相关矩阵较大，这儿不再讨论。

### 6.4.2 地震载荷作用下的结构振动问题

对于许多地面建筑物，如核反应堆、水坝、桥梁及高架公路等设施来说，一个主要的设计载荷就是可能发生的地震载荷。地震波传至地表时产生铅垂方向和两个水平方向（前后、左右）的运动。水平运动对结果的破坏作用尤为巨大。

地震有初振、强振和衰减三个阶段，是明显的不平稳随机过程。对于此随机振动问题，工程上有两种处理方法：一种为确定性方法，即采用尽可能接近一次强地震加速度 $\ddot{x}_g$ 的记

录作为输入,计算结构的响应。例如,一个被工程界广泛应用的地震记录是 1940 年 5 月 18 日发生在美国加州的强震引起的地面在南北方向上的水平加速度。但这种方法不能保证另一次地震能得到同样的结果。另一种为随机振动方法,即探讨地震随机过程的一般规律,地震的强运动阶段很少超过 30 s,故强震阶段的地面运动水平分量常被看作为零均值平稳高斯随机过程。一个被广泛采用的地面运动加速度谱密度是 Kanai - Tajimi 模型,其加速度功率谱密度为

$$S_{\ddot{x}_g}(\omega)=\frac{[1+4\zeta_g^2(\omega/\omega_g)^2]S_0}{[1-(\omega/\omega_g)^2]^2+4\zeta_g^2(\omega/\omega_g)^2},\quad \omega>0 \tag{6.111}$$

式中 $\omega_g$ 为地面运动的显著频率;$\zeta_g$ 为当量地面阻尼。$\omega_g$ 和 $\zeta_g$ 取决于从震源到地面的地层性质。对于坚硬地层:$\omega_g=4\pi,\zeta_g=0.6$。$S_0$ 是地面运动强度的度量,其与最大地面运动加速度 $a_{\max}$之间存在一定的关系。

如果要考虑地震过程的非平稳性,也可利用 $S_{\ddot{x}_g}(\omega)$ 与确定的时间函数相乘,所得的谱密度称为渐进谱密度。

对于具有很大基础的结构和大跨度多支撑结构,比较合理的做法是把地震时的地面运动模型化为随机场,用空间—频率互谱密度函数来描述。

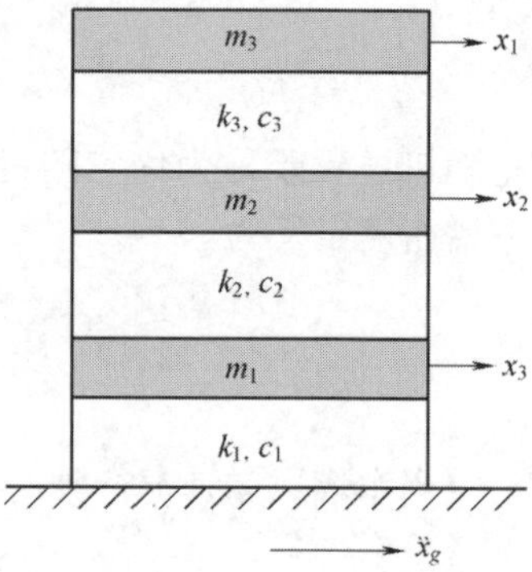

图 6.6

图 6.6 是一个三层楼房建筑的水平振动力学模型,如果只考虑地震时地面一个方向的振动加速度$\ddot{x}_g$,则该楼房的振动微分方程为

$$\begin{cases}m_1\ddot{x}_1+c_1(\dot{x}_1-\dot{x}_2)+k_1(x_1-x_2)=-m_1\ddot{x}_g\\ m_2\ddot{x}_2-c_1\dot{x}_1+(c_1+c_2)\dot{x}_2-c_2\dot{x}x_3-k_1x_1+(k_1+k_2)x_2-k_2x_3=-m_2\ddot{x}_g\\ m_3\ddot{x}_3-c_2\dot{x}_2+(c_2+c_3)\dot{x}_3-k_2x_2+(k_2+k_3)x_3=-m_3\ddot{x}_g\end{cases} \tag{6.112}$$

对于式(6.122)可采用 6.2 节介绍的方法求响应的统计参数。

### 6.4.3 风载荷作用下的结构振动问题

风载荷是塔架、烟囱等高层建筑和港口起重机、大跨度桥梁等结构的重要设计载荷。在结构上作用的风载荷可分为定常部分和脉动部分随机载荷。刚度较大的结构只需将定常部分作为静载荷考虑;对于柔度愈来愈大的高层结构,则必须同时考虑定常部分和脉动部分。工程上可以根据脉动风的随机性特点,采用时域内的随机模拟方法,将风载荷模拟成时间的函数作用于结构各质点,在时间域内直接求解运动微分方程以求得结构的响应。

大跨度轻型悬索桥或斜拉桥在风载荷激励下振动时,一般需要解决两方面的问题,其一是随机风载下结构的动力响应和疲劳问题;其二是桥梁的稳定性问题。对于飞机,高空大气湍流产生的突发风载荷是其重要的设计载荷,这是一种随机载荷。飞机在严重的湍流中可能造成超载而破坏。

针对上述问题,尽管已有一些分析计算方法,但是目前由于风的统计特性并不十分清楚,计算的可靠度也很难把握,所以一般重要工程结构都要通过风洞试验来获得必要的数据。通

过试验对于结构的抗风性态也可以获得较为直观的认识。

关于风对结构的作用及其诱发的结构响应，可按图 6.7 所示框图考虑。

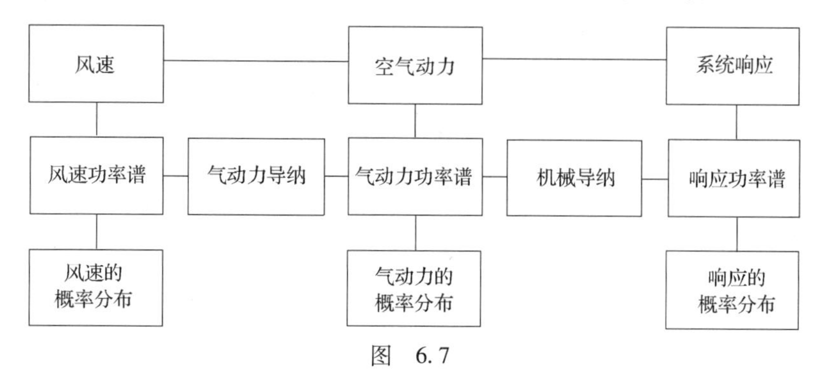


图 6.7

## 习 题

6.1 已知平稳随机过程 $x(t)$ 的谱密度为

$$S_x(\omega)=\frac{\omega^2}{\omega^4+3\omega^2+2}$$

求 $x(t)$ 的均方值。

6.2 证明互谱密度与自谱密度之间有如下不等式关系：

$$|S_{xy}(\omega)|^2\leqslant S_x(\omega)S_y(\omega)$$

6.3 在题 6.3 图所示振动系统中，已知 $a$、$b$、$m$、$k$、$c$ 等参数，不计杆的质量，若 $AB$ 杆端点受到的激励力谱密度 $S_f(\omega)=S_0$，试求集中质量 $m$ 的位移响应谱密度和均方值。

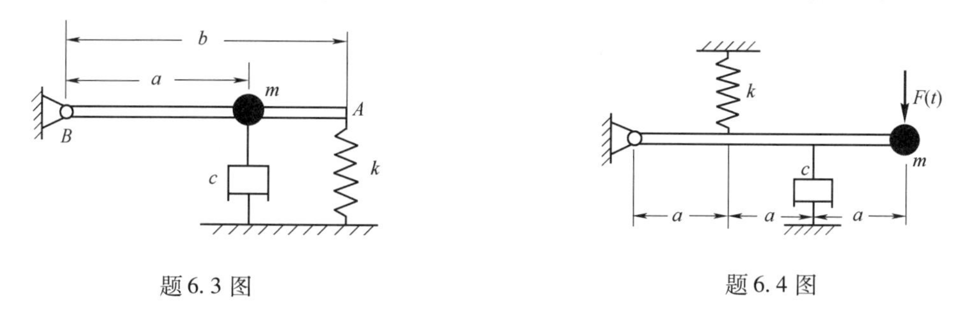


题 6.3 图　　题 6.4 图

6.4 在题 6.4 图所示振动系统中，已知 $a$、$m$、$k$、$c$ 等参数，不计杆的质量。若作用在质量块上的激励力的功率谱密度函数为

$$S_F(\omega)=\frac{S_0\omega_0^2}{\omega^2+\omega_0^2}$$

试计算质量块位移的均方值。

6.5 在题 6.5 图所示的弹簧 $k$—阻尼 $c$ 系统中（忽略活塞质量），弹簧端点的位移输入 $x(t)$ 的功率谱密度是理想的白噪声 $S_x(\omega)=S_0$。求活塞右端输出的功率谱密度、自相关函数和均方值。

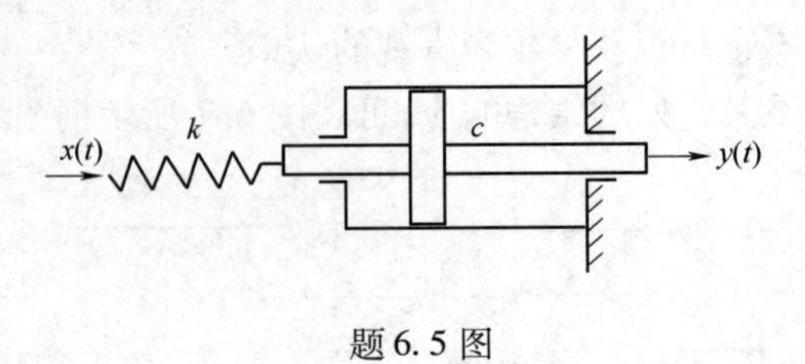


题 6.5 图

# 7 工程中的振动问题

振动问题已经成为机械传动、土木工程结构、车辆工程等工程技术领域内普遍需要认真研究和解决的重要课题。由于计算机性能的提高、有限元软件的推广、先进的振动测试和分析技术的出现,许多复杂的实际振动问题得以很好解决。本章主要介绍调质阻尼器对桥梁竖向共振的抑制作用,移动荷载作用下连续梁的动态响应分析,一对边简支另一对边自由的矩形薄板的振动分析,混凝土搅拌棒振动的动力特性分析,桥梁下部结构的加固与振动分析等问题的建模及分析过程。

## 7.1 调质阻尼器对桥梁竖向共振的抑制作用[24][25]

调质阻尼器(TMD)属于被动控制的一种,几十年来在土木、机械、航空等工程领域得到了广泛应用。近年来,我国铁路不断提速,当列车经过中小跨度桥梁时,在较高速度范围内桥梁可能发生共振,且其挠度可能会达到《铁路桥梁检定规范》的限值,从而危及行车安全及影响旅客的乘坐舒适性。因此,有必要对已有桥梁的振动控制技术进行深入研究。

现讨论三个内容:①在模拟轨道不平顺的情况下,建立车—桥—TMD 动力系统振动方程,对桥梁实行 TMD 控制,研究基于 Den Hartog 最佳参数调整下的 TMD 控制,讨论列车过桥时桥梁的最大挠度随列车速度的变化规律。②分析不同质量比(TMD 与桥梁的质量比)下 TMD 控制的效果影响曲线,提出中小跨度桥梁 TMD 的建议最佳质量比,同时讨论 TMD 对车辆运行平稳性的控制作用。③研究在桥上均匀安装 MTMD 后桥梁的挠度响应,并与 STMD 控制效果进行比较。

### 7.1.1 系统建模

1. 轨道不平顺的模拟

这里根据美国六级线路轨道高低不平顺功率谱进行轨道不平顺的模拟,其数学表达式为

$$S_v(\Omega)=\frac{kA_v\Omega_c^2}{\Omega^2(\Omega^2+\Omega_c^2)}\quad \text{cm}^2/(\text{rad/m}) \tag{7.1}$$

式中 $S_v(\Omega)$——功率谱密度;

$\Omega$——空间频率;

$A_v$——粗糙度常数,$A_v=0.033\ 9\ \text{cm}^2\text{rad/m}$;

$\Omega_c$——截断频率,$\Omega_c=0.824\ 5\ \text{rad/m}$;

$k$——系数,一般取 0.25。取空间波长为 0.5 ~ 50 m,模拟得到的轨道不平顺样本如图 7.1 所示。

2. 车辆模型

将车辆简化为如图 7.2 所示的二系弹簧悬挂模型,并假设车体和转向架为刚体,主要考虑车体的沉浮运动、点头运动和转向架的沉浮运动。

图 7.2 中,$a$ 为两台转向架重心之间的距离,$d$ 为前后两节车厢相邻轮对之间的距离。$m_c$ 为

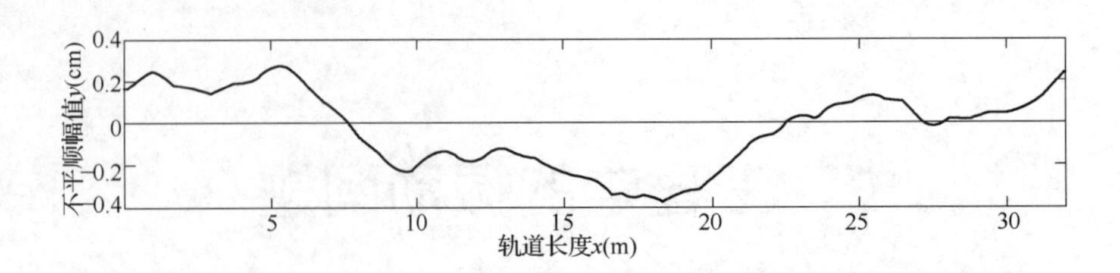


图 7.1

车体质量,$J_c$ 为车体的点头刚度,$m_t$ 为构架质量与轮对质量之和,$k_{s_1}$ 为一系垂向刚度,$c_{s_1}$ 为一系垂向阻尼,$k_{s_2}$ 为二系垂向刚度,$c_{s_2}$ 为二系垂向阻尼。$y_c$ 为车体重心处的竖向位移,$\phi$ 为车体重心处的转角,$y_t$ 为转向架重心处的竖向位移。设 $l_i$ 为第 $i$ 个轮对与第一个轮对之间的距离。

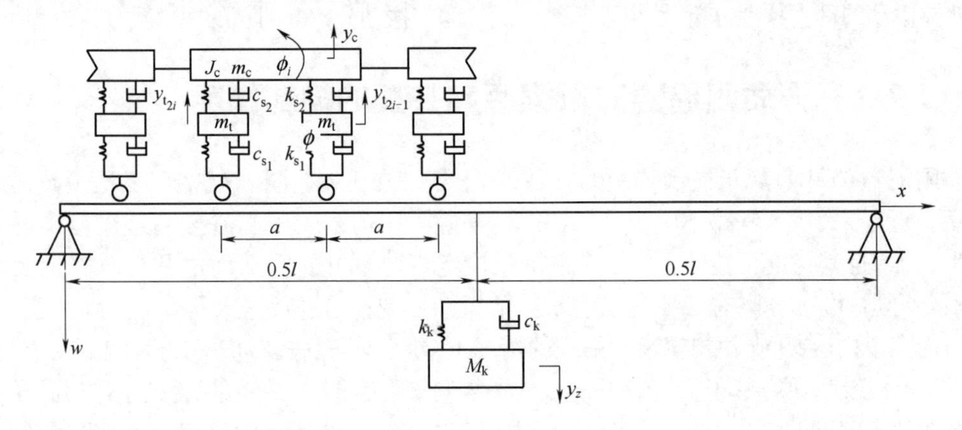


图 7.2

分析第 $i$ 节车厢的运动:

(1)车体沉浮运动方程为

$$m_c \ddot{y}_{c_i} + k_{s_2}\left(y_{c_i} - y_{t_{2i-1}} + \frac{a}{2}\phi_i\right) + c_{s_2}\left(y_{s_i} - \dot{y}_{t_{2i-1}} + \frac{a}{2}\dot{\phi}_i\right) +$$

$$k_{s_2}\left(y_{c_i} - y_{t_{2i}} - \frac{a}{2}\phi_i\right) + c_{s_2}\left(\dot{y}_{c_i} - \dot{y}_{t_{2i}} - \frac{a}{2}\dot{\phi}_i\right) = 0 \tag{7.2}$$

(2)车体点头运动方程为

$$J_c \ddot{\phi}_i + k_{s_2}\left(y_{c_i} - y_{t_{2i-1}} + \frac{a}{2}\phi_i\right)\frac{a}{2} + c_{s_2}\left(\dot{y}_{c_i} - \dot{y}_{t_{2i-1}} + \frac{a}{2}\dot{\phi}_i\right)\frac{a}{2} -$$

$$k_{s_2}\left(y_{c_i} - y_{t_{2i}} - \frac{a}{2}\phi_i\right)\frac{a}{2} - c_{s_2}\left(\dot{y}_{c_i} - \dot{y}_{t_{2i}} - \frac{a}{2}\dot{\phi}_i\right)\frac{a}{2} = 0 \tag{7.3}$$

(3)构架沉浮运动方程为

$$m_t \ddot{y}_{t_{2i-1}} + k_{s_1}\left(y_{t_{2i-1}} + w'\Big|_{x=vt-l_{2i-1}}\right) + c_{s_1}\left(\dot{y}_{t_{2i-1}} + \dot{w}'\Big|_{x=vt-l_{2i-1}}\right) -$$

$$k_{s_2}\left(y_{c_{2i}} - y_{t_{2i-1}} + \frac{a}{2}\phi_i\right) - c_{s_2}\left(\dot{y}_{c_{2i}} - \dot{y}_{t_{2i-1}} + \frac{a}{2}\dot{\phi}_i\right) = 0 \tag{7.4}$$

$$m_t \ddot{y}_{t_{2i}} + k_{s_1}\left(y_{t_{2i}} + w'\Big|_{x=vt-l_{2i}}\right) + c_{s_1}\left(\dot{y}_{t_{2i}} + \dot{w}'\Big|_{x=vt-l_{2i}}\right) -$$

$$k_{s_2}\left(y_{c_{2i}} - y_{t_{2i}} - \frac{a}{2}\phi_i\right) - c_{s_2}\left(\dot{y}_{c_{2i}} - \dot{y}_{t_{2i}} - \frac{a}{2}\dot{\phi}_i\right) = 0 \tag{7.5}$$

其中
$$w' = w + y$$

对车厢整体进行分析,可得

$$p_{2i-1} = (m_t + \frac{m_c}{2})g + m_t \ddot{y}_{t_{2i-1}} + \frac{m_c}{2}\ddot{y}_{c_i} + \frac{J_c}{a}\ddot{\phi}_i \tag{7.6}$$

$$p_{2i} = (m_t + \frac{m_c}{2})g + m_t \ddot{y}_{t_{2i}} + \frac{m_c}{2}\ddot{y}_{c_i} - \frac{J_c}{a}\ddot{\phi}_i \tag{7.7}$$

3. 桥梁的振动方程

由于列车过桥时整个桥梁的最大值总是发生在跨中位置,故这里的讨论主要考虑在桥梁跨中设置 TMD 时的减振效果。

设 TMD 的质量为 $M_k$,弹簧刚度为 $k_k$,阻尼系数为 $c_k$,振动位移为 $y_z$,则 TMD 的运动方程为

$$M_k \ddot{y}_z + k_k\left(y_z - w\Big|_{x=\frac{l}{2}}\right) + c_k\left(\dot{y}_z - \dot{w}\Big|_{x=\frac{l}{2}}\right) = 0 \tag{7.8}$$

对于如图 7.2 所示的简支梁,在不考虑桥梁阻尼时,桥梁的振动方程可表示为

$$EI\frac{\partial^4 w}{\partial x^4} + \rho A\frac{\partial^2 w}{\partial t^2} = F(x,t) \tag{7.9}$$

利用变量分离法,设 $w(x,t) = \sum_n x_n(x)T_n(t)$,其中 $X_n(x) = \sin(n\pi x/l)$ 为简支梁自由振动时的振型函数,$T_n(t)$ 为所求的形态振幅函数。根据振型正交性整理有

$$\ddot{T}_n(t) + \omega_n^2 T_n(t) = \sum \frac{2p_i}{ml}\delta_i(t)\sin\frac{n\pi(vt - l_i)}{l} + \frac{2M_k(g - \ddot{y}_z)}{ml}\sin\frac{n\pi}{2} \tag{7.10}$$

其中
$$\delta_i(t) = \begin{cases} 1, \frac{l_i}{v} \leqslant t \leqslant \frac{L + l_i}{v} \\ 0, \text{其他} \end{cases}$$

### 7.1.2 算例分析

考虑中小跨度桥梁,以邯长线长沟桥为例。车辆模型参数采用德国 ICE 高速动车和拖车的参数,列车编组为前后 2 节动车和中间 4 节拖车。

TMD 采用 Den Hartog 最佳参数,参数设计定义如下:

$$\begin{cases} \mu = \frac{m_z}{ml} \\ \omega_z = \frac{\omega_n}{1+\mu} \\ \left(\frac{c_z}{c_c}\right)^2 = \frac{3\mu}{8(1+\mu)^3} \\ c_c = 2m_z\omega_n \end{cases}$$

式中 $c_z$ 和 $c_c$ 分别为 TMD 的阻尼系数和临界阻尼系数,TMD 阻尼系数值对结构动力响应的影响要比结构本身阻尼对动力响应的影响大。

采用无条件稳定的 Newmark 法,取桥梁的前 5 阶振型,利用 MATLAB 语言编程计算出列车通过桥梁任意时刻桥梁的动态响应。

根据 Den Hartog 最佳参数调整下的 TMD 控制，取 TMD 与桥梁的质量比 $\mu$ 为 1∶100 和 5∶100 来进行讨论。图 7.3 是控制前后桥梁跨中的挠度对比图、图 7.4 是控制效果对比图。

从图 7.3、图 7.4 可以看出，当速度小于 170 km/h 时，质量比 $\mu$ 为 1∶100 的 TMD 控制效果比质量比 $\mu$ 为 5∶100 的 TMD 控制效果并不是小很多，且当速度为 90 ~ 110 km/h 时，质量比 $\mu$ 为 1∶100 的 TMD 控制效果更好。另从计算分析可知，两种设计对车体竖向加速度的影响也不大，乘客舒适度均为良好。

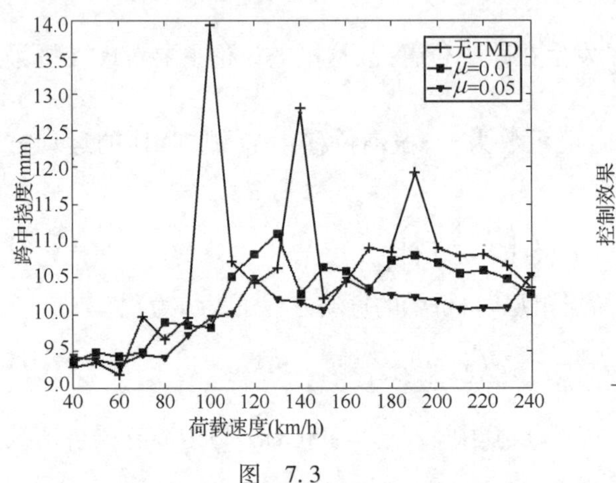


图 7.3

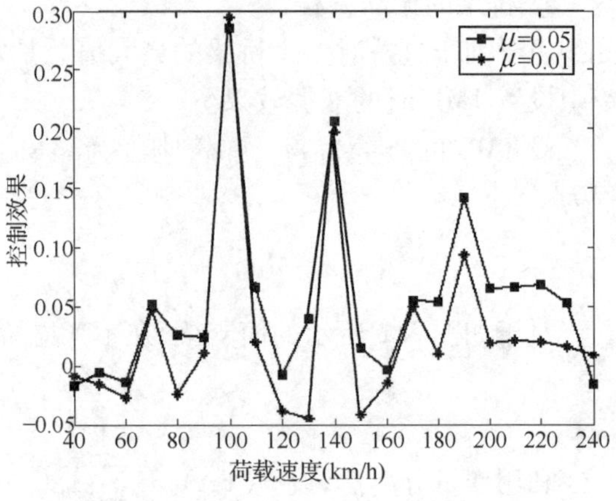


图 7.4

考虑质量比为 1% 的情况，图 7.5 为 TMD 控制前后桥梁跨中挠度的变化曲线。由图 7.5 可以看出，TMD 对桥梁的挠度响应控制效果明显，最高可达 28% 。图 7.6 为 TMD 控制前车体竖向加速度随载荷速度变化的响应，图 7.7 为控制后车体竖向加速度的减幅效应，由图中可以看出车体竖向最大加速度为 0.022 $g$，即加装 TMD 后，仍可起到控制作用，且最大可控制 16% 。根据舒适性评定标准，结果满足舒适性要求。图 7.8 给出了当列车速度为 140 km/h 时车体竖向加速度的时程曲线，根据 Sperling 指标 $w_z$ 的经验算式 $w_z = 0.896\sqrt[10]{A^3F(f)/f}$，可计算出列车速度为 140 km/h 时 $w_z = 1.25$。根据机车平稳性评定标准，不管是根据最大振动加速度还是 Sperling 指标 $w_z$，其平稳性等级都为优良。

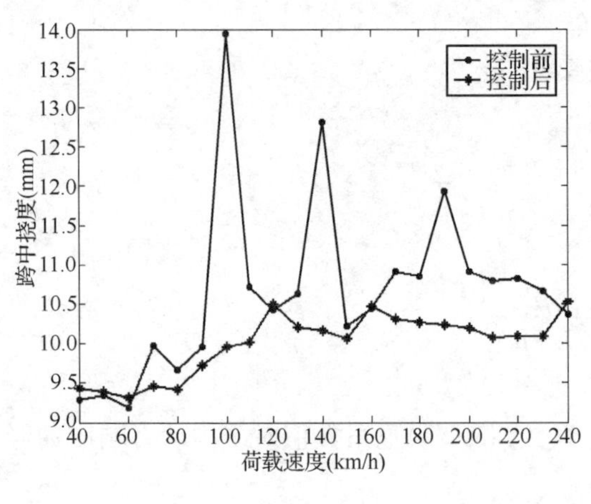


图 7.5

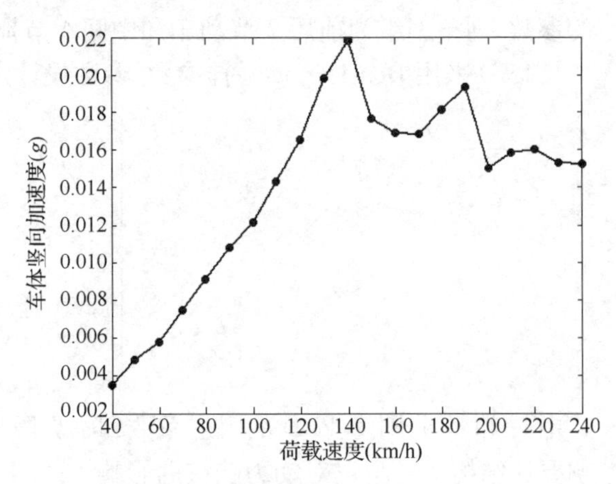


图 7.6

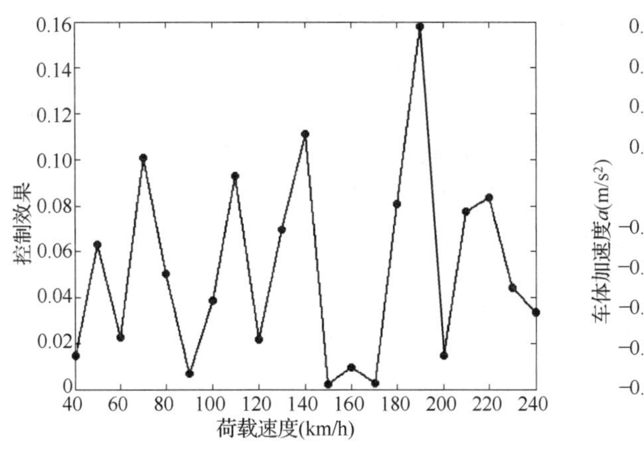


图 7.7

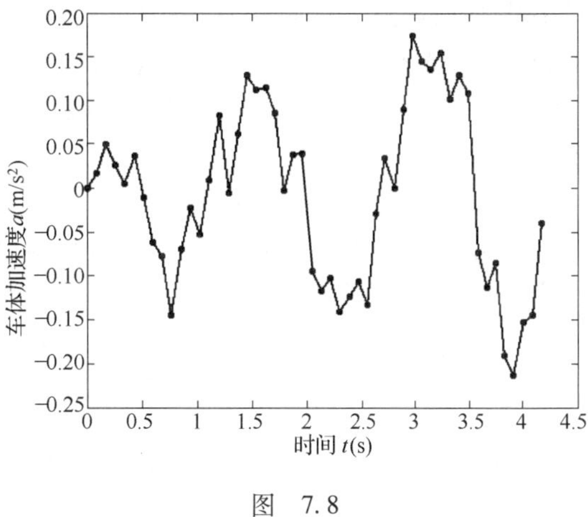


图 7.8

### 7.1.3 MTMD 振动控制

1. 振动控制模型

考虑图 7.9 所示模型,在桥梁上等间距设置 3 个相同参数的 TMD。车厢模型及相应的振动方程见式(7.2)~式(7.7)。

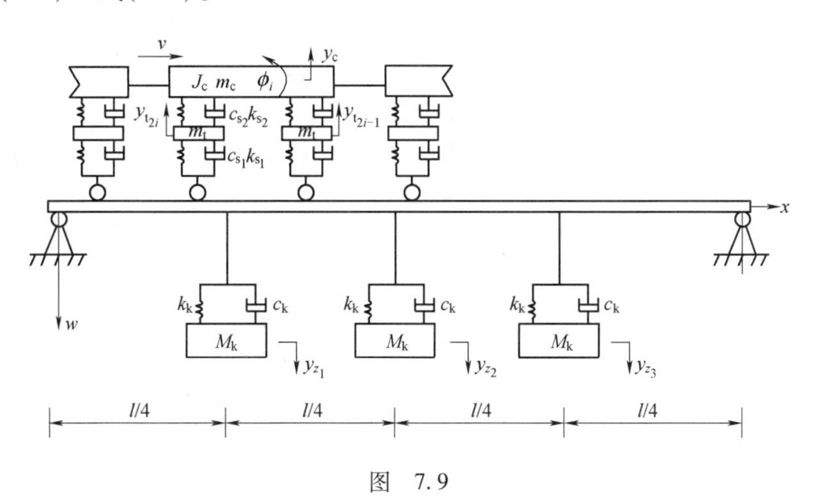


图 7.9

设 TMD 的质量为 $M_k$,弹簧刚度为 $k_k$,阻尼系数为 $c_k$,振动位移为 $y_z$,则 TMD 的运动方程为

$$M_k \ddot{y}_{k_1} + k_k\left(y_{k_1} - w\Big|_{x=\frac{l}{4}}\right) + c_k\left(\dot{y}_{k_1} - \dot{w}\Big|_{x=\frac{l}{4}}\right) = 0 \tag{7.11}$$

$$M_k \ddot{y}_{k_2} + k_k\left(y_{k_2} - w\Big|_{x=\frac{l}{2}}\right) + c_k\left(\dot{y}_{k_2} - \dot{w}\Big|_{x=\frac{l}{2}}\right) = 0 \tag{7.12}$$

$$M_k \ddot{y}_{k_3} + k_k\left(y_{k_3} - w\Big|_{x=\frac{3l}{4}}\right) + c_k\left(\dot{y}_{k_3} - \dot{w}\Big|_{x=\frac{3l}{4}}\right) = 0 \tag{7.13}$$

在不考虑桥梁阻尼时,桥梁的振动方程见式(7.9)和式(7.10)。

2. 算例分析

算例同单个 TMD 一样,采用邯长线长沟桥的尺寸及德国 ICE 高速动车和拖车的参数。

通过调整 TMD 与桥梁的质量比获取 TMD 的最佳设计参数。图 7.10 给出了速度为97 km/h

时TMD质量比的影响曲线,从图中可以看出,跨中挠度并不是随TMD质量比单调变化的,单个TMD、3个TMD、5个TMD和7个TMD的工况最优质量比分别为0.3∶100、0.2∶100、0.05∶100和0.1∶100。从总质量上看,5个TMD的工况最小;从速度为97 km/h时桥梁的挠度上看,同样是5个TMD的工况最小。列车过桥速度一般是在某个速度段内,为了选取更优的方案,计算了60~160 km/h速度段内桥梁的响应,图7.11给出了各个工况下桥梁挠度随速度的变化曲线。从图7.11中可以看出,在80~105 km/h速度段内,5个TMD的工况挠度最小。图7.12为MTMD控制效果的对比,从图中可以看出当速度小于120 km/h时,5个TMD的工况控制效果最好。

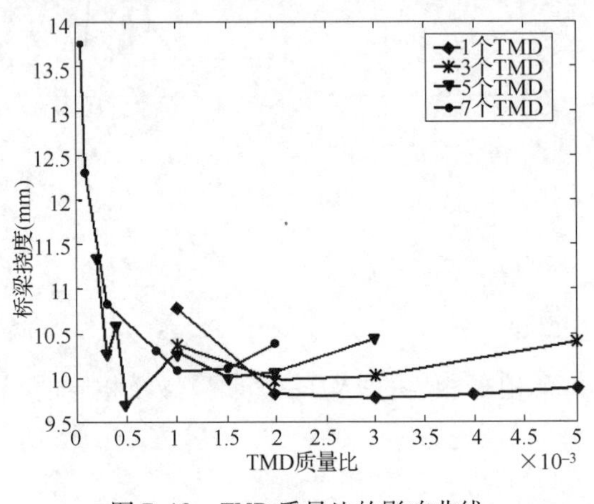


图7.10　TMD质量比的影响曲线

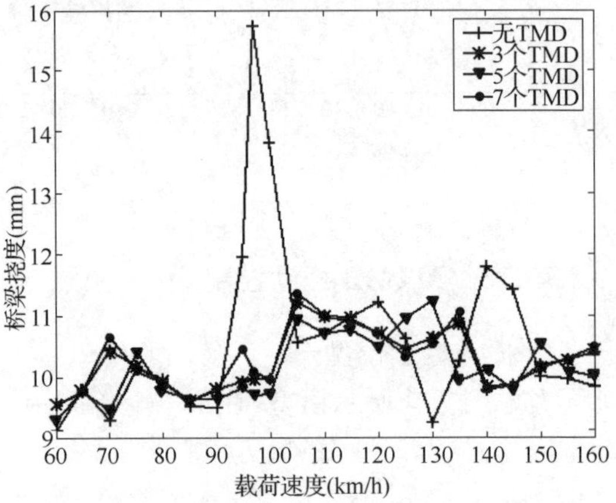

图7.11　MTMD控制下桥梁的位移响应

现对MTMD与STMD的振动控制效果进行比较分析。

图7.10、图7.11、图7.12都说明了MTMD中5个TMD的工况总质量最小,且控制效果也最好。下面将5个TMD的工况与单个TMD进行对比。首先从TMD的设计参数上看,根据本实例的数据,单个TMD的质量为1 036.8 kg,弹簧刚度为$4.592\times10^5$ N/m,阻尼系数为14 294.2 N,有5个TMD时每一个TMD的质量为172.8 kg,弹簧刚度为76 916 N/m,阻尼系数为978.7 N/s,由此可见刚度和阻尼减小了很多,方便了设置和施工。从控制效果上看,图7.13给出了速度为97 km/h时单个TMD与5个TMD控制下桥梁挠度的时程响应曲线,从图中可以看出5个TMD的效果比单个的要好,另外还可以看出除最大峰值减小外,其他较大的峰值也获得了减小,减小幅度比最大峰值处还大,这说明设置MTMD后结构的振动能量大大减小。

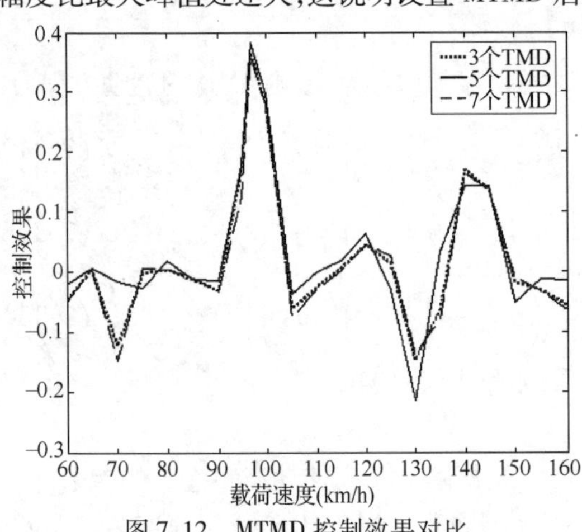


图7.12　MTMD控制效果对比

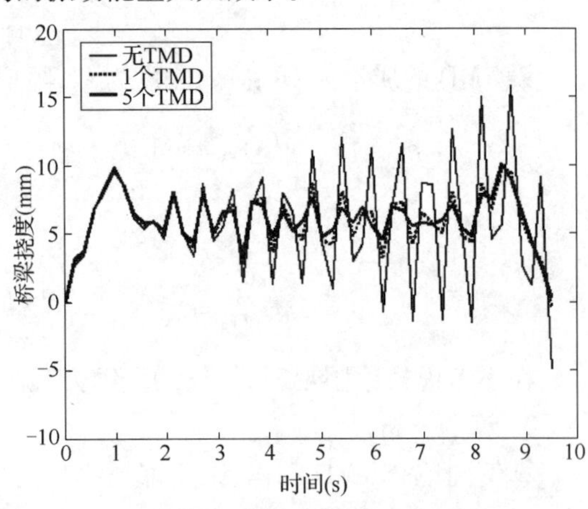


图7.13　桥梁位移时程响应对比

## 7.2 移动载荷作用下连续梁的动态响应分析[26]

相对于简支梁,连续梁在移动载荷作用下车桥耦合振动分析中的主要问题在于桥梁振型函数的确定。多跨连续梁的振型函数还没有统一的解析表达式,不同的研究从不同的假设出发确定桥梁的振型函数,从而实现问题的求解。

Lee 利用哈密顿原理求解了有中间支撑点约束的梁在移动载荷下的动力响应。他把简支梁的振动模态作为假设模态[27]。由于这些假设模态不能满足中间约束点的零挠度条件,所以将中间点约束看作刚性较大的线性弹簧约束,这样的模型简化必然会引起误差[28]。ZHENG[29] 和 CHEUNG[30] 采用了修正的振型函数作为假设模态,虽能满足桥梁两端和中间支撑点的所有零挠度条件,但由于采用的修正振型函数还是建立在简支梁的振动模态上,计算过程比较繁杂,不利于推广应用。

Saadeghvaziri M A 曾经用有限元软件 ADINA 对移动载荷作用下的桥梁进行响应计算,但是他同时也指出了用有限元软件处理该类问题在网格划分和加载处理中的不足[31]。

插值振型函数法是基于 ANSYS 对桥梁系统的模态分析结果,进行三次样条插值而得,不但满足梁两端的零挠度边界条件,而且满足梁中间支撑点处的零挠度条件,能真实反映连续梁的各阶振型。本节采用插值振型函数法来获得多跨连续梁的振型函数,并在此基础上对移动载荷作用下桥梁的车桥耦合振动动态响应进行求解,给出等截面连续梁在不同速度移动载荷作用下的数值结果。算例分析同时表明,该方法具有很好的收敛性和很高的精度。

### 7.2.1 假设和公式

如图 7.14 所示,受到 $N$ 个移动载荷作用的连续线弹性欧拉—贝努利梁,中间有$(Q-1)$个支撑点。载荷$\{P_s, s=1,2,\cdots,N\}$作为一个整体,以一个已知的速度 $v(t)$ 沿梁的轴线方向从左往右运动。载荷的位置用$\{x_{P_s}(t), s=1,2,\cdots,N\}$来表示。$w(x,t)$ 为桥梁的挠度,$\overline{V}$ 为动能,$\overline{U}$ 为弯曲势能,$\overline{W}$ 为外力所作的功。

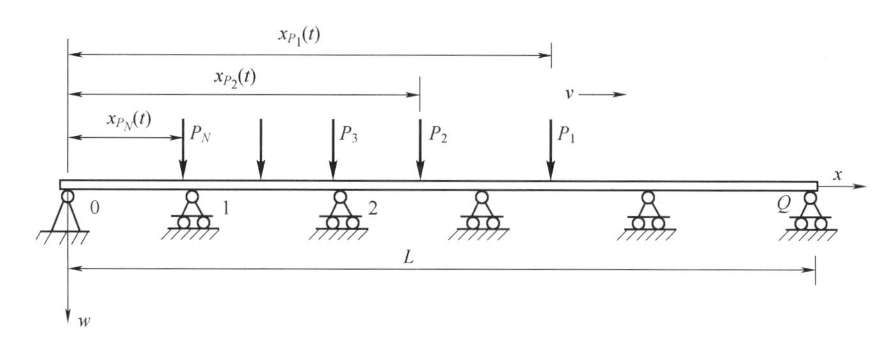


图 7.14

$$\overline{V} = \frac{1}{2}\int_0^L \rho A(x)\left[\frac{\partial w(x,t)}{\partial t}\right]^2 \mathrm{d}x \tag{7.14}$$

$$\overline{U} = \frac{1}{2}\int_0^L EI(x)\left[\frac{\partial^2 w(x,t)}{\partial x^2}\right]^2 \mathrm{d}x \tag{7.15}$$

$$\overline{W} = \sum_{i=1}^{N} P_s w[x_{P_s}(t),t][u(t-\tau_s^1)-u(t-\tau_s^2)] \tag{7.16}$$

式中,$\rho$ 为梁的材料的密度,$E$ 为梁的材料的杨氏模量,$A(x)$ 为梁的横截面面积,$I(x)$ 为梁横截面的惯性矩,$\tau_s^1$ 为载荷 $P_s$ 进入梁的时间,$\tau_s^2$ 为载荷 $P_s$ 离开梁的时间。$u(t)$ 是单位阶跃函数,其定义为:

$$u(t)=\begin{cases}1, & t\geqslant 0\\ 0, & t<0\end{cases} \tag{7.17}$$

通过分离变量,梁的挠度 $w(x,t)$ 可以表示成

$$w(x,t) = \sum_{i=1}^{n} X_i(x)q_i(t) \tag{7.18}$$

式中,$X_i(x)$ 是满足边界条件的假设振动模态,$q_i(t)$ 是梁的总体坐标,$i=1,2,\cdots,n$。梁的振动速度和曲率分别为

$$\frac{\partial w(x,t)}{\partial t} = \sum_{i=1}^{n} \dot{q}_i(t)X_i(x) \tag{7.19}$$

$$\frac{\partial^2 w(x,t)}{\partial x^2} = \sum_{i=1}^{n} q_i(t)X_i''(x) \tag{7.20}$$

分别将式(7.19)、式(7.20)和式(7.18)代入式(7.14)、式(7.15)和式(7.16),有

$$\overline{V} = \frac{1}{2}\sum_{i=1}^{n}\sum_{j=1}^{n}\int_0^L \rho A(x)\,\dot{q}_i(t)X_i(x)\,\dot{q}_j(t)X_j(x)\,\mathrm{d}x = \frac{1}{2}\sum_{i=1}^{n}\sum_{j=1}^{n}\dot{q}_i(t)m_{ij}\,\dot{q}_j(t) \tag{7.21}$$

$$\overline{U} = \frac{1}{2}\sum_{i=1}^{n}\sum_{j=1}^{n}\int_0^L EI(x)q_i(t)X_i''(x)q_j(t)X_j''(x)\,\mathrm{d}x = \frac{1}{2}\sum_{i=1}^{n}\sum_{j=1}^{n}q_i(t)k_{ij}q_j(t) \tag{7.22}$$

$$\overline{W} = \sum_{s=1}^{N}\sum_{i=1}^{n}P_s q_i(t)X_i[x_{ps}(t)][u(t-\tau_s^1)-u(t-\tau_s^2)] \tag{7.23}$$

其中

$$m_{ij} = \int_0^L \rho A(x)X_i(x)X_j(x)\,\mathrm{d}x \tag{7.24}$$

$$k_{ij} = \int_0^L EI(x)X_i''(x)X_j''(x)\,\mathrm{d}x \tag{7.25}$$

分别是总体质量矩阵和刚度矩阵。

梁的拉格朗日函数为 $\overline{L}=\overline{V}-(\overline{U}-\overline{W})$,其中 $\overline{U}-\overline{W}$ 为总势能。欧拉-拉格朗日方程为

$$\frac{\mathrm{d}}{\mathrm{d}t}\left(\frac{\partial\overline{L}}{\partial\dot{q}_i}\right)-\left(\frac{\partial\overline{L}}{\partial q_i}\right)=0 \tag{7.26}$$

将式(7.21)、式(7.22)、式(7.23)代入式(7.26),有

$$\sum_{j=1}^{n} m_{ij}\ddot{q}_j(t) + \sum_{j=1}^{n} k_{ij}q_j(t) = \sum_{s=1}^{N} P_s X_i[x_{ps}(t)][u(t-\tau_s^1)-u(t-\tau_s^2)],\ i=1,2,\ldots,n \tag{7.27}$$

桥梁的挠度 $w(x,t)=\sum_{i=1}^{n}X_i(x)q_i(t)$。一旦桥梁的振型函数 $X_i(x)$ 确定,通过高斯积分法就很容易确定 $m_{ij}$ 和 $k_{ij}$,从而得到桥梁的挠度 $w(x,t)$。

### 7.2.2 振型函数的确定

利用 ANSYS 的模态分析功能,对连续梁进行模态分析,可获得桥梁系统的各阶振型。由这种模态分析所得的数据是系统离散后各节点处的数据,而不是以函数形式来表示的,故还不能直接应用于方程(7.14)。为此需根据数值计算方法,通过对已有的离散数据的插值,求得相应的插值函数。

但由式(7.15)可知,从已有离散数据不但要求出桥梁的振型函数,同时还要求得振型函数的二阶导数。这样对振型函数的光滑性要求就比较高,故而需考虑应用三次插值样条方法来确定桥梁的振型函数。MATLAB 是功能较强的工程数学工具软件,其中的样条工具箱(Spline Toolbox)提供了大量有关样条函数的操作函数。

函数 csape( )的功能是构造各种边界条件下的三次插值样条函数,它的格式是 PP = csape($x$,$y$,[ ,conds[ ,valconds]])。($x$,$y$)是插值点的序列,PP 为指定 conds 条件下以($x$,$y$)为插值点所返回的 PP 形式的三次样条函数。conds 是字符串类型,为边界条件,可为 C、N、P、V 或 S,C 为给定端点的斜率,N 为两个端点存在三阶连续导数,P 为给定周期特性,V 为给定端点的二阶导数为零,S 为给定端点的二阶导数,Valconds 指的是端点边界条件的参数值。

函数 fnder( )的功能是对样条函数进行微分,它的格式是 fprime = fnder(f,dorder)。函数返回样条函数 f 的第 dorder 阶微分,当 dorder 为负数时,函数返回以 dorder 的绝对值为阶的样条函数 f 的不定积分。

综合 ANSYS 模态分析功能和 MATLAB 数据处理能力,就可以实现连续梁系统振型函数以及其二阶导数函数的确定。至此,就可确定系统的运动方程。

MATLAB 具有较强的数值计算能力,而且是基于矩阵运算的。所以针对具体的情况,将方程(7.14)进行矩阵化处理后,应用 4 阶 5 次 Ruge - Kutta 调用 MATLAB 内部函数 ode45( ),就可编程实现系统运动方程的求解。

### 7.2.3 算例分析

以文献[29]中的三跨连续梁为研究对象,考虑连续梁为等截面,则桥梁模型如图 7.15 所示。桥梁材料的密度为 $\rho = 2\ 400\ \mathrm{kg/m^3}$,杨氏模量为 $E = 30\ 000$ MPa,移动载荷 $P$ 以速度 $v$ 通过桥梁。

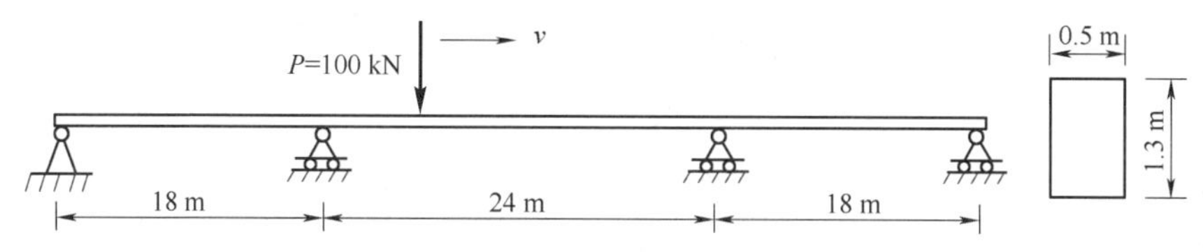


图 7.15 移动载荷作用下的三跨等截面连续梁

为了使插值所得的振型函数能满足中间支撑约束点的边界条件,应该在该处布置节点。计算后用 MATLAB 将结果文件读入,并做三次插值样条函数的求解,确定系统的运动方程并进行求解。

应用插值振型法可求得插值振型函数曲线及其二阶导数曲线,其中桥梁的第一、三阶振型是正对称的,第二阶振型为反对称的,根据振型函数的特点知,该数据结果比较理想。图 7.16 所示为前三阶的插值振型函数曲线,图 7.17 为前三阶的插值振型函数二阶导数曲线。

图7.18给出了应用插值振型函数法求解连续梁在不同移动载荷作用下跨中挠度的动态响应。根据对不同速度移动载荷情况的比较分析可知:①最大位移动态响应在桥梁中跨的跨中位置。②最大位移动态响应发生在移动载荷通过桥梁跨中位置前后。③随着移动载荷速度的提高,动态响应的波动情况有所减缓。这些总体规律与移动载荷作用下简支梁动态响应的基本规律是相近的。④速度对最大动态响应的影响不明显,特别是在移动载荷速度低于160 km/h时。

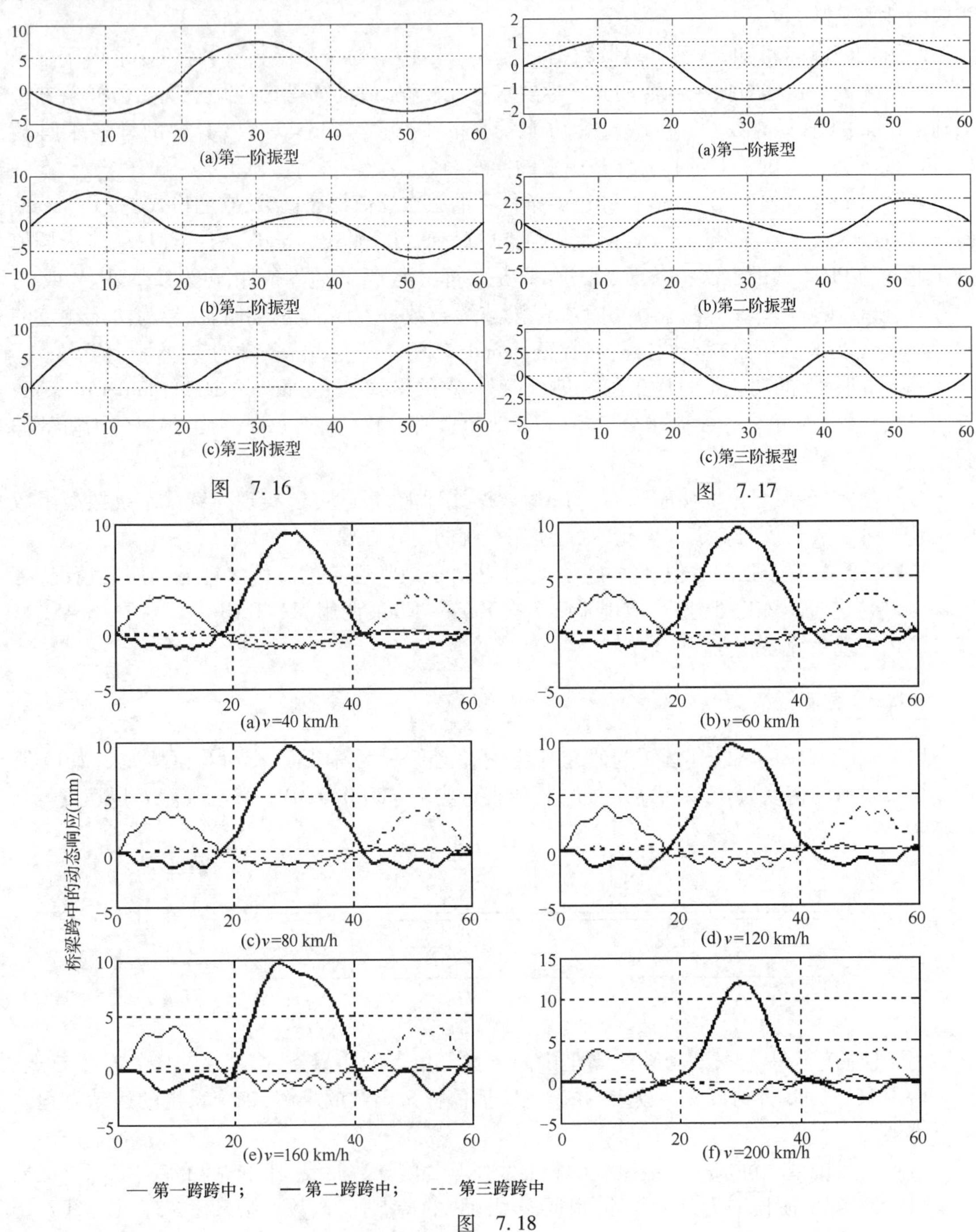


(a)第一阶振型　(b)第二阶振型　(c)第三阶振型

图　7.16

(a)第一阶振型　(b)第二阶振型　(c)第三阶振型

图　7.17

(a) $v$=40 km/h　(b) $v$=60 km/h　(c) $v$=80 km/h　(d) $v$=120 km/h　(e) $v$=160 km/h　(f) $v$=200 km/h

图　7.18

# 7.3 一对边简支另一对边自由的矩形薄板振动分析

## 7.3.1 一对边简支另一对边自由的矩形薄板的自由振动

薄板横向振动微分方程为

$$D_0 \nabla^4 w + \rho h \frac{\partial^2 w}{\partial t^2} = p(x,y,t) \tag{7.28}$$

若令 $p(x,y,t)=0$,则得到薄板自由振动方程为

$$D_0 \nabla^4 w + \rho h \frac{\partial^2 w}{\partial t^2} = 0 \tag{7.29}$$

式中$\nabla^4 = \left(\frac{\partial^2}{\partial x^2}+\frac{\partial^2}{\partial y^2}\right)\left(\frac{\partial^2}{\partial x^2}+\frac{\partial^2}{\partial y^2}\right) = \frac{\partial^4}{\partial x^4}+2\frac{\partial^2}{\partial x^2}\frac{\partial^2}{\partial y^2}+\frac{\partial^4}{\partial y^4}$,$\rho,h,D_0$ 分别代表板的密度、厚度和弯曲刚度。假设主振动 $w$ 的表达式为

$$w(x,y,t) = W(x,y)\sin(\omega t+\phi)$$

代入式(7.29)得

$$\nabla^4 W - \beta^4 W = 0 \tag{7.30}$$

$$\frac{\rho h}{D_0}\omega^2 = \beta^4 \tag{7.31}$$

式中 $W(x,y)$——自平衡位置算起的振型函数;

$\omega$——自由振动圆频率。

图7.19为矩形板两短边简支、两长边自由的图示,假设其主振型为

$$W(x,y) = \phi(y)\sin\frac{m\pi}{a}x \tag{7.32}$$

该振型已经满足两简支边边界条件,即

$$W\big|_{x=0} = \frac{\partial^2 W}{\partial x^2}\bigg|_{x=0} = 0,\ W\big|_{x=a} = \frac{\partial^2 W}{\partial x^2}\bigg|_{x=a} = 0$$

将式(7.32)代入式(7.30),可得

$$\frac{d^4\phi}{dy^4} - \frac{2m^2\pi^2}{a^2} - \frac{d^2\phi}{dy^2} + \left(\frac{m^4\pi^4}{a^4} - \beta^4\right)\phi = 0$$

令 $\phi(y) = Ae^{sy}$,有

$$s^4 - \frac{2m^2\pi^2}{a^2}s^2 + \left(\frac{m^4\pi^4}{a^4} - \beta^4\right) = 0 \tag{7.33}$$

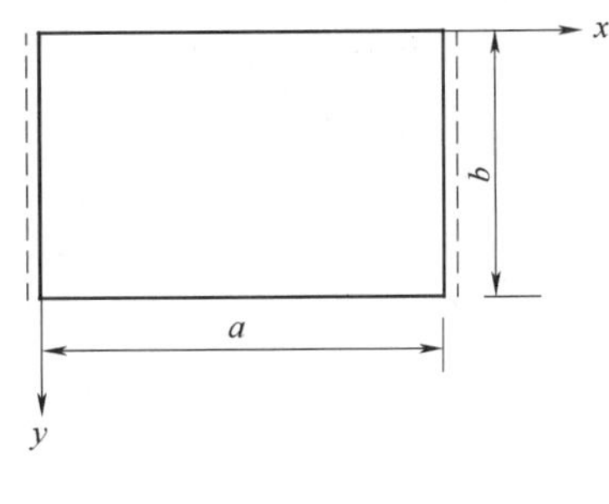

图 7.19

可解得

$$s^2 = \frac{m^2\pi^2}{a^2} \pm \beta^2$$

当 $\beta^2 \geqslant \frac{m^2\pi^2}{a^2}$时,满足振动微分方程的振型函数为

$$W = (A_m \mathrm{sh}\ \alpha_1 y + B_m \mathrm{ch}\ \alpha_1 y + C_m \sin \alpha_2 y + D_m \cos \alpha_2 y)\sin \alpha x \tag{7.34}$$

其中 $\alpha = \frac{m\pi}{a}$,$\alpha_1^2 = \frac{m^2\pi^2}{a^2} + \beta^2$, $\alpha_2^2 = \beta^2 - \frac{m^2\pi^2}{a^2}$。

利用 $y=0$ 和 $y=b$ 的边界条件,可得到包含 $A_m, B_m, C_m, D_m$ 未知量的4个齐次线性方程。

由 $A_m, B_m, C_m, D_m$ 不全为零的条件可得频率函数为

$$2\alpha_1\alpha_2\left[\beta^4-(\mu-1)^2\alpha^4\right]^2 \mathrm{ch}\,\alpha_1 b\cos\alpha_2 b-1+$$
$$\left\{\alpha_2^2\left[\beta^2+(1-\mu)^2\alpha^2\right]^4-\alpha_1^2\left[\beta^2+(\mu-1)\alpha^2\right]^4\right\}\mathrm{sh}\,\alpha_1 b\sin\alpha_2 b=0 \tag{7.35}$$

对于某一确定的 $m$ 值,由式(7.35)可求出一系列的 $\beta$ 值,再由式(7.31)求出相应的 $\omega_{m1}$,$\omega_{m2}, \omega_{m3}\cdots$,最后由4个方程求出待定系数:

$$\left.\begin{aligned}
A_m&=\frac{\alpha_2\left[\beta^2+(1-\mu)\alpha^2\right]}{\alpha_1\left[\beta^2+(\mu-1)\alpha^2\right]}C_m\\
B_m&=\frac{\beta^2+(\mu-1)\alpha^2}{\beta^2+(1-\mu)\alpha^2}\\
C_m&=\frac{\alpha_1\left[\beta^2+(\mu-1)\alpha^2\right]^2(\mathrm{ch}\,\alpha_1 b-\cos\alpha_2 b)}{\left[\alpha_1(\beta^2+(\mu-1)\alpha^2)\right]^2\sin\alpha_2 b-\alpha_2\left[\beta^2+(1-\mu)\alpha^2\right]^2\mathrm{sh}\,\alpha_1 b}\\
D_m&=1
\end{aligned}\right\} \tag{7.36}$$

值得说明的是,式(7.34)至式(7.36)成立的前提条件是 $\beta^2\geqslant\frac{m^2\pi^2}{a^2}$(即 $\omega_{m,n}\geqslant\frac{m^2\pi^2}{a^2}\sqrt{\frac{D_0}{\rho h}}$),如果能保证板的最低阶固有频率 $\omega_{m,1}$ 大于等于相应简支梁的固有频率$\frac{m^2\pi^2}{a^2}\sqrt{\frac{D_0}{\rho h}}$,那么通过式(7.34)、式(7.35)和式(7.36)即可以求得其固有频率及主振型。然而,事实证明不同 $m$ 对应的最低阶固有频率 $\omega_{m,1}$ 均小于相应简支梁的固有频率$\frac{m^2\pi^2}{a^2}\sqrt{\frac{D_0}{\rho h}}$,这个结论可以由梁和板的相对刚度给予解释。一个简支梁承受均布载荷时,跨中挠度系数为0.013 02,但同样跨度的方板承受均布载荷时,板中点的挠度系数为0.013 09,自由边中点的挠度系数为0.015 01,均大于0.013 02。说明板的弯曲刚度略小于梁,因此板的固有频率也应略小于梁,即 $\beta^2<\frac{m^2\pi^2}{a^2}$。

综上所述,在求板最低阶固有频率和振型时,公式(7.34)~式(7.36)不再适用。此时,振型函数表达式为

$$W=(A_m\mathrm{sh}\,\alpha_1 y+B_m\mathrm{ch}\,\alpha_1 y+C_m\mathrm{sh}\,\alpha_2 y+D_m\mathrm{ch}\,a_2 y)\sin\alpha x \tag{7.37}$$

式中 $\alpha=\frac{m\pi}{a}, \alpha_1^2=\frac{m^2\pi^2}{a^2}+\beta^2, \alpha_2^2=\frac{m^2\pi^2}{a^2}-\beta^2$。

同理,由 $y=0$ 和 $y=b$ 的边界条件,可得到 $\omega_{m,1}$ 的频率方程和待定系数分别为

$$2\alpha_1\alpha_2\left[\beta^4-(\mu-1)^2\alpha^4\right]^2(\mathrm{ch}\,\alpha_1 b\,\mathrm{ch}\,\alpha_2 b-1)$$
$$+\left\{\alpha_2^2\left[\beta^2+(1-\mu)\alpha^2\right]^4+\alpha_1^2\left[\beta^2+(\mu-1)^2\alpha^2\right]^4\right\}\mathrm{sh}\,\alpha_1 b\,\mathrm{sh}\,\alpha_2 b=0 \tag{7.38}$$

$$\left.\begin{aligned}
A_m &= \frac{\alpha_2\left[\beta^2+(1-\mu)\alpha^2\right]}{\alpha_1\left[\beta^2+(\mu-1)\alpha^2\right]}C_m \\
B_m &= \frac{\beta^2+(\mu-1)\alpha^2}{\beta^2+(1-\mu)\alpha^2} \\
C_m &= \frac{\alpha_1\left[\beta^2+(\mu-1)\alpha^2\right]^2(\mathrm{ch}\ \alpha_1 b-\mathrm{ch}\ \alpha_2 b)}{\left[\alpha_1(\beta^2+(\mu-1)\alpha^2)\right]^2\mathrm{sh}\ \alpha_2 b-\alpha_2\left[\beta^2+(1-\mu)\alpha^2\right]^2\mathrm{sh}\ \alpha_1 b)} \\
D_m &= 1
\end{aligned}\right\} \tag{7.39}$$

把式(7.38)与式(7.39)代入式(7.37),即可得到各阶主振型。

设板长 $a=0.38$ m,宽 $b=0.3$ m,厚度 $h=0.002$ m,弹性模量 $E=2\times10^{11}$ Pa,模态阻尼系数 $\beta_{m,n}=0.01$,密度 $\rho_s=7\ 860\ \mathrm{kg/m^3}$,泊松比 $v=0.3$。分别采用 MATLAB 编程计算和 ANSYS 工程软件计算,得到的前 5×5 阶固有频率见表 7.1,图 7.20 和图 7.21 分别为 $m=1$ 和 $m=2$ 时的前 5 阶振型。

**表 7.1　前 5×5 阶固有频率**

| m | | 1 | 2 | 3 | 4 | 5 |
|---|---|---|---|---|---|---|
| 1 | MATLAB | 33.151 | 63.882 | 171.39 | 379.65 | 696.17 |
| | ANSYS | (32.257) | (63.778) | (171.12) | (379.19) | (695.38) |
| 2 | MATLAB | 132.77 | 170.98 | 293.6 | 505.84 | 820.21 |
| | ANSYS | (130.59) | (170.77) | (292.99) | (504.70) | (818.44) |
| 3 | MATLAB | 298.89 | 338.31 | 472.69 | 695.14 | 1 013.6 |
| | ANSYS | (295.24) | (337.91) | (471.76) | (693.33) | (1 010.7) |
| 4 | MATLAB | 531.35 | 570.09 | 711.62 | 943.65 | 1 269.5 |
| | ANSYS | (526.12) | (569.34) | (710.24) | (941.12) | (1 265.4) |
| 5 | MATLAB | 830.26 | 867.49 | 1 013.5 | 1 252.7 | 1 586.1 |
| | ANSYS | (823.13) | (866.12) | (1 011.4) | (1 249.3) | (1 580.6) |

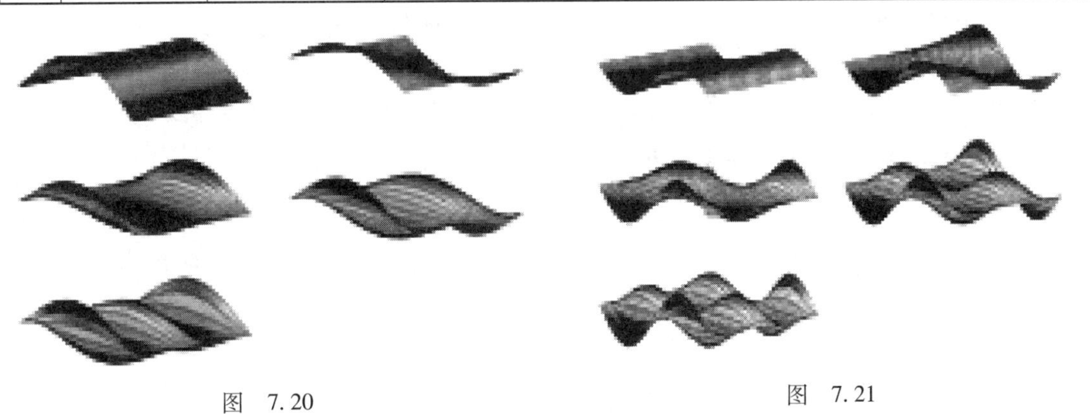

图　7.20　　　　图　7.21

### 7.3.2 板的受迫振动

得到了板的各阶固有频率和主振型以后,就可以应用振型叠加法求解薄板的强迫振动。将薄板响应按主振型 $W_{m,n}$展开为如下的双重级数:

$$w = \sum_{m=1}^{\infty}\sum_{n=1}^{\infty} W_{m,n}(x,y)\eta_{m,n}(t) \tag{7.40}$$

式中 $\eta_{m,n}(t)$是主坐标,将上式两边同乘主振型 $W_{r,s}(x,y)$后代入式(7.28),并在薄板整个面域 $\Omega$ 上对 $x,y$ 积分,得到

$$\sum_{m=1}^{\infty}\sum_{n=1}^{\infty}\eta_{m,n}(t)\iint_{\Omega}D_0(\nabla^4 W_{m,n})W_{r,s}\mathrm{d}x\mathrm{d}y + \sum_{m=1}^{\infty}\sum_{n=1}^{\infty}\ddot{\eta}_{m,n}(t)\iint_{\Omega}\rho h W_{m,n}W_{r,s}\mathrm{d}x\mathrm{d}y = \iint_{\Omega}p(x,y,t)W_{r,s}\mathrm{d}x\mathrm{d}y \tag{7.41}$$

由正交性条件,上式可写为

$$\ddot{\eta}_{r,s}(r)\rho h\iint_{\Omega}W_{r,s}W_{r,s}\mathrm{d}x\mathrm{d}y + \eta_{r,s}(t)\iint_{\Omega}D_0(\nabla^4 W_{r,s})W_{r,s}\mathrm{d}x\mathrm{d}y = \iint_{\Omega}p(x,y,t)W_{r,s}\mathrm{d}x\mathrm{d}y \tag{7.42}$$

令

$$f_{r,s} = D_0\iint_{\Omega}(\nabla^4 W_{r,s})W_{r,s}\mathrm{d}x\mathrm{d}y \tag{7.43a}$$

$$ff_{r,s} = \rho h\iint_{\Omega}W_{r,s}W_{r,s}\mathrm{d}x\mathrm{d}y \tag{7.43b}$$

$$q(t) = \iint_{\Omega}p(x,y,t)W_{r,s}\mathrm{d}x\mathrm{d}y \tag{7.43c}$$

方程(7.42)可以简化为

$$\ddot{\eta}_{r,s}(t) + \frac{f_{r,s}}{ff_{r,s}}\eta_{r,s}(t) = \frac{q(t)}{ff_{r,s}} \tag{7.44}$$

假设薄板的初始条件为 $w(x,y,t)=0, \left.\frac{\partial w}{\partial t}\right|_{t=0}=0$ 解耦后的各个方程均可应用单自由度振动理论进行计算,各方程的响应可表示为

$$\eta_{r,s}(t) = \frac{1}{\omega_{r,s}}\int_0^t q_{r,s}(\tau)\sin\omega_{r,s}(t-\tau)\mathrm{d}\tau \tag{7.45}$$

将各个形如上式的响应方程代入式(7.40),便得到薄板的强迫振动解。

需要说明的是,在利用式(7.43a)和式(7.43b)求解 $f_{r,s}$ 和 $ff_{r,s}$ 的过程中,涉及主振型平方的2次积分,而振动理论中除了四边简支矩形板外,均不能得到积分的解析解,因此需借助MATLAB软件“样条函数积分法”进行数值求解。

根据振动理论,对于某一确定结构,坐标变换前后固有频率保持不变,这一基本性质经常被用来验证积分结果的正确性,则式(7.44)中 $\sqrt{\frac{f_{r,s}}{ff_{r,s}}}$ 应等于薄板的第 $r,s$ 阶固有频率 $\omega_{r,s}$,表7.2为该模型理论自振频率 $\omega_{r,s}$ 与积分自振频率 $\sqrt{\frac{f_{r,s}}{ff_{r,s}}}$ 的相对误差值。由表7.2可见,自振频率阶数越高,积分误差越大。第 $1\times1$ 阶固有频率的相对误差仅为 $1.36\times10^{-16}$,但到了第 $5\times5$ 阶,其相对误差已达到7.57‰。然而,这种误差不会影响求解的精度要求。

表 7.2 理论自振频率与积分自振频率的相对误差值

| m \ n | 1 | 2 | 3 | 4 | 5 |
|---|---|---|---|---|---|
| 1 | $1.36\times10^{-16}$ | $4.67\times10^{-15}$ | $2.93\times10^{-13}$ | $3.64\times10^{-11}$ | $1.32\times10^{-08}$ |
| 2 | $3.49\times10^{-14}$ | $5.45\times10^{-13}$ | $3.14\times10^{-11}$ | $2.78\times10^{-09}$ | $1.48\times10^{-07}$ |
| 3 | $2.64\times10^{-11}$ | $1.09\times10^{-10}$ | $3.44\times10^{-10}$ | $6.36\times10^{-08}$ | $3.04\times10^{-05}$ |
| 4 | $4.46\times10^{-08}$ | $3.31\times10^{-07}$ | $2.65\times10^{-06}$ | $1.49\times10^{-05}$ | 0.002 053 |
| 5 | $1.56\times10^{-05}$ | 0.000 176 | 0.000 865 | 0.001 472 | 0.007 569 5 |

若激振力为作用在$(x_0,y_0)$点的简谐激励 $P_0\mathrm{e}^{\mathrm{i}\Omega t}$，则式(7.43c)变为

$$q(t)\iint_\Omega p(x,y,t)W_{r,s}\mathrm{d}x\mathrm{d}y=\iint_\Omega P_0\mathrm{e}^{\mathrm{i}\Omega t}\delta(x-x_0)\delta(y-y_0)W(x,y)\mathrm{d}x\mathrm{d}y=P_0\mathrm{e}^{\mathrm{i}\Omega t}W(x_0,y_0)$$

令 $F_{r,s}=\iint_\Omega W_{r,s}W_{r,s}\mathrm{d}x\mathrm{d}y$，式(7.43b)可以表示为

$$ff_{r,s}=\rho hF_{r,s} \tag{7.46}$$

把式(7.43)和式(7.44)代入式(7.41)，得

$$\ddot{\eta}_{r,s}(t)+\omega_{r,s}{}^2\eta_{r,s}(t)=\frac{P_0W(x_0,y_0)}{\rho hF_{r,s}}\mathrm{e}^{\mathrm{i}\Omega t} \tag{7.47}$$

在初始位移和速度均为零的情况下，有

$$\eta_{r,s}(t)=\frac{P_0}{\rho hF_{r,s}}W(x_0,y_0)\frac{1}{\omega_{r,s}^2-\Omega^2+2\mathrm{i}\beta_{r,s}\omega_{r,s}\Omega}\mathrm{e}^{\mathrm{i}\Omega t} \tag{7.48a}$$

$$\dot{\eta}_{r,s}(t)=\frac{P_0}{\rho hF_{r,s}}W(x_0,y_0)\frac{\mathrm{i}\Omega}{\omega_{r,s}^2-\Omega^2+2\mathrm{i}\beta_{r,s}\omega_{r,s}\Omega}\mathrm{e}^{\mathrm{i}\Omega t} \tag{7.48b}$$

把式(7.48)代入式(7.40)，即可以确定板的强迫振动位移响应和速度响应为

$$w=\sum_{m=1}^{\infty}\sum_{n=1}^{\infty}W_{m,n}(x,y)W_{m,n}(x_0,y_0)\frac{1}{(\omega_{m,n}^2-\Omega^2+2\mathrm{i}\beta_{m,n}\omega_{m,m}\Omega)\rho hF_{m,n}}P_0\mathrm{e}^{\mathrm{i}\Omega t} \tag{7.49a}$$

$$v=\dot{w}=\sum_{m=1}^{\infty}\sum_{n=1}^{\infty}W_{m,n}(x,y)W_{m,n}(x_0,y_0)\frac{\mathrm{i}\Omega}{(\omega_{m,n}{}^2-\Omega^2+2\mathrm{i}\beta_{m,n}\omega_{m,m}\Omega)\rho hF_{m,n}}P_0\mathrm{e}^{\mathrm{i}\Omega t} \tag{7.49b}$$

根据文献[32]，矩形表面各点振动的振幅和相位可能是不相同的，可以设想把该声源表面分成无限多个小面元，在每个面元 ds 上，各点的振动可以看成是均匀的，从而这些面元 ds 都看成是点源。当把平面看成是无限多个点源的集合后，在距离 ds 为 $r$ 处的声压值应为

$$P_s=\frac{\mathrm{i}k\rho c}{2\pi}\iint_s v(x,y)\frac{\mathrm{e}^{-\mathrm{i}kr(x,y,z)}}{r(x,y,z)}\mathrm{d}s \tag{7.50}$$

现假定声速 $C_0=340$ m/s，空气密度 $\rho_k=1.21$ kg/m$^3$，激振力位于平板$(a/2,b/3)$处，幅值为 1 N。如图 7.22 所示为板的受迫振动模

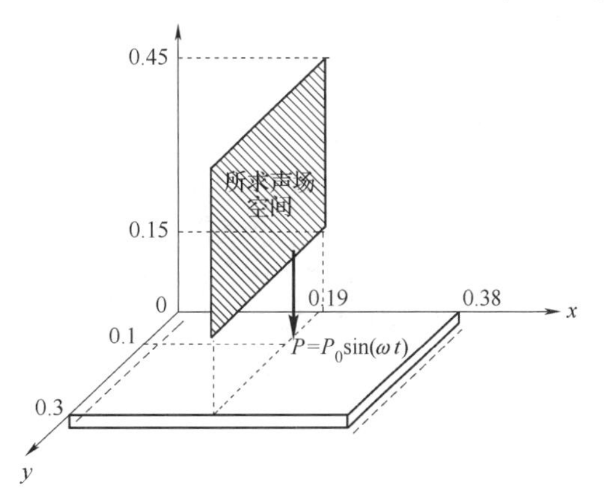

图 7.22

型,现根据前述理论求解位于 $x=a/2$,$y$ 和 $z$ 的坐标范围为$[0,b]$和$[b/2,3b/2]$处平面的声压分布。

图7.23与图7.24分别表示两种不同激振频率下的板位移、速度响应的比较。图7.23的激振频率为40 Hz,位于1×1阶与1×2阶固有频率之间。而图7.24的激振频率为171 Hz,它接近板的1×3阶固有频率。两图中(a$i$)、(b$i$)、(c$i$)分别表示在某一确定频率下的振动幅值、等高线图和相位图,$i=1,2$分别表示位移和速度响应的情况。

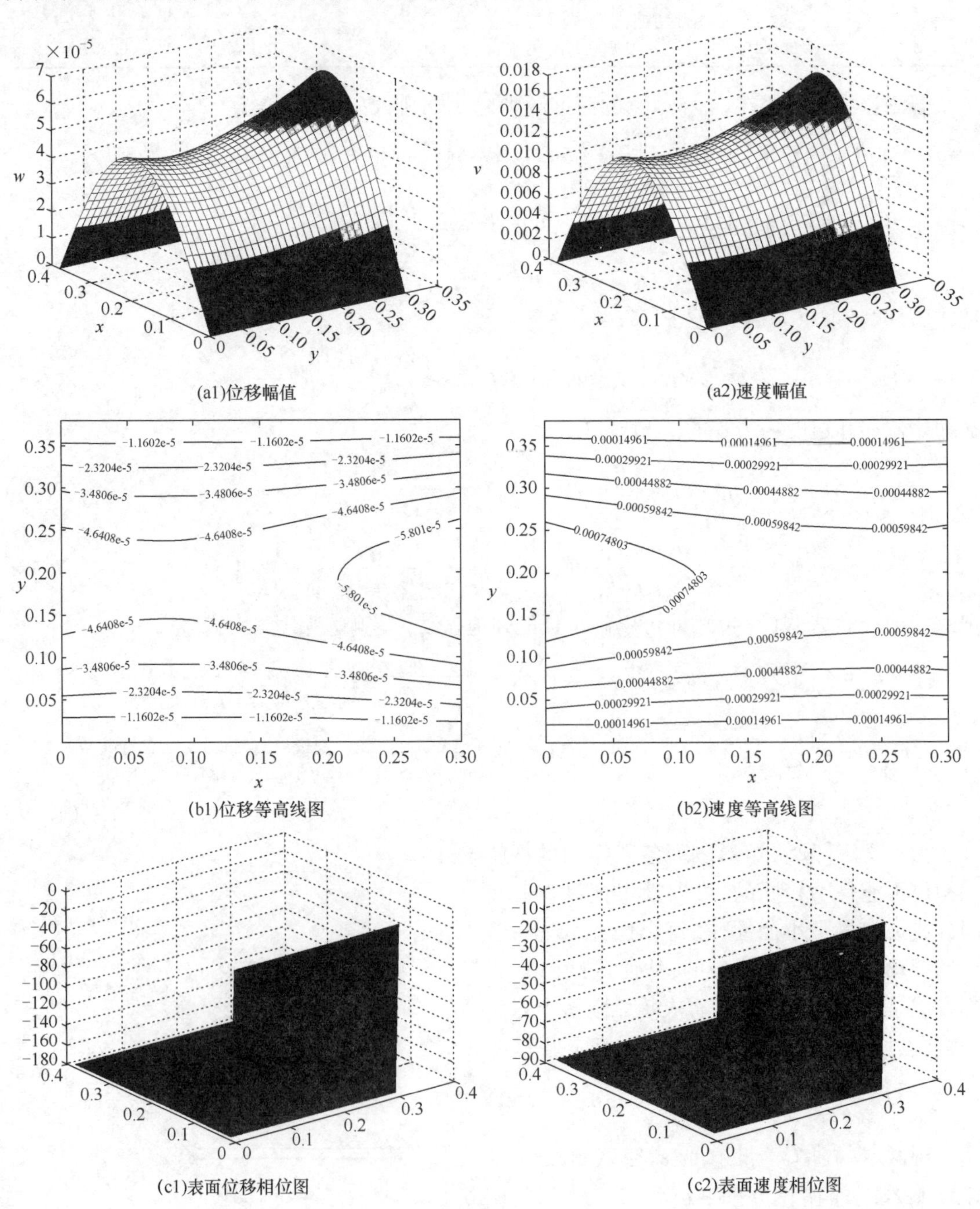


(a1)位移幅值 (a2)速度幅值

(b1)位移等高线图 (b2)速度等高线图

(c1)表面位移相位图 (c2)表面速度相位图

图 7.23

通过对图 7. 23 及图 7. 24 的分析可以认为:在某一确定频率下,板的位移和速度响应变化趋势相同,只是幅值相差一定值,该值等于板的激振频率,而速度相位比位移相位超前 $\pi/2$。计算结果从数值到变化趋势,均与参考文献[14]关于简谐振动的结论相一致。

图 7. 25 为指定平面内的声压分布,可以看出,离板越远,声压级越小。固有频率对应的声压级高于非固有频率对应的声压级。

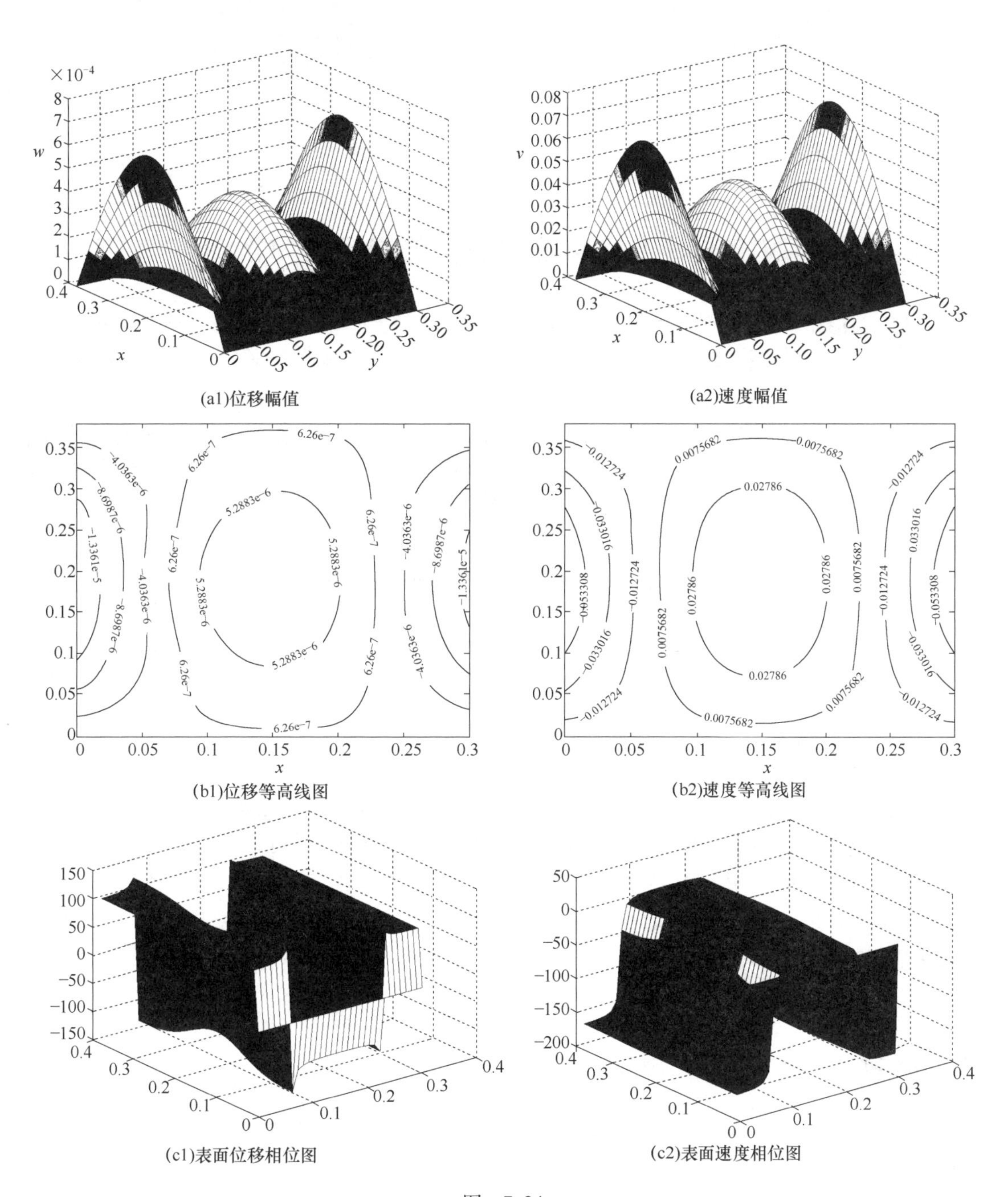


(a1)位移幅值　(a2)速度幅值

(b1)位移等高线图　(b2)速度等高线图

(c1)表面位移相位图　(c2)表面速度相位图

图　7. 24

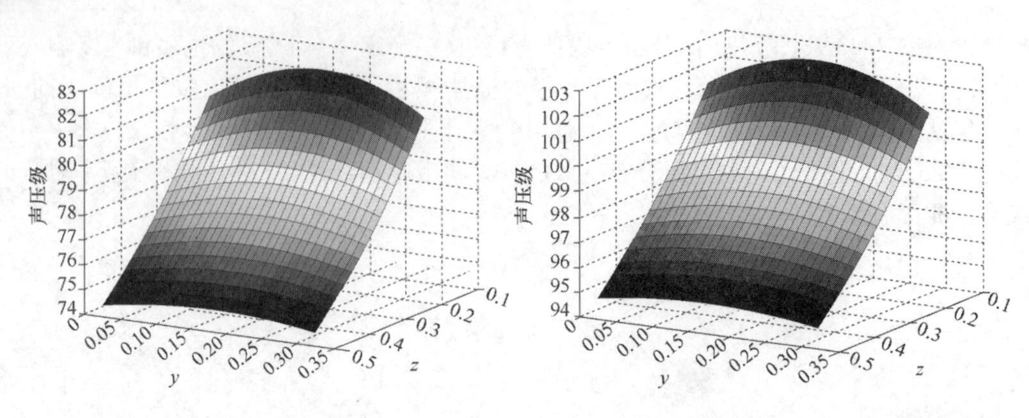


图 7.25

## 7.4 混凝土搅拌棒振子的动力特性分析[33]

工程中很多混凝土搅拌棒是手提式的,它依靠安装在棒身内部的振动子所激发的振动来产生共振,从而达到搅拌捣实混凝土的目的。而振动子的动力来源于其中的偏心质量块,因此质量块偏心距的大小直接影响到搅拌棒的工作效果。

本节以搅拌棒为研究对象(图 7.26)。根据搅拌棒的工作原理,建立一个理想的力学模型——受集中质量作用下的自由—自由梁,探讨由振子和管筒组成的振动机构在发生共振时,振子的偏心距、搅拌棒尺寸和激振频率之间的关系。

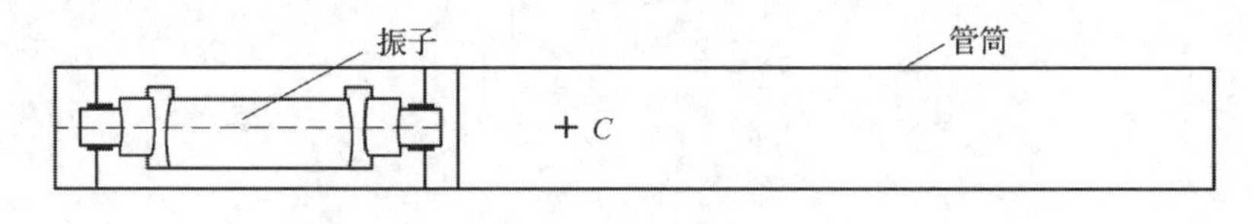


图 7.26

### 7.4.1 力学模型和方程的建立

混凝土搅拌棒工作时有关结构的约束机理比较复杂,约束的简化方式一般不易确定。本节只考虑搅拌棒在初步设计过程中,振子和管筒组成的振动机构的固有特性,不考虑其工作状态时的约束,将其简化为一具有集中质量的自由—自由梁,力学模型如图 7.27 所示。设集中质量 $m_1$ 位置在坐标原点,即 $x$ 轴对应于搅拌棒的中性轴,$y$ 轴处于振子的中心。应用 $\delta$ 函数,考虑集中质量的虚加惯性力,则具有集中质量作用下的自由—自由梁的横向振动微分方程为

$$\frac{\partial^2}{\partial x^2}\left[EI(x)\frac{\partial^2 y}{\partial x^2}\right]+\rho A(x)\frac{\partial^2 y}{\partial t^2}=-m_1\frac{\partial^2 y}{\partial t^2}\delta(x) \tag{7.51}$$

当 $m_1=0$ 时,解上式齐次方程,则有解

$$y(x,t)=\sum_{n=1}^{\infty}W_n(x)(a_n\cos\omega_n t+b_n\sin\omega_n t) \tag{7.52}$$

其中

$$W_n(x)=A_n\sin k_n x+B_n\cos k_n x+C_n\text{sh } k_n x+D_n\text{ch } k_n x \tag{7.53}$$

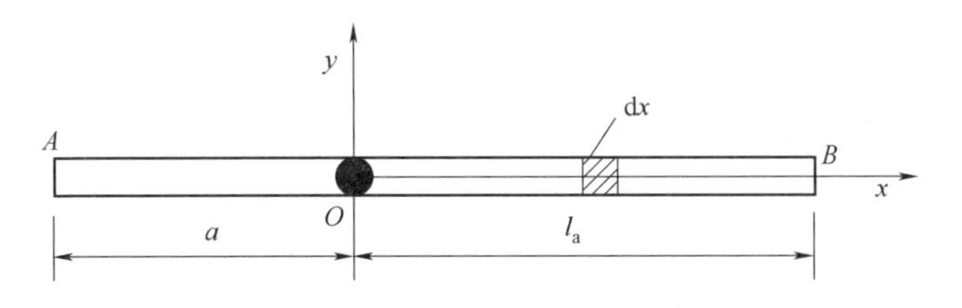


图　7.27

$$k_n^4=\frac{\rho A(x)}{EI}\omega_n^2\quad (n=1,2,3,\cdots,\infty)$$

由图 7.27 知,边界条件为

$$\left.\begin{aligned}&x=-a,W_n''(-a)=0,W_n'''(-1)=0\\&X=L_A,W_n''(L_A)=0,W_n'''(l_a)=0\end{aligned}\right\}\tag{7.54}$$

在集中质量 $m_1$ 处,即 $x=0$ 处,其连续条件为

$$W_n(0^+)-W_n(0^-)=0,W_n'(0^+)-W_n''(0^-)=0,W_n''(0^+)-W_n''(0^-)=0$$

$$W_n'''(0^+)-W_n'''(0^-)=\frac{m_1p_n^2}{EI}W_n(0^+)\tag{7.55}$$

当 $x>0$ 时,式(7.53)可写为

$$W_n^{(1)}=A_n^{(1)}\sin k_nx+B_n^{(1)}\cos k_nx+C_n^{(1)}\text{sh}\ k_nx+D_n^{(1)}\text{sh}\ k_nx\tag{7.56}$$

当 $x<0$ 时,则式(7.53)可写为

$$W_n^{(2)}=A_n^{(2)}\sin k_nx+B_n^{(2)}\cos k_nx+C_n^{(2)}\text{sh}\ k_nx+D^{(2)}\text{ch}\ k_nx\tag{7.57}$$

将式(7.56)和式(7.57)代入边界条件式(7.54)和连续条件式(7.55),可得到

$$\begin{bmatrix}a_{11}&a_{12}&a_{13}&a_{14}&a_{15}&a_{16}\\a_{21}&a_{22}&a_{23}&a_{24}&a_{25}&a_{26}\\a_{31}&a_{32}&a_{33}&a_{34}&a_{35}&a_{36}\\a_{41}&a_{42}&a_{43}&a_{44}&a_{45}&a_{46}\\a_{51}&a_{52}&a_{53}&a_{54}&a_{55}&a_{56}\\a_{61}&a_{62}&a_{63}&a_{64}&a_{65}&a_{66}\end{bmatrix}\begin{Bmatrix}A_n^{(1)}\\B_n^{(1)}\\C_n^{(1)}\\D_n^{(1)}\\A_n^{(2)}\\C_n^{(2)}\end{Bmatrix}=0\tag{7.58}$$

式中　$a_{11}=a_{13}=-a_{15}=-a_{16}=1,a_{12}=a_{14}=a_{35}=a_{36}=a_{45}=a_{46}=a_{51}=a_{53}=a_{61}=a_{63}=0$

$$a_{21}=-a_{23}=-a_{25}=a_{26}=-k_n^3,a_{22}=a_{24}=\frac{-m_1\omega_n^2}{EI}$$

$$a_{41}=k_na_{32}=-k_n^3\cos k_nl_a,a_{42}=-k_na_{31}=-k_n^3\sin k_nl_a$$

$$a_{44}=k_na_{33}=k_n^3\text{sh}\ k_nl_a,a_{43}=-k_na_{34}=k_n^3\text{ch}\ k_nl_a$$

$$a_{62}-k_na_{55}=-k_n^3\sin k_na,a_{64}=k_na_{56}=-k_n^3\text{sh}\ k_na$$

$$a_{65}-k_na_{52}=-k_n^3\cos k_na,a_{66}=k_na_{54}=-k_n^3\text{ch}\ k_na。$$

另外,由于式(7.56)和式(7.57)中 8 个待定常数中有 2 个分别与其余 2 个相等,故式(7.58)中只有 6 个待定常数。

由式(7.58)得其频率方程为

$$\begin{bmatrix} a_{11} & a_{12} & a_{13} & a_{14} & a_{15} & a_{16} \\ a_{21} & a_{22} & a_{23} & a_{24} & a_{25} & a_{26} \\ a_{31} & a_{32} & a_{33} & a_{34} & a_{35} & a_{36} \\ a_{41} & a_{42} & a_{43} & a_{44} & a_{45} & a_{46} \\ a_{51} & a_{52} & a_{53} & a_{54} & a_{55} & a_{56} \\ a_{61} & a_{62} & a_{63} & a_{64} & a_{65} & a_{66} \end{bmatrix} = 0 \tag{7.59}$$

将上式展开整理有

$$2k_n^3[-2+2\cos k_n(l_n+a)\,\mathrm{ch}\,k_n(l_n+a)] - \frac{m_1\omega_n^2}{EI}(-2\sin k_n\mathrm{ch}\,k_na + 2\cos k_na\mathrm{sh}\,k_na - 2\mathrm{ch}\,k_nl_a\cdot \sin k_nl_a + 2\cos k_nal_a\sin k_nl_a + 2\cos k_na\cos k_nl_a\mathrm{ch}\,k_na\,\mathrm{sh}\,k_nl_a - 2\mathrm{ch}\,k_nl_a2a\cos k_na\sin k_nl_a\mathrm{ch}\,k_na) = 0 \tag{7.60}$$

上式即为矩阵形式频率方程的展开式。

### 7.4.2 参数计算

根据搅拌棒的资料,已知 $E=2.0\times10^5$ MPa, $\rho=7.8\times10^3$ kg/m$^3$,管壁厚 $t=4$ mm,管壁外径 $D=48$ mm,管壁内径 $d=40$ mm,工作时振子的转速 $n=11\ 400$ r/min,即 $\omega=1\ 193.805$ rad/s。

振子的横截面如图 7.28 所示。根据几何关系可得

$$\alpha = \frac{\pi}{180^\circ}\theta = \frac{\pi}{180^\circ}\left(4\arctan\sqrt{\frac{2r-e}{4r-e}}\right) \tag{7.61}$$

振子的各部分尺寸如图 7.29 所示。

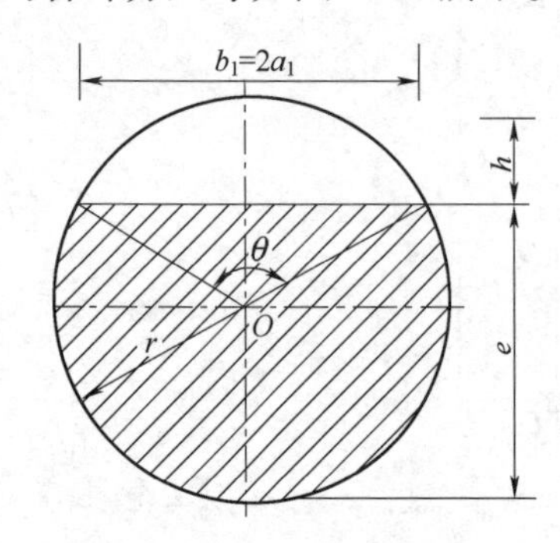


图 7.28 振子的横截面

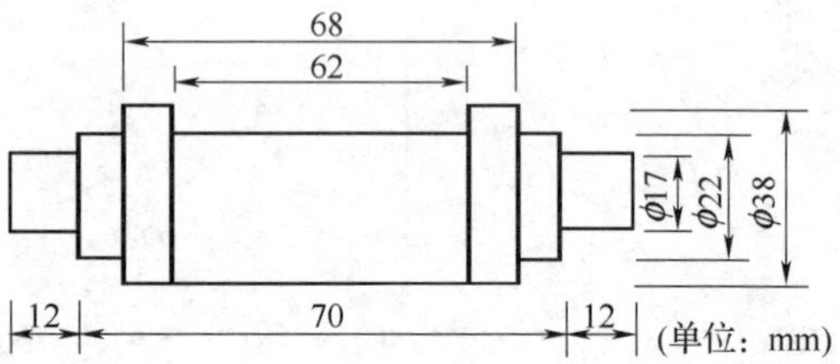

图 7.29 振子详图

考虑振子体积的 4 种设计方案,即

$$\left.\begin{aligned} V^{(1)} &= 2A_1\times12 + 2A_2\times1 + A_3\times68 - A_0\times62 \\ V^{(2)} &= 2A_1\times12 + 2A_2\times1.1 + A_3\times70 - A_0\times64 \\ V^{(3)} &= 2A_1\times12 + 2A_2\times0.9 + A_3\times66 - A_0\times60 \\ V^{(4)} &= 2A_1\times12 + 2A_2\times0.9 + A_3\times64 - A_0\times58 \end{aligned}\right\} \tag{7.62}$$

其中 $A_1=17^2\pi/4$;$A_2=22^2\pi/4$;$A_3=38^2\pi/4$;$A_0=r^2\alpha/2-r^2\sin\alpha/2$。由式(7.62)可得到四种设计方案下振子的质量 $m_1^{(1)}$、$m_1^{(2)}$、$m_1^{(3)}$ 和 $m_1^{(4)}$。

### 7.4.3 结果分析与讨论

由于振子在棒体中的位置 $a$ 将影响棒体固有频率 $\omega_n$，因此对 $a$ 设定一个取值范围，分别求出结果。计算结果见表 7.3、表 7.4 和表 7.5。

**表 7.3 第一、二种设计方案及计算结果**

| 序号 | 振子位置 $a$(m) | 偏心距 $e$(m) | 振子质量 $m_1$(kg) | | $\omega_n$(rad/s) | |
|---|---|---|---|---|---|---|
| | | | 方案一 | 方案二 | 方案一 | 方案二 |
| 1 | 0.180 | 0.034 | 0.626 7 | 0.643 7 | 1 140.21 | 1 140.22 |
| 2 | 0.181 | 0.020 | 0.546 8 | 0.561 2 | 1 139.61 | 1 139.61 |
| 3 | 0.182 | 0.020 | 0.546 8 | 0.561 2 | 1 138.86 | 1 138.84 |
| 4 | 0.183 | 0.020 | 0.546 8 | 0.561 2 | 996.97 | 867.19 |
| 5 | 0.186 | 0.020 | 0.546 8 | 0.561 2 | 997.66 | 997.92 |
| 6 | 0.187 | 0.020 | 0.546 8 | 0.561 2 | 1 136.95 | 1 136.87 |
| 7 | 0.189 | 0.020 | 0.546 8 | 0.561 2 | 1 138.15 | 1 138.10 |
| 8 | 0.190 | 0.020 | 0.546 8 | 0.561 2 | 1 138.93 | 1 138.91 |

**表 7.4 第三、四种设计方案及计算结果**

| 序号 | 振子位置 $a$(m) | 偏心距 $e$(m) | 振子质量 $m_1$(kg) | | $\omega_n$(rad/s) | |
|---|---|---|---|---|---|---|
| | | | 方案三 | 方案四 | 方案三 | 方案四 |
| 1 | 0.180 | 0.034 | 0.609 8 | 0.592 8 | 1 140.20 | 1 140.19 |
| 2 | 0.181 | 0.020 | 0.532 4 | 0.518 1 | 1 139.62 | 1 139.63 |
| 3 | 0.182 | 0.020 | 0.532 4 | 0.518 1 | 1 138.88 | 1 138.91 |
| 4 | 0.183 | 0.020 | 0.532 4 | 0.518 1 | 997.04 | 997.11 |
| 5 | 0.186 | 0.020 | 0.532 4 | 0.518 1 | 998.01 | 998.05 |
| 6 | 0.187 | 0.020 | 0.532 4 | 0.518 1 | 1 137.02 | 1 137.09 |
| 7 | 0.189 | 0.020 | 0.532 4 | 0.518 1 | 1 138.19 | 1 138.23 |
| 8 | 0.190 | 0.020 | 0.532 4 | 0.518 1 | 1 138.96 | 1 138.98 |

**表 7.5 较好的设计方案**

| 振子设计方案 | 振子位置 $a$(m) | 偏心距 $e$(m) | 振子质量 $m_1$(kg) | $\omega_n$(rad/s) |
|---|---|---|---|---|
| 一 | 0.180 | 0.034 | 0.626 7 | 1 140.21 |
| | 0.181 | 0.020 | 0.546 8 | 1 139.61 |
| | 0.190 | 0.020 | 0.546 8 | 1 138.93 |
| 二 | 0.180 | 0.034 | 0.647 3 | 1 140.22 |
| | 0.181 | 0.020 | 0.561 2 | 1 139.61 |
| | 0.190 | 0.020 | 0.561 2 | 1 138.96 |
| 三 | 0.180 | 0.034 | 0.609 8 | 1 140.20 |
| | 0.181 | 0.020 | 0.532 4 | 1 139.62 |
| | 0.190 | 0.020 | 0.532 4 | 1 138.96 |
| 四 | 0.180 | 0.034 | 0.592 8 | 1 140.19 |
| | 0.181 | 0.020 | 0.518 1 | 1 139.63 |
| | 0.190 | 0.020 | 0.518 1 | 1 138.98 |

从表 7.3 和表 7.4 的计算结果来看,振子位置的变化对固有频率 $\omega_n$ 的影响较大,而偏心距的变化则对固有频率 $\omega_n$ 的影响较小。表 7.5 则表明,不同的振子质量对相同的振子位置的固有频率 $\omega_n$ 的影响较小。

根据统计分析,表明振子位置为 0.180 m,偏心距为 0.034 m 是最理想的设计,此时其固有频率最接近于振子工作时的激振频率。4 种不同振子设计尺寸下的振子质量可根据制造工艺的要求选取。对于搅拌棒与结构之间的约束机理及处于工作状态时混凝土对搅拌棒作用的模拟还需作进一步的研究。

## 7.5 桥梁下部结构的加固与振动分析研究[34]

在桥梁存续期间内,由于列车的提速和超重车辆的行驶等因素的影响,导致桥梁结构产生病害、出现缺陷,严重的则影响桥梁的正常使用。为了确保交通安全,需要对桥梁进行维修、加固和改造。

图 7.30 所示的桥梁全长 629.2 m,共有桥台 2 个,桥墩 18 个,上部梁体跨度 32 m,全桥位于 5‰的直线坡道上。基础为八边型明挖扩大基础,圆柱形桥墩,墩台高为 17 ~ 25 m。设计活载为中 - 活载,地震基本烈度为 6 级。该桥在运营过程中,桥墩横向晃动严重,经检测,桥上货车速度在 40 ~ 60 km/h 时,墩顶、梁跨横向振幅较大,桥上货车晃动严重,检测数据显示墩顶横向振幅超过《铁路桥梁检定规范》(以下简称《桥检规》)128% 。梁体跨中墩顶横向余振频率偏低。为确保行车安全,需要对该桥进行墩台加固。

### 7.5.1 加固方案

根据加固设计方案,在原承台外侧增加 4 根直径为 1 m 的钻孔灌注桩,桩顶新建承台与原墩身固结,承台厚度为 2 m,另在原桥墩双侧增加 C30 钢筋混凝土圆端型加固柱,以减小桥墩横向晃动。加固后的方案如图 7.31 所示。

图 7.30

图 7.31

### 7.5.2 桥墩自振特性

桥墩中 8 号墩为该桥最高墩之一,墩身为 23 m,刚度相对较弱,15 号墩墩高 19 m,是埋入土层最浅的一个墩,因此选用 8 号和 15 号墩进行加固分析。

采用 ANSYS 9.0 建模。桥墩采用实体单元 SOLID45 来模拟混凝土,COMBIN14 弹簧单元模拟桩土间相互作用,按实际支座模拟边界条件,并且简化混凝土中的构造钢筋以及墩上的附属设施,在计算中将其质量等效到各相应的材料中。原墩采用 C15 混凝土,加固混凝土为 C30 钢筋混凝土。

对 8 号墩和 15 号墩加固前后的固有频率进行计算分析,得到:

(1)加固前,8 号墩第一阶固有频率表现为横向一阶固有频率,其值为 1.614 3 Hz,低于《桥检规》(≥1.760 5 Hz)的规定值,不满足要求;加固后,横向刚度得到很大提高,其第一阶固有频率表现为纵向一阶固有频率,第二阶固有频率表现为横向一阶固有频率,其值为 3.606 4 Hz,满足《桥检规》要求。

(2)加固前,15 号墩第一阶固有频率表现为横向一阶固有频率,其值为 1.960 2 Hz,低于《桥检规》(≥1.975 8 Hz)的规定值,不满足要求;加固后,横向刚度得到很大提高,其第一阶固有频率表现为纵向一阶固有频率,第二阶固有频率表现为横向一阶固有频率,其值为 4.650 6 Hz,满足《桥检规》要求。

### 7.5.3 梁—墩体系

1. 自振特性分析

分析加固前后的自振特性。由于第 5 号墩至 10 号墩截面尺寸及高度和梁体尺寸均相同,每孔梁均为简支梁,约束也相同,故模型只建立两孔(8 号孔、9 号孔)、三墩(7 号墩、8 号墩、9 号墩)的梁—墩体系进行计算。

对加固前及加固后的梁—墩体系进行分析,得到全桥计算模型前三阶自振频率。从计算结果中可以看到,通过加固,梁—墩体系的各阶固有频率均有提升,能够提高体系的横向固有频率,增加桥梁的横向刚度。加固前桥墩横向一阶频率出现在梁—墩体系的一阶振型中,为 1.775 Hz;加固后桥墩横向一阶频率出现在梁—墩体系的三阶振型中,为 2.984 Hz。

2. 动力响应分析

桥模型同静力计算所用模型相同,车的质量简化在质量单元上,其中车身、转向架、每个轮子均分配一个质量单元,质量单元间用刚臂连接。计算载荷为 8 节标准车厢,轴重110 kN。试验载荷为 $DF_4+8\times C_{62}$满载 + $DF_4$。$DF_4$ 总重 1 380 kN;$C_{62}$满载为 840 kN。表 7.6 为 40 km/h、50 km/h、60 km/h 时各墩及桥梁跨中的横向最大振幅值。通过分析可得如下结论:

(1)加固前,7、8、9 号墩在行车速度 40 ~ 60 km/h 时横向振幅均超出《桥检规》(≤2.06 mm)规定,最大横向振幅为 4.83 mm,发生在 8 号墩行车速度 45 km/h 的工况下,超出《桥检规》135%;加固后,桥墩最大横向动振幅为 1.18 mm,发生在 8 号墩行车速度30 km/h 的工况下,加固方案满足《桥检规》规定。

(2)加固前,梁桥 8、9 孔跨中横向振幅在行车速度 30 ~ 60 km/h 时的横向振幅均超出《桥检规》(≤3.63 mm)规定,最大横向振幅为 6.28 mm,发生在 8 孔跨中行车速度 55 km/h 的工况下,超出《桥检规》73%;加固后,跨中最大横向振幅为 2.74 mm,发生在 8 孔跨中行车速度 30 km/h 的工况下,加固方案满足《桥检规》规定。

表 7.6 各部位计算横向最大振幅动值(单位:mm)

| 车速 | | 7 号墩 | 8 号墩 | 9 号墩 | 8 孔跨中 | 9 孔跨中 |
|---|---|---|---|---|---|---|
| 40 | 加固前 | 3.08 | 4.69 | 3.02 | 5.70 | 5.57 |
| | 加固后 | 0.81 | 1.10 | 0.85 | 2.51 | 2.50 |
| 50 | 加固前 | 3.14 | 4.27 | 3.34 | 5.58 | 5.62 |
| | 加固后 | 0.69 | 1.07 | 0.85 | 2.34 | 2.40 |
| 60 | 加固前 | 3.30 | 4.41 | 3.40 | 5.82 | 5.70 |
| | 加固后 | 0.81 | 1.11 | 0.79 | 2.29 | 2.33 |

## 7.6 高速列车铝型材外地板减振降噪特性分析研究[35]

近年来铝合金挤压型材的发展及其具有的一系列优点,使其成为高速列车车体的主导材料。铝型材外地板为带筋薄板,质量轻的同时又减少了很多横向构件,从而使车体质量大幅度降低。然而,铝质带筋薄板在满足车体轻量化的同时,使列车在运行中的振动和噪声问题显得尤为突出,为此国内外众多学者一直在探究高速列车车体结构的振动及噪声问题。当前的研究主要集中在:高速列车波纹板加夹板结构在不同腹板倾角下的隔声性能;阻尼对轮轨向外辐射噪声特性的影响;利用材料声学测试系统对敷设不同厚度黏弹性阻尼层的板进行声学分析;探索如何来估计和测量铁路车辆的传输损耗;在混合法的基础上引入周期子结构提高计算效率;利用混合 FE-SEA 方法对结构声传播进行预测和对轿车车内声学响应进行预测和仿真;提出周期子结构,并对波纹板进行理论计算分析和试验验证。

### 7.6.1 统计能量分析方法基本理论

1. 基本定义

声场的模态密度为

$$n(\omega)=\frac{\omega^2 V_0}{2\pi^2 C_0^3}+\frac{\omega^2 A_s}{16\pi C_0^2}+\frac{\omega l_l}{16\pi C_0} \tag{7.63}$$

式中,$A_s$ 为声场的表面积,$l_l$ 为棱边长度,$C_0$ 为声速,$V_0$ 为声场体积,$\omega$ 为圆频率。

内损耗因子是指由系统阻尼特性所决定部分的能量损耗,表达式为

$$\eta=\frac{P_{\mathrm{d}}}{\omega E}=\frac{1}{2\pi f}\times\frac{P_{\mathrm{d}}}{E} \tag{7.64}$$

式中,$P_{\mathrm{d}}$ 为损耗功率,$E$ 为平均储存能量。

被扰动声场的能量为

$$E=\frac{IV_0}{C_0} \tag{7.65}$$

式中,$V_0$,$C_0$ 分别为声场体积和声速,$I$ 为声强。

2. 隔声量

在所研究结构的上下两侧定义两个声腔,给上声腔一个激励,而下声腔仅仅接受由上声腔通过结构传来的声激励,则结构隔声量的计算公式如下:

$$TL = 10\lg\left[\frac{A_c\omega}{8\pi^2 n_1 \eta_2 C_0^2}\left(\frac{E_1}{E_2} - \frac{n_1}{n_2}\right)\right] \tag{7.66}$$

式中，$E_1$，$E_2$ 和 $n_1$，$n_2$ 分别为上、下声空腔的能量和模态密度，$A_c$ 为结构与声空腔耦合面积，$C_0$ 为声速，$\omega$ 为带宽的中心频率，$\eta_2$ 为下声空腔损耗因子。

### 7.6.2 约束阻尼层减振降噪基本理论

将约束阻尼层定义为层合板的形式，则由式(7.64)知结构的阻尼损耗因子为

$$\eta = \frac{P_{\mathrm{d}}}{\omega(T+U)} \tag{7.67}$$

式中，$P_{\mathrm{d}}$是损耗功率，$T$ 和 $U$ 分别是层合板的动能和势能。

损耗功率 $P_{\mathrm{d}}$可以通过层合板各层总的应变能之和来定义，即

$$P_{\mathrm{d}} = \sum_m 2\omega\eta_m U_m \tag{7.68}$$

式中，$m$ 指组成层合板的单层板数量，$\omega$ 为圆频率。

### 7.6.3 实例计算分析

某高速列车铝型材外地板，弹性模量 $E = 0.71 \times 10^{11}$ Pa，泊松比 $\nu = 0.33$，密度 $\rho = 2\ 700\ \mathrm{kg/m^3}$，结构模型参数如表 7.7 所示，计算分析模型如图 7.32 所示。

表 7.7 结构模型参数(m)

| 板材尺寸 | | 壁板厚 | |
|---|---|---|---|
| 地板长 | 2.53 | 上壁板 | 0.027 |
| 地板宽 | 1.176 | 下壁板 | 0.027 |
| 地板高 | 0.07 | 筋 板 | 0.027 |

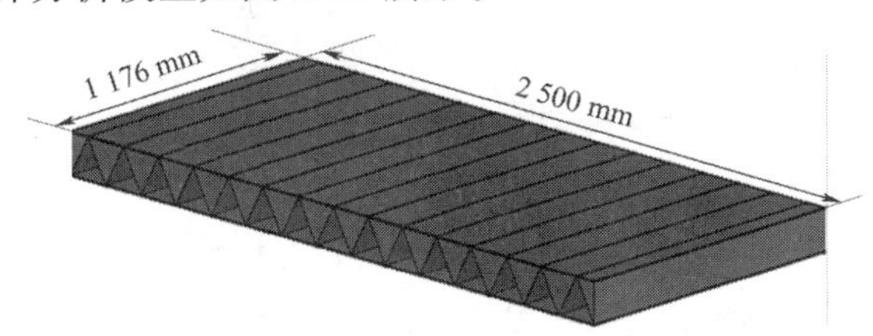


图 7.32

1. 声学仿真预测模型的建立

为保证外地板在低频区和高频区声学计算结果的完整性，一种处理方法是在截止频率上切换计算模型，即在截止频率以下使用等效板模型，在截止频率以上使用完整的结构模型，该方法的计算结果与实测值能够较好的吻合[36]。

据此，建立如图 7.33 所示的声学仿真预测模型。隔声频谱的设置将空气传声和结构传声的影响均考虑在内，激励声空腔及接收声空腔必须保证足够大，将它们的体积分别重置为 30 m³和 50 m³。

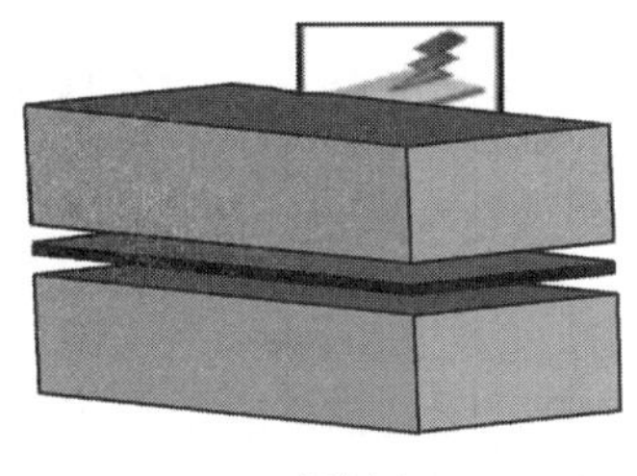

(a) 低频区

(b) 高频区

图 7.33

为验证模型的正确性,首先对型材进行隔声量的计算,如图 7.34 所示。计算结果与文献[36]数据能够较好的吻合,说明本文声学仿真预测模型建立的正确性与合理性。

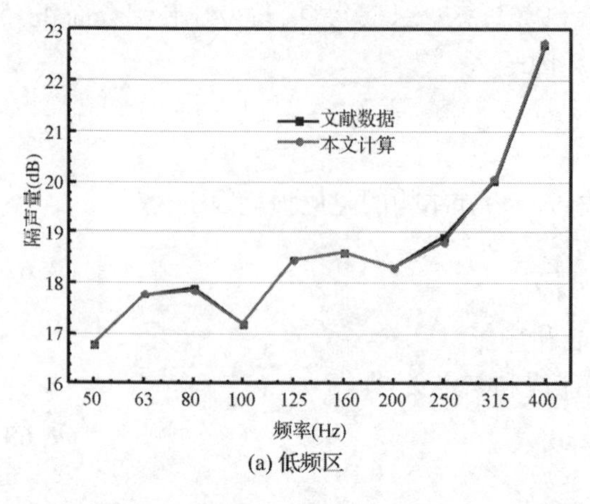

(a) 低频区

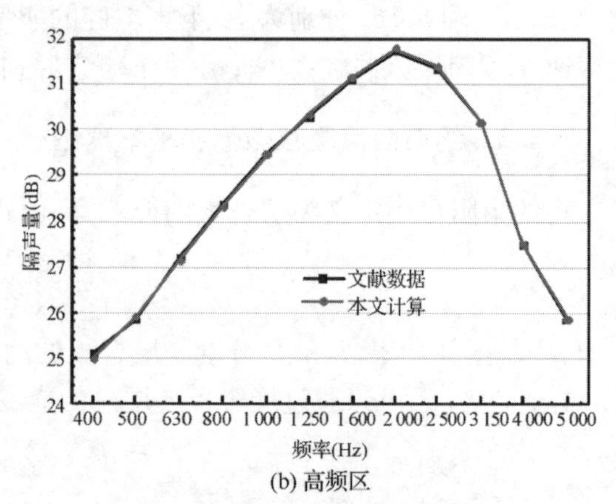

(b) 高频区

图 7.34

2. 阻尼层厚度对外地板减振降噪的影响

型材上顶板约束阻尼层敷设位置如图 7.35 所示。已知黏弹性材料的密度为 980 kg/m$^3$,泊松比为 0.48,室温下的剪切模量及阻尼损耗因子频谱如图 7.36 所示。

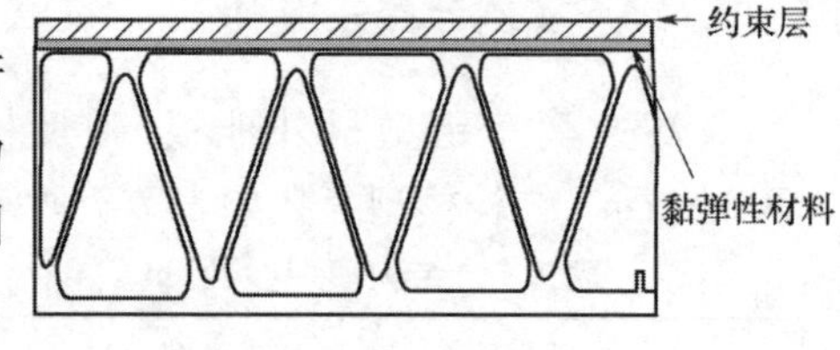

图 7.35

(1)黏弹性材料厚度对型材减振降噪的影响(工况 1)

当约束层厚为定值 0.5 mm,黏弹性材料厚分别为 0.05 mm、0.09 mm、0.1 mm、0.12 mm、0.13 mm、0.3 mm、0.4 mm、0.5 mm、1 mm 时,结构的阻尼系数、隔声量和声辐射系数如图 7.37 和图 7.38 所示。

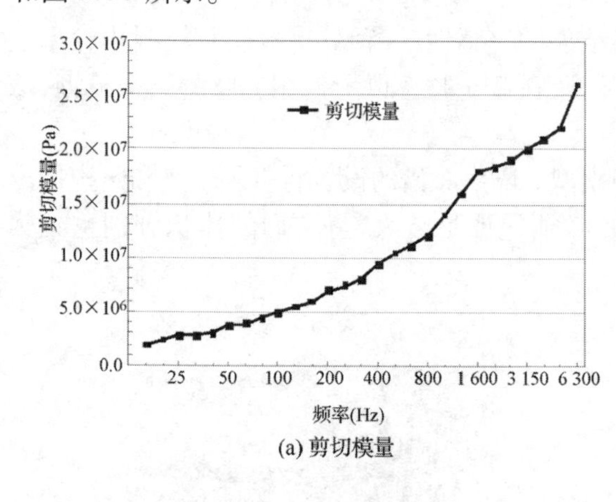

(a) 剪切模量

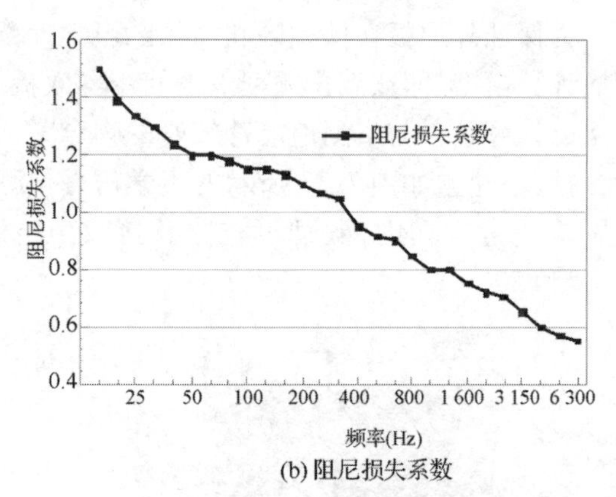

(b) 阻尼损失系数

图 7.36

在低频区,由图 7.37(a)和图 7.37(c)可见,黏弹性层厚度对结构的阻尼损失系数和声辐射系数几乎没有影响;由图 7.37(b)可知,隔声量随着黏弹性层厚度的增加略有增大。

在高频区,由图 7.38(a)可见,在一定的范围内,增大黏弹性层厚度可使结构阻尼损失因子增大;当厚度达到 0.3 mm 时,阻尼损失因子随着频率的增加开始下降,且随着厚度的增加下降的趋势更明显，说明阻尼损失系数在整个频域上并不总是随着黏弹性层厚度的增加而增大的。由图 7.38(b)可见，隔声量随着黏弹性材料的厚度增加而增大，但是隔声量的增加量随着其厚度的增加逐渐变小。由图 7.38(c)可见，黏弹性层厚度在小于 0.3 mm 时，结构的声辐射系数反而大于裸地板，说明结构向外辐射噪声的能力增强。

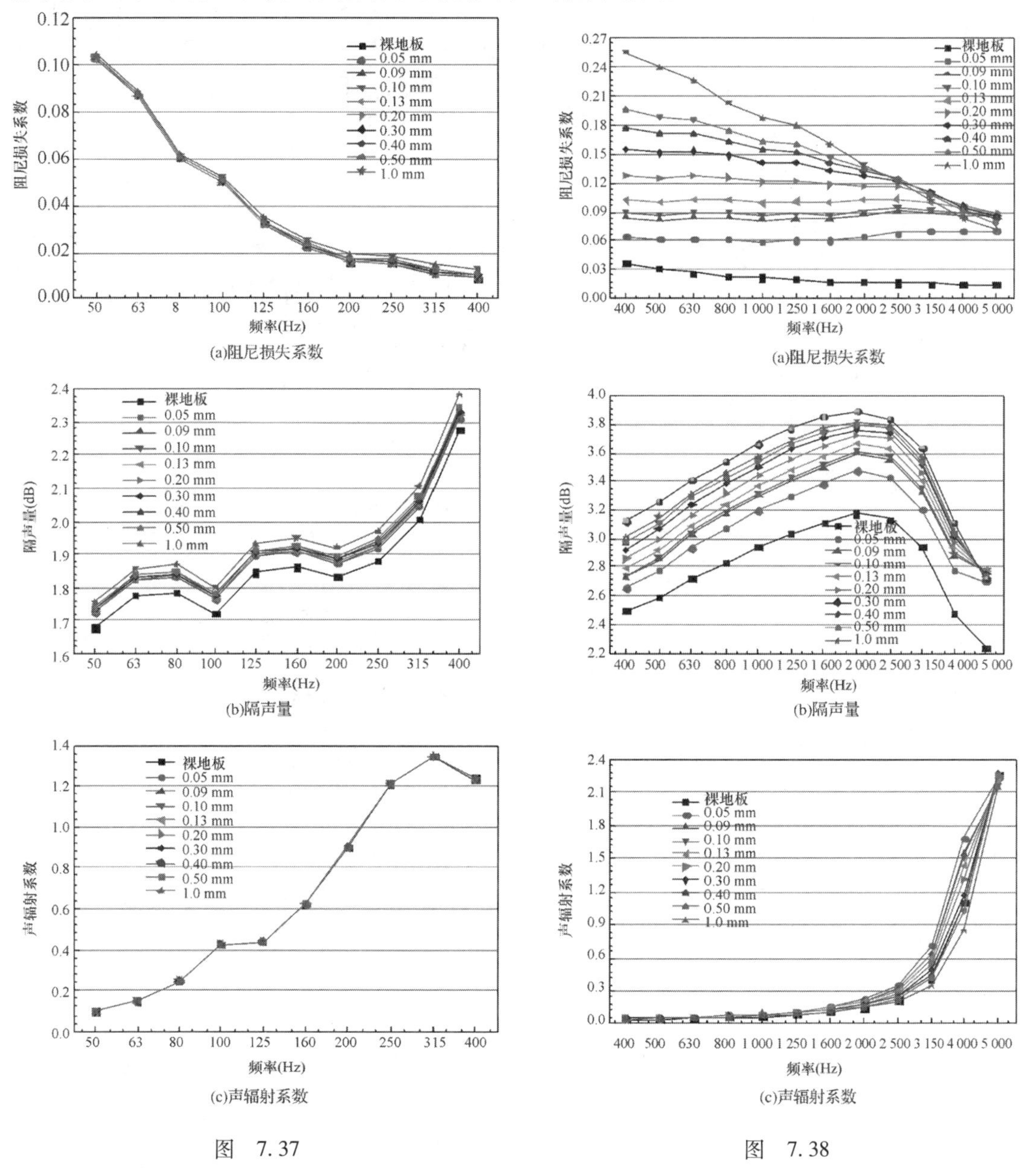


图 7.37　　图 7.38

(2)约束层厚度对型材减振降噪的影响(工况 2)

当黏弹性材料的厚度为定值 0.13 mm，约束层的厚度分别为 0.1 mm、0.2 mm、0.3 mm、0.4 mm、0.5 mm、0.55 mm、0.6 mm、0.8 mm、1 mm 时，阻尼系数、隔声量及声辐射系数如图 7.39 和图 7.40 所示。

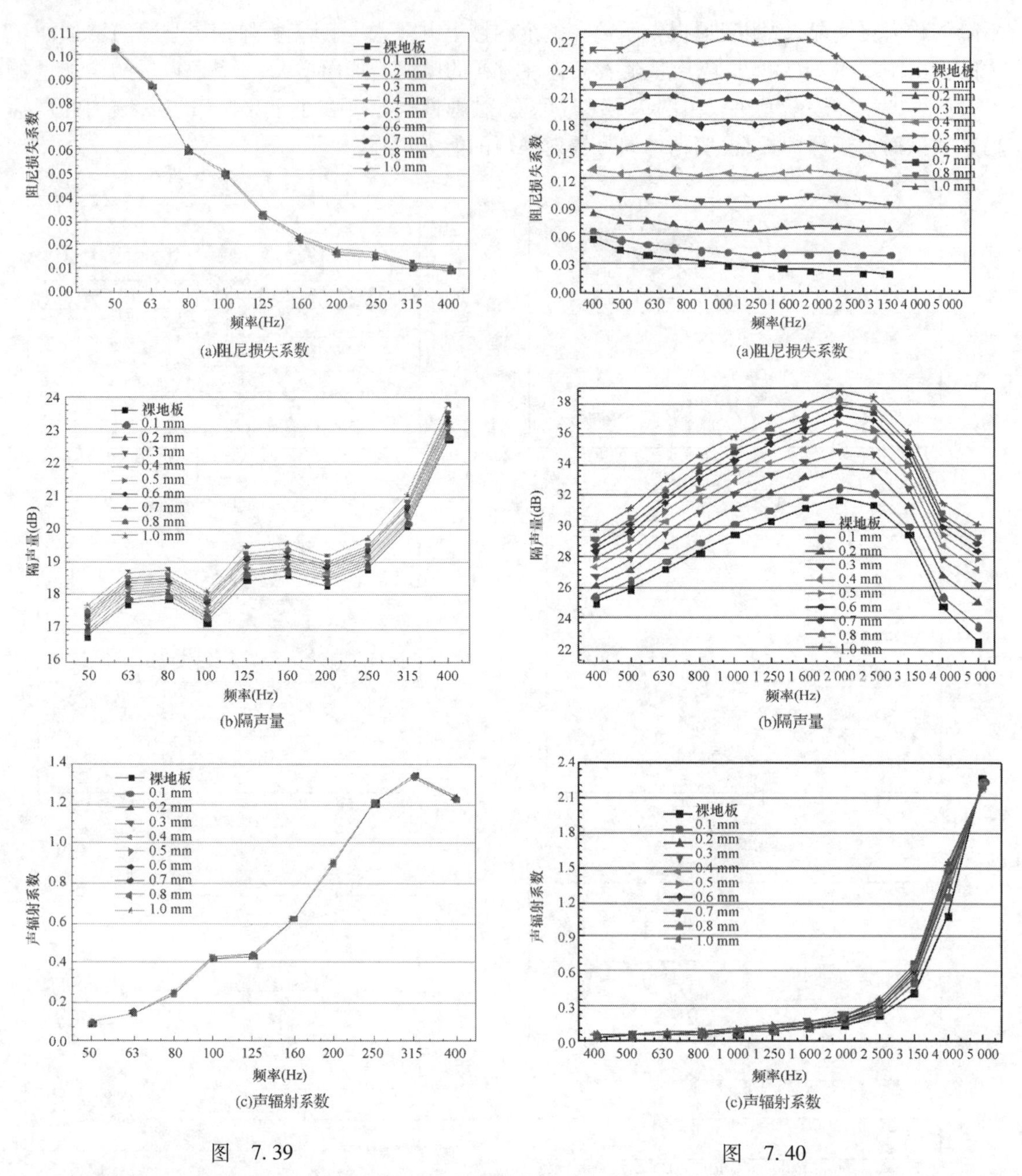


图 7.39 图 7.40

在低频区,由图 7.39 可见,约束层厚度对结构的阻尼损失系数和声辐射系数几乎没有影响,而隔声量随着约束层厚度的增加而增加。

在高频区,由图 7.40 可见,结构阻尼损失因子、隔声量和声辐射系数均随着约束层厚度的增加而增加。说明约束层的厚度对结构的减振和抑制噪声的传播起着积极的作用,然而当结构自身作为声源时,增加约束层厚度会使结构向外辐射噪声的能力增强。

3. 约束阻尼层厚度对平均隔声量和计权隔声量的影响

根据上述分析,铝型材外地板在工况 1、工况 2 下的平均隔声量和计权隔声的数值如表 7.8 和表 7.9 所示,图 7.41 和图 7.42 为相应的曲线。

表 7.8　黏弹性层厚度对型材平均隔声量和计权隔声量的影响

| 黏弹性层厚(mm) | 0 | 0.05 | 0.09 | 0.1 | 0.13 | 0.2 | 0.3 | 0.4 | 0.5 | 1 |
|---|---|---|---|---|---|---|---|---|---|---|
| 约束层厚(mm) | 0 | 0.5 | 0.5 | 0.5 | 0.5 | 0.5 | 0.5 | 0.5 | 0.5 | 0.5 |
| 平均隔声量(dB) | 25.1 | 26.76 | 27.43 | 27.56 | 27.86 | 28.32 | 28.73 | 28.99 | 29.19 | 29.81 |
| 计权隔声量(dB) | 28.8 | 30.8 | 31.6 | 31.7 | 32 | 32.6 | 33 | 33.3 | 33.5 | 34.2 |

表 7.9　约束层厚度对型材平均隔声量和计权隔声量的影响

| 约束层厚(mm) | 0 | 0.1 | 0.2 | 0.3 | 0.4 | 0.5 | 0.6 | 0.7 | 0.8 | 1.0 |
|---|---|---|---|---|---|---|---|---|---|---|
| 黏弹性层厚(mm) | 0 | 0.13 | 0.13 | 0.13 | 0.13 | 0.13 | 0.13 | 0.13 | 0.13 | 0.13 |
| 平均隔声量(dB) | 25.1 | 25.53 | 26.23 | 26.86 | 27.42 | 27.86 | 28.25 | 28.58 | 28.87 | 29.36 |
| 计权隔声量(dB) | 28.8 | 29.3 | 30.2 | 30.9 | 31.5 | 32 | 32.5 | 32.8 | 33.1 | 33.6 |

分析可知,无论是增加黏弹性层的厚度还是约束层的厚度,都可使结构的平均隔声量和计权隔声量均增大,且计权隔声量的值大于平均隔声量,差值大约为 4 dB。

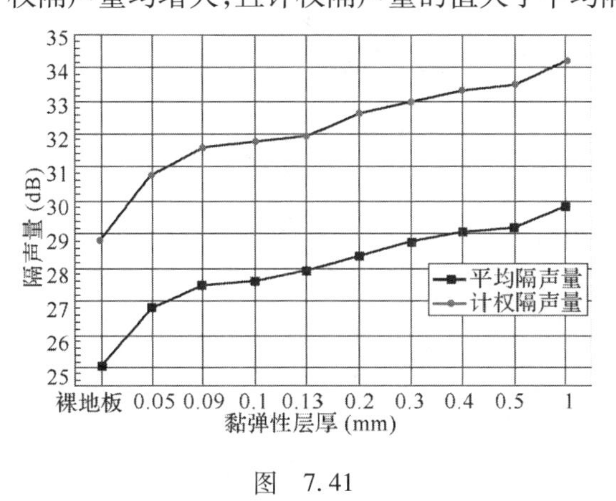


图　7.41

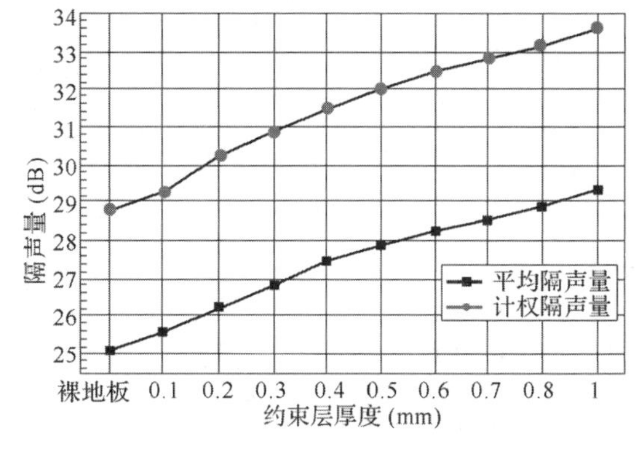


图　7.42

### 7.6.4　结　　论

基于统计能量分析方法,利用声振分析软件 VA One 建立铝型材外地板的声学仿真预测模型,计算约束阻尼层厚度对型材减振降噪的影响。结果表明:在低频区,改变约束阻尼层的厚度对型材的阻尼损失系数和声辐射系数几乎没有影响,隔声量略有增加。在高频区,当改变黏弹性层的厚度时,隔声量随着其厚度增加而增加,当厚度达到一定值时阻尼损失系数开始下降,此时声辐射系数也将大于裸地板;当改变约束层厚度时,阻尼损失系数、隔声量以及声辐射系数均随着其厚度的增加而增大。平均隔声量和计权隔声量均随着约束阻尼层厚度的增加而增大,且计权隔声量大于平均隔声量。

## 7.7　现浇板式楼梯斜撑作用释放的 Pushover 分析[37]

在以往设计中通常忽略现浇板式楼梯作为斜撑构件对结构整体的影响,楼梯也不进行抗震设计,然而在历次地震中,起着疏散和救援等重要工作的楼梯却首先破坏,导致重大伤亡。可见楼梯的斜撑作用不容忽视。现已实施的《建筑抗震设计规范》[38](GB 50011—2010)中 3.6.6.1 条规定:“利用计算机进行结构抗震分析,计算中应考虑楼梯构件的影响”,6.1.15.2 条关于楼梯间的规定:“楼梯构件与主体结构整浇时,应计入楼梯构件对地震作用及其效应的影响,应进行楼梯构件的抗震承载力验算;宜采取构造措施,减少楼梯构件对主体结构刚度的影响”。《国家建筑标准设计图集》(11G101—2)[39]也提出了“滑动支座”[见图7.43(a)]的方法,采用此方法时,楼梯不参与结构整体抗震计算。

本节应用工程软件建立3个6层框架结构模型:不带楼梯模型(M1)、带楼梯模型(M2)、带采用滑动支座楼梯模型(M3),通过对模型的静力推覆分析(Pushover),对比了罕遇地震作用下三种模型的地震效应,并研究了楼梯采用滑动支座的框架结构的屈服机制。以期望得到现浇板式楼梯采用滑动支座对结构抗震性能的影响以及对现有措施改进的探讨。

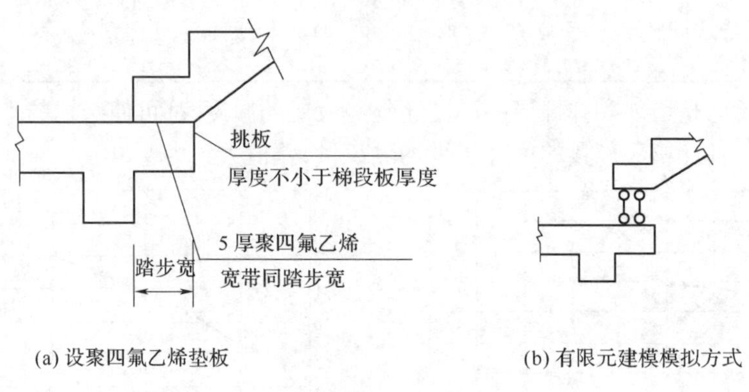


(a) 设聚四氟乙烯垫板　　(b) 有限元建模模拟方式

图 7.43

### 7.7.1 Pushover 分析模型

1. 结构建模

采用ETABS软件进行建模,分析对象为规则的地上6层框架结构,楼梯对称布置,不上人屋面,楼梯设置1层~5层。首层层高4.5 m,其余层高3.6 m,楼板厚100 mm,梯段板厚110 mm,开间、进深等如图7.44所示。抗震设防烈度7度(0.1$g$),场地特征周期0.45 s。混凝土强度等级C30,梁、柱采用线杆单元,主筋采用HRB400级。楼板采用slab膜单元模拟导荷载,梯段板采用slab壳单元模拟,模型M3梯段板下端滑动支座建模采取措施见图7.43(b),考虑地震力较大,忽略了滑动支座接触摩擦影响,M1在M2基础上取消楼梯部件,楼梯荷载保留。

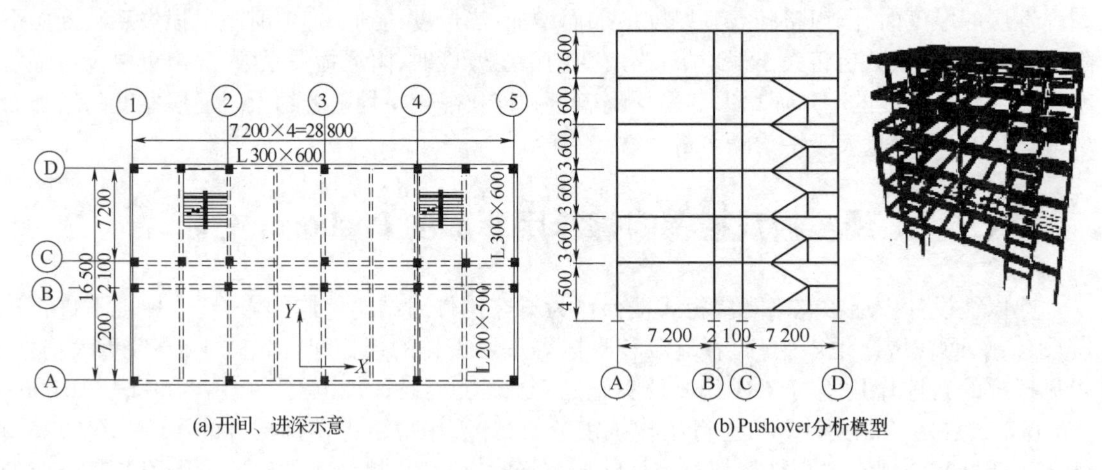


(a)开间、进深示意　　(b)Pushover分析模型

图 7.44

2. 塑性铰定义

梁、柱采用弹性杆加默认塑性铰模拟，梁考虑弯曲铰 M3，柱考虑 PMM 铰，底层柱考虑 PMM 铰和剪力铰 V2，塑性铰集中在杆端，但框架柱与楼梯的中间休息平台相连接处设置 PMM 和 V2 铰，与梯段板相连的梯梁端部和中部都设置 M3 铰和 V2 铰，梯柱设置 PMM 和 V2 铰。

塑性铰采用默认铰，在进行静力非线性分析之前，按现行规范，采用 PKPM 对结构进行配筋计算并适当归并，各截面尺寸及配筋面积见表 7. 10。

**表 7. 10 Pushover 分析模型各构件截面尺寸及配筋面积**

| 构件 | 楼层 | 截面尺寸(mm×mm) | 纵筋配筋($mm^2$) |
|---|---|---|---|
| 框架角柱 | 1～2 层 | 700×700 | 每侧 2 450 |
| | 3～6 层 | 700×700 | 每侧 1 570 |
| 框架柱 | 1～2 层 | 600×600 | 每侧 1 570 |
| | 3～6 层 | 600×600 | 每侧 1 250 |
| 框架梁 | 1～6 层 | 300×600 | 上侧 1 500 |
| | | | 下侧 1 000 |
| 次梁 | 1～6 层 | 200×500 | 上侧 1 000 |
| | | | 下侧 1 000 |
| 梯梁 | 1～6 层 | 250×350 | 上侧 600 |
| | | | 下侧 600 |
| 梯柱 | 1～6 层 | 300×300 | 每侧 600 |

3. 侧向加载方式

首先对结构施加具有代表性值的重力荷载，由结构自重和活载组成，然后再施加侧向力。本节考虑到楼梯只在顺梯段板方向对结构影响较大，所以只在顺梯段板方向施加侧向力，采用两种加载模式：

(1)加载模式 1(m1)：①施加 100% 恒载和 50% 活载 + ②$Y$ 向第一振型(相当于倒三角形侧向加载模式)。

(2)加载模式 2(m2)：①施加 100% 恒载和 50% 活载 + ②$Y$ 向加速度(相当于均匀分布侧向加载模式)。

### 7. 7. 2 分析结果

1. 结构性能点

从表 7. 11 可以看出：3 种模型在遭遇罕遇地震时都不会倒塌，且失效点处位移和剪力都远大于性能点数值，说明结构有良好延性性能；M2 的基底剪力比 M1 和 M3 都要大，尤其在罕遇地震情况下，M2 比 M1 大 52% ，比 M3 大 35% ，而采用滑动支座的 M3 比 M1 仅大 10% ；M2 的顶点位移比 M1 和 M3 的都略小。说明：楼梯的斜撑作用大大提高了顺梯段板方向结构的刚度，结构周期减小，结构位移减小，但显著增大了结构基底剪力；采用滑动支座使楼梯与整体结构脱开的 M3 可以在保护楼梯的同时减小结构刚度，减小地震作用效应，减少基底剪力值。

表 7.11 各模型不同地震工况下性能点

| 模型 | Y 向侧向加载模式 | 7 度多遇烈度性能点 | | 7 度罕遇烈度性能点 | | 失效点 | |
|---|---|---|---|---|---|---|---|
| | | 基底剪力(kN) | 顶点位移(mm) | 基底剪力(kN) | 顶点位移(mm) | 基底剪力(kN) | 顶点位移(mm) |
| M1 | m1 | 1 149.47 | 12 | 2 995.13 | 78 | 3 515.93 | 214 |
| | m2 | 1 306.08 | 11 | 3 732.52 | 69 | 4 264.87 | 228 |
| M2 | m1 | 1 185.39 | 8 | 4 529.76 | 64 | 6 144.19 | 107 |
| | m2 | 1 457.14 | 7 | 5 632.41 | 56 | 8 627.52 | 134 |
| M3 | m1 | 1 243.30 | 12 | 3 382.35 | 76 | 4 295.23 | 256 |
| | m2 | 1 330.76 | 10 | 4 075.87 | 64 | 5 393.38 | 223 |

2. 结构层间位移角

图 7.45 表示了各模型在罕遇地震下不同侧向力加载模式性能点处的楼层最大位移角和按振型分解反应谱理论计算得到的结构弹性状态下楼层最大层间位移角。罕遇地震下最大楼层位移角:M1 为 1/192(m1 加载),M2 为 1/238(m1 加载),M3 为 1/165(m1 加载),均未超过《建筑抗震设计规范》要求的弹塑性阶段的 1/50;弹性阶段最大楼层位移角:M1 为 1/798(楼层 2),M2 为 1/924(楼层 2),M3 为 1/680(楼层 2),均未超过《建筑抗震设计规范》要求的弹性阶段的 1/550。说明:楼梯的斜撑作用增加了结构刚度,减少了结构的层间位移角;采用滑动支座后结构的层间位移角比无楼梯模型大,结构相对变柔。某些框架结构采用刚性楼板假定计算层间位移角时接近 1/550,而采用滑动支座则会使结构层间位移角超过 1/550,从而不满足规范要求。

3. 结构各层剪力

图 7.46 表示了各模型在罕遇地震下不同侧向力加载模式性能点处楼层剪力值和按振型分解反应谱理论计算得到的结构弹性状态下楼层剪力值。可以发现在 m2 的加载方式下,楼层 1、楼层 2 的剪力值大于 m1 加载方式,但上面的楼层则相反;M2 的楼层剪力显著大于 M1 和 M3 的值,M3 的楼层剪力值略大于 M1 的值。说明:楼梯斜撑作用显著增大了结构的刚度,增大了结构的地震效应,增大了层间剪力值;采用滑动支座后,可以释放斜撑作用,改善结构抗震性能,尤其保护楼梯间;振型荷载模式倾向于揭示上部楼层的薄弱环节,而均布荷载模式则倾向于揭示下部楼层的薄弱环节。

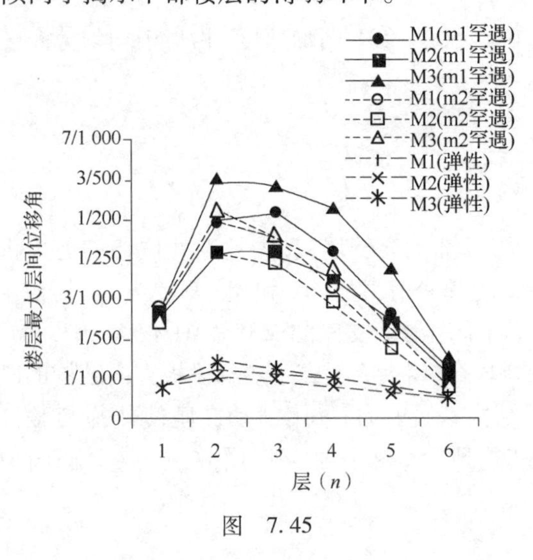


图 7.45

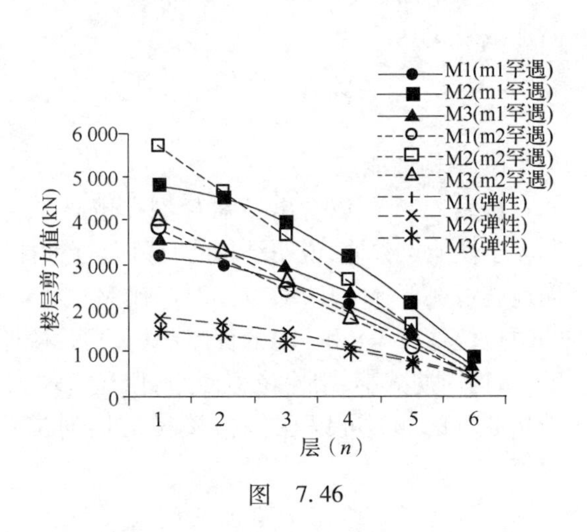


图 7.46

4. 结构推覆至罕遇地震性能点屈服机制

图 7.47、图 7.48、图 7.49 为各模型第②轴线的框架推覆至罕遇地震性能点塑性铰发展过程的 Step4、Step10，塑性铰处于 B-IO，代表“直接使用”，模型都未出现倒塌。

M1 在推覆过程中，首先屈服的是 1、2 层框架梁，随着推覆过程进行，塑性铰沿着楼层向上发展，柱底未出现塑性铰。

M2 在推覆过程中，首先屈服的是 1、2 层楼梯间与框架柱相连的 $Y$ 向休息平台梁端部，其次是与梯柱相连的 $Y$ 向休息平台梁端部，以及框架梁梁端，然后梯段板下方梯梁中部和端部出现塑性铰，随着推覆过程进行，塑性铰向上发展，最后底层柱底共出现 8 个塑性铰。

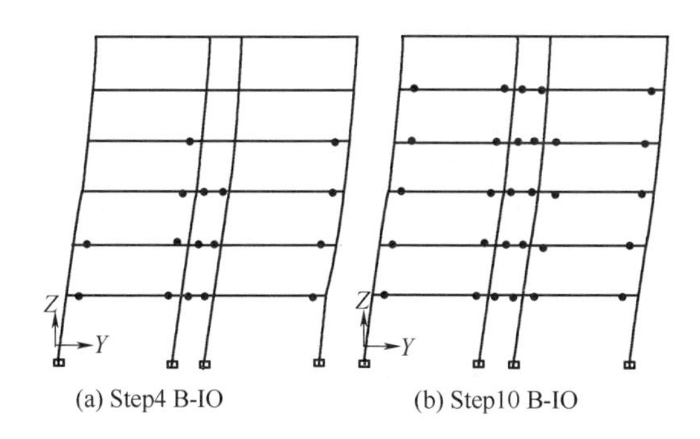


图　7.47

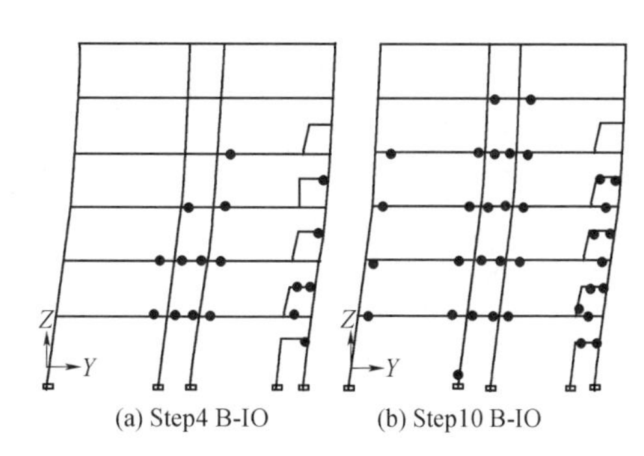


图　7.48

M3 在推覆过程中，首先屈服的是 1、2 层楼梯间处与框架柱相连的 $Y$ 向休息平台梁端部，其次是框架梁端，随着推覆过程进行，塑性铰出现在梯柱下端，以及与梯柱相连的 $Y$ 向休息平台梁端部，并且塑性铰向上层发展，最后底层柱共出现 3 个塑性铰。

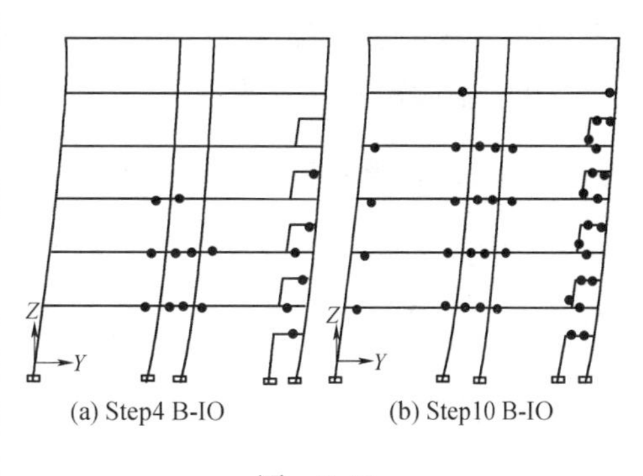


图　7.49

综上，塑性铰首先出现在层间位移较大楼层且与楼梯间相连构件处，慢慢向上和周围扩散；刚度较大的框架梁易出现塑性铰；楼梯的斜撑作用对框架柱底塑性铰出现贡献较大；采用滑动支座可以显著减少框架柱底塑性铰出现，但增加了梯柱柱底塑性铰出现的数量，且休息平台梁（$Y$ 向）与框架柱相连处易出现塑性铰，所以楼梯整体稳定得不到保证。

### 7.7.3　结　　论

（1）框架结构中采用滑动支座释放板式楼梯斜撑作用，可以改变楼梯以往在地震中首先破坏的状态，而且可以显著改善结构顺梯段板方向的刚度，减少地震剪力值，并减少配筋。

（2）采用滑动支座释放楼梯斜撑作用后，结构抗侧刚度减小，结构层间位移角大于无楼梯模型，可能会造成层间位移角达不到规范要求，所以设计中采用滑动支座不考虑楼梯影响时，要注意对层间位移角的控制，留有一定富余，刚性楼板假定忽略了楼梯间开洞影响，应对楼梯间周围梁柱进行加强，提高抗震构造措施。

(3)在 Pushover 推覆分析中,可以发现,采用滑动支座框架结构在遭遇罕遇地震时,楼梯梯柱下端易出现塑性铰,与框架柱相连的 $Y$ 向休息平台梁端部也易出现塑性铰,所以楼梯的整体稳定性不能得到较好保证,建议采用图 7.50 所示梯柱构造措施,此措施已经在某项目结构中使用,可增强楼梯整体稳定性。

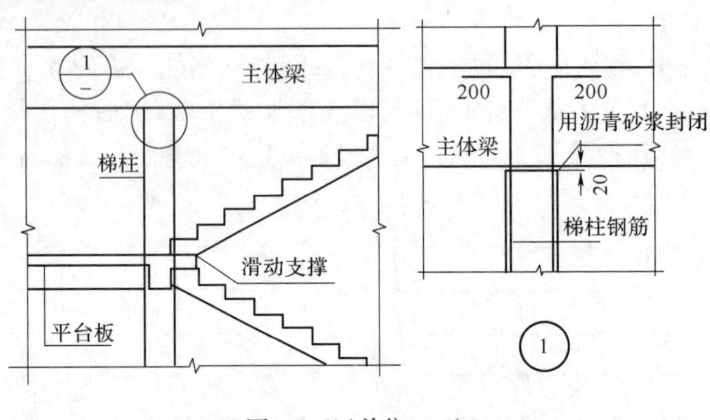


图 7.50(单位:mm)

## 7.8 非均匀梁横向振动特性计算方法[40]

工程中的一些结构可以简化为非均匀梁,如风力机叶片和塔架、信号发射塔等。对非均匀梁,求解其固有频率和振动模态的通用方法是有限元法。本节提供一种快速计算非均匀梁自由振动频率和振动模态的方法。

### 7.8.1 计算模型及基本理论

图 7.51(a)所示非均匀梁,其自由振动方程为

$$\frac{\partial^2 y}{\partial x^2}\left(EI(x)\frac{\partial^2 y(x,t)}{\partial x^2}\right)+\rho A(x)\frac{\partial^2 y(x,t)}{\partial t^2}=0 \tag{7.69}$$

式中,$y(x,t)$ 是梁的横向挠度函数,抗弯刚度 $EI(x)$、线密度 $\rho A(x)$ 为沿梁长方向变化的函数。

将图 7.51(a)所示非均匀梁细分为相互连接的若干段,当每段长度足够短时,每段可视为均匀。图 7.51(b)为细分为 $N$ 段的情形。如果第 $i$ 段长度、弯曲刚度和线密度分别用 $l_i$、$(EI)_i$ 和 $(\rho A)_i$ 表示($i=1,2,...,N$),则

$$(EI)_i = \frac{1}{l_i}\int_{x_{i+1}}^{x_i} EI(x)\,\mathrm{d}x,\quad (\rho A)_i = \frac{1}{l_i}\int_{x_{i+1}}^{x_i} \rho A(x)\,\mathrm{d}x \tag{7.70}$$

这时第 $i$ 段自由振动方程为

$$(EI)_i\left(\frac{\partial^4 y(x,t)}{\partial x^4}\right)+(\rho A)_i\frac{\partial^2 y(x,t)}{\partial t^2}=0 \tag{7.71}$$

设方程(7.71)的解为

$$y_i(x,t)=Y_i(x)T_i(t) \tag{7.72}$$

其中,$T_i(t)=\sin(\omega t+\varphi)$,$\omega$ 是梁横向振动圆频率,$\varphi$ 由初始条件决定。$Y_i(x)$ 是第 $i$ 段梁的模态函数:

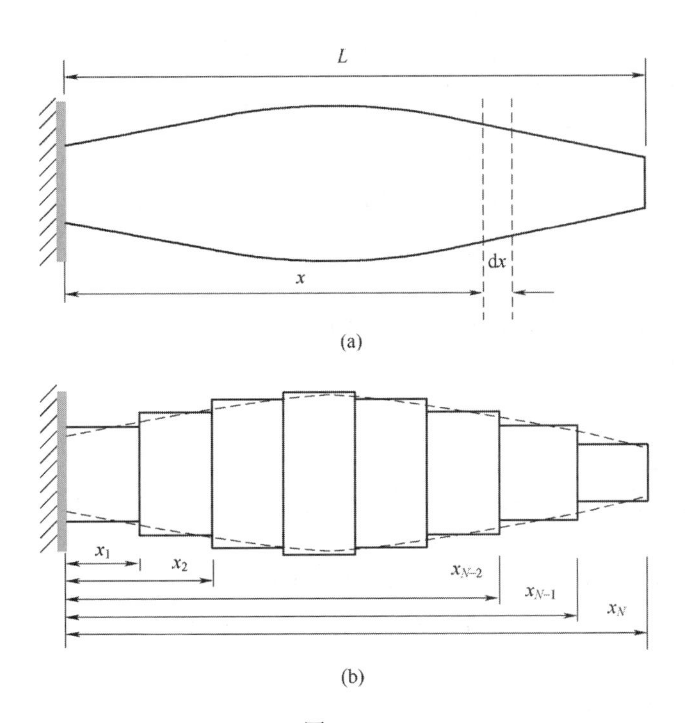


图 7.51

$$Y_i(x)=A_i\sin X_i+B_i\cos X_i+C_i\sinh X_i+D_i\cosh X_i \tag{7.73}$$

其中，$X_i=\beta_i(x-x_{i-1})$，$x_{i-1}\leqslant x\leqslant x_i$，$i=1,2,\cdots,N$，$x_0=0$。$A_i$、$B_i$、$C_i$、$D_i$ 是待定系数。此外

$$\beta_i=\frac{(\rho A)_i}{(EI)_i}\omega^2 \tag{7.74}$$

式中，$\omega$ 是非均匀梁横向振动圆频率。同理，第 $i+1$ 段梁的模态函数为

$$Y_{i+1}(x)=A_{i+1}\sin X_{i+1}+B_{i+1}\cos X_{i+1}+C_{i+1}\sinh X_{i+1}+D_{i+1}\cosh X_{i+1} \tag{7.75}$$

由第 $i$ 段和 $i+1$ 段在连接点 $x_i$ 处的位移、转角、弯矩、剪力协调，有

$$\begin{gathered}Y_{i+1}(x_i)=Y_i(x_i),\quad Y'_{i+1}(x_i)=Y'_i(x_i),\\(EI)_{i+1}Y''_{i+1}(x_i)=(EI)_iY''_i(x_i),\quad((EI)_{i+1}Y''_{i+1}(x_i))'=((EI)_iY''_i(x_i))'\end{gathered} \tag{7.76}$$

式(7.76)的矩阵形式为

$$\begin{bmatrix}Y_{i+1}(x_i)\\Y'_{i+1}(x_i)\\(EI)_{i+1}Y''_{i+1}(x_i)\\((EI)_{i+1}Y''_{i+1}(x_i))'\end{bmatrix}=\begin{bmatrix}Y_i(x_i)\\Y'_i(x_i)\\(EI)_iY''_i(x_i)\\((EI)_iY''_i(x_i))'\end{bmatrix} \tag{7.77}$$

将式(7.74)和式(7.75)代入式(7.77)，整理得

$$\boldsymbol{A}_{(i+1)}=\boldsymbol{Z}_{(i)}\boldsymbol{A}_{(i)} \tag{7.78}$$

其中

$$\boldsymbol{A}_{(i)}=[A_i\quad B_i\quad C_i\quad D_i]^{\mathrm{T}},\quad \boldsymbol{A}_{(i+1)}=[A_{i+1}\quad B_{i+1}\quad C_{i+1}\quad D_{i+1}]^{\mathrm{T}} \tag{7.79}$$

为第 $i$ 段和第 $i+1$ 段的待定系数向量。矩阵 $\boldsymbol{Z}_{(i)}$ 为两段间的传递矩阵，表示为

$$\boldsymbol{Z}_{(i)}=\begin{bmatrix} c_1\chi_i^{(2)} & -c_1\chi_i^{(1)} & -c_2\chi_i^{(4)} & -c_2\chi_i^{(3)} \\ c_3\chi_i^{(1)} & c_3\chi_i^{(2)} & -c_4\chi_i^{(3)} & -c_4\chi_i^{(4)} \\ -c_2\chi_i^{(2)} & c_2\chi_i^{(1)} & c_1\chi_i^{(4)} & c_1\chi_i^{(3)} \\ -c_4\chi_i^{(1)} & -c_4\chi_i^{(2)} & c_3\chi_i^{(3)} & c_3\chi_i^{(4)} \end{bmatrix} \tag{7.80}$$

其中,$c_{1,2}=\beta_i(p\pm1)/(2\beta_{i+1})$, $c_{3,4}=\beta_i(p\pm1)/2$, $p=(EI)_i\beta_i^2/((EI)_{i+1}\beta_{i+1}^2)$, $\chi_i^{(1)}=\sin\beta_i l_i$, $\chi_i^{(2)}=\cos\beta_i l_i$, $\chi_i^{(3)}=\sinh\beta_i l_i$, $\chi_i^{(4)}=\cosh\beta_i l_i$。

由传递关系(7.78)得到$\boldsymbol{Z}_{(1)}$和$\boldsymbol{Z}_{(N)}$的关系为

$$\boldsymbol{A}_{(N)}=\boldsymbol{Z}\boldsymbol{A}_{(1)} \tag{7.81}$$

其中

$$\boldsymbol{Z}=\boldsymbol{Z}_{(N-1)}\boldsymbol{Z}_{(N-2)}\ldots\boldsymbol{Z}_{(2)}\boldsymbol{Z}_{(1)} \tag{7.82}$$

矩阵$\boldsymbol{Z}$的元素为$\omega$的函数,它建立了第1段和第$N$段待定系数$\boldsymbol{Z}_{(1)}$和$\boldsymbol{Z}_{(N)}$的关系。利用梁左右两端四个边界条件,可得圆频率$\omega$的表达式,求解其圆频率,再由式(7.73)可得模态函数在各段的表达式。

下面以简支梁为例说明。对两段简支梁,边界条件为

$$Y_1(0)=0,\quad (EI)_1Y_1''(0)=0 \tag{7.83a}$$

$$Y_N(L)=0,\quad (EI)_NY_N''(L)=0 \tag{7.83b}$$

将式 (7.83a)代入式(7.73)得

$$B_1=D_1=0 \tag{7.84}$$

由式(7.83$b$) 代入式(7.73)得

$$\boldsymbol{\Lambda}\boldsymbol{A}_{(N)}=\boldsymbol{0} \tag{7.85}$$

其中

$$\boldsymbol{\Lambda}=\begin{bmatrix} \sin\beta_N l_N & -(EI)_N\beta_N^2\sin\beta_N l_N \\ \cos\beta_N l_N & -(EI)_N\beta_N^2\cos\beta_N l_N \\ \sinh\beta_N l_N & (EI)_N\beta_N^2\sinh\beta_N l_N \\ \cosh\beta_N l_N & (EI)_N\beta_N^2\cosh\beta_N l_N \end{bmatrix}^{\mathrm{T}} \tag{7.86}$$

将式(7.81)代入式(7.85)得

$$\boldsymbol{\Lambda}\boldsymbol{Z}\boldsymbol{A}_{(1)}=\boldsymbol{\Gamma}\boldsymbol{A}_{(1)}=\boldsymbol{0} \tag{7.87}$$

其中

$$\boldsymbol{\Gamma}=\boldsymbol{\Lambda}\boldsymbol{Z} \tag{7.88}$$

将式(7.82)代入式(7.87)得

$$\boldsymbol{\Gamma}\boldsymbol{A}_{(1)}=\begin{bmatrix} \Gamma_{11} & \Gamma_{13} \\ \Gamma_{21} & \Gamma_{23} \end{bmatrix}\begin{bmatrix} A_1 \\ C_1 \end{bmatrix}=\boldsymbol{0} \tag{7.89}$$

为使(7.89)有非零解,其系数矩阵行列式必为零,得非均匀简支梁特征方程为

$$\begin{vmatrix} \Gamma_{11} & \Gamma_{13} \\ \Gamma_{21} & \Gamma_{23} \end{vmatrix}=\boldsymbol{0} \tag{7.90}$$

### 7.8.2 算例分析

分析图 7.52 所示半径线性变化的圆截面梁,弹性模量 $E=210$ GPa,材料密度 $\rho=7\ 900\ \mathrm{kg/m^3}$。表 7.12 给出了有限元法和本节介绍的方法在不同分段数下的梁的前 4 阶固有

频率值,图 7.53 为梁的前 4 阶模态图。可见当分段数达到 16 时,本节介绍的方法已经有相当高的精度。

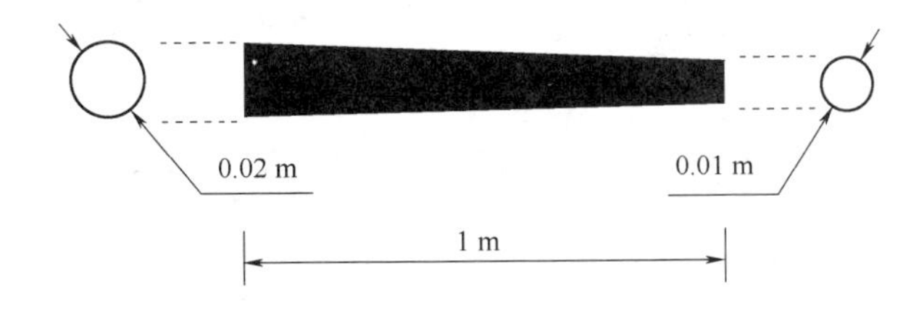


图　7.52

**表 7.12　有限元法和本节介绍的方法计算的固有频率**

| 阶次 | 固有频率(Hz) | | | | | | | |
|---|---|---|---|---|---|---|---|---|
| | FEM | 本节方法 | | | | | | |
| | | $N=2$ | $N=4$ | $N=8$ | $N=16$ | $N=32$ | $N=64$ | $N=128$ |
| 1 | 28.50 | 26.96 | 28.10 | 28.43 | 28.52 | 28.54 | 28.54 | 28.54 |
| 2 | 119.2 | 124.4 | 117.6 | 119.0 | 119.3 | 119.4 | 119.4 | 119.4 |
| 3 | 267.1 | 259.8 | 264.2 | 266.6 | 267.4 | 267.6 | 267.6 | 267.6 |
| 4 | 473.4 | 485.1 | 484.6 | 472.6 | 474.0 | 474.4 | 474.5 | 474.5 |

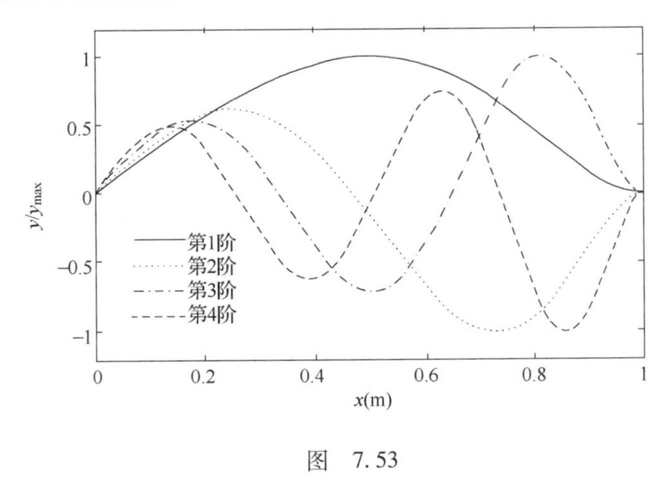


图　7.53

## 习　题

7.1　题 7.1 图所示为一运动的无轨电车,其集电弓以不变的力 $P_0$ 作用于张紧的导线上,当电车运动时,此作用力以匀速 $v$ 沿导线移动,在初瞬时,集电弓在导线的固定支点 $O$ 处。设振动时导线的张力为 $T_0$,且保持不变,导线单位长度的质量为 $m_0$。求导线的振动规律。

7.2　一等直梁置于连续的弹性基础上,两端简支,受常压力 $N$ 作用,如题 7.2 图所示。梁单位长度质量为 $m_0$,抗弯刚度为 $EJ$,弹性基础的刚性系数为 $k$。试导出梁的横向振动微分方程式,并求固定圆频率。

7.3　为了模拟地震对建筑物的影响,把建筑物当作刚体,并假定基础通过两种弹簧与地面相连,如题 7.3 图所示。已知拉伸弹簧的刚度为 $k$,扭转弹簧的刚度为 $k\theta$,地面以 $x_1 = a\sin\omega t$ 作简谐振动,建筑物的质量为 $M$,重心 $C$ 与支持点的距离为 $d$,对过 $C$ 点与图示平面垂直的轴的转动惯量为 $J_0$。试建立系统在图示平面内振动的微分方程。

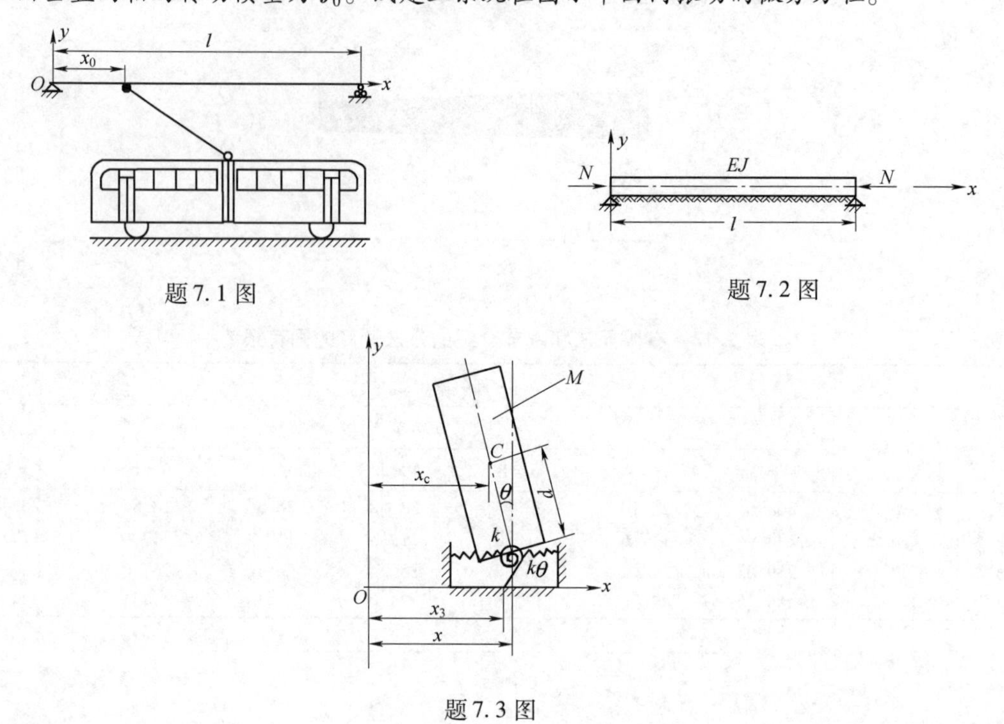


题 7.1 图

题 7.2 图

题 7.3 图

# 部分习题参考答案

## 第 2 章

2.1　4 cm

2.2　$\omega_0=\sqrt{\frac{4k}{3m}}\left(1+\frac{a}{R}\right)$

2.3　$f=\frac{1}{2\pi}\sqrt{\frac{\pi d^4 G(l_1+l_2)}{32 l_1 l_2 I}}$

2.4　$f=\frac{1}{2\pi}\frac{a}{b}\sqrt{\frac{3g}{l}}$

2.5　$f_a=11.14$ Hz, $f_b=4.824$ Hz

2.6　$f=\frac{a}{2\pi}\sqrt{\frac{k_1 k_2}{(a^2 k_1+l^2 k_2)m}}$

2.7　$\omega_0=\sqrt{\frac{r^2(k_1+k_3)+R^2(k_2+k_4)}{J+m_1 r^2+m_2 R^2}}$

2.8　$r=2$ kg · s/cm, $\omega'=4.875$ rad/s

2.9　$\zeta=0.022\,1$

2.10　$\omega'=\frac{1}{2ml^2}\sqrt{4mkl^2b^2-r^2a^4}$

2.11　$\theta=0.0673$ rad

2.12　(1) $x=-0.306\sin 19t$；$\beta=0.383$　　(2) $x=0.224\sin(19t+0.75)$；$\beta=0.28$

2.13　$B=0.342$ cm；$\phi=129°48'$

2.15　$B=0.102$ cm

2.16　$B=\frac{1}{1-\lambda^2}\sqrt{a^2+\left(\frac{F_0}{k}\right)^2}$

2.17　$B=\frac{a}{\sqrt{(1-\lambda^2)^2+(2\zeta\lambda)^2}}$

2.18　$B=\frac{a(2\zeta\lambda)}{\sqrt{(1-\lambda^2)^2+(2\zeta\lambda)^2}}$

2.19　$\ddot{x}+\frac{g}{l}x=\frac{g}{l_0}x_0\sin\omega t$；$B=\frac{x_0}{1-\lambda^2}$

2.20　$4m\ddot{x}+c\dot{x}+kx=2ka\sin\omega t$，　$\omega=\frac{1}{2}\sqrt{\frac{k}{m}}$，　$\zeta=\frac{c}{4\sqrt{km}}$

2.21　$x=\frac{4F_0}{\pi k}\sum_{j=1,3,5,\cdots}^{\infty}\frac{(-1)^{\frac{j-1}{2}}\cos j\omega_0 t}{j\left[1-\left(\frac{j\omega_0}{\omega}\right)^2\right]}$

2.22　$x=\frac{8F_0}{\pi^2 k}\sum_{j=1,3,5,\cdots}^{\infty}\frac{(-1)^{\frac{j-1}{2}}\sin j\omega_0 t}{j^2\left[1-\left(\frac{j\omega_0}{\omega}\right)^2\right]}$

2.23　$x=a(1-\cos\omega t)$

2.24　$x=\frac{F_0}{k}\left(\sin\omega_0 t-\frac{\omega_0}{\omega}\sin\omega t\right)B$, $0\leqslant t\leqslant t_1$

$B=\frac{1}{1-\frac{\omega_0^2}{\omega^2}}$, $x=-\frac{F_0}{k}\frac{\omega_0}{\omega}[\sin\omega(t-t_1)+\sin\omega t]B$, $t_1\leqslant t$

2.25　$x=\frac{F_0}{k}(1-\cos\omega t)$，$0\leqslant t\leqslant t_1$

$$x=\frac{F_0}{k}[2\cos\omega(t-t_1)-\cos\omega t-1],\ t_1\leqslant t\leqslant t_2$$

$$x=\frac{F_0}{k}[2\cos\omega(t-t_1)-\cos\omega t-\cos\omega(t_1-t_2)],\ t_2\leqslant t_1$$

2.26 $\omega=\sqrt{\frac{2\left(k_A+k_B\frac{r_A{}^2}{r_B{}^2}\right)}{(m_A+m_B)r_A{}^2}}=\frac{1}{r_A}\sqrt{\frac{2\left(k_A+k_B\frac{r_A{}^2}{r_B{}^2}\right)}{(m_A+m_B)}}$

2.27 运动微分方程：$\ddot{\theta}+\frac{3c}{m}\dot{\theta}+\frac{6k}{m}\theta=\frac{6}{ml}f(t)$

(1) $\theta=\frac{6F}{l\sqrt{(6k-m\omega^2)^2+9c^2\omega^2}}\sin(\omega t-\alpha)$, $\alpha=\arctan\frac{3c\omega}{6k-m\omega^2}$

(2) $\theta=\frac{h}{m\omega_d}e^{-nt}\sin(\omega_d t)$, $\omega_d{}^2=\frac{6k}{m}-\left(\frac{3c}{2m}\right)^2$

2.28 (1) $m\ddot{y}+c\dot{y}+ky=ach\cos(at)+kh\sin(at)$

(2) $y=\sqrt{\frac{k^2+c^2\omega^2}{(k-m\omega^2)^2+c^2\omega^2}}h\sin(\omega t-\varphi)$, $\varphi=\arctan\left(\frac{mc\omega^3}{k(k-m\omega^2)+c^2\omega^2}\right)$

2.29 (1) $m\ddot{x}+(c-mgb)\dot{x}+kx=-mg(a-bv)$

(2) $c<mgb$

2.30 (1) $k_\theta=J_O\omega_0^2-(k_1+k_2)l^2$, (2) $\omega=\sqrt{\frac{k_\theta}{J_O}}$

## 第 3 章

3.1 (1) $m\ddot{x}+(k+k_1)x_1-k_1x_2=0$ $m\ddot{x}_2-kx_1+k_1x_2=0$

(2) $\omega_{1,2}^2=\frac{k+2k_1\mp\sqrt{k^2+4k_1^2}}{2m}$, $\mu_1=\frac{2k_1}{\sqrt{k^2+4k_1^2}-k}$, $\mu_2=\frac{2k_1}{-\sqrt{k^2+4k_1^2}-k}$

3.2

$$x_1=3.618\sin(0.618\sqrt{k/m}t+n\pi+\pi/2)+1.382\sin(1.618\sqrt{k/m}t+n\pi+\pi/2)$$

$$x_2=5.854\sin(0.618\sqrt{k/m}t+n\pi+\pi/2)-0.854\sin(1.618\sqrt{k/m}t+n\pi+\pi/2)$$

3.3 $x_1=-\frac{kA}{m_1\omega_0^2}\sin(\omega_0t+\phi)+Bt+c$ $x_2=\frac{kA}{m_2\omega_0^2}\sin(\omega_0t+\phi)+Bt+c$

$\omega=\sqrt{\frac{k}{m_1}+\frac{k}{m_2}}$

3.4 $\omega_1=\sqrt{g/l}$; $\omega_2=\sqrt{g/l+2k_\theta g/wl^2}$ 3.5 $T=55$ s

3.6 $\omega_1=\sqrt{(2-\sqrt{2})k_0/J}$, $\omega_2=\sqrt{(2+\sqrt{2})k_0/J}$

3.7 $\omega^2=\frac{J_1+J_2}{J_1J_2}\cdot\frac{GI_1I_2}{l_1I_2+l_2I_2}$, $I_1=\frac{\pi d_1^4}{32}$, $I_2=\frac{\pi d_2^4}{32}$

3.8 $\omega_1^2 = 2.73\dfrac{EI}{ml^3}$, $\omega_2^2 = 121\dfrac{EI}{ml^3}$

3.10 (1) $k_2 = 81.5$ kg/cm; (2) $B_2 = 2.2$ mm; (3) $k_2 = 89.7$ kg/cm, $m_2 = 2.48$ kg

3.11 $\omega_2 = 0.445\sqrt{\dfrac{k}{m}}$, $\omega_2 = 1.247\sqrt{\dfrac{k}{m}}$, $\omega_3 = 1.802\sqrt{\dfrac{k}{m}}$

$$\boldsymbol{A}^{(1)} = \begin{bmatrix} 0.445 \\ 0.802 \\ 1.000 \end{bmatrix}, \boldsymbol{A}^{(2)} = \begin{bmatrix} -1.247 \\ -0.555 \\ 1.000 \end{bmatrix}, \boldsymbol{A}^{(3)} = \begin{bmatrix} 1.802 \\ -2.247 \\ 1.000 \end{bmatrix}$$

3.12 $\omega_1^2 = 0$, $\omega_2^2 = \dfrac{(2-\sqrt{2})}{m}k$, $\omega_3^2 = \dfrac{2k}{m}$, $\omega_4^2 = \dfrac{(2+\sqrt{2})k}{m}$

3.13 $\dfrac{1}{\omega_1^2} = \dfrac{(2+\sqrt{2})m}{2k}$, $\dfrac{1}{\omega_2^2} = \dfrac{m}{2k}$, $\dfrac{1}{\omega_3^2} = \dfrac{(2-\sqrt{2})m}{2k}$

3.14 $\omega_1 = 4.93\sqrt{\dfrac{EI}{ml^3}}$, $\omega_2 = 19.6\sqrt{\dfrac{EI}{ml^3}}$, $\omega_3 = 41.6\sqrt{\dfrac{EI}{ml^3}}$

3.15 $\boldsymbol{A}_N^{(1)} = \begin{bmatrix} 0.328 \\ 0.591 \\ 7.737 \end{bmatrix}, \boldsymbol{A}_N^{(2)} = \begin{bmatrix} -7.737 \\ -0.328 \\ 0.591 \end{bmatrix}, \boldsymbol{A}_N^{(3)} = \begin{bmatrix} 0.591 \\ -0.737 \\ 0.328 \end{bmatrix}$

3.16 
$$\begin{Bmatrix} x_1 \\ x_2 \\ x_3 \end{Bmatrix} = \begin{bmatrix} 0.398 \\ 0.717 \\ 0.895 \end{bmatrix}\frac{P}{k}\sin(\omega_0 t - \theta_1) + \begin{bmatrix} 10.89 \\ 4.84 \\ -8.73 \end{bmatrix}\frac{P}{k}\sin(\omega_0 t - \theta_2)$$
$$+ \begin{bmatrix} 0.0637 \\ -0.0794 \\ 0.0353 \end{bmatrix}\frac{P}{k}\sin(\omega_0 t - \theta_3) \approx \begin{bmatrix} 10.89 \\ 4.84 \\ -8.73 \end{bmatrix}\frac{P}{k}\sin(\omega_0 t - \theta_2)$$

$\theta_1 = 179°32'$, $\theta_2 = 103°31'$, $\theta_3 = 1°32'$

3.17 $\omega_1 = \sqrt{0.349EI/ml^3}$　　3.18 $\omega_2 = 5.671\sqrt{EI/ml^3}$

3.19 $\omega_1 = 0.3731\sqrt{k/m}$, $\boldsymbol{A}_1 = [0.4626 \quad 0.8606 \quad 1.0000]^T$

3.20 $\omega_1 = 4.025\sqrt{EI/ml^3}$

3.21 $\omega_1 = 0.3740\sqrt{k/m}$, $\omega_2 = 1.6912\sqrt{k/m}$

$\boldsymbol{A}_1 = [0.4301 \quad 0.8601 \quad 1.0000]^T$, $\boldsymbol{A}_2 = [-0.9301 \quad -1.8601 \quad 1.0000]^T$

3.22 $\omega = \sqrt{3EI/ml^3}$

3.23 $\omega_1 = \sqrt{\dfrac{(3-\sqrt{5})k}{2m}}$, $\omega_2 = \sqrt{\dfrac{(3+\sqrt{5})k}{2m}}$

$\boldsymbol{A}_1 = [1.0000 \quad 1.618]^T$, $\boldsymbol{A}_2 = [1.000 \quad -0.618]^T$

3.24 $\omega_1 = 0.8426\sqrt{k/m}$, $\omega_2 = 1.9946\sqrt{k/m}$

$\boldsymbol{A}_1 = [1.0000 \quad 1.6450 \quad 1.9980]^T$, $\boldsymbol{A}_2 = [1.0000 \quad 0.0020 \quad -1.0161]^T$

3.25 $\omega_1 = 0.6448\sqrt{g/l}$, $\omega_2 = 1.5147\sqrt{g/l}$

3.28 (1) $\begin{bmatrix} m_1 & 0 \\ 0 & m_2 \end{bmatrix}\begin{bmatrix} \ddot{x}_1 \\ \ddot{x}_2 \end{bmatrix} + \begin{bmatrix} k_1 + k_2 & -k_2 \\ -k_2 & k_2 + k_3 + k_4 + k_5 \end{bmatrix}\begin{bmatrix} x_1 \\ x_2 \end{bmatrix} = \begin{bmatrix} 0 \\ 0 \end{bmatrix}$

(2) $\omega_1^2=\dfrac{k}{m}$, $\omega_2^2=3\dfrac{k}{m}$; $\varphi_1=\begin{bmatrix}1\\1\end{bmatrix}$ , $\varphi_2=\begin{bmatrix}-1\\1\end{bmatrix}$

(3) $\boldsymbol{x}=\boldsymbol{\Phi}\boldsymbol{x}_p=\begin{bmatrix}x_{p1}-x_{p2}\\x_{p1}+x_{p2}\end{bmatrix}$

3.29 (1) $[M]=\begin{bmatrix}2.1386&0&0\\0&2.00&0\\0&0&3.0401\end{bmatrix}$, $[K]=\begin{bmatrix}537&0&0\\0&2400&0\\0&0&7748.9\end{bmatrix}$

(2) $F_r=[\varphi]^{\mathrm{T}}p(t)=\begin{bmatrix}200\\0\\62.772\end{bmatrix}\cos(\Omega t)$

(3) $\dfrac{200\cos(\Omega t)}{537-2.1386\Omega^2}$ , 0 , $\dfrac{62.772\cos(\Omega t)}{7\,748.9-3.040\,1\Omega^2}$

## 第 4 章

4.4 $T\dfrac{\omega}{a}\cos\dfrac{\omega}{a}l+k\sin\dfrac{\omega}{a}l-M\omega^2\sin\dfrac{\omega}{a}l=0$

4.5 $y(x,t)=\dfrac{8\delta}{\pi^2}\sum\limits_{n=1,3,5,\cdots}^{\infty}\dfrac{(-1)^{\frac{n-1}{2}}}{n^2}\sin\dfrac{n\pi}{l}x\cos\omega_n t$

4.7 $u(x,t)=\dfrac{4F}{\pi\rho Al}\sum\limits_{n=1,3,5,\cdots}^{\infty}\dfrac{\sin\dfrac{n\pi}{2l}x}{n(\omega_n^2-\omega^2)}\sin\omega t$

4.8 $u(x,t)=\dfrac{2Fl}{\pi^2EA}\sum\limits_{n=1,3,5,\cdots}^{\infty}(-1)^{\frac{n-1}{2}}\dfrac{1}{n^2}\sin\dfrac{n\pi}{l}x\cos\omega_n t$

4.9 $\dfrac{\omega l}{a}\tan\dfrac{\omega l}{a}=\dfrac{kl}{EA}$, $a=\sqrt{\dfrac{E}{\rho}}$

4.10 $\tan\dfrac{\omega l}{a}=\dfrac{2\left(\dfrac{I_0}{I_s}\right)\left(\dfrac{\omega l}{a}\right)}{\left(\dfrac{I_0}{I_s}\right)^2\left(\dfrac{\omega l}{a}\right)^2-1}$, $a=\sqrt{\dfrac{G}{\rho}}$

4.11 $\tan\dfrac{\omega l}{a}=-\dfrac{GJ_p}{kl}\left(\dfrac{\omega l}{a}\right)$, $a=\sqrt{\dfrac{Gg}{\rho}}$

4.14 $\dfrac{W\omega^2}{gEIk^3}=\dfrac{1+\cos kl\ \mathrm{ch}\ kl}{\sin kl\ \mathrm{ch}\ kl-\cos kl\ \mathrm{sh}\ kl}$ , $k^4=\dfrac{\rho A}{EI}\omega^2$

4.15 $\dfrac{k}{EI\beta^3}=\dfrac{1+\mathrm{ch}\,\beta l\cdot\cos\beta l}{\mathrm{sh}\,\beta l\cdot\cos\beta l-\mathrm{ch}\,\beta l\cdot\sin\beta l}$ , $k^4=\dfrac{\rho A}{EI}\omega^2$

4.16 $y(x,t)=\dfrac{2Fl^3}{\pi^2EI}\sum\limits_{n=1,3,5,\cdots}^{\infty}\dfrac{(-1)^{\frac{n-1}{2}}}{n^4}\sin\dfrac{n\pi}{l}x\cdot\cos\omega_n t$

4.17 $y(x,t)=\dfrac{4v}{\pi}\sum\limits_{n=1,3,5,\cdots}^{\infty}\dfrac{1}{n\omega_n}\sin\dfrac{n\pi}{l}x\cdot\sin\omega_n t$

4.18 $y(x,t)=\frac{2q}{\pi\rho A}\sum_{n=1}^{\infty}\frac{1-\cos\frac{n\pi}{l}}{n(\omega_n^2-\omega^2)}\sin\frac{n\pi}{l}x\cdot\sin\omega t$，$Y\left(\frac{l}{2}\right)=\frac{2ql^4}{\pi^5 EI}\sum_{n=1,3,5,\cdots}^{\infty}\frac{(-1)^{\frac{n-1}{2}}}{n^5(1-\lambda_n^2)}$，

$\lambda_n=\frac{\omega}{\omega_n}$

4.19 $\omega_m=\frac{m^2\pi^2}{a^2}\sqrt{\frac{D}{\rho h}}$，　其中 $D=\frac{Eh^3}{12(1-v^2)}$

4.20 $\lambda\tan\frac{\lambda b}{2}+v\,\mathrm{th}\frac{vb}{2}=0$，　其中 $\lambda^2=-\left(\frac{i^2\pi^2}{a^2}-\omega\sqrt{\frac{\rho h}{D_0}}\right)$，　$v^2=\frac{i^2\pi^2}{a^2}+\omega\sqrt{\frac{\rho h}{D_0}}$

$\omega_{\min}=\frac{28.9}{a^2}\sqrt{\frac{D_0}{\rho h}}$

4.21 (1) $\omega^2=\frac{\frac{\pi^4}{2}+2b^2\rho}{b^2+\frac{4b}{\pi}+\frac{1}{2}}\left(\frac{EI}{\rho Al^4}\right)$

(2) $b=-\frac{\pi}{8}\left(1-\frac{\pi^4}{2\rho}\right)\mp\frac{1}{2}\sqrt{\left[\frac{\pi}{4}\left(1-\frac{\pi^4}{2\rho}\right)\right]^2+\frac{\pi^2}{\rho}}$

4.22 (1) $\omega_1=\frac{3.5156}{l^2}\sqrt{\frac{EI}{\rho A}}$，　$\omega_2=\frac{22.0336}{l^2}\sqrt{\frac{EI}{\rho A}}$，　$\Delta_1=0.49\%$，　$\Delta_2=57.97\%$

(2) $p_1=\frac{4.4712}{l^2}\sqrt{\frac{EI}{\rho A}}$，　$\Delta_1=27.2\%$，　$\omega_1=\frac{3.8056}{l^2}\sqrt{\frac{EI}{\rho A}}$，　$\Delta_1=8.25\%$

4.23 $\beta^4E^2I^2(VT-U^2)+2k\beta EI(UT-SV)+\frac{k^2}{\beta^2}(V^2-T^2)=0$；$k=0$ 时，$1-\mathrm{ch}\,\beta l\cdot\cos\beta l=0$；

$k=\infty$ 时，$\sin\beta l=0$

4.24 (1) $\cot kl_1+\cot kl_2=\coth kl_1+\coth kl_2$

(2) $\cot kl=\coth kl$

4.25 有很多方法可以求解。

## 第 5 章

5.1 (1) $x(t)=\frac{2(t+1)}{t^2+2t+2}$；　(2) $x(t)=\frac{2(t-1)}{t^2-2t+2}$

5.2 $\omega=\omega_0^2\left(1-\frac{\theta_0^2}{8}\right)$，　$T=\frac{2\pi}{\omega_0\sqrt{1-\theta_0^2/8}}$

5.3 $\left(\frac{F_0}{a}\right)^2=(c\omega)^2+\left[k-m\omega^2+\frac{\varepsilon\omega}{kA^2}\left(2-\frac{1}{\sqrt{1-A^2}}\right)\right]^2$

5.4 $x(t)=\begin{cases}\dot{x}_0\sqrt{\frac{m}{k_1}}\sin\sqrt{\frac{k_1}{m}}\,t, & 0\leqslant t\leqslant\pi\sqrt{\frac{m}{k_1}}\\ -\dot{x}_0\sqrt{\frac{m}{k_2}}\sin\sqrt{\frac{k_2}{m}}\left(t-\pi\sqrt{\frac{m}{k_1}}\right), & \pi\sqrt{\frac{m}{k_1}}<t\leqslant\pi\left(\sqrt{\frac{m}{k_1}}+\sqrt{\frac{m}{k_2}}\right)\end{cases}$

$$\dot{x}(t)=\begin{cases}\dot{x}_0\cos\sqrt{\dfrac{k_1}{m}}\,t,\ 0\leqslant t\leqslant\pi\sqrt{\dfrac{m}{k_1}}\\ -\dot{x}_0\cos\sqrt{\dfrac{k_2}{m}}\left(t-\sqrt{\dfrac{m}{k_1}}\pi\right),\ \pi\sqrt{\dfrac{m}{k_1}}<t\leqslant\pi\left(\sqrt{\dfrac{m}{k_1}}+\sqrt{\dfrac{m}{k_2}}\right)\end{cases},\omega_0=2\sqrt{\dfrac{k_1k_2}{m(k_1+k_2)}}$$

## 第 6 章

6.1 $\psi_x^2=\dfrac{1}{2}(\sqrt{2}-1)$

6.3 $S_x(\omega)=\dfrac{a^2b^2S_0}{(kb^2-ma^2\omega^2)^2+(ca^2\omega)^2}$, $\psi_x^2=\dfrac{S_0}{2kc}$

6.4 $\psi_x^2=\dfrac{81S_0\omega_0(4c+9m\omega_0)}{2k[(4c+9m\omega_0)(k+4c\omega_0)-9mk\omega_0]}$

6.5 $S_y=\dfrac{k^2S_0}{k^2+c^2\omega^2}$, $\psi_y^2=\dfrac{kS_0}{2c}$, $k_y(\tau)=\dfrac{kS_0}{2c}\mathrm{e}^{\frac{k}{c}|\tau|}$

## 第 7 章

7.1 $y(x,t)=\dfrac{2P_0l}{m_0\pi^2(a^2-v^2)}\sum\limits_{n=1}^{\infty}\dfrac{1}{n}\sin\dfrac{n\pi}{l}x\sin\dfrac{n\pi v}{l}t$

7.2 $EJ\dfrac{\partial^4y}{\partial x^4}+m_0\dfrac{\partial^2y}{\partial t^2}+N\dfrac{\partial^2y}{\partial x^2}+ky=0$, $\omega_n=\sqrt{\left(\dfrac{n\pi}{l}\right)^4\dfrac{EJ}{m_0}-\left(\dfrac{n\pi}{l}\right)^2\dfrac{N}{m_0}+\dfrac{k}{m_0}}$

7.3 $M\ddot{x}_c+kx_c+kd\theta=ka\sin\omega t$

$I_0\ddot{\theta}+kdx_c+(k\theta+kd^2-Mgd)\theta=kda\sin\omega t$

# 参 考 文 献


[1] 郑兆昌．机械振动．北京:机械工业出版社,1986.

[2] S 铁摩辛柯,D H 杨,W 小韦孚．工程中的振动问题．胡人礼,译．北京:人民铁道出版社,1978.

[3] 吴福光,蔡承武,徐兆．振动理论．北京:高等教育出版社,1987.

[4] 倪振华．振动力学．西安:西安交通大学出版社,1994.

[5] 刘延柱,陈文良,陈立群．振动力学．北京:高等教育出版社,1998.

[6] 胡宗武．工程振动分析基础．上海:上海交通大学出版社,1985.

[7] 贺兴书．机械振动学．上海:上海交通大学出版社,1991.

[8] Willian T. Thomson. Theory of Vibration with Applications. USA:by McGraw-Hill,Inc. 1972.

[9] Leonard Meirovitch. Elements of Vibration Analysis,USA:by Prentice Hill,Inc. 1975.

[10] Francis S. Tse. Mechanical Vibrations Theory and Applications. by Allyn and Bacon. Inc. 1978.

[11] Karl Klotter. Technische Schwingungslehre. Springer-Verlag,1978.

[12] 庄表中,黄志强．振动分析基础．北京:科学出版社,1985.

[13] 胡人礼．普通桥梁结构振动．北京:中国铁道出版社,1998.

[14] 王光远．建筑结构振动．北京:科学出版社,1978.

[15] 黄安基. 非线性振动. 成都:西南交通大学出版社,1993.

[16] 闻邦椿. 工程非线性振动. 北京:科学出版社,2007.

[17] 徐昭鑫. 随机振动. 北京:高等教育出版社,1990.

[18] 朱位秋. 随机振动. 北京:科学出版社,1992.

[19] 李惠彬．振动理论及工程应用．北京:北京理工大学出版社,2006.

[20] 诸德超,邢誉峰．工程振动基础．北京:北京航空航天大学出版社,2005.

[21] 胡少伟,苗同臣．结构振动理论及其应用．北京:中国建筑工业出版社,2005.

[22] William T. Thomson,Marie Dillon Dahleh. 振动理论及应用．北京:清华大学出版社,2005.

[23] 高淑英,沈火明. 线性振动教程. 北京:中国铁道出版社,2003.

[24] 肖新标,沈火明. 移动荷载作用下的桥梁振动及其 TMD 控制. 振动与冲击,2005,94(2):58-61.

[25] 肖艳平,沈火明. 利用 MTMD 控制桥梁竖向振动的初步研究. 噪声与振动控制,2005,25(4):14-17.

[26] 沈火明,肖新标. 插值振型函数法求解移动荷载作用下连续梁体的动态响应. 振动与冲击,2005,94(2):27-29.

[27] LEE H P. Dynamic Response of a Beam With Intermediate Point Constraints Subject to a Moving Load,Journal of Sound and Vibration. 1994,171(3),361-368.

[28] LIN Y H. Comment on "Dynamic Response of a Beam With Intermediate Point Constraints Subject to a Moving Load", Journal of Sound and Vibration. 1995,180(5),809-812.

[29] ZHANG D Y,CHEUNG Y K,AU F T K. Vibration of Muti-span Non-Uniform Beams Under Moving Loads by Using Modified Beam Vibration Functions,Journal of sound and Vibration. 1998,212(3),455-467.

[30] CHEUNG Y K,AU F T K ,ZHANG D Y. Vibration of Muti-span Non Uniform Bridges Under Moving Vehicles and Trains by Using Modified Beam Vibration Functions, Journal of Sound and Vibration. 1999, 228(3),611-628.

[31] SAADEGHVAZIRI M A. Finite Element Analysis of Highway Bridges Subjected to Moving Loads, Computers & Structures. 1993,49(5),837-842.

[32] 许肖梅. 声学基础. 北京:科学出版社,2003.

[33] 沈火明,高淑英,束滨. 混凝土搅拌棒振子的动力特性分析. 西南交通大学学报,2001,36(2):153-156.

[34] 张颂,李荣昌,刘娟,等. 桥梁下部结构的加固与仿真分析研究. 四川大学学报(工程科学版),2008,40(S):100-103.

[35] 张媛媛,沈火明. 高速列车铝型材外地板减振降噪特性分析研究. 噪声与振动控制,2014,34(6):46~50.

[36] Ying Guo. Systems definition and floor component analysis. European Commission DG Research. EUROPEAN: UIf Orrenius,2011,6:33.

[37] 刘俊,沈火明. 现浇板式楼梯斜撑作用释放的 Pushover 分析. 四川建筑科学研究. 2014(6):176~179.

[38] GB 50011—2010. 建筑抗震设计规范. 北京:中国建筑工业出版社. 2010.

[39] 11G101—2 国家建筑标准设计图集. 北京:中国计划出版社,2011.

[40] 崔灿,蒋晗,李映辉. 变截面梁横向振动特性半解析法. 振动与冲击,2012(14):85~88.